Springer
Berlin
Heidelberg
New York
Barcelona
Budapest
Hongkong
London
Mailand
Paris
Santa Clara
Singapur
Tokio

Winfried Entenmann

Hydrogeologische Untersuchungsmethoden von Altlasten

Mit 152 Abbildungen und 49 Tabellen

Dr. Winfried Entenmann

IGB Ingenieurbüro für Grundbau,
Bodenmechanik und Umwelttechnik
Heinrich-Hertz-Straße 116
22083 Hamburg
Tel.: 0 40 / 22 70 00-0
Fax: 0 40 / 22 70 00-28
e-mail: igb-hh-en@t-online.de

Die Deutsche Bibliothek – CIP-Einheitsaufnahme

Entenmann, Winfried:
Hydrogeologische Untersuchungsmethoden von Altlasten / Winfried Entenmann. –
Berlin; Heidelberg; New York; Barcelona; Budapest; Hongkong; London; Mailand; Paris; Santa Clara;
Singapur; Tokio: Springer, 1998
ISBN-13:978-3-642-80407-6   e-ISBN-13:978-3-642-80406-9
DOI: 10.1007/978-3-642-80406-9

ISBN-13:978-3-642-80407-6

Einbandgestaltung: de'blik, Berlin
Satz: Reproduktionsfertige Vorlage des Autors

SPIN: 10568092   30/3136 - 5 4 3 2 1 0 – Gedruckt auf säurefreiem Papier

Vorwort

Das vorliegende Buch ging aus der Publikation "Das hydrogeologische Beweissicherungsverfahren für Hausmülldeponien", erschienen als Band 49 der Clausthaler Geologischen Abhandlungen und in der 2. Auflage als Geotexte 1 des Verlags S. von Loga vor. Es umfaßt die schon erschienenen Hauptteile I bis III in überarbeiteter und ergänzter Fassung und den ursprünglich als Band 2 geplanten Teil IV.

Im Zuge der Bearbeitung wurde aufgrund umfangreicher Arbeiten des Autors im Bereich der Altlastenerkundung und -sanierung die Beschränkung auf die Durchführung des Beweissicherungsverfahrens für Hausmülldeponien aufgegeben und die Arbeit weiter gefaßt. Der vorliegende, im Springer-Verlag erschienene Band legt daher einen wesentlichen Schwerpunkt auf die spezifischen hydrogeologischen Untersuchungsmethoden, die notwendigerweise zu entwickeln waren, um die gesamte Altlastenproblematik im Hinblick auf die hydrogeologische Erkundung zu behandeln.

Aufgrund der Fülle an vorliegenden Daten im Bereich der Hausmülldeponien, werden diese Untersuchungen an deren Beispiel exemplarisch dargestellt. Bei anderen Altlasten, wie Altablagerungen, ist häufig die Datenlage, insbesondere die langjährige Überwachung, sehr viel dürftiger.

Die vorliegende Arbeit ist daher ein Beitrag aus der hydrogeologischen Praxis des Ingenieurbüros, mit dem moderne Verfahren zur Untersuchung von Altlasten vorgestellt werden.

Es wird beispielhaft über hydrogeologische Untersuchungen an 4 Hausmülldeponien in Niedersachsen berichtet, deren Ziel es ist, das hydrogeologische Umfeld der Deponien zu erkunden, die von diesen Deponien ausgehende Gefährdung des Grundwassers abzuschätzen und Methoden für eine dauerhafte Sicherung bzw. Sanierung und Überwachung der Deponien zu schaffen.

Diese Untersuchungen wurden vom Verfasser im Rahmen seiner Tätigkeit beim IGB Hamburg durchgeführt. Das IGB führte sie als Beratende Ingenieure im Auftrag der Betreiber, d. h. der jeweiligen Landkreise durch. Ziel war es, die oben aufgestellten Fragestellungen möglichst umfassend, wirtschaftlich und fristgerecht zu klären. Die Untersuchungen wurden in enger fachlicher Abstimmung mit den Fachbehörden und Landesbehörden durchgeführt.

Mit der vorliegenden Arbeit werden daher praxisorientierte Untersuchungsverfahren vorgestellt. Der Schwerpunkt wird auf die exakte Erhebung und Bewertung des Datenmaterials gelegt, insbesondere auf eine sehr detaillierte Untergrunderkundung und eine möglichst genaue Bestimmung der hydraulischen Kennwerte in kleinen homogenen Bereichen. Hingegen wird bei der Auswertung bewußt auf komplizierte mathematische Modelle verzichtet zugunsten einfacher, insbesondere auf dem Gebiet der Bodenmechanik und des Grundbaus langjährig bewährter Berechnungsverfahren und Abschätzungen. Folglich werden auch im Literaturverzeichnis gerade ältere Standardwerke aus praxisorientierten Forschungsarbeiten aufgeführt, die durch wichtige neuere Veröffentlichungen insbesondere der angelsächsischen Literatur ergänzt werden.

Die Arbeit zur hydrogeologischen Untersuchung von Altlasten gliedert sich in 4 Hauptteile: Der Teil I behandelt das hydrogeologische Beweissicherungsverfahren als Arbeitsgrundlage, wie sie den von den Landesbehörden aufgestellten Anforderungen an die Beweissicherung an Hausmülldeponien gemäß entwickelt wurde. Der Teil II behandelt 4 Fallbeispiele aus dem Raum Niedersachsen und stellt in knapper Form die Ergebnisse der in mehreren Jahren erarbeiteten hydrogeologischen Untersuchungen dar. In den Teilen III und IV wird vertieft auf die hydrogeologischen Arbeitsmethoden eingegangen, die als generelles Handwerkszeug für die Behandlung von Altlasten und Deponien notwendig sind. Die dort vorgestellten Methoden tragen den erheblich gestiegenen Anforderungen an Art, Umfang, Detaillierungsgrad und Genauigkeit von hydrogeologischen Untersuchungen Rechnung, die notwendig sind, das Gefährdungspotential für das Grundwasser hinreichend genau zu bestimmen und die Grundlagen für eine dauerhafte Beweissicherung zu legen. Der Teil III befaßt sich mit der Erkundung des hydrogeologischen Umfeldes von Altlasten und Deponien sowie mit der Erfassung der hydraulischen Daten. Der Teil IV behandelt Verfahren zur Auswertung der gewonnenen hydraulischen Daten, an die bei den Untersuchungen besonders hohe Anforderungen zu stellen sind. Sie sind unter den Begriffen Grundwasserströmung, Stofftransport und Wasserbilanzen zusammenzufassen.

Im Zuge der weiteren Bearbeitung hat sich herausgestellt, daß die Auswertung der hydrochemischen Daten ebenso wie die der hydraulischen einer soliden grundsätzlichen Bearbeitung und einer intensiven Diskussion unterschiedlicher Ansätze bedarf. Weiterhin sind grundsätzliche Überlegungen über die Zielsetzung der Gefährdungsabschätzung und Stichhaltigkeit der Beweissicherung anzustellen. Diese Fragestellungen sind derzeit in Bearbeitung und werden 1998 als Hauptteile V und VI publiziert.

Für die Unterstützung zur Publikation dieser im Zuge meiner Tätigkeit beim IGB gewonnenen Untersuchungsergebnisse danke ich Herrn Dr.-Ing. Joachim Rappert, geschäftsführender Gesellschafter des IGB.

Für die Unterstützung dieses Vorhabens und die Erlaubnis zur Publikation der Ergebnisse der jeweils im Auftrag der Landkreise geführten Untersuchungen danke ich den zuständigen Damen und Herren der Kreisverwaltungen der Landkreise Vechta, Ammerland, Wesermarsch und Friesland. Für die gute Zusammenarbeit bei der Untersuchung der 4 Deponien danke ich den Vertretern der Landesbehörden, Herrn Dr. Hans-Peter Voigt vom Niedersächsischen Landesamt für Ökologie (NLÖ) und Herrn Dr. Volker Josopait vom Niedersächsischen Landesamt für Bodenforschung (NLfB), der auch die kritische Durchsicht der allgemeinen Teile zum Beweissicherungsprogramm übernahm. Die Mitarbeiter der Staatlichen Ämter für

Wasser und Abfall in Brake und Cloppenburg haben wertvolle Hinweise bei der Bearbeitung der Projekte gegeben.

Meinem Kollegen, Herrn Dr. Frank Ihle, IGB Hamburg, danke ich für die kritische Durchsicht des Manuskripts. Herrn Dipl.-Ing. Lothar Müller, Keller Grundbau, Niederlassung Bremen, danke ich für zahlreiche Diskussionen zur Methodik von Bohrarbeiten und zum Meßstellenausbau bei der Ausführung der vorgestellten Bohrprogramme. Besonderer Dank gebührt meiner Kollegin, Frau Ingrid Dugge, IGB Oldenburg, für die Herstellung des Manuskripts.

Hamburg, im Januar 1998   W. Entenmann

Inhaltsverzeichnis

Einleitung

Die Mehrzahl der in der Praxis tätigen Hydrogeologen hat heute nicht mehr mit der Grundwassererschließung, sondern mit dem Schutz des Grundwassers zu tun. Dabei steht die Altlastenproblematik im Vordergrund. Sowohl bei Altstandorten als auch bei Altablagerungen ist der Emissionspfad zum Grundwasser wesentlicher Untersuchungsgegenstand, in den meisten Fällen der wichtigste.

Im vorliegenden Buch werden die grundlegenden Methoden für die hydrogeologische Untersuchung von Altlasten beschrieben, wobei der Schwerpunkt auf der Gefährdungsabschätzung und der Beweissicherung, weniger auf den Sanierungsuntersuchungen und den sanierungsbegleitenden Arbeiten liegt. Die Methodik der Untersuchung ist im wesentlichen gleich, ob es sich nun um Altablagerungen, Deponien oder Altstandorte handelt. Es gibt jedoch unterschiedliche Schwerpunkt aufgrund folgender Besonderheiten:

- Altstandorte zeichnen sich überwiegend durch lokale Eintragsquellen von Schadstoffen ins Grundwasser aus. Die Emission kann in sehr unterschiedlicher Form erfolgen, durch Versickern flüssiger Stoffe, durch Auswaschung, Elution oder durch partikuläre Verfrachtung.
- Altablagerungen enthalten vorwiegend feste Stoffe und zeichnen sich zumeist durch eine sehr große Heterogenität in ihrem Aufbau aus. Schadstoffe sind oftmals nur bereichsweise, jedoch schwer lokalisierbar eingebracht worden. Eine Emission erfolgt überwiegend durch Elution und Bildung von belastetem Sickerwasser.
- Deponien zeichnen sich durch ihre planmäßige Anlage und ihr großes Volumen aus. Zwar sind die abgelagerten Stoffe insgesamt von sehr unterschiedlicher Art, der Deponiekörper im großen und ganzen gesehen ist jedoch ziemlich homogen, während der Kleinbereich, z. B. die einzelne eingebrachte Schichtlage heterogen ist.

  Vorrangiger Emissionspfad ist die Bildung von Sickerwasser und Abströmung zum Grundwasser. Der Sickerwasserchemismus kann bereichsweise erheblich variieren, die Hauptbestandteile lassen sich jedoch überall finden. Während Sonderabfalldeponien in ihrem Sickerwasser häufig einige wenige, jedoch - je nach abgelagertem Abfall - unter Umständen sehr toxische Stoffe in erheblich erhöhten Konzentrationen aufweisen, liegen im Sickerwasser von Hausmülldeponien oft eine sehr große Vielzahl unterschiedlicher Stoffe vor, wobei die toxischen Stoffe zumeist nur in geringen Konzentrationen vorkommen.

Aufgrund ihrer Größe, ihrer sehr guten Dokumentation und umfangreicher langjähriger meßtechnischer Überwachung eignen sich die in den 70er Jahren angelegten Zentral-Hausmülldeponien ohne Deponiebasisdichtung in besonderer Weise für die exemplarische Darstellung von hydrogeologischen Untersuchungsmethoden, insbesondere da sie in den letzten Jahren Gegenstand intensiver hydrogeologischer Untersuchungen waren. Solange es sich dabei um betriebene Deponien handelt, stellen diese Abfallentsorgungsanlagen dar, die nach dem Abfallrecht zu behandeln sind. Sobald diese jedoch geschlossen und rekultiviert sind, handelt es sich u.U. ebenso um Altablagerungen, die jedoch, anders als zahlreiche andere Altlasten planmäßig und nach geltendem Recht entstanden sind. Auf die Problematik der exakten Definition dieser Begriffe wird hier nicht eingegangen sondern auf FEHLAU (1988) verwiesen.

Hausmülldeponien sind heutzutage Ingenieurbauwerke, an deren Planung und Ausführung sehr hohe technische Anforderungen gestellt werden, u.a. mit dem wesentlichen Ziel, Emissionen ins Grundwasser aus dem Sickerwasser der Deponie langfristig zu unterbinden und das Sickerwasser in der Zeit der Beschickung der Deponie möglichst vollständig zu fassen und zu klären. Nach der Schließung und Rekultivierung der Deponie ist der Sickerwasseranfall möglichst umfassend zu minimieren.

Die ersten Schritte in diese Richtung wurden in den 70er Jahren unternommen, lange bevor Deponiebasisdichtungen für Hausmülldeponien Stand der Technik waren. Die Technik für mineralische Deponiebasisdichtungen ohne Kunststoffdichtungsbahnen dagegen war schon lange vorher ausgereift nach Weiterentwicklung jahrzehntelang bewährter Verfahren des Dammbaus. So wurden in unserem Hause die ersten Neuanlagen von Deponien für Industrieabfälle mit Basisdichtung und Flächendränage im Weser-Ems-Gebiet schon im Jahre 1972 geplant und ausgeführt, nachdem erste gesicherte wissenschaftliche Erkenntnisse über das Gefährdungspotential von Mülldeponien vorlagen, vgl. u.a. GOLWER et al. (1976). Trotz dieser Erkenntnisse war man jedoch zu diesem Zeitpunkt noch generell der Meinung, daß Basisdichtungen, gleich welcher Art, nur in Ausnahmefällen bei besonders hohem Gefährdungspotential (Sonderabfalldeponien, hohe Abstandsgeschwindigkeiten des Grundwassers) notwendig seien.

Vor dieser Zeit war eine künstliche Abdichtung von Deponien unüblich, Maßnahmen zum Grundwasserschutz beschränkten sich, wenn überhaupt, auf eine Sickerwasserfassung. Von daher ist der Schutz des Grundwassers an Altdeponien zum einen abhängig von der Güte der Sickerwasserfassung, zum anderen vom hydrogeologischen Umfeld des Standorts, wobei die Standortwahl - anders als heute, wo die Standortuntersuchung durch eine Umweltverträglichkeitsprüfung per Gesetz (UVPG 1990) vorgeschrieben ist - nur in wenigen Fällen Ausschlag für die Standortwahl gab, was insbesondere an der ungenügenden Kenntnis des Schadstoffinventars von Hausmülldeponien bzw. dessen toxischer Wirkung und des Emissionsverhaltens von Deponien lag.

Aus dem Gesagten ergibt sich zum einen die Erfordernis einer gezielten Nacherkundung von alten Hausmülldeponien und zum anderen der Schaffung einer Möglichkeit zur langzeitlichen Überwachung von neu angelegten Deponien.

Die hier vorgestellten Deponien wurden alle Mitte der 70er Jahre in Betrieb genommen und sind mittlerweile vollständig beschickt, bzw. stehen kurz vor der Schließung. Alle vorgestellten Deponien wurden vor kurzem mit Erweiterungsflächen nach dem Stand der Technik (RAPPERT 1990) versehen. Es wurden und werden daher nunmehr umfangreiche Baumaßnahmen sowohl für die Rekultivierung der Altdeponien als auch für die Neuanlage der Erweiterungsflächen notwendig. Als Planungsgrundlage für diese Baumaßnahmen sind umfangreiche Untergrunderkundungen erforderlich, da die Anforderungen an die Erkundung des Baugrundes sowie den Nachweis der natürlichen Schutzwirkung des Untergrundes im Planfeststellungsverfahren heute einen sehr hohen Stellenwert einnehmen.

Da die Kenntnisse über die nach wesentlich geringeren Sicherheitsstandards gebauten Altdeponien insgesamt sehr lückenhaft sind, wurden von den Bezirksregierungen in Niedersachsen, unterstützt durch die Fachbehörden des Landes, gezielte Nachermittlungen gefordert mit dem Ziel, Lücken in der Kenntnis des geologischen und hydrogeologischen Umfeldes der Deponien zu schließen und die Gefährdungen, die von den Altdeponien ausgehen, abzuschätzen. Diese Maßnahmen werden zusammmen mit der Planung und Ausführung von Meßstellennetzen zur Überwachung der Erweiterungsflächen ausgeführt, um diese Maßnahmen möglichst umfassend und wirtschaftlich durchzuführen, wobei ein weiteres Ziel die Trennung der Einflußbereiche von Altdeponie und Erweiterungsfläche ist.

Die Methodik dieser in Niedersachsen unter dem Namen "Hydrogeologisches Beweissicherungsverfahren" zusammengefaßten Untersuchungen an vier Hausmülldeponien wird nachfolgend im Teil I vorgestellt. Dazu werden die generellen Anforderungen an dieses Verfahren, wie sie sich aus der Sicht der Fachbehörden stellen, kurz angerissen, um dann überzuleiten zu den speziellen Anforderungen an die Durchführung dieser Untersuchungen, wie sie sich aus der Sicht des mit diesen Aufgaben beauftragten Gutachters stellen. Dazu werden im Teil II dieser Arbeit die vier Deponien und ihr geologisch-hydrogeologisches Umfeld, sowie ihr Gefährdungspotential als Ergebnis der durchgeführten Untersuchungen kurz umrissen, während in den darauffolgenden Teilen III und IV auf besondere Arbeitsmethoden bei der hydrogeologischen Untersuchung generell von Altlasten eingegangen wird, d.h. auf spezielle Probleme der Erkundung, der Untersuchungen und der Auswerteverfahren, die auf dem Weg dahin zu lösen waren.

Die vorliegende Arbeit geht hinsichtlich der Gefährdungsabschätzung und der Beweissicherung vorrangig auf den Grundwasserpfad ein, das Oberflächenwasser wird nur dort behandelt, wo Wechselwirkungen zwischen Grundwasser und Oberflächengewässern stattfinden.

In jüngster Zeit werden die Anforderungen an Gefährdungsabschätzungen für Hausmülldeponien von der Bezirksregierung sehr viel weiter gefaßt. Sie beschränken sich nicht nur auf die Ermittlung des Gefährdungspotentials für Grund- und Oberflächenwasser, den Hauptemissionspfad für Sickerwasser aus Deponien, sondern umfassen auch alle übrigen Emissionspfade wie Entgasung, Staubverwehung etc.. Auf die daraus resultierenden Arbeiten wird hier nicht eingegangen.

Teil I

Das hydrogeologische Beweissicherungsverfahren für Hausmülldeponien

Rechtliche Grundlage für die Forderung nach einer gezielten Nachermittlung von hydrogeologischen Daten an den Standorten von herkömmlichen Hausmülldeponien und nach einem hydrogeologischen Untersuchungsprogramm für die Erweiterungsflächen im Zuge des Planfeststellungsverfahrens ist das Wasserhaushaltsgesetz (WHG 1990). Dieses besagt grundsätzlich in § 1a, daß *"die Gewässer als Bestandteil des Naturhaushalts so zu bewirtschaften sind, daß sie dem Wohl der Allgemeinheit und im Einklang mit ihm auch dem Nutzen einzelner dienen und daß jede vermeidbare Beeinträchtigung unterbleibt"*. Vorab wird in § 1 definiert, daß unter Gewässer neben den Oberflächengewässern auch Küstengewässer und Grundwasser verstanden werden. Im § 34 (2) wird weiter ausgeführt, daß *"Stoffe nur so gelagert oder abgelagert werden dürfen, daß eine schädliche Verunreinigung des Grundwassers oder eine sonstige nachteilige Veränderung seiner Eigenschaften nicht zu besorgen ist"*. In ähnlicher Weise lautet das niedersächsische Wassergesetz (NWG 1990).

Mit unserem heutigen vertieften Wissen über Schadstofftransportvorgänge und der toxischen Wirkung einzelner Schadstoffe auch in geringen Konzentrationen und nach der Entwicklung hochauflösender analytischer Verfahren ergibt sich bei den meisten Altdeponien zwingend ein Handlungsbedarf für intensive hydrogeologische Untersuchungen. D.h. alle Anlagen, die in den natürlichen Wasserhaushalt eingreifen, müssen per Gesetz überwacht werden und stattgefundene und zukünftige Emissionen aus der Deponie müssen in einem

Grundwasserbeweissicherungsverfahren,
bestehend aus einer Gefährdungsabschätzung
und einem Beweissicherungsplan,

quantitativ bestimmt oder zumindest abgeschätzt werden.

Für neu einzurichtende Anlagen, also z. B. für Deponieerweiterungsflächen, fordert die Erste Allgemeine Abfallverwaltungsvorschrift (AVwV 1990) ausdrücklich die Erstellung eines hydrogeologischen Gutachtens und die Schaffung von Einrichtungen zur Grundwasserbeweissicherung im Rahmen des

Planfeststellungsverfahrens. Diese Maßnahmen sind Teil der durchzuführenden Umweltverträglichkeitsprüfung, die im Gesetz zur Umsetzung der EG-Richtlinie vom 27. Juni 1985 (UVP 1990) vorgeschrieben ist.

Aber auch für bestehende Anlagen sind nach der AVwV von Seiten der Behörden "*nachträgliche Anordnungen mit der Maßgabe zu erlassen, daß die Ableistung den Anforderungen dieser Allgemeinen Verwaltungsvorschrift entsprechen*". Eine strenge Auslegung dieser Abfallverwaltungsvorschrift bedeutet somit, daß u.U. sämtliche in der Vergangenheit hergestellten, zum Grundwasser hin nicht gedichteten Deponien gesichert bzw. saniert werden müssen. Dazu ist jedoch in jedem Fall als Grundlage, wie für die Einrichtung einer neuen Deponie, ein hydrogeologisches Gutachten und ein Beweissicherungsplan zu erstellen.

Das Land Niedersachsen plant, um in Zukunft klare Verhältnisse über Art und Umfang solcher Untersuchungen zu schaffen, derartige Untersuchungen durch Erlaß anzuordnen. Dazu wird derzeit von den Landesbehörden Niedersächsisches Landesamt für Wasser und Abfall und Niedersächsisches Landesamt für Bodenforschung ein "Deponieüberwachungsplan Wasser" ausgearbeitet, der im Entwurf vorliegt (NLFB/NLWA 1991). Dieser Entwurf gilt streng genommen nur für im Betrieb befindliche bzw. geplante Deponien, im Falle der untersuchten Deponien also für die Erweiterungsflächen grundsätzlich, für die Altdeponien solange wie das Abfallgesetz anzuwenden ist. Dies ist solange der Fall, bis der Planfeststellungsbeschluß erfüllt ist, also erst nach einer Rekultivierung. Auch für die Altdeponien ist somit, sobald der Deponieüberwachungsplan erlassen ist, dieser zwingend anzuwenden.

Für den Fall, daß die Rekultivierung schon abgeschlossen ist, handelt es sich bei diesen Altdeponien streng genommen um Altablagerungen. Für die gezielte Nachermittlung von Altablagerungen wurde von einer Landesarbeitsgruppe des NLÖ/NLfB eine Richtlinie "Altlastenprogramm des Landes Niedersachsen - Altablagerungen" (Altlastenhandbuch) erstellt (NLWA/NLFB 1989, NLÖ/NLfB 1993).

Für das Land Nordrhein-Westfalen existiert ein "Leitfaden zur Grundwasseruntersuchung bei Altablagerungen und Altstandorten" (LWA 1989), mit dem, wie auch im Altlastenhandbuch, in sehr schematischer Weise versucht wird, die Untersuchungen bis ins Detail zu reglementieren, auch wenn in der Einleitung diese Intention relativiert wird. M.E. ist der Deponieüberwachungsplan Wasser für das Land Niedersachsen in jeder Hinsicht diesen Leitfäden vorzuziehen.

Gemäß den Anforderungen der 1. AVwV an die Altstandorte ist ein Vergleich der Standortgegebenheiten des untersuchten Altstandorts mit den Anforderungen, die heute an einen Deponiestandort gestellt werden, durchzuführen. Für Sonderabfalldeponien sind diese Standortanforderungen in der Zweiten Allgemeinen Verwaltungsvorschrift zum Abfallgesetz (TA Abfall 1991) dargelegt. Für Siedlungsabfälle wurden diese Anforderungen in der Dritten Allgemeinen Verwaltungsvorschrift (TA Siedlungsabfall 1993) im wesentlichen übernommen.

Auch wenn der Deponieüberwachungsplan Wasser derzeit erst im Entwurf vorliegt, ist es dringend geboten, dessen jeweiligen Beratungsstand den hydrogeologischen Untersuchungen zugrunde zu legen, da die auf diesen

Untersuchungen aufbauende Gefährdungsabschätzung die Grundlage für die notwendige und im Planfeststellungsbeschluß festgeschriebene Rekultivierung der Deponie ist. Diese Rekultivierung ist dem Stand der Technik entsprechend durchzuführen und verlangt daher unter Umständen über eine Abdeckung der Deponie - die derzeit übliche Sicherung der Altdeponien - hinausgehende Maßnahmen.

Die den hier vorgestellten vier Fallbeispielen zugrundeliegenden Untersuchungen orientierten sich daher am jeweiligen Entwurfsstand des Deponieüberwachungsplanes Wasser. Nur so konnte sichergestellt werden, daß die Rekultivierungsplanung sowohl dem Stand der Technik gemäß, als auch den behördlichen Anforderungen an die Beweissicherung entsprechend und für die Landkreise wirtschaftlich durchgeführt werden kann

1 Anforderungen an das Beweissicherungsverfahren für Hausmülldeponien

Gemäß dem Entwurf des Deponieüberwachungplanes Wasser ist für jede derzeit in Betrieb befindliche und geplante Deponie die Aufstellung und Fortschreibung eines Überwachungsplanes für die Gewässer erforderlich. Wesentlich ist dabei, daß schon in der Einleitung des Entwurfs betont wird, daß jede Deponie aufgrund der häufig sehr komplexen hydrogeologischen Situation als Einzelfall behandelt werden muß.
Welche Anforderungen der Entwurf der Verordnung an die Ausarbeitung des Überwachungsplanes stellt, ist den einzelnen Hauptabschnitten zu entnehmen. Danach sind

- die Deponie als Ingenieurbauwerk zu bewerten,
- die allgemeinen Standortgegebenheiten zu bewerten,
- die hydrogeologischen Rahmenbedingungen darzustellen,
- das Austragspotential abzuschätzen,
- ein Plan zur weiteren Überwachung von Grund- und Oberflächenwasser auszuarbeiten.

Die Fülle an vorgeschlagenen Untersuchungsmöglichkeiten, die in diesem Entwurf der Richtlinie angegeben sind, wurden vom Verfasser im Rahmen der Ausarbeitung der jeweiligen hydrogeologischen Gutachten zu den Standorten als Leitlinien angesehen, welche Methoden zur Verifizierung der o.a. Punkte zur Verfügung stehen, nicht jedoch als festes Gerüst für die Untersuchungen und den späteren Bericht. Bei der Bearbeitung des hydrogeologischen Umfeldes der Deponiestandorte stellte sich heraus, daß die jeweilige spezifische geologische Situation am Standort lediglich eine Auswahl der vorgestellten Untersuchungen notwendig machte, in einigen Fällen dagegen waren jedoch auch darüber hinausgehende detailliertere Untersuchungen erforderlich.

Die im Entwurf der Richtlinie vorab gestellte Forderung nach standortspezifischen Untersuchungen muß daher auch aus der Sicht des mit der Aufstellung des Deponieüberwachungsplanes beauftragten Ingenieurbüros nachdrücklich unterstützt werden.

Den Erfahrungen mit den durchgeführten Untersuchungen zufolge stellen folgende Untersuchungen Schwerpunkte des Untersuchungsprogramms dar, sowohl hinsichtlich der zu erbringenden Ingenieurleistungen als auch hinsichtlich der notwendigen, durch Dritte auszuführenden Leistungen (Bohrungen, chemische Analysen):

- Die Bestimmung der Austragsrate von Schadstoffen, d.h. in welchen Zeiten welche Mengen von Schadstoffen ausgetragen werden.
- Die Bestimmung der Konzentration deponiespezifischer Stoffe im Grundwasser, d.h. es muß sehr genau überprüft werden, ob diese Stoffe überhaupt aus der Deponie kommen. Sehr häufig ergibt sich eine Überlagerung mit Schadstoffbelastungen aus der Landwirtschaft.
- Die Bestimmung der Ausbreitungsgeschwindigkeit und -richtung der ausgetragenen Schadstoffe.
- Die Bestimmung des zeitlichen Verlaufs der Schadstoffbelastung im Aquifer, d.h. die Ermittlung, ob Abbauprozesse stattfinden, ob etwa Pufferkapazitäten der Böden ausgeschöpft sind, oder ob zeitlich konstante, ansteigende oder rückläufige Belastungen registriert werden.
- Als Resultat dieser Untersuchungen ist dann das Gefährdungspotential der Deponie für das Grundwasser abzuschätzen.
- Zur zukünftigen Überwachung und gegebenenfalls zur Bestimmung der Wirksamkeit von Sicherungs- oder Sanierungsmaßnahmen bei der Rekultivierung der Deponie wird der Beweissicherungsplan aufgestellt.

Um den o.a. Untersuchungszielen gerecht zu werden, wurde bei der Bewertung der vier Standorte eine Untersuchungsmethodik entwickelt, an die folgende Anforderungen gestellt wurden:

- Ein sehr hoher Detaillierungsgrad bei den geologischen Untersuchungen. Dies erfordert hohe Ansprüche an das gewählte Bohrverfahren und teilweise ergänzende Aufschlüsse (z.B. Schürfe).
- Definiert beprobbare Meßstellen. Dies erfordert getrennt ausgebaute und exakt abgedichtete Meßstellen aus hochwertigem Ausbaumaterial.
- Reproduzierbarkeit der Ergebnisse der Untersuchungen. Diese verlangt vorrangig den Einsatz von Standarduntersuchungen, d.h. genormter, bzw. langjährig bewährter und überprüfbarer Verfahren im Feld und Labor, sowie bevorzugt den Einsatz analytischer Rechenverfahren anstelle numerischer Verfahren.
- Eine größtmögliche Flexibilität hinsichtlich der Untersuchungsmethodik, um den jeweiligen Standortgegebenheiten gerecht zu werden.
- eine größtmögliche Schematisierung und Rationalisierung der Datenerfassung zur Weiterverarbeitung durch EDV.

2 Untersuchungsprogramm

Das Untersuchungsprogramm ist schematisch auf Abb. 1 dargestellt. Es beginnt stets mit einer Bestandsaufnahme, in der alle verfügbaren Daten, die von den Staatlichen Ämtern für Wasser und Abfall (STÄWA), den Bezirksregierungen, den Betreibern und Landesbehörden (NLWA und NLfB) erhoben wurden, gesichtet, zusammmengestellt und entsprechend den weiteren Untersuchungsschritten neu dargestellt werden, wozu in aller Regel eine Erfassung mittels EDV gehört. Die Bestandsaufnahme schließt mit dem Vorschlag eines ergänzenden Untersuchungsprogrammes ab, das dann mit den beteiligten Fachbehörden diskutiert wird.

Nach dieser Abstimmung erfolgt die Durchführung des eigentlichen Untersuchungsprogrammes, das mit dem Erkundungsprogramm beginnt. Dazu werden je nach den geologischen Verhältnissen Bohrungen, Sondierungen und Schürfe angelegt und Grundwassermeßstellen in den verschiedenen Grundwasserleitern, teilweise auch in den Grundwassergeringleitern ausgebaut und Feldversuche durchgeführt, sowie Meßstellen an den Oberflächengewässern eingerichtet.

Sobald die Meßstellen fertiggestellt sind, schließt sich die erste Wasserprobenahme mit nachfolgender chemischer Analyse und eine Stichtagsmessung an.

Auf diese Erstbeprobung folgt der Beobachtungszeitraum, in dem die Grundwasserstände, Gewässerpegelstände und Niederschläge regelmäßig gemessen werden. Dieser Zeitraum sollte sich über ein gesamtes Gewässerjahr erstrecken, aus Zeitgründen muß er jedoch meistens auf etwa 3 bis 6 Monate verkürzt werden, was jedoch nur dann hingenommen werden kann, wenn sichergestellt ist, daß die im Beobachtungszeitraum gewonnenen Ergebnisse anhand von langjährigen älteren Aufzeichnungen ergänzt und bewertet werden können.

Die Auswertung der Bohrergebnisse und die Durchführung der Laborversuche kann zum größten Teil schon während des Beobachtungszeitraums erfolgen. Ebenso müssen die Ergebnisse der Analysen der Erstbeprobung vorliegen um gezielt die Zweitbeprobung zu steuern. Diese zweite Wasserprobenahme und eine Zweitanalyse erfolgen am Ende des Beobachtungszeitraums und sollen die Ergebnisse der ersten Messung kontrollieren und einen ersten Hinweis auf Schwankungsbreiten liefern. Es wird versucht, die Probenahme so zu legen, daß einmal bei generell hohem Grundwasserstand und einmal bei generell niedrigem Grundwasserstand beprobt wird.

Sobald alle Ergebnisse aus dem Untersuchungsprogramm vorliegen, wird das hydrogeologische Gutachten erstellt. Dabei wird festgestellt, ob das Datenmaterial ausreichend ist. Wenn ja, schließt sich die Gefährdungsabschätzung und die Ausarbeitung des Beweissicherungsplanes für die zukünftige Überwachung der Deponie an, wenn nicht, müssen weitere ergänzende Untersuchungen

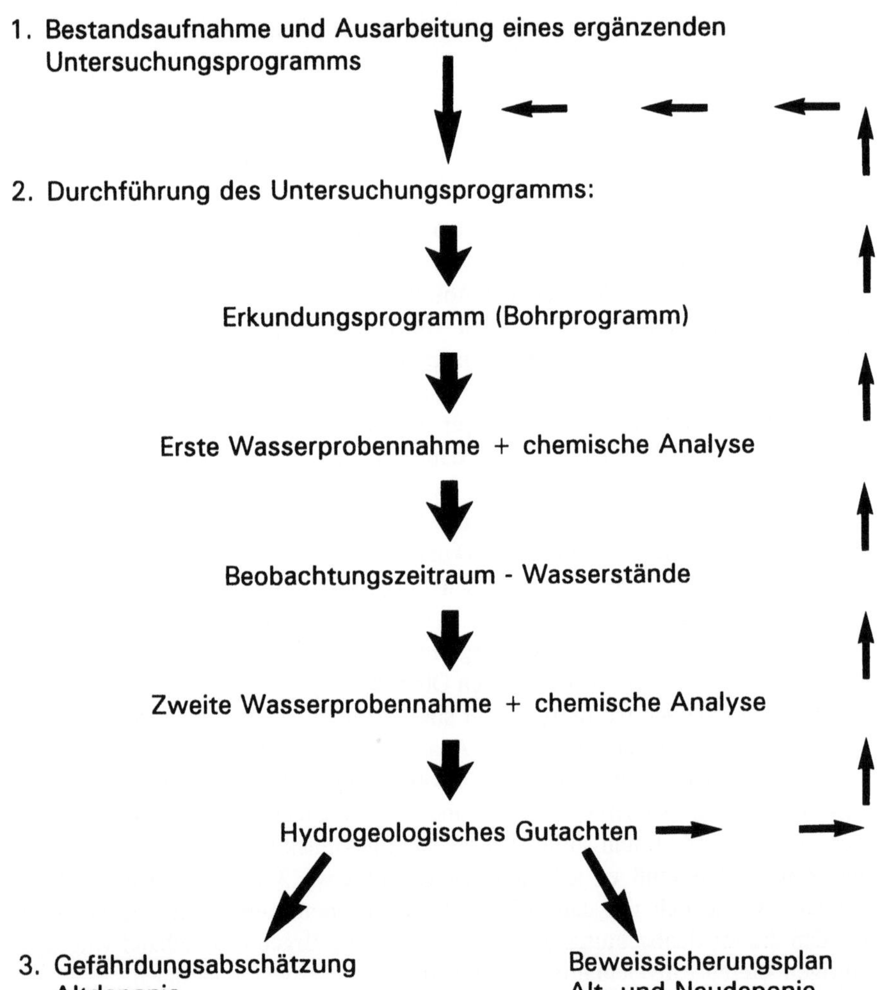

Abb. 1. Ablaufschema des Untersuchungsprogrammes zur Durchführung des hydrogeologischen Beweissicherungsverfahrens. Dargestellt sind die bis zur Fertigstellung der Gefährdungsabschätzung und des Beweissicherungsplanes hintereinander zu durchlaufenden Teilschritte. Einzelne Teilschritte, bei denen im ersten Durchgang nicht der notwendige Detaillierungsgrad erreicht wird, werden wiederholt.

durchgeführt werden, wie dies auf Abb. 1 angedeutet ist. Dabei sind dann üblicherweise nicht mehr alle beschriebenen Arbeitsschritte durchzuführen. Das zweite und jedes weitere Untersuchungsprogramm ist daher vom Umfang her und auch vom zeitlichen Ablauf deutlich gegenüber dem ersten Untersuchungsprogramm verkürzt. Aus Kostengründen ist jedoch anzustreben, das erste Unter-

Gegenstand der Untersuchungen	
Bestandsaufnahme	**Untersuchungsprogramm**
1. Untergrundaufbau	
• Geologische Karten	• Bohrergebnisse
• topographische Karten	• Feldversuche
• Bestandsaufnahme	• Untersuchungsprogramm
• Altbohrungen	• Laborversuche
• Bodenmechanische Laborversuche	
2. Hydraulische Situation	
• Langjährige Niederschlagsdaten	• Niederschläge im Beobachtungszeitraum
• Langjährige Gewässerstände	• Grundwasserstände im Beobachtungszeitraum
• Langjährige Grundwasserstände	• Grundwasserstände im Beobachtungszeitraum
3. Hydrochemische Situation	
• Längjährige Oberflächen-wasseranalysen	• Oberflächenwasseranalysen (2-fach)
• Langjährige Grundwasser-analysen	• Grundwasseranlaysen (2-fach)

Abb. 2. Gliederung der zur Untersuchung des hydrogeologischen Umfeldes notwendigen Untersuchungen.

suchungsprogramm so auszulegen, daß eine Gefährdungsabschätzung durchgeführt werden kann, die dann eventuell durch weitere Untersuchungen ergänzt, nicht jedoch neu ausgearbeitet werden muß.

Der Gegenstand der Untersuchungen ist in drei Teilbereiche zu gliedern: Die Erkundung des Untergrundaufbaus, die Klärung der hydraulischen Situation und die Klärung der hydrochemischen Situation der Deponie und deren Umfeld. Auf Abb. 2 ist ein Gliederungsschema dieser Untersuchungen angegeben. Bei jedem dieser Teilbereiche ist aus methodischen Gründen und aus Gründen der Zuverlässigkeit der Ergebnisse zu gliedern zwischen den Untersuchungsergebnissen, die im Zuge der Bestandsaufnahme erfaßt wurden und denen, die mit dem Untersuchungsprogramm erlangt worden sind.

Im einzelnen wird bei der Untersuchung der einzelnen Teilbereiche folgendermaßen vorgegangen:

Als Grundlage für alle weiteren Untersuchungen ist der Untergrundaufbau sowie die geomorphologische Situation zu klären. Dazu werden bei der Bestandsaufnahme geologische und topographische Karten ausgewertet sowie die Altbohrungen zusammengestellt und, falls vorhanden, bodenmechanische Versuchsergebnisse aus Baugrundgutachten zusammengestellt.

Üblicherweise dienen die Altbohrungen lediglich einer ersten Orientierung über den Untergrundaufbau, da eine geologische und bodenmechanische Bearbeitung in den meisten Fällen fehlt, zu einem späteren Zeitpunkt der Auswertung sind sie jedoch meist zur Korrelation sehr hilfreich, da sie oftmals an Stellen abgeteuft wurden, die nunmehr unzugänglich sind, z.B. unterhalb des Deponiekörpers.

Beim eigentlichen Untersuchungsprogramm muß dann, aufbauend auf der Bestandsaufnahme, der Untergrundaufbau möglichst detailliert beschrieben werden, wobei eine feinstratigraphische Aufnahme durch den Geologen unerläßlich ist. Bohrmeisteransprachen sind bei weitem nicht ausreichend, eine bodenmechanische Ansprache, wie sie für Baugrunduntersuchungen üblich ist, muß meist erheblich ergänzt werden. Die Feld- und Laborversuche zielen vornehmlich auf die Bestimmung von k-Werten ab, daneben sind die einzelnen Schichten bodenmechanisch zu klassifizieren.

Zur Klärung der hydraulischen Situation werden, sofern vorhanden, langjährige Messungen der StÄWA bzw. der Deponiebetreiber sowie durch den Deutschen Wetterdienst gesammelte Klimadaten, vornehmlich Niederschlagsmessungen ausgewertet. Meist sind monatliche Aufzeichnungen der Grundwasserstände einiger weniger Meßstellen seit Inbetriebnahme der Deponie vorhanden. Messungen von Oberflächengewässerständen fehlen meist, sofern sie nicht zu anderen Zwecken (Sielwerke, Schiffahrt etc.) gesammelt wurden.

Die Auswertung dieser Meßergebnisse dient dazu, die Minima und Maxima der Grundwasserstände abzuschätzen und den jahreszeitlichen Verlauf der Grundwasserstände zu bestimmen.

Zur Bestimmung des Einflusses des Niederschlagsgeschehens oder von Oberflächenwasserständen auf die Grundwasserstände und zur Erfassung ihrer zeitlichen Schwankungen dienen die Messungen im Beobachtungszeitraum, die in sehr viel kürzeren Intervallen durchzuführen sind.

Die Beurteilung der hydrochemischen Situation stützt sich vorwiegend auf die Ergebnisse des Untersuchungsprogramms. Die in der Bestandsaufnahme zusammengefaßten Ergebnisse sind meist auf wenige Analysenergebnisse beschränkt, ferner ist der Parameterumfang häufig nicht sehr umfangreich. Dennoch sind diese Aussagen selbst bei noch so kleinem Parameterumfang sehr wichtig zur Bestimmung der zeitlichen Entwicklung einer Grundwasserbelastung, die oftmals z.B. allein am CSB-Wert sicher festgestellt werden kann.

Zur Darstellung des guten Dokumentationsstandes von Hausmülldeponien sind in den Anhängen 1 bis 3 eine Auswahl von hydraulischen Daten aus der Regelüberwachung der Deponien dargestellt.

2.1 Bestimmung des Untergrundaufbaus

Eine exakte Beschreibung des Untergrundaufbaus im Bereich der Deponie und auf der An- und Abstromseite ist die Grundlage für alle weiteren Untersuchungen. In einem ersten Schritt wird eine möglichst umfassende geologische Aufnahme vorgenommen (Datenerhebung), die wiederum Grundlage für die dann vorzunehmende hydrostratigraphische Gliederung des Untergrundaufbaus (Bewertung) ist. Danach schließt sich eine Zuordnung von physikalischen Parametern zu den einzelnen unterschiedenen Einheiten an (Quantifizierung).

Die Schaffung der Datenbasis durch die geologische Aufnahme ist die Grundlage für die anschließenden Abstraktionsschritte und muß daher möglichst detailliert sein. Ferner muß bei diesem Arbeitsschritt möglichst rein beschreibend vorgegangen werden. Wertungen dürfen sich erst in den nachfolgenden Auswerteschritten anschließen. Mit der anschließenden hydrostratigraphischen Gliederung (1. Abstraktionsschritt) wird ein geologisches Modell des Untergrundes geschaffen, das insbesondere hinsichtlich der Geometrie der einzelnen geologischen Einheiten von entscheidender Bedeutung für die nachfolgenden hydraulischen Untersuchungen ist.

Im 2. Abstraktionsschritt wird aus dem geologischen Modell ein hydraulisches Modell. Dazu sind die einzelnen geologischen Einheiten hinsichtlich ihrer inneren Struktur zu untersuchen. Dies ist im wesentlichen eine feinstratigraphische oder gefügekundliche Aufgabe. Auf der Grundlage der festgestellten Feinstruktur und der durchgeführten Versuche sind den einzelnen Einheiten dann hydraulische Bemessungswerte zuzuordnen. Die Vorgehensweise zur Datenerhebung und Modellbildung ist im einzelnen in den nachfolgenden Abschnitten beschrieben.

2.1.1 Geologische Aufnahme

Der geologische Aufbau des Untergrundes im Bereich der Deponie und deren Umgebung ist, beginnend mit der geologischen Großstruktur bis hin zum Feinbau der Einzelschichten zu untersuchen. Im einzelnen sind dies:

- die regionalgeologische Einordnung des Standorts,
- die Lagerungsverhältnisse der geologischen Einheiten und deren stratigraphische Stellung,
- der lithostratigraphische Aufbau des Untergrundes,
- die Internstruktur der einzelnen ausgeschiedenen Schichtenfolgen,
- der feinstratigraphische Aufbau der Schichtfolgen.

Die genaue Kenntnis des **regionalgeologischen Rahmens** ist vorab notwendig für eine sinnvolle Planung des Erkundungsprogrammes. Weiterhin ist sie unabdingbar für später vorzunehmende Korrelationen zwischen den einzelnen Bohrungen, die um so zutreffender sind, je besser sie dem regionalgeologischen Modell der Entstehung des Untergrundes entsprechen. Bei den hier untersuchten Deponien war insbesondere eine gute Kenntnis der glazigenen Prägung des

Untergrundes notwendig. Ganz entscheidend beeinflußt die Kenntnis des regionalgeologischen Rahmens die spätere Wahl eines hydraulischen Modells, insbesondere hinsichtlich dessen Rändern.

Die Bestimmung der **Lagerungsverhältnisse** ist im Quartär mit den häufig sehr unregelmäßig begrenzten Sedimentkörpern erschwert, bzw. erfordert ein dichtes Aufschlußnetz. Um so wichtiger ist auch hier die genaue Kenntnis des regionalgeologischen Rahmens zur Abschätzung, wie die einzelnen geologischen Körper geformt sind, welche Entstehung sie haben und wie ihre Lagerungsverhältnisse untereinander sind.

Die Klärung der Lagerungsverhältnisse der geologischen Einheiten bzw. Sedimentkörper ist eine wesentliche Voraussetzung für das später zu erstellende hydrostratigraphische Modell des Untergrundes. Bei den durchgeführten Untersuchungen war in drei von vier Fällen selbst für eine grobe erste Abschätzung das einfache Modell des geschichteten Untergrundes für die hydrogeologischen Fragestellungen auch in erster Näherung völlig unzutreffend.

Eine eindeutige **stratigraphische Einstufung** der Schichten ist bei den hydrogeologischen Untersuchungen im Quartär unter wirtschaftlichen Gesichtspunkten nur in Ausnahmefällen durchführbar. Das Wissen um die zumindest ungefähre stratigraphische Stellung der anstehenden Schichten ist jedoch Voraussetzung für die Einordnung in den regionalgeologischen Rahmen des umliegenden Gebietes.

Die Bestimmung des **lithostratigraphischen Aufbaus** des Untergrundes stellt die wesentliche Aufgabe des Geologen vor Ort dar und ist von ihrer Bedeutung für eine zuverlässige Bestimmung des Emissionsverhaltens der Deponie mit der Datenerfassung der hydraulischen und hydrochemischen Parameter gleichzusetzen.

Weiterhin ist die **feinstratigraphische Aufnahme** zumindest ausgewählter Bohrabschnitte notwendig für eine spätere zutreffende Beschreibung der Eigenschaften der einzelnen hydrostratigraphischen Einheiten. Bei den durchgeführten Untersuchungen konnte festgestellt werden, daß ohne diese feinstratigraphische Aufnahme die Eigenschaften insbesondere der Grundwassergeringleiter aufgrund der nur durch feinstratigraphische Aufnahmen feststellbaren Heterogenität und Anisotropie der einzelnen Einheiten zu günstig angesetzt worden wäre.

Für die Entscheidung, aus welchen Bohrabschnitten Bohrkerne für die feinstratigraphische Aufnahme zu entnehmen sind, ist zumindest ein zeitweiliger Einsatz und eine Steuerung der Arbeiten durch den Geologen vor Ort notwendig, eine stichprobenartige Überwachung der Aufschlußarbeiten reicht nicht aus.

Die vorab beschriebenen Untersuchungsschritte stellen den ersten Abstraktionsschritt vom Bohrergebnis zu einem lithologischen Modell des Untergrundes dar.

2.1.2 Hydrostratigraphische Einstufung einzelner Einheiten

Auf der Grundlage der geologischen Beschreibung und Einordnung des Untergrundes erfolgt die hydrostratigraphische Zuordnung einzelner Einheiten. Dazu sind zuerst nach bodenmechanischen und geologischen Gesichtspunkten Einheiten unterschiedlichen hydraulischen Verhaltens voneinander abzugrenzen und einzustufen.

Um Unklarheiten bei den anzuwendenden Begriffen zu vermeiden sind vorab einige nomenklatorische Definitionen notwendig. Im neueren hydrogeologischen Schrifttum (z.B. WERNER 1990) setzt sich zunehmend die Einteilung in Grundwasserleiter und Grundwassergeringleiter durch, was m.E. sowohl einer physikalisch sinnvollen, nicht zweckbestimmten, z.B. auf Wassergewinnung ausgerichteten Klassifikation gerecht wird und den Anforderungen nach quantitativem Arbeiten in Fragen des Grundwasserschutzes gerecht wird. Auch die beiden Richtlinien des NLÖ/NLfB enthalten ausschließlich diese beiden Begriffe. Die immer noch in der DIN 4049 Teil 3 vorhandenen Begriffe "Grundwasserhemmer", "Grundwassernichtleiter" und deren lateinische Entsprechungen entstammen noch den Zeiten als die Hydrogeologie fast ausschließlich ein Hilfsmittel der Grundwassergewinnung war und sind beim heutigen Wissensstand über die Durchlässigkeiten des Untergrundes unbrauchbar, im Falle des Begriffs "Grundwassernichtleiter" unzutreffend.

In drei der vier untersuchten Fälle stellten sinnvolle Abgrenzungen der hydrostratigraphischen Einheiten auch von ihrer Genese her lithostratigraphische Grenzen dar. Für die Entscheidung, ob z. B. kleinere geringleitende Einheiten im Grundwasserleiter oder umgekehrt kleinere grundwasserleitende Einheiten im Grundwassergeringleiter abzugrenzen sind oder bei der Beschreibung der jeweiligen Einheit als Inhomogenitäten zu werten sind, gibt es keine festgelegten Kriterien. Dies ist Aufgabe des Geologen und weitgehend von Erfahrungswerten abhängig.

Die Abgrenzung wurde in den vorliegenden Fällen unter Abwägung folgender Kriterien gefällt:

– Mächtigkeit der Einheiten im Vergleich zur Größe des untersuchten Gebietes,
– Ausdehnung der Einheiten im Vergleich zur Größe des untersuchten Gebietes,
– Form der Einheit (z. B. Schicht, auskeilende Schicht, Linse),
– Abstand der Einheit zur Deponie oder zum Vorfluter,
– Homogenität der umgebenden Einheiten,
– Verhältnis der Durchlässigkeiten der einzelnen Einheiten,
– Einfaches Auftreten oder alternierende Anordnung von Zwischenschichten.

So ist z.B. bei der Deponie Mansie eine sehr geringmächtige oberflächennahe Flugsanddecke als Grundwasserleiter entscheidend für das Emissionsverhalten der Altdeponie.

Die Einteilung des Untergrundes in verschiedene Einheiten und die Einstufung in die Kategorien "Grundwasserleiter" und "Grundwassergeringleiter" stellt nach dem Übergang vom Bohrergebnis zum lithologischen Aufbau den zweiten und wesentlichsten Abstraktionsschritt vom "Deskriptiven" zum "Modell" dar. Da sowohl bei der Abgrenzung als auch bei der Einstufung sowohl subjektive als auch teleologische Aspekte zum Tragen kommen, sind bei den sedimentologischen Verhältnissen im Quartär mit Wechsellagerungen, auskeilenden Schichten und graduellen Übergängen meist mehrere Modelle möglich. Bei drei der vier vorgestellten Fallbeispielen wurde festgestellt, daß eine frühzeitige Wahl des Modells zum Weiterarbeiten zwingend notwendig ist, jedoch meist im Verlauf der weiteren Bearbeitung, bei Vorliegen ergänzender Aufschlüsse revidiert oder optimiert werden muß.

2.1.3 Bestimmung der Eigenschaften der hydrostratigraphischen Einheiten

Nach der Abgrenzung der einzelnen hydrostratigraphischen Einheiten werden diese jede für sich beschrieben. Dabei ist in einem ersten Schritt die Bestimmung der Mächtigkeiten und des internen lithologischen Aufbaus der Einheit notwendig. In einem zweiten Schritt werden die Eigenschaften der Einheit bestimmt. Es erfolgt eine Auswertung der Laborversuche und die Bestimmung der hydraulischen Parameter der Einheit. Dabei sind Kenntnisse über Schwankungbreiten, Minimal- und Maximalwerte etc. erforderlich, d.h. die Werte müssen statistisch abgesichert sein. Wo dies nicht der Fall ist, schlägt sich dies in Sicherheitszuschlägen auf die Bemessungswerte nieder. Ergänzend werden die Ergebnisse der Feldversuche herangezogen, die einen größeren Ausschnitt des Untergrundes erfassen. Abschließend werden mittels einer kritischen Bewertung der zusammengestellten Meßwerte, auch unter Berücksichtigung von Erfahrungswerten, für die einzelnen Einheiten hydraulische und geometrische Bemessungswerte festgelegt, die im Regelfall folgende Parameter umfassen:

– Mächtigkeit der Einheit,
– horizontaler und vertikaler Durchlässigkeitsbeiwert,
– durchflußwirksames Porenvolumen.

Damit sind nachprüfbare Grundlagen für die folgenden hydraulischen Berechnungen und Abschätzungen gelegt.

2.2 Bestimmung der hydraulischen Situation

Die Arbeiten, die zur Untersuchung des jeweiligen hydraulischen Umfeldes der Deponie durchzuführen sind, gliedern sich in Datenerhebung, Datenerfassung, Darstellung und Auswertung. Diese sind zusammen mit den Bemessungswerten und dem hydrostratigraphischen Modell des Untergrundes Grundlage für hydraulische Berechnungen und Abschätzungen, die sich an diese grundlegenden Arbeiten anschließen.

2.2.1 Datenerhebung, Datenerfassung, Darstellung und Auswertung

Der Mindestumfang der zur Beschreibung der hydrogeologischen Situation notwendigen Daten ist gemäß Abb. 2:

- Niederschläge,
- Grundwasserstände,
- Oberflächengewässerstände.

Die im Beobachtungszeitraum ermittelten Meßwerte werden als Ganglinien dargestellt. Falls ältere, einen längeren Zeitraum umfassende Aufzeichnungen vorliegen, werden auch diese als Ganglinien dargestellt. In den vorliegenden Fällen waren lediglich einmal ältere langjährige monatliche Aufzeichnungen vorhanden. Diese erlauben Aussagen über ungefähr zu erwartende minimale und maximale Wasserstände, die meist im Beobachtungszeitraum auch nicht angenähert ermittelt werden können.

Als Mindestumfang werden jeweils für einen besonders hohen und einen besonders tiefen Wasserstand im Beobachtungszeitraum Grundwassergleichenpläne angefertigt. Aus diesen Daten lassen sich die folgenden grundlegenden Parameter für nachfolgende hydraulische Berechnungen und Abschätzungen ableiten:

- horizontale hydraulische Gradienten aus den Gleichenplänen,
- vertikale hydraulische Gradienten aus Meßstellenpaaren, die in unterschiedlicher Tiefe verfiltert sind.

Daneben sind, sofern diese Daten vorliegen, Sickerwassermengen, Abflußmengen von Oberflächengewässern und eventuell weitere meteorologische Daten aufzuzeichnen. In den untersuchten Fällen konnten lediglich an zwei Deponien gesicherte Angaben über den gefaßten Sickerwasseranteil gemacht werden. Auswertbare Angaben über Oberflächengewässer lagen lediglich aus den Küstenbereichen vor, wo bei den Wasserverbänden Daten gesammelt werden oder über größere Flüsse, die als Schiffahrtstraßen dienen.

2.2.2 Hydraulische Berechnungen und Abschätzungen

Die Bemessungswerte der einzelnen hydrogeologischen Einheiten liefern zusammen mit den aus den hydraulischen Daten ermittelten Gradienten die Grundlage für hydraulische Berechnungen. Aufbauend auf der entwikelten Modellvorstellung des Untergrundes werden diese hydraulischen Berechnungen und Abschätzungen ausgeführt.

Wenn hier von Modell gesprochen wird, ist die oben erläuterte hydrogeologische bzw. hydraulische Abstraktion des Untergrundmodells gemeint, nicht jedoch ein in sich geschlossenes mathematisches Modell. Für derartige dreidimensionale mathematische Modelle für das Gesamtsystem Deponie, Deponieuntergrund und Umgebung ist die Datenbasis trotz der durchgeführten sehr intensiven Untersuchungen zu gering, wenn die hydrogeologischen Daten als Randbedingungen vollständig in das mathematische Modell integriert werden sollen. Dies scheitert meist jedoch schon bei der Annahme eines horizontal geschichteten Untergrundes, um so mehr jedoch bei den erkundeten komplizierten Lagerungsverhältnissen im Pleistozän. Bei allen vier untersuchten Deponien wurde eine so große Inhomogenität als auch Anisotropie des Untergrundes nachgewiesen, daß auch ein weiterentwickeltes mathematisches Modell, das nicht in 1. Näherung Isotropie und Homogenität fordert (z.B. DVWK 1987a), sondern eine Transversalisotropie des Untergrundes berücksichtigt, den tatsächlichen Randbedingungen nicht gerecht wird.

Für die Abschätzung des Emissionsverhaltens war bei zwei der vier Fallbeispiele eine Vereinfachung der Betrachtung des Stofftransports unter Vernachlässigung des diffusiven und dispersiven Anteils zulässig und die ausschließliche Betrachtung des konvektiven Anteils am Stofftransport hinreichend genau. Jeweils bei einer Deponie war eine Abschätzung des Schadstofftransports durch Diffusion und durch die transversale Dispersion notwendig. Auch die durch Abbau von Substanzen und durch Adsorption bedingten Terme müssen bei diesen Betrachtungen vernachlässigt werden. Die Bestimmung dieser Terme, selbst die Bestimmung des diffusiven Terms, der versuchstechnisch mit Tracerversuchen sicher bestimmt werden kann, würde die Dauer und die Kosten der Untersuchungen im Falle der Hausmülldeponien enorm erhöhen, ohne daß die genaueren Ergebnisse diesen Aufwand rechtfertigen würden. Diese Genauigkeit ist schon deshalb nicht erforderlich, da die Fehlergrenzen bei der Bestimmung der Bemessungswerte bei den vorliegenden inhomogenen und anisotropen Untergrundverhältnissen größer sind als die zu erwartenden Abweichungen, die diese Vereinfachungen mit sich bringen.

Eine exakte Bestimmung der Schadstoffretention ist bei den durchgeführten hydraulischen Untersuchungen nicht möglich, sie konnte in Einzelfällen lediglich über den Chemismus des Grundwassers und Variation mit der Entfernung zur Deponie und anhand von chemisch analysierten Bodenproben abgeschätzt werden. Im Hinblick auf die langfristige Gefährdungsabschätzung für Hausmülldeponien sollte eine Schadstoffretention vorerst nicht angesetzt werden, solange das Langzeitverhalten des "Bioreaktors" Deponie und nicht hinreichend genau bekannt ist, da derartige, auch irrtümlich "Selbstreinigungsprozesse" genannte Vorgänge im Korngefügebereich nur endlich lange Zeiten stattfinden und langfristig ausgeschöpft werden. Dennoch liefern Hausmülldeponien unter Umständen sehr gutes Datenmaterial für eine in-situ-Ermittlung von Retardationsfaktoren. Eine Zusammenfassung erfolgt bei ENTENMANN (1995).

Grundsätzlich gilt für alle Berechnungen und Abschätzungen, daß sie sich am hydrogeologisch abgeleiteten Modell des Untergrundes zu orientieren haben. Ein wesentliches Ergebnis der Untersuchungen war, daß häufig das Emissionsverhalten von Deponien von unscheinbaren geologischen Einheiten dominiert wird.

Anders als bei der hydrogeologischen Erkundung von Grundwasservorkommen, ist nicht eine möglichst genaue Erfassung von Wassermengen, unter Umständen mit den darin enthaltenen Schadstoffen vorrangiges Ziel, sondern die Erkundung von Ausbreitungswegen (Emissionspfaden) und Ausbreitungszeiten und danach erst eine Abschätzung eventuell transportierter Schadstoffmengen.

2.3 Bestimmung der hydrochemischen Situation

Die Bestimmung der hydrochemischen Situation des geologischen Umfeldes gliedert sich wiederum in mehrere Arbeitsschritte. Zuerst erfolgt die Datenerhebung, Datenerfassung und Darstellung, danach die Bewertung der Daten hinsichtlich der Wasserqualität und schließlich die Bewertung der Daten hinsichtlich einer Schadstoffemission aus der Deponie.

2.3.1 Datenerhebung, Datenerfassung und Darstellung

Sämtliche vorliegenden chemischen Analysen von Grund- und Oberflächengewässern werden zusammengestellt, getrennt nach den hydrogeologischen Einheiten, denen sie zuzuordnen sind und nach An- und Abstrombereich bzw. zusätzlich nach dem Abstand zur Deponie, d.h. nach den Fließzeiten des Grundwassers. Die Datenerfassung erfolgt in Tabellen mittels EDV in zeitlicher Reihenfolge. Diese Grundwertetabellen erlauben den Ausdruck von Ganglinien jeder beliebigen Meßstelle und jedes beliebigen Parameters sowie beliebige Kombinationen ohne großen Aufwand. Die Erfassung dieser Tabellen dagegen ist sehr kostenintensiv, insbesondere wegen der Notwendigkeit des sehr exakten Korrekturlesens.

Die Analysen der neu durchzuführenden "ersten" und "zweiten" Grundwasserbeprobung des Untersuchungsprogrammes (vgl. Abb. 1) werden hinsichtlich des Parameterumfangs nach einem vom Niedersächsischen Landesamt für Wasser und Abfall ausgearbeiteten Schlüssel bestimmt (NLWA/NLfB 1989), der darauf zielt, möglichst ausreichende Ergebnisse für die Bewertung einer eventuellen Schadstoffausbreitung zu erlangen unter Minimierung der Kosten.

2.3.2 Bewertung der Daten hinsichtlich der Wasserqualität

Vorab werden alle im Anstrombereich gemessenen Daten (Nullwerte) bewertet und eventuell vorhandene Fremdeinflüsse, z. B. durch die Landwirtschaft, durch andere Altablagerungen oder durch die Infiltration von Wasser aus Oberflächengewässern bestimmt. Insbesondere der Einfluß durch größere Flüsse, hier zum Beispiel der Weser, ist so groß, daß sie die Grundbelastung des Grundwassers dermaßen heraufsetzt, daß eine Abgrenzung des Deponieeinflußes nur noch schwer möglich ist, insbesondere deshalb, weil das Schadstoffspektrum von Oberflächengewässern und Deponiesickerwasser ähnlich sein kann.

Danach erfolgt ein Vergleich der Analysenwerte der Meßstellen im Abstrombereich mit denen im Anstrombereich. Dieses Vorgehen wurde inzwischen von der Länderarbeitsgemeinschaft Wasser (LAWA 1994) in ihrer Empfehlung bestätigt. Dort sind auch Differenzwerte in Tabellen angegeben. Vor einer schematischen, mißbräuchlichen Anwendung im Sinne einer "LAWA-Liste" sei jedoch ausdrücklich gewarnt. Es wird auf den Text der Empfehlung und auf ENTENMANN & IHLE (1995) verwiesen. Für eine generelle Bewertung und eine erste Sichtung des Datenmaterials ist daneben ein Vergleich mit Grenz- und Richtwerten angebracht. Für derartige Untersuchungen haben sich in erster Linie die Werte der Trinkwasserverordnung (TrnkWV 1986) bewährt, weniger die der "Hollandliste" (Ministerie VROM 1983). Aus diesem Vergleich allein dürfen jedoch keinerlei Schlüsse über einen eventuellen "Sanierungsbedarf" abgeleitet werden, dazu sind wesentlich detailliertere Untersuchungen notwendig, die hier im Gesamtkonzept umrissen werden.

2.3.3 Bewertung der Daten hinsichtlich einer Schadstoffemission aus der Deponie

Die Beurteilung, ob eine Schadstoffemission aus der Deponie stattgefunden hat, stützt sich ausschließlich auf die gemessenen hydrochemischen Daten. Vorab muß nach den Ergebnissen der hydrogeologischen Aufnahmen und der Ergebnisse der hydraulischen Berechnungen über einen Vergleich der rechnerischen Fließzeiten des Grundwassers mit der Deponierungszeit abgeschätzt werden, ob eine Schadstoffemission mit den vorliegenden Meßstellen überhaupt feststellbar ist.

Der Einfluß des Deponiesickerwassers auf das Grundwasser wird, sofern Deponiesickerwassermeßstellen vorhanden sind, in einem direkten Vergleich zwischen dem Chemismus des Sickerwassers und dessen Schadstoffgehalte und dem des Grundwassers in den einzelnen abstromseitig gelegenen Grundwassermeßstellen bestimmt. Sofern diese nicht vorhanden sind, müssen die Werte aus dem Anstrombereich mit denen des Abstrombereichs verglichen werden und daraus die Schadstoffbefrachtung des Grundwassers abgeschätzt werden. Es empfiehlt sich dann aber, für einen weiteren Vergleich die am meisten von der Deponie beeinflußten Wasserproben aus Brunnen, die unmittelbar am Deponierand gelegen sind, heranzuziehen und entweder die am meisten belastete Probe oder insgesamt die maximalen überhaupt festgestellten Gehalte als Referenzwert "verdünntes Sickerwasser" zu verwenden.

Bei deponienahen Meßstellen ist die Feststellung der Verdünnungsverhältnisse der einzelnen Parameter ausreichend um abzuschätzen, welche Schadstoffe in gelöster Form mit dem Grundwasserstrom fortbewegt wurden. In den Fällen, in denen mehrere Reihen von unterschiedlich weit entfernten Meßstellen vorliegen, kann häufig abgeschätzt werden, inwieweit einzelne Schadstoffe biologisch abgebaut wurden oder im Boden festgelegt wurden. In den Fällen, in denen innerhalb ein und desselben Grundwasserleiters Meßstellen in unterschiedlicher Tiefe ausgefiltert wurden, konnte bestimmt werden, inwiefern die Schadstoffahne dispersiv aufgespalten wird. In den untersuchten Fällen lagen insbesondere das Arsen und chlorierte Kohlenwasserstoffe in ihren Belastungsmaxima tiefer als die übrigen Parameter.

Bei deponiefernen Meßstellen ist die Bestimmung des Deponieeinflußes erschwert aufgrund der überall vorhandenen Grundbelastung des Grundwassers insbesondere durch die landwirtschaftliche Nutzung. Eine exakte Begrenzung des beeinflußten Bereiches ist nicht möglich. Für diese entfernten Meßstellen sind statistische Auswertungen (Cluster etc.) notwendig, sollten zutreffende Aussagen über sehr geringe Belastungen notwendig sein.

Als sehr wesentlich haben sich die langjährigen Aufzeichnungen der StÄWA und des NLWA herausgestellt. Auch wenn in der Vergangenheit meist nur sehr wenige Parameter gemessen wurden, lassen die Zeitreihen einzelner Parameter, insbesondere die von Ammonium und des CSB-Wertes den Einfluß der Deponie und die zeitliche Belastung des Grundwassers deutlich erkennen. Auch die Wirksamkeit provisorischer Abdeckungen kann mit diesen Zeitreihen bestätigt werden.

2.4 Wasser- und Stoffbilanzen

Die in den Abschnitten 2.1 bis 2.3 beschriebenen Arbeiten sind notwendige Grundlage für die Gefährdungsabschätzung und die Aufstellung des Beweissicherungsplanes. Sie sind dann hinreichend, wenn die Gefährdungsabschätzung zum Ziel hat, den Einfluß der Deponie auf das Grundwasser quantitativ zu beschreiben und qualitative Prognosen über die weitere Emissionssituation ausreichend sind.

Für den Fall, daß die damit erzielten Ergebnisse nicht ausreichend sind, kann es hilfreich sein, zusätzlich Wasserbilanzen, oder darauf aufbauend Stoffbilanzen aufzustellen. Die Notwendigkeit zur Aufstellung von Bilanzen ergibt sich auch dann, wenn im Rahmen der Gefährdungsabschätzung oder im Rahmen der gegebenenfalls auf die Gefährdungsabschätzung folgenden Sanierungsuntersuchung, Abschätzungen zur Wirksamkeit geplanter Sicherungsmaßnahmen, wie z. B. Oberflächenabdichtungen durchgeführt werden sollen.

2.4.1 Zweck von Wasser- und Stoffbilanzen

Deponien und Altlasten verfügen im Regelfall nicht über Meßeinrichtungen, die es erlauben, die Menge über den Grundwasserpfad emittierter Schadstoffe zu ermitteln. Mit den hydraulischen und hydrochemischen Untersuchungen kann im besten Falle über den Chemismus und die Ausbreitungsgeschwindigkeit eine grobe Abschätzung der in den Untergrund eingetragenen Schadstoffmenge erfolgen. Eine zuverlässigere Abschätzung liefert häufig eine Wasserbilanz. Sie dient dazu festzustellen, wieviel unbelastetes Wasser der Deponie zugeführt wird und welcher Anteil davon nach Durchsickerung des Deponiekörpers belastet im Untergrund verbleibt.

Häufig reicht es nicht aus, im Rahmen der Gefährdungsabschätzung die Kontaminationssituation darzustellen, sondern es muß für die gefundene räumliche oder zeitliche Verteilung der Kontaminanten im Grundwasser eine plausible und überprüfbare Begründung abgegeben werden, um auszuschließen, daß noch andere, unter Umständen bislang nicht entdeckte Emissionspfade existieren. Dies ist insbesondere dann wesentlich, wenn von der Deponie eine erhebliche Emission ins Grundwasser stattfindet, d. h. ein Grundwasserschadensfall eingetreten ist. Auch in diesem Falle liefern die hydraulischen und hydrochemischen Untersuchungen lediglich qualitative oder halbquantitative Ergebnisse. Eine Ergänzung dieser Untersuchungen durch Stoffbilanzen verbessert diese Aussage durch die Angabe abgeschätzter Stoffflüsse im Untergrund.

Für den Fall, daß im Rahmen der Rekultivierung eine technische Sicherungsmaßnahme für die Deponie vorgesehen ist, wie z. B. eine Oberflächenabdichtung oder eine Dichtwand, läßt sich die Wirksamkeit einer derartigen Maßnahme nur über eine Wasserbilanz quantitativ abschätzen. Der Gesamtwirkungsgrad ist zu definieren über den Quotienten aus der prognostizierten Menge emittierten Sickerwassers nach der Sicherung zu der vor der Sicherung. Dabei ist zu berücksichtigen, daß Deponien, wenn ihre Basis ständig oder zeitweilig im Grundwasser liegt, nicht nur unbelastetes Niederschlagswasser sondern auch unbelastetes Grundwasser zugeführt wird. Letzteres kann wiederum nur durch hydraulische Abschätzungen quantifiziert werden.

Die Überwachung der Wirksamkeit einer Sicherungsmaßnahme wird üblicherweise durch Langzeitmessungen im Rahmen der Grundwasserbeweissicherung mittels chemischer Analysen von Wasserproben aus Grundwassermeßstellen durchgeführt. Wie im Abschnitt II.4.4 dargestellt, ist diese Überwachung sehr träge. Gerade zum Zwecke der Beweissicherung sind Wasserbilanzen vor und nach der Sicherung ein zuverlässiges und sehr viel früher Ergebnisse lieferndes Hilfsmittel. Außerdem erlauben sie eine Kontrolle darüber, ob der prognostizierte Wirkungsgrad der ausgeführten technischen Maßnahme auch tatsächlich eingetreten ist.

Inzwischen ist es üblich geworden, den Wirkungsgrad von Deponieoberflächenabdichtungen über das "HELP-Modell" zu prognostizieren. Mit diesem Rechen-Modell wird die Wasserbilanz in der Oberflächenabdichtung simuliert. In der Praxis wird eine Vielzahl von Eingangsparametern für dieses Modell nicht gemessen, sondern geschätzt. Es sind daher Zweifel angebracht, wie zuverlässig derartige Prognosen sind. Auch aus diesem Grunde ist es sinnvoll, diese Bilanz für die Oberflächenabdichtung anhand einer Bilanz für die Gesamtdeponie zu überprüfen.

2.4.2 Datenerhebung, Datenerfassung und Darstellung

Die Datenerhebung ist für jede Deponie oder Altlast verschieden. Sie ist einerseits davon abhängig, welche Meßeinrichtungen vorhanden sind. Daten die nicht vor Ort gemessen werden können, müssen entweder von Meßstationen in der Umgebung beschafft werden, z. B. meteorologische Daten, oder indirekt bestimmt werden. So kann z. B. die mengenmäßige Herkunft im Randgraben befindlichen Mischwassers über den Chemismus bestimmt werden. Im ungünstigsten Falle sind Abschätzungen zu führen.

Andererseits ist für jede Deponie eine eigene Wasserhaushaltsgleichung abzuleiten. Diese Notwendigkeit hängt mit dem jeweils unterschiedlichen Aufbau der Deponie und den unterschiedlichen technischen Einrichtungen, wie Dränagen oder Entnahmebrunnen zusammen.

Die Daten werden mittels EDV erfaßt. Eine monatliche Erfassung ist ausreichend für eine zuverlässige Auswertung. Die Darstellung erfolgt üblicherweise über Summenkurven der einzelnen Bilanzglieder und zusammengesetzten Bilanzgliedern.

2.4.3 Aufstellung der Wasserbilanz

Das Aufstellen der Wasserbilanz erfordert zum einen eine Analyse der Einflußgrößen und deren Zusammenspiel, zum anderen eine exakte Erfassung der baulichen Einrichtungen der Deponie. Wesentlich ist, daß bei Altdeponien Funktionselemente, wie z. B. Dränagen, häufig nicht mehr oder nur noch unzulänglich funktionieren.

Für jede Wasserbilanz ist es notwendig, die Zuverlässigkeit der Bestimmung der Eingangsparameter anzugeben und die Fehlerfortpflanzung bis hin zum Endergebnis zu berücksichtigen. Die Angabe des Endergebnisses kann nur zusammen mit einer Angabe über dessen Zuverlässigkeit erfolgen. Im Falle zu ungenauer Bestimmungen der Eingangsparameter oder ungünstiger Verknüpfungen von Bilanzgliedern ist es durchaus möglich, daß das Endergebnis zu verwerfen ist.

2.4.4 Aufstellung der Stoffbilanzen

Stoffbilanzen beruhen auf den Ergebnissen der Wasserbilanzen. Vor Aufstellung der Stoffbilanz sollte daher überprüft werden, mit welcher Zuverlässigkeit die Wasserbilanz aufgestellt wurde, da sich die Fehler fortpflanzen und notwendigerweise größer werden.

Aus einer Wasserbilanz wird eine Stoffbilanz, indem die Teil-Wassermengen in Teil-Stoffflüsse umgerechnet werden. Dies ist nur möglich, wenn für alle Bilanzglieder der Chemismus des Wassers bekannt ist und eine ausreichende Homogenität herrscht. Dies trifft insbesondere für das Sickerwasser von Deponien oft nicht zu. Im Falle des Vorhandenseins von Böden, die deutliche Wechselwirkungen von Wasserinhaltsstoffen und dem Korngerüst zulassen, wird das Meßergebnis beeinflußt. Dies ist ebenso zu berücksichtigen wie der Umstand, daß z. B. der Chemismus des Grundwassers im Grundwasserleiter sowohl räumlich als auch zeitlich variiert, die Bilanz jedoch in einem exakt umrissenen Bilanzierungszeitraum aufgestellt wird.

2.5 Bestimmung des Gefährdungspotentials

Nach Erhebung, Darstellung und Vergleich aller vorhandener Daten gemäß den Abschnitten 2.1 bis 2.4 erfolgt eine Auswertung und Bewertung dieser Daten. Als Ergebnis ist eine Gefährdungsabschätzung und ein Beweissicherungsplan aufzustellen. Gemäß Deponieüberwachungsplan Wasser (NLfB/NLWA 1991) sind dazu Überwachungsgutachten anzufertigen.

Der Begriff der Gefährdungsabschätzung ist mittlerweile eingeführt, zieht jedoch insbesondere bei fachübergreifenden Arbeiten oder juristischen Auseinandersetzungen erhebliche Probleme nach sich, da er je nach Personengruppe unterschiedlich ausgelegt wird. Dies hängt mehr oder weniger mit den üblicherweise angegebenen unspezifischen Definitionen zusammen. So ist gemäß Altlasten-ABC des Landes Nordrhein-Westfalen (MURL NRW 1994) die Gefährdungsabschätzung *"der zusammenfassende Begriff für die Gesamtheit der Untersuchungen und Beurteilungen, die notwendig sind, um die Gefahrenlage bei der einzelnen Altlastverdachtsfläche abschließend zu klären"*.

Während jedoch die notwendigen Untersuchungen in einer Vielzahl von Handlungsanweisungen von Behördenseite aus der Sicht des Gutachters mittlerweile überreglementiert sind, z. B. LUA NRW (1995) oder RÖHM, H. (1994), wird die Art und Weise der Beurteilungen kaum konkretisiert. Wenn dies geschieht, dann zumeist ausschließlich im Hinblick auf die Stoffgefährlichkeit und in der Grenzwertediskussion. Ansätze einer umfassenderen Betrachtungsweise finden sich bei KERNDORF et al. (1993). Die dort ausgesprochenen Empfehlungen sind jedoch von einer praktischen Umsetzung noch weit entfernt.

Aus technischer Sicht läßt sich leichter eine Einigung erzielen, dahingehend, was mit einer Gefährdungsabschätzung bewirkt werden soll: Übereinstimmend erläutern die einschlägigen Richtlinien sowie das Sondergutachten (SRU 1995), daß bei der Gefährdungsabschätzung, aufbauend auf einer Untersuchung der Belastungssituation, die Ausbreitungspfade zu ermitteln und möglicherweise betroffene Schutzgüter aufzuzeigen sind.

Die überwiegende Anzahl an behördlichen Richtlinien betont jedoch bei der Gefährdungsabschätzung die Entscheidung der Feststellung einer Altlast oder alternativ dazu die Entlassung aus dem Verdacht. Das Sondergutachten und der Deponieüberwachungsplan Wasser des Landes Niedersachsen (NLWA/NLfB 1991) heben die Einzelfallbewertung besonders hervor. Dennoch zielen fast alle beschriebenen Bewertungsverfahren nach der Altlastenfeststellung auf eine Prioritätensetzung für eine zukünftige Sanierung. Dies führte dazu, daß die Bundesländer streng formalistische Bewertungsverfahren entwickelt haben, vgl. z. B. Altlastenhandbuch Niedersachsen (NLÖ/NLfB 1993).

Aus der Sicht dessen, der die Gefährdungsabschätzung aufzustellen hat, mit der Maßgabe, daß diese auch Konsequenzen für den weiteren Umgang mit der

Altlast hat, ist diese Vorgehensweise unbefriedigend. Die Gefährdungsabschätzung muß vielmehr so angelegt sein, daß mit ihr die Grundlagen für eine anschließende Sanierungsuntersuchung gelegt werden. Anstelle eines Punktebewertungsverfahrens im Rahmen der Gefährdungsabschätzung wird hier eine Einzelfallbewertung gemäß dem im folgenden beschriebenen Schema vorgeschlagen.

Die Altlastenhinweise (MURL NRW 1991) des Landes Nordrhein-Westfalen tragen dem Rechnung. Dort werden bei der Gefährdungsabschätzung zwei "Handlungsebenen" unterschieden: Die vergleichende Gefahrenbeurteilung zur Prioritätensetzung, die über ein Punktebewertungsverfahren durchgeführt wird und die eigentliche Gefährdungsabschätzung für den Einzelfall, die ausdrücklich konkrete Ergebnisse zu liefern hat und die - je nach Ergebnis - in die Sanierungsuntersuchung mündet. In ähnlicher Weise betont KOWALEWSKI (1993) bei seiner Definition der Gefährdungsabschätzung die Abklärung schon eingetretener bzw. drohender Einwirkungen auf Schutzgüter.

Für den betreffenden Emissionspfad, hier den Wasserpfad, sind - die im Altlastenhandbuch Niedersachsen (NLÖ/NLfB 1993) beschriebene Handlungsweise weiter gefaßt - nacheinander folgende Fragen abzuklären:

- Welcher Schaden ist schon eingetreten?
- Wird ein Schaden eintreten, bzw. wie wird sich der Schadensverlauf weiter entwickeln, wenn keine Maßnahmen ergriffen werden?
- Welche Möglichkeiten gibt es prinzipiell, einen drohenden Schaden abzuwenden oder ein schon eingetretenes Schadensereignis günstig zu beeinflussen?
- Wie wird sich das Schadensereignis bei Durchführung von Sanierungs- bzw. Sicherungsmaßnahmen beeinflussen lassen?

Eine eingehende Variantenuntersuchung und die Ausarbeitung eines Sanierungskonzeptes sind der Sanierungsuntersuchung vorbehalten.

Die Gefährdungsabschätzung kann jedoch nur dann verwertbare weiterführende Ergebnisse liefern, wenn sie schon die aktive Beeinflussung des Emissionsverhaltens mit berücksichtigt.

Die Vielzahl der in den einschlägigen Regelwerken für die Gefährdungsabschätzung von Deponien und Altlasten beschriebenen Anforderungen lassen sich im Hinblick auf die hydrogeologische Bearbeitung im wesentlichen auf folgende Kriterien reduzieren:

- Die im Abstrombereich befindlichen Schutzgüter sind zu erfassen und dahingehend zu beurteilen, ob durch mögliche oder nachgewiesene Emissionen aus der Altlast eine Gefährdung zu erwarten ist.
- Die Dimension der Kontaminationsfahne, ausgehend von der Altlast, ist in der Fläche und Tiefe abzugrenzen.
- Im An- und Abstrombereich sind in den wesentlichen hydrostratigraphischen Einheiten die absoluten Gehalte an Schadstoffparametern zu bestimmen, so daß sich der Einfluß der Altlast abschätzen läßt.
- Der Einfluß der Altlast ist anhand von Differenzwerten von Gehalten zwischen Anstrom- und Abstrombereich zu quantifizieren (LAWA 1993).

- Die möglichen Ausbreitungsgeschwindigkeiten von Schadstoffen aus der Altlast sind durch Ermittlung der Abstandsgeschwindigkeit anzugeben, die tatsächlichen Ausbreitungsgeschwindigkeiten werden über Retardationsfaktoren und hydrochemische Messungen abgeschätzt.

Diese Anforderungen werden in der hydrogeologischen Bearbeitung folgendermaßen umgesetzt:

- Als Grundlage wird die geographische und bauliche Situation und der Aufbau des Gewässernetzes bzw. der Entwässerungseinrichtungen der Altlast oder Deponie beschrieben.
- Grundlage aller weiterer Untersuchungen ist die Klärung des hydrostratigraphischen Aufbaus und der Ermittlung der hydrogeologischen Grundlagen: hydraulische Gradienten, Porositäten, Durchlässigkeitsbeiwerte.
- Ermittlung der Abstandsgeschwindigkeiten in hydraulischen Einheiten bzw. zwischen hydraulischen Einheiten aus den vorgenannten Parametern.
- Darstellung der hydrochemischen Situation in Raum und Zeit, d. h. Aufstellung von Ganglinien für einzelne chemische Parameter und Zuordnung der Analysenergebnisse zu verschiedenen hydrogeologischen Einheiten und in Bezug auf deren Lage zur Altlast unter Berücksichtigung der festgestellten hydraulischen Situation.
- Die Verknüpfung von hydrochemischer und hydraulischer Situation liefert im günstigsten Falle neben den möglichen Ausbreitungswegen und den maximal zu erwartenden Ausbreitungsgeschwindigkeiten Abschätzungen zur Retardation des Untergrundes aus der Rückrechnung der tatsächlichen Ausbreitung verglichen mit der möglichen Ausbreitung.

Mit diesen Untersuchungen kann der mögliche Einfluß der Altlast auf das Grundwasser in den verschiedenen hydraulischen Einheiten mit hinreichender Genauigkeit beschrieben werden. Hinsichtlich der daraus abzuleitenden Schlüsse und Konsequenzen bestehen jedoch Defizite:

- Es lassen sich nur qualitative Aussagen über die Gefährdung von der Altlast ausgehender Emissionen machen, da die Größe des Massenstromes nicht gewertet wird.
- Der Grad der negativen Beeinflussung der Grundwasserqualität in der Zukunft ist nur schwer prognostizierbar, da er von zu vielen Faktoren abhängig ist, die nur unzulänglich bekannt sind.
- Die angestrebten positiven Auswirkungen einer Sicherungsmaßnahme lassen sich nicht quantitativ prognostizieren.

Um zu halbquantitativen Abschätzungen zu kommen, ist daher die Aufstellung der Wasserbilanzen und davon abgeleitet der Stoffbilanzen hilfreich.

Im Ergebnis stellt die Gefährdungsabschätzung schließlich dar, welche Emissionen stattgefunden haben, stattfinden und welche in Zukunft zu erwarten sind. Aus dem somit dokumentierten Kenntnisstand über die Altlast sind nun Kon-

sequenzen hinsichtlich des weiteren Umganges mit ihr zu ziehen. Die letzt-
endliche Entscheidung darüber, ob Sanierungs- bzw. Sicherungsmaßnahmen
durchzuführen sind, liegt bei der Behörde. Dennoch muß mit der Gefährdungsabschätzung angestrebt werden, klare Aussagen zu ihrer Erfordernis zu machen.
Dies ist nur dann möglich, wenn eindeutige Kriterien für die Beurteilung
vorliegen. Dabei geht es jedoch nicht in erster Linie um die Beurteilung der
Schadstoffgehalte, sondern um die Beurteilung der Gesamtsituation unter Einbeziehung aller relevanten Standortgegebenheiten, wie bauliche Einrichtungen,
Topographie, Hydrogeologie und Schadstoffverteilung.

Dies ist häufig nicht der Fall. Eindeutige Kriterien liegen z. B. vor, wenn der
Nachweis erbracht wurde, daß genutzte Grundwasserleiter so beeinträchtigt
werden, daß die Wasserqualität des geförderten Wassers beeinträchtigt wurde
bzw. eine Beeinträchtigung in der Zukunft droht. Dies kann bei Deponien
durchaus der Fall sein, in der Mehrzahl der Fälle treten Emissionen jedoch in
Bereichen auf, in denen keine Nutzung des Grundwassers vorgesehen oder
möglich ist. In diesem Fall können im Rahmen der Gefährdungsabschätzung -
ausgehend vom § 34 WHG - nach Feststellung einer Beeinträchtigung bzw. einer
drohenden Beeinträchtigung der Grundwasserqualität lediglich Überlegungen
angestellt werden, wie sich mögliche Sanierungs- bzw. Sicherungsverfahren auf
das Emissionsverhalten der Deponie auswirken können. Eine Entscheidung
darüber, ob diese notwendig sind, ist vom Aufsteller der Gefährdungsabschätzung nicht möglich.

2.6   Aufstellung des Beweissicherungsplans

Unabhängig davon, ob die Ergebnisse der Gefährdungsabschätzung in eine
Sanierungsuntersuchung münden oder nicht, ist mit der Fertigstellung der
Gefährdungsabschätzung die Aufstellung eines Beweissicherungsplanes erforder-
lich. Mit diesem Beweissicherungsplan werden folgende Ziele verfolgt:

– Die Kontinuität der dauerhaften Überwachung der Altlast bzw. der Anlage,
  z. B. einer Deponie, muß gewährleistet sein: Festgestellte Emissionen sind
  weiter zu beobachten, möglicherweise eintretende neue Emissionen, z. B.
  durch Schäden von Anlagenteilen wie Dichtungselementen, sind zu erfassen.
– Die Ergebnisse der Gefährdungsabschätzung müssen einer späteren Überprüfung anhand von Meßergebnissen unterzogen werden können.
– Unter Umständen vorgesehene Sicherungs- bzw. Sanierungsmaßnahmen
  müssen dahingehend beurteilt werden können, ob sie während des Bau-
  zustandes zu erhöhten oder veränderten Emissionen führen und im nach-
  hinein, ob der angestrebte Sanierungserfolg eingetreten ist.

Die Aufstellung des Beweissicherungsplanes gliedert sich in drei Teilschritte:

- Prüfung des bestehenden und Festlegung des zukünftigen Beobachtungsnetzes
- Festlegung der Meßintervalle für die hydraulischen Messungen
- Festlegung der Meßintervalle für die hydrochemischen Messungen.

Die Festlegungen erfolgen üblicherweise in enger Abstimmung zwischen dem Betreiber, dem StAWA und dem Gutachter.

Die Überprüfung des Meßstellennetzes im Hinblick auf die dauerhafte Überwachung der Altlast führt üblicherweise dazu, daß von der Vielzahl der bestehenden, für die Gefährdungsabschätzung notwendigen Meßstellen einige aus dem Beweissicherungsplan ganz herausgenommen werden können. Der umgekehrte Fall der zusätzlichen Erfordernis von Meßstellen würde bedeuten, daß die Gefährdungsabschätzung noch nicht abgeschlossen ist, da sie nach Einrichtung der Meßstellen eine Fortschreibung der Gefährdungsabschätzung nach sich führen würde.

Mit dem hydraulischen Teil des Beweissicherungsplanes werden für jede Grundwassermeßstelle und die Wassermengenmeßeinrichtungen Intervalle der Einmessungen festgelegt. Dabei ist insbesondere darauf zu achten, daß langjährig eingemessene Meßstellen nicht aus dem Überwachungsprogramm herausgenommen werden, auch wenn der Meßstellenausbau den heutigen Qualitätsanforderungen nicht mehr entspricht oder die Lage zur Altlast nicht optimal ist.

Mit dem hydrochemischen Teil des Beweissicherungsplanes werden für die Grund-, Oberflächen- und Sickerwassermeßstellen Intervalle der Beprobung und der jeweilige Parameterumfang der chemischen Analyse festgelegt. Üblicherweise wechseln sich je Meßstelle Analysen mit einem kleinen und einem großen Parameterumfang ab.

Hinsichtlich der gängigen Praxis der Überwachung von Hausmülldeponien können im beschriebenen geologischen Rahmen tiefreichender pleistozäner Sedimente derzeit vorläufige Aussagen gemacht werden:

- Die monatliche Einmessung der Wasserstände ist angemessen.
- Das bis zur Durchführung der intensiven hydrogeologischen Untersuchungsprogramme übliche Vorgehen, einer jährlichen Analyse auf einen großen Parameterumfang und zusätzlich dreier vierteljährlicher Analysen auf einen kleinen Parameterumfang ist der hydrogeologischen Situation nicht angepaßt. Die im Bereich der Deponien gemessenen Ausbreitungsgeschwindigkeiten lassen sehr viel größere Beobachtungsintervalle zu.

  Diesem Umstand wurde bislang nur unzureichend Rechnung getragen. Die Meßintervalle wurden differenziert nach verschiedenen Meßstellen, sind jedoch für die meisten Meßstellen noch zu eng. Eine sichere Überwachung der hier vorgestellten vier Deponien läßt sich mit Mindestbeprobungsabständen von einem Jahr gewährleisten. Diese Intervalle sind für die wichtigsten Meßstellen anzusetzen, für weniger wichtige Meßstellen sind Probenahmeabstände von 2 Jahren bis maximal 5 Jahren im beschriebenen geologischen Umfeld vertretbar.

- Der im Deponieüberwachungsplan Wasser festgeschriebene Parameterumfang, differenziert nach Kurzuntersuchung, Regeluntersuchung und Volluntersuchung bedarf einer kritischen Überprüfung. Die Erfahrung hat gezeigt, daß das erhaltene umfangreiche Datenmaterial bei der Regelüberwachung keine adäquate Auswertung erfährt. Auf der anderen Seite konnte anhand der langjährig erfaßten und mittlerweile im Rahmen der Gefährdungsabschätzung gut ausgewerteten Daten nachgewiesen werden, daß der Deponieeinfluß auf das Grundwasser allein schon anhand einiger weniger ausgewählter Parameter sicher festgestellt werden kann. Aus diesem Grunde sollte die Kurzuntersuchung zur Regeluntersuchung werden.

Teil II

Fallbeispiele

Die untersuchten Deponien liegen im Regierungsbezirk Weser - Ems des Landes Niedersachsen, morphologisch gesehen in der Norddeutschen Tiefebene, vgl. Abb. 3. Während die Deponien Wesermarsch-Mitte und Varel unmittelbar in der Küstenebene, der Marsch liegen, sind die Geest-Standorte Mansie und Vechta im

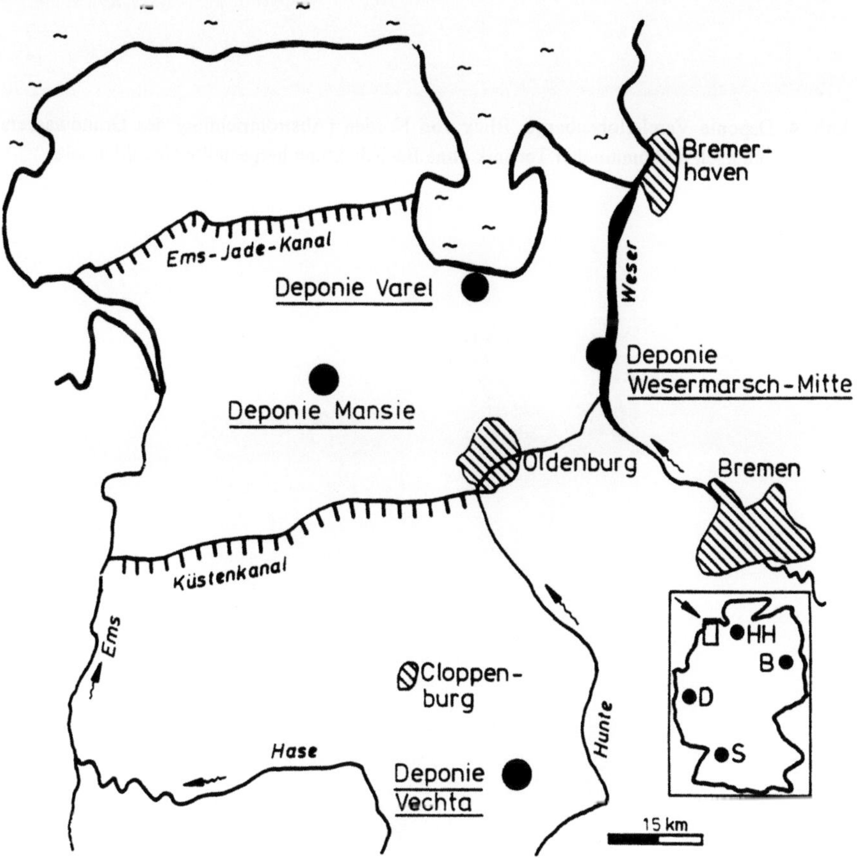

Abb. 3. Lage der vier untersuchten Deponien im nordwestlichen Teil Niedersachsens.

Abb. 4. Deponie Varel-Hohenberge: Blick von Norden (Abstromrichtung des Grundwassers) auf die noch nach herkömmlicher Technik ohne Basisdichtung hergestellte Hügeldeponie.

Abb. 5. Sickerwasserfassung an der Altdeponie Varel-Hohenberge: Fassung des Sickerwassers im Deponierandgraben, in den vereinzelt unsystematisch verlegte Dränstränge münden.

Abb. 6. Deponie Varel-Hohenberge: Deponiegas- und Sickerwasserfassung auf der Altdeponie mittels Brunnen im Deponiekörper.

Bereich von leichten morphologischen Höhenzügen gelegen.

Nachfolgend werden diese vier Fallbeispiele vorgestellt, an denen die im vorigen Abschnitt beschriebenen Untersuchungen exemplarisch durchgeführt wurden, wobei der Detaillierungsgrad der Untersuchungen aufgrund der Unterschiedlichkeit der Standorte verschieden ist. Bei allen vier Deponien handelt es sich um Hügeldeponien (Abb. 4), sowohl bei den Altdeponien als auch bei den neu geplanten und ausgeführten Erweiterungsflächen. Die Basis der Altdeponien ist jedoch in allen Fällen wegen alter Abgrabungen unter Gelände gelegen. Da alle Altdeponien in den 70er Jahren gebaut wurden, hat noch keine dieser Deponien eine künstliche Basisabdichtung nach dem heutigen Stand der Technik, vgl. TA SIEDLUNGSABFALL (1993). Die Sickerwasserfassung erfolgt im Wesentlichen durch Deponierandgräben und durch vereinzelte Dränagestränge (Abb. 5).

Die vom Landkreis Wesermarsch betriebene Hausmülldeponie Wesermarsch-Mitte liegt auf geringdurchlässigen Sedimenten des Küstenholozäns und besitzt zusätzlich zum Randgraben ein Dränagesystem, das noch einigermaßen intakt ist. Die gefaßten Teilmengen des Sickerwassers wurden bis 1995 zur Kläranlage gebracht.

1996 wurde zur Sicherung der Altdeponie ringsum ein Sickerschlitz gebaut, der an eine, die gesamte Deponie unterlagernde Torfschicht anschließt. Zur Begrenzung der von außen zuströmenden Wassermengen wurde eine Spundwand außerhalb des Sickerschlitzes gebaut, CARLSEN ET AL. (1996). Als weitere Teilmaßnahme der Deponiesicherung wird im Kuppenbereich eine Oberflächenabdichtung aufgebracht werden, im Böschungsbereich besteht diese mineralische Oberflächenabdichtung aus Klei schon. Die Bewirtschaftung des Sickerschlitzes ist derzeit in der Beprobungsphase und wird meßtechnisch intensiv überwacht.

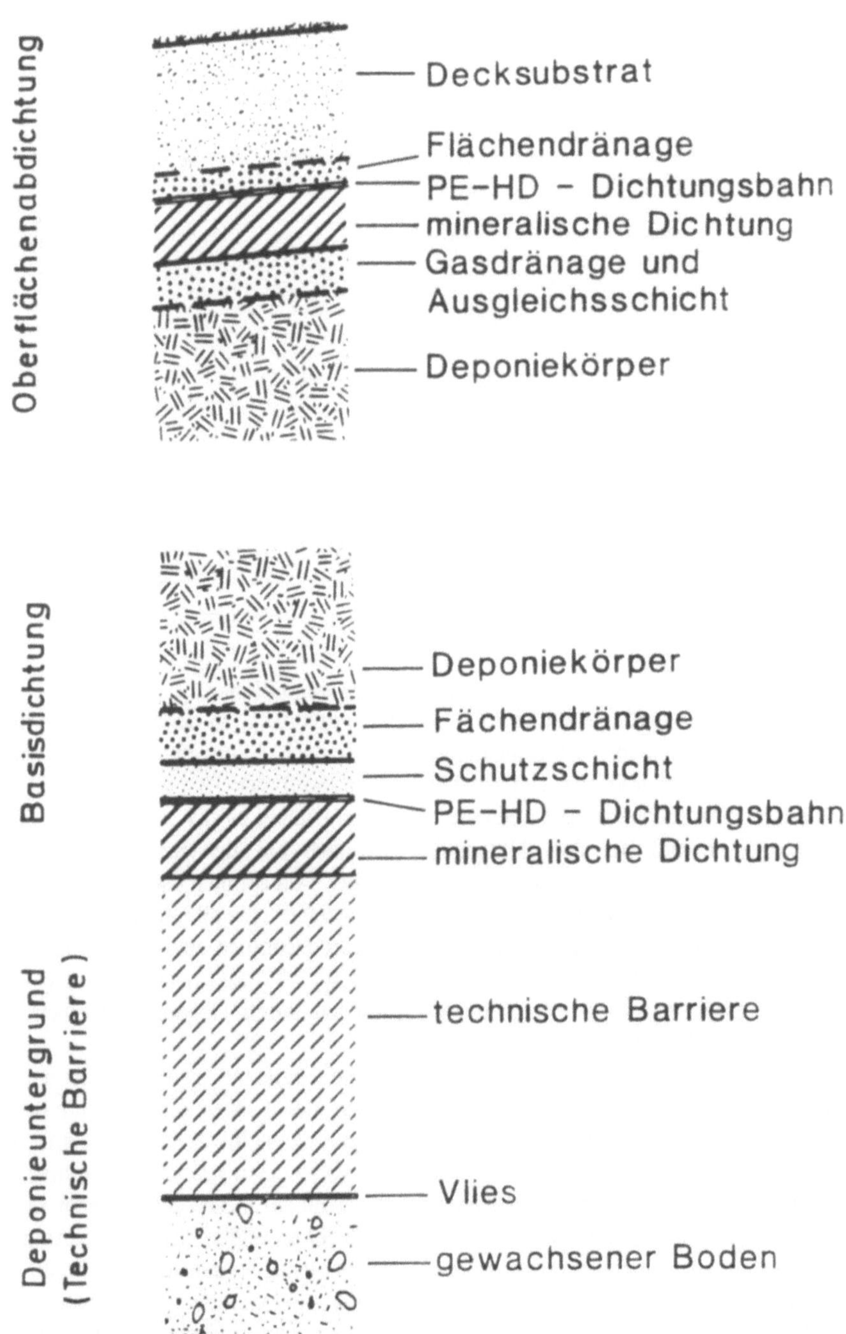

Abb. 7. Deponiebasisdichtung der Erweiterungsfläche der Deponie Varel-Hohenberge, Systemschnitt aus RAPPERT (1990).

Abb. 8: Blick von der Altdeponie auf die fertiggestellte Erweiterungsfläche der Deponie Varel-Hohenberge. Oben aufliegend das Flächenfilter, bestehend aus gebrochenem Gneis. Im Hintergrund ist das Einbringen der ersten Lage vorgerotteten Mülls auf das Flächenfilter erkennbar.

Abb. 9. Das Sickerwasserfassungssystem der Erweiterungsfläche der Deponie Varel-Hohenberge. Die Schächte sind aus Kunststoff (PEHD) hergestellt. Im Hintergrund die Kläranlage zur Reinigung des Sickerwassers. In der Bildmitte der Deponierandwall aus lagenweise verdichtetem Klei mit aufliegender PEHD-Dichtungsbahn, rechts das darüberliegende Flächenfilter.

Abb. 10. Deponie Vechta: Blick von der nahezu vollständig beschickten 1. Erweiterungsfläche auf die fertiggestellte 2. Erweiterungsfläche, die nach dem Stand der Technik mit Basisdichtung, PEHD-Dichtungsbahn und Flächendränage versehen ist. Links im Hintergrund ist die Vorbereitung des Baufeldes für den dritten Erweiterungsabschnitt erkennbar, der zusätzlich eine 3 m dicke Technische Barriere erhalten wird. Sämtliche mineralischen Dichtungsschichten sind aus tertiären Tonen aus dem Bereich der Stauchendmoräne geschüttet, die große abgescherte Schollen, teilweise in steiler Lagerung enthält. Rechts im Hintergrund ist die ungedichtete Altdeponie erkennbar, die in einer Sandgrube eingerichtet wurde, jedoch nicht ins Grundwasser reicht.

Nördlich der Deponie wird eine Erweiterungsfläche nach dem Stand der Technik mit Basisdichtung betrieben.

Die vom Landkreis Friesland betriebene Hausmülldeponie Varel liegt ebenfalls auf geringdurchlässigen holozänen Sedimenten, jedoch von geringerer Mächtigkeit. Das Sickerwasser der Altdeponie wird teilweise über einen Randgraben gefaßt. Der Sickerwasserstand in der Deponie wird durch Abpumpen der für die Gasdränage eingebauten Brunnen im Deponiekörper etwas abgesenkt. Abb. 6 zeigt einen Teil dieser Gasdränage mit der sowohl Deponiegas als auch Deponiesickerwasser gefaßt wird.

Die Altdeponie wird voraussichtlich 1998 durch Aufbringen einer mineralischen Oberflächenabdichtung gesichert und rekultiviert.

Die Deponie Varel wird derzeit in einem ersten Erweiterungsabschnitt nach dem Stand der Technik betrieben. Das Deponiebasisabdichtungssystem, bestehend aus mineralischer Dichtung, PEHD-Dichtungsbahn und Sickerwasserdränage ist schematisch nach Rappert (1990) auf Abb. 7 dargestellt. Abb. 8 zeigt die fertiggestellte Erweiterungsfläche, Abb. 9 das Sickerwasserfassungssystem.

Die vom Landkreis Ammerland betriebene Deponie Mansie liegt in einem Bereich, der nahezu vollständig von geringmächtigen Flugsanden abgedeckt war. Darunter folgen sehr mächtige geringdurchlässige Sedimentserien des Pleistozäns. Im

Bereich der Deponie wurden diese Flugsande abgeschoben, so daß der Hausmüll direkt auf gering durchlässigen Schichten lagert. Das Sickerwasser der Deponie wird teilweise durch einen Randgraben gefaßt und einer Kläranlage zugeführt. Die Deponie wurde durch Aufbringen einer mineralischen Oberflächen-abdichtung und einer seitlichen Abdeckung der Böschungen gesichert und rekultiviert. Die Einlagerung von Hausmüll erfolgt derzeit auf einem östlich angrenzenden 1. Erweiterungsabschnitt, der nach dem Stand der Technik mit einer Basisdichtung ausgestattet ist (RAPPERT 1990).

Der vom Landkreis Vechta betriebene Altabschnitt der Deponie Tonnenmoor ist seit 1989 geschlossen und wurde mit einer Gasfassung und einer provisorischen Ober-flächenabdeckung versehen. Die Deponie wurde in einer ehemaligen Sandgrube ohne Dränagesystem angelegt. Sie liegt auf pleistozänen Sandersedimenten. Die abschließende Rekultivierung der Deponie wird in Kürze durchgeführt. Dazu werden derzeit umfangreiche Untersuchungen zur Prognose der Wirksamkeit von Sicherungsmaßnahmen durchgeführt, über die jedoch hier nicht berichtet wird.

Südöstlich an die Deponie angrenzend wurde ein 1. Erweiterungsabschnitt nach dem Stand der Technik angelegt, der seit 1987 mit Hausmüll beschickt wurde und in Kürze rekultiviert sein wird. Ein zweiter Erweiterungsabschnitt ist nahezu verfüllt (RAPPERT 1987), ein dritter in Vorbereitung. Abb. 10 zeigt die verschiedenen Abschnitte der Deponie Vechta.

1 Geologischer Überblick

Die vier untersuchten Deponien liegen regionalgeologisch gesehen auf der NW-saxonischen Scholle. Diese strukturgeologische Einheit ist gekennzeichnet durch mehrere tausend Meter mächtige, in einem Senkungstrog abgelagerte Sedimente des Mesozoikums und Känozoikums, zusammenfassend dargestellt bei KNETSCH (1963).

Für die hydrogeologischen Untersuchungen sind jedoch nur die obersten Schichten des Tertiärs und die quartären Ablagerungen bedeutsam. Die quartären Schichten zeigen in diesem Gebiet üblicherweise Mächtigkeiten über 100 m. Lediglich im Bereich stattgefundener halokinetischer Tektonik bzw. im südlichen Teil des Gebietes im Bereich von eistektonischen Störzonen reichen die tertiären Sedimente örtlich bis an die Geländeoberfläche. Im oberen Tertiär überwiegen tonige marine Sedimente (HINSCH & ORTLAM 1974), während im Quartär die sandigen Sedimente überwiegen.

Regionalgeologisch bedeutsam für hydrogeologische Untersuchungen in diesem Raum sind besonders folgende Einheiten und Strukturen:

- die Urstromtäler, insbesondere von Weser und Ems, vgl. Zusammenstellung in KNETSCH (1963),
- der weit verbreitete Lauenburger Ton (SCHUCHT 1928) des oberen Mittelpleistozäns,
- tiefe bis in das Tertiär eingeschnittene Schmelzwasserrinnen,
- ausgedehnte, in sich durch parallele Rinnen gegliederte Sanderstrukturen, (WOLDSTEDT 1928),
- die Sedimente des Küstenholozäns (STREIF 1990),
- ausgedehnte Hoch- und Niedermoore (SINDOWSKI 1967).

Einige dieser Strukturen sind im Überblick auf Abb. 11 aufgetragen.

Der regionalgeologische Rahmen der Umgebung der vier untersuchten Deponien ist damit ganz unterschiedlich. Während die Deponien Wesermarsch-Mitte und Varel in der Marsch liegen, sind die Deponien Vechta und Mansie Geest-Standorte. Die Deponie Wesermarsch-Mitte liegt auf mächtigen Sedimenten des Küstenholozäns am Übergang zu einem Geest-Randmoor. Die Deponie Varel liegt zwar noch im Küstenholozän, jedoch sehr nahe am Geest-Rand. Dagegen liegt die Deponie Mansie auf dem Oldenburger Geest-Rücken (SINDOWSKI 1967) mit seinen vorwiegend NE-SW streichenden Großstrukturen und die Deponie Vechta direkt auf einem Stauch-Endmoränenzug der Saale-Eiszeit (MÜNZING 1963).

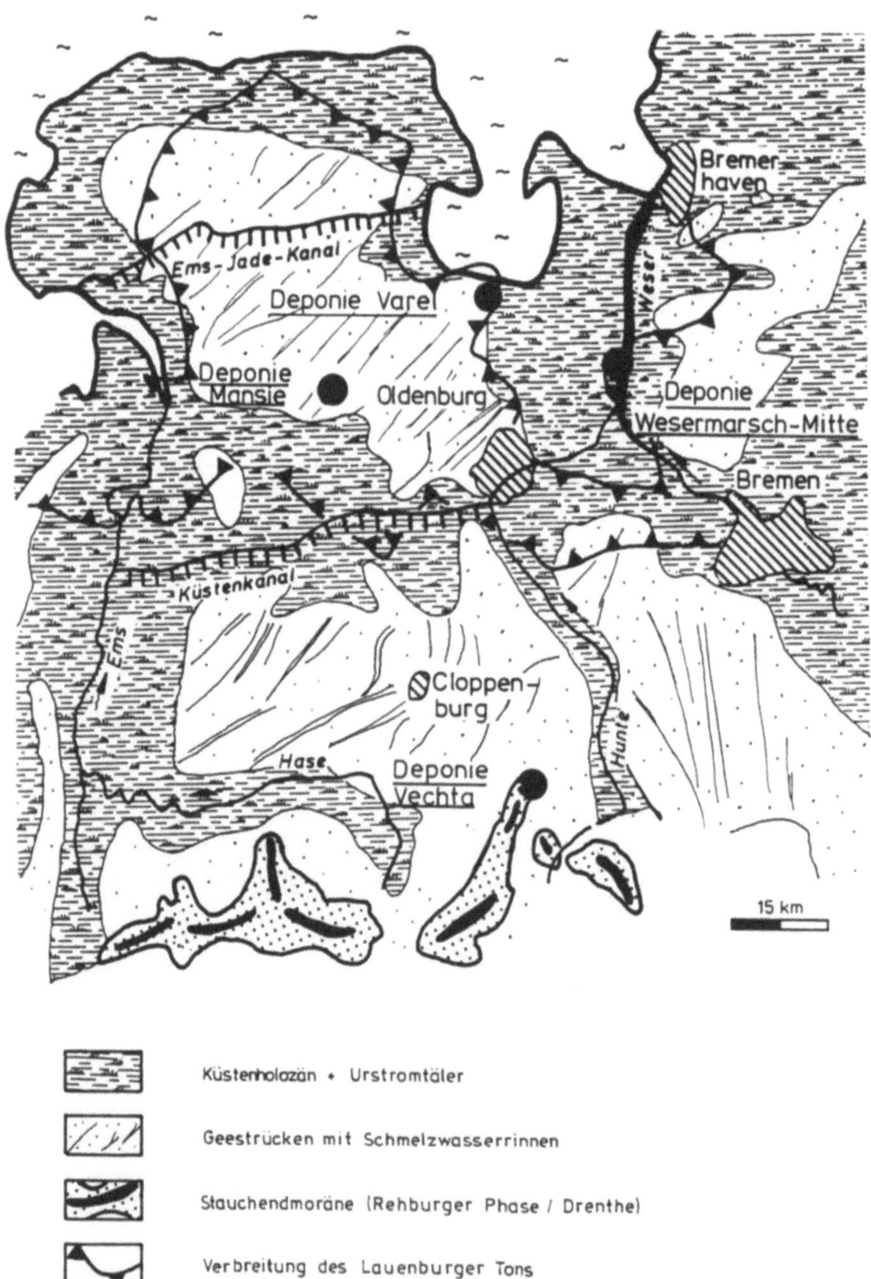

Abb. 11. Das Weser-Ems-Gebiet mit hydrogeologisch bedeutsamen Einheiten, nach FABER (1960), KNETSCH (1963), MEYER (1983), RICHTER et al. (1950), SCHUCHT (1908) und WOLD-STEDT (1928) zusammengestellt.

2 Hydrogeologische Charakterisierung der Standorte

Ausgehend vom regionalgeologischen Rahmen über die geologische Detailerkundung bis hin zur hydrogeologischen Beschreibung des Untergrundes, der Ableitung von hydraulischen Modellen der Standorte und einer Bewertung des hydrologischen und hydrochemischen Umfeldes, werden die Ergebnisse der durchgeführten Untersuchungen nachfolgend kurz umrissen ohne auf die durchgeführten Untersuchungsschritte im einzelnen näher einzugehen. Einige dieser Untersuchungsschritte werden im Detail in den Teilen III und IV behandelt.

2.1 Deponie Wesermarsch - Mitte

Der Untergrundaufbau im Bereich der Deponie und deren Umgebung wurde durch eine Vielzahl von Bohrsondierungen, Bohrungen und Schürfe aufgeschlossen, die im Lageplan der Abb. 12 zur Verdeutlichung des dichten Bohrrasters aufgeführt sind.

Die eingangs geschilderten Abstraktionsschritte von der Bohrprofilaufnahme über das geologische Modell zum hydraulischen Modell sind in Abb. 13 dargestellt, auf deren einzelne Darstellung im weiteren Bezug genommen wird.

2.1.1 Regionalgeologische Situation

Das Untersuchungsgebiet liegt im Küstenholozän der westlichen Wesermarsch etwa 1 km von der Weser entfernt auf einer NN-Höhe um durchschnittlich 0 m NN. Im Westen des Geländes schließt sich ein ausgedehntes, zonal gegliedertes Geest-Randmoor an. Die holozänen Weichschichten reichen im Bereich der Deponie bis etwa 10 m unter GOK, darunter stehen Schmelzwassersande und der Lauenburger Ton an.

2.1.2 Geologischer Aufbau im Bereich der Deponie und deren Umgebung

Der Untergrundaufbau bis etwa 20 m, der für das Emissionsverhalten der Deponie entscheidend ist, ist in Abb. 13 übersichtsmäßig auf einem geologischen E - W- Profil, d.h. senkrecht zur Längserstreckung des Geestrandes dargestellt. Danach stehen oberflächennah holozäne Weichschichten an, die pleistozäne Schichtserien überlagern.

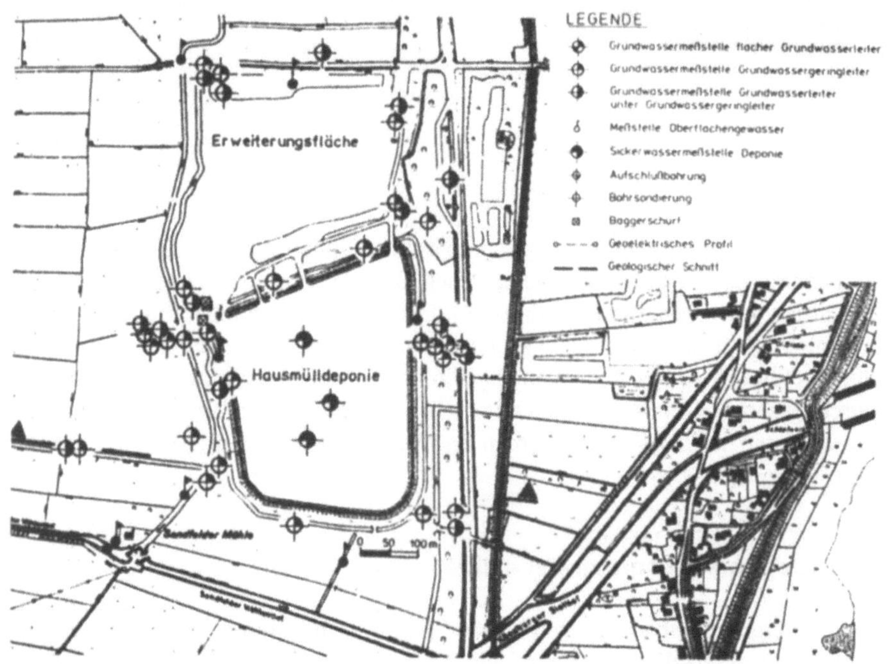

Abb. 12. Lageplan Deponie Wesermarsch-Mitte. Die Legende gilt auch für die Abbildungen 17, 23 und 29.

Das Pleistozän setzt sich zum größten Teil aus Schmelzwassersanden zusammen und reicht, einer etwa 2 km südwestlich des Geländes liegenden Spülbohrung zufolge bis in eine Tiefe von etwa 100 m. Bei den darunter bis 115 m erbohrten Sanden und den bis 130 m erbohrten Tonen dürfte es sich um die Braunkohlensande und Eozän-Tone des Tertiärs handeln.

Im Untersuchungsgebiet wurde die Basis des Holozäns in einer Tiefe zwischen - 8,2 m NN und - 12,0 m NN festgestellt. Sie hat nur ein geringes Relief, ausgesprochene holozäne Rinnen, wie sie eigenen Untersuchungen zufolge an anderer Stelle der Wesermarsch - z. B. aus dem Raum Elsfleth - bekannt sind, wurden nicht festgestellt. Dies ist entscheidend für die hydrogeologische Situation, da sich solche, dem weit verzweigten Urstromtal der Weser zugehörigen Rinnen, in diesem Raum häufig durch eine grobkörnigere Ausfüllung ausweisen, oftmals über das gesamte holozäne Profil.

Das Holozän im Untersuchungsgebiet kann entsprechend der Profiltypengliederung des NLfB (BARCKHAUSEN et al. 1977) zwei Komplexen zugeordnet werden:

Im östlichen Bereich der bestehenden Deponie und der Erweiterungsfläche liegt ein Verzahnungskomplex (Y-Typ) zwischen klastischen und organischen Sequenzen vor. Westlich davon , etwa ab einer Linie, die dem Lauf der Rönnel folgt, schließt sich ein Gebiet an, in dem das Holozän als Torfkomplex (Z-Typ) vorliegt. Nur örtlich, insbesondere am Rand, sind dort geringmächtige klastische Sequenzen eingelagert (Y-Typ). Im gesamten Gebiet östlich der Rönnel, also in dem für die Deponie maßgebenden Bereich, ist der Y-Typ sehr einheitlich ausgebildet

Über der nur wenige Zentimeter mächtigen Basalsequenz (qhOB), bestehend aus einem A_h-Horizont und örtlich geringmächtigen Bruchwaldtorfen, folgt die im Mittel 6,7 m mächtige Untere Klastische Sequenz (qhKU), im unteren Bereich bestehend aus Klei der brackisch-lagunären Fazies, nach oben stellenweise übergehend in eine mineralische Mudde, dann in eine Torfmudde mit Schwemmtorflagen oder direkt in eine Torfmudde. Mischwattfazies konnte nur ganz vereinzelt im obersten Bereich festgestellt werden.

Darüber folgt die Aufspaltungssequenz (qhA), die im Bereich der Deponie durchgängig als Spezialfall, nur einen Torf umfassend, vorliegt, der eine Mächtigkeit im Mittel von 1,7 m besitzt. Die darüber folgende, im Mittel 1,9 m mächtige Obere Klastische Sequenz (qhKO) besteht aus Klei, der örtlich einen Feinsandanteil aufweist und Feinsandzwischenlagen enthält. Dieser ist überwiegend der Mischwattfazies zuzuordnen. Der Y-Typ greift örtlich auf das Gebiet westlich der Rönnel über. In solchen Bereichen besteht die Aufpaltungssequenz aus zwei schwimmenden Torfen und hat wesentlich größere Mächtigkeiten bis etwa 6 m. Im übrigen Gebiet westlich der Rönnel liegt das Holozän als Z-Typ vor, mit Mächtigkeiten des direkt über einem A_h-Horizont einsetzenden Niedermoortorfes von etwa 7,5 m. Dieser wird lediglich von einer geringmächtigen klastischen Decksequenz (qhKD) überlagert, die Mächtigkeiten von 1 m bis 2 m aufweist.

Den Ergebnissen der oben erwähnten tiefen Bohrung zufolge ist das Pleistozän im tieferen Untergrund überwiegend aus Sanden aufgebaut. Mit den im Bereich der Deponie und deren Umgebung abgeteuften Bohrungen wurden im oberen Bereich des Pleistozäns Niederterrassensande über Lauenburger Ton erbohrt. Die Niederterrassensande haben eine Mächtigkeit von mindestens 2,1 m bis maximal 11,3 m, im Mittel 4,8 m. Die Erosionsbasis der Niederterrassensande und damit die Oberkante des Lauenburger Tons wurde in Tiefen zwischen -13 m NN und -20 m NN festgestellt. Die Basis zeigt somit ein starkes Relief und deutet ein ausgeprägtes pleistozänes Rinnensystem, verursacht durch die Schmelzwässer an. Der unter den Niederterrassensanden liegende Lauenburger Ton hat eine Mindestmächtigkeit von 6 m und liegt westlich der Rönnel im oberen Bereich in einer sandreicheren Fazies vor. Örtlich wird der Ton dort schichtweise durch schluffige Feinsande vertreten.

2.1.3 *Hydrostratigraphie und hydraulische Bemessungswerte*

Die Weichschichten des Holozäns bilden einen durchgehenden oberen Grundwassergeringleiter, der den ersten Grundwasserleiter des Pleistozäns abdeckt, vgl. Abb. 13. Dieser wird aus durchgehend vorhandenen Niederterrassensanden gebildet und enthält gespanntes Grundwasser. Unterhalb dieses pleistozänen Grundwasserleiters liegt flächig der Lauenburger Ton als pleistozäner Grundwassergeringleiter. Darunter wiederum liegen weitere tiefere pleistozäne Grundwasserleiter, die jedoch nicht näher erkundet wurden, da sie das Emissionsverhalten der Deponie nicht berühren. Sämtliche Grundwasserleiter haben somit einen natürlichen Schutz durch geringdurchlässige Schichten, der

Profilaufnahme

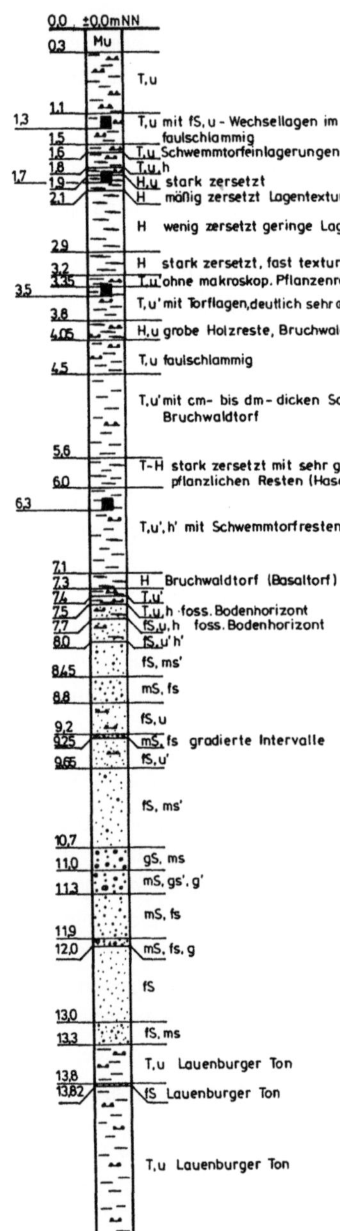

LEGENDE:

Geologische Klassifikation:

Holozän:

qhMK: Mineralischer Komplex
qhVK: Verzahnungskomplex
qhKO: Obere klastische Sequenz (Klei)
qhA: Aufspaltungssequenz
(überwiegend Torf)
qhKU: Untere klastische Sequenz (Klei)
qhOB: Organische Basalsequenz
(fossile Böden)

$\underline{\underline{\nabla}}$ Sickerwasserstand im Deponiekörper

$\underline{\underline{\blacktriangledown}}$ — — Grundwasserdrucklinie

Hydraulische Bemessungswerte			
Schicht	k_h [m/s]	k_v [m/s]	n_{eff} [%]
k_1: qhKO	$2 \cdot 10^{-8}$	$1 \cdot 10^{-8}$	5
k_2: qhA	$2 \cdot 10^{-7}$	$5 \cdot 10^{-8}$	h:20,v:3
k_3: qhKU	$5 \cdot 10^{-9}$	$1 \cdot 10^{-9}$	2
k_4: Plei.	$2 \cdot 10^{-3}$	$5 \cdot 10^{-4}$	20
durchströmte Schicht	i_{min} [ ]	i_{max} [ ]	v_a [m/s]
k_1 (vert.)	$7 \cdot 10^{-1}$	$3 \cdot 10^{0}$	$6 \cdot 10^{-7}$
k_2 (hor.)	0	$4 \cdot 10^{-2}$	$4 \cdot 10^{-8}$
k_3 (vert.)	0	$5 \cdot 10^{-1}$	$2 \cdot 10^{-8}$
k_4 (hor.)	$2 \cdot 10^{-4}$	$1 \cdot 10^{-3}$	$2 \cdot 10^{-6}$

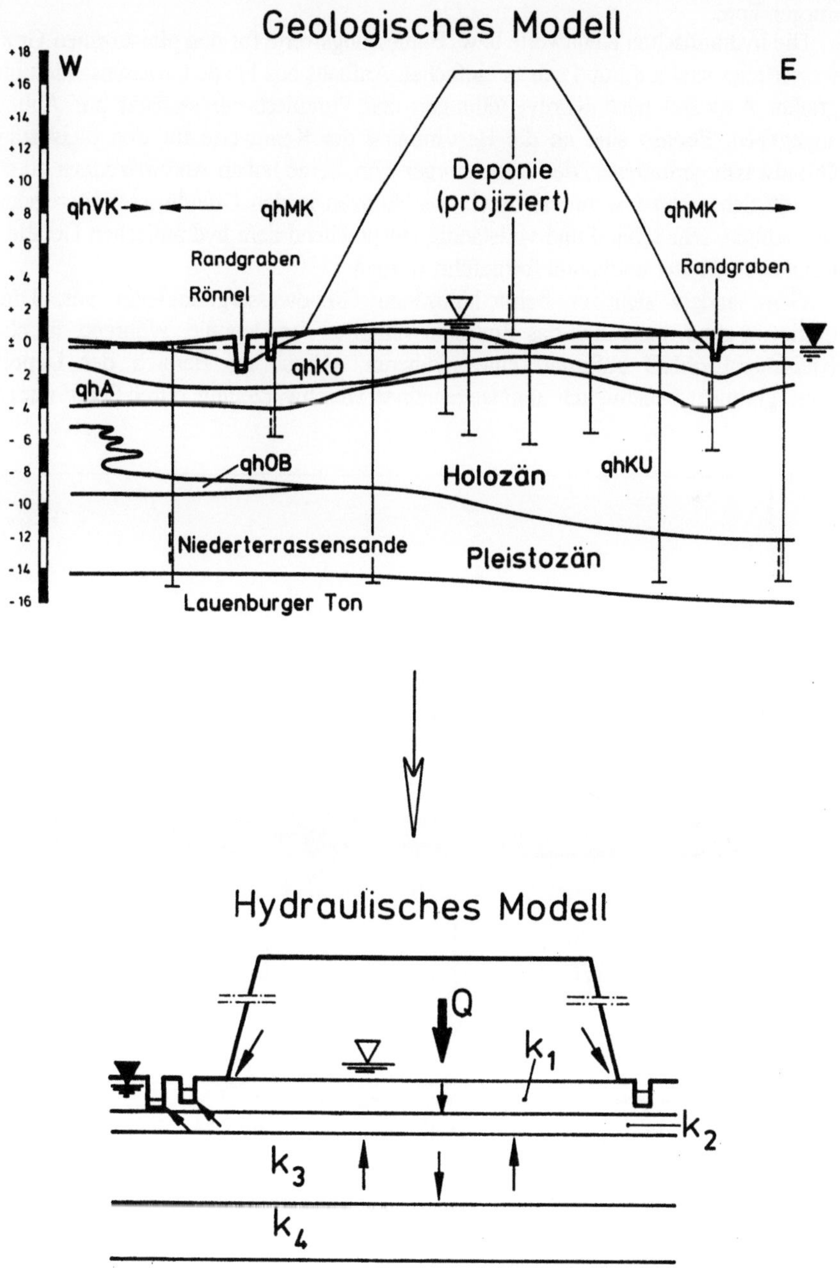

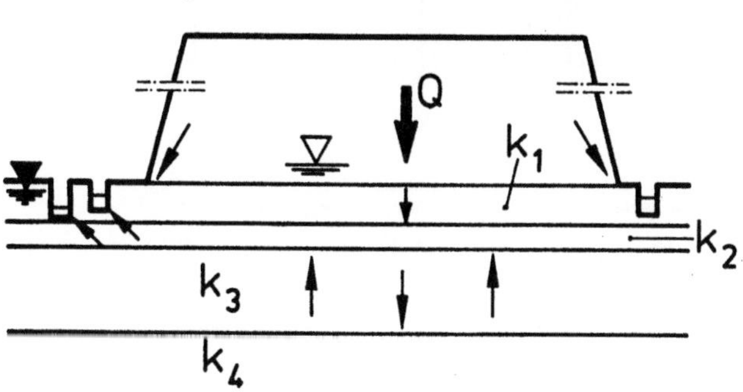

Abb. 13. Deponie Wesermarsch-Mitte - Darstellung der bei der Durchführung des Untersuchungsprogramms gemachten Abstraktionsschritte vom Bohrprofil zum geologischen Modell und weiter zum hydraulischen Modell.

obere Grundwasserleiter durch die holozänen Weichschichten, die tieferen Grundwasserleiter in ihrem überwiegenden Bereich zusätzlich durch den Lauenburger Ton.

Die hydraulischen Kennwerte bzw. Bemessungswerte für den pleistozänen Grundwasserleiter sind aufgrund seines einfachen Aufbaus aus Niederterrassensanden ohne großen Aufwand nach Kornverteilungen und Pumptests abgeschätzt auf Abb. 13 angegeben. Ebenso sind an die Bestimmung der Kennwerte für den pleistozänen Grundwassergeringleiter, den Lauenburger Ton, keine hohen Anforderungen zu stellen, da Schadstoffe, wenn sie durch das Holozän in den Grundwasserleiter gelangt sein sollten, sehr schnell und vollständig entsprechend dem hydraulischen Gefälle im Grundwasserleiter horizontal fortgeführt werden.

Ganz anders sieht es beim holozänen Grundwassergeringleiter aus. Dieser bestimmt ganz wesentlich das Emissionsverhalten der Deponie. Während die obere Kleischicht qhKO aufgrund eines früheren Abbaus im Bereich der Deponie, ihrer geringen Mächtigkeit und wegen einer Durchwurzelung durch Schilf nur eine

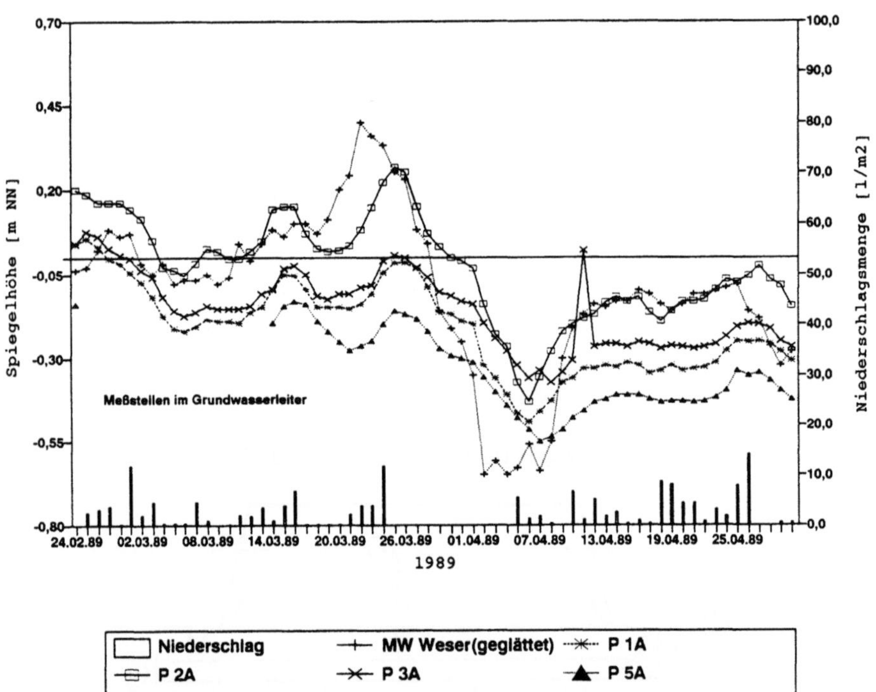

Abb. 14. Deponie Wesermarsch - Mitte: Ganglinien von ausgewählten Grundwassermeßstellen im pleistozänen Grundwasserleiter, Niederschlägen und Tidewasserständen der Weser.

Ndsch	:	Niederschlagsmengen,
MW	:	mittleres Tidewasser der Weser, geglättet,
GWM 1a	:	Grundwassermeßstelle 1a,
GWM 2a	:	Grundwassermeßstelle 2a,
GWM 3a	:	Grundwassermeßstelle 3a,
GWM 5a	:	Grundwassermeßstelle 5a.

eingeschränkte Schutzwirkung hat, bietet der untere Klei qhKU aufgrund seiner großen Mächtigkeit und seiner viel ausgeprägteren Homogenität eine gute Schutzwirkung für das Grundwasser im ersten Grundwasserleiter.

Entscheidend für die Abschätzung des Emissionsverhaltens ist jedoch die den beiden Kleischichten zwischengelagerte durchgehende Torfschicht qhA, die aufgrund ihrer in horizontaler Richtung erhöhten Durchlässigkeit einen Emissionspfad darstellt. Für den oberen und unteren Klei lassen sich nach Laborversuchen und der Auswertung von Bohrkernen problemlos sichere Bemessungswerte festlegen, die in Abb. 13 angegeben sind. Sehr viel aufwendiger ist eine zutreffende Ableitung der hydraulischen Parameter für den Torf, der aufgrund seiner Struktur extrem anisotrop und aufgrund seiner Genese, seines unterschiedlichen Schluffgehalts, seines unterschiedlichen Zersetzungsgrades und der unterschiedlichen Kompaktion infolge verschieden großer Auflast sehr inhomogen ist. Eine Vielzahl von Feld- und Laborversuchen ergab für die Torfschicht eine horizontale hydraulische Leitfähigkeit von $k_h = 5 \cdot 10^{-7}$ m/s, eine vertikale von $k_v = 5 \cdot 10^{-8}$ m/s.

2.1.4 Hydraulische Situation, Emissionsverhalten und Gefährdungsabschätzung

Nachfolgend wird die Situation vor der Ausführung der Sicherungsmaßnahme im Jahre 1996 beschrieben:

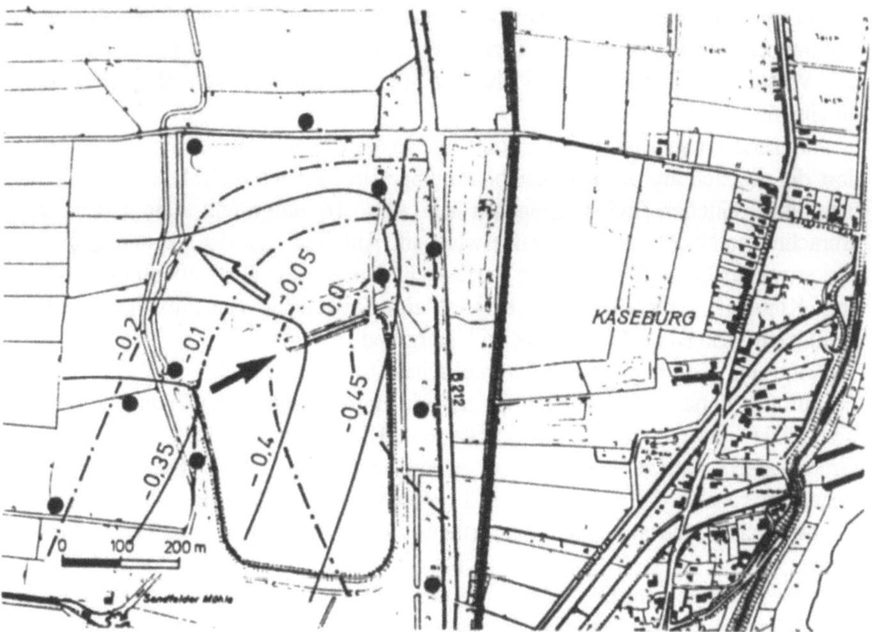

Abb. 15. Deponie Wesermarsch - Mitte: Grundwassergleichenpläne bei effluenten Strömungsverhältnissen (gestrichelte Gleichen) und influenten Strömungsverhältnissen der Weser (durchgezogene Gleichen). Die Grundwasserfließrichtung wird von der Wasserführung der Weser beeinflußt.

Im pleistozänen Grundwasserleiter steht gespanntes Grundwasser an, das mit dem Wasser der Weser in Verbindung steht. Zwar ist der Gezeiteneinfluß etwa 1 km von der Weser entfernt in den Meßstellen nicht mehr auszumachen, langfristige Schwankungen eines mittleren Weserpegelstandes pausen sich jedoch deutlich auf den Verlauf der Grundwasserganglinien durch, wie die Abb. 14 zeigt. Bei hohen Pegelständen fließt daher Wasser von der Weser weg in Richtung Binnenland, bei tiefen dagegen ist die Weser Vorfluter, wie der Grundwassergleichenplan auf Abb. 15 zeigt. Insgesamt treten jedoch in der Bilanz häufiger effluente als influente Zustände auf.

Das Grundwasser in der holozänen Torfschicht ist ebenfalls gespannt, hat aber außerhalb der Deponie überall geringere Druckhöhen als das Grundwasser im Grundwasserleiter. Es herrschen somit hydraulische Gradienten von unten nach oben vor, die für einen zusätzlichen Schutz des Grundwassers im pleistozänen Grundwasserleiter sorgen. Aufgrund eines Zustromes von Deponiesickerwasser zur Torfschicht infolge des Gradienten zwischen der stellenweise über 2 m über Gelände befindlichen Sickerwasserlinie im Deponiekörper und der Druckhöhe des Grundwassers in der Torfschicht ist auch die Drucklinie des Grundwassers in der Torfschicht im Zentrum der Deponie angehoben. So bildet sich ein Gradient aus, der das eingesickerte Sickerwasser in der Torfschicht radial nach außen führt, wo es zum größten Teil vom Deponierandgraben gefaßt wird. Lediglich ein kleiner Teil des Sickerwassers unterströmt den Randgraben und strömt in der Torfschicht bei sehr kleinen hydraulischen Gradienten nach außen ab, teilweise der Rönnel als Vorfluter zu, vgl. Abb. 13.

Aufgrund der angehobenen Drucklinie im Zentrum der Deponie herrscht dort ein hydraulischer Gradient von der Torfschicht zum Grundwasserleiter, der dazu führt, daß Wasser in sehr geringem Maße dort den unteren Klei von oben nach unten durchströmt.

Aufgrund der sehr guten Datengrundlage an der Deponie Wesermarsch - Mitte war dort die Aufstellung einer Wasserbilanz über ein Jahr möglich. Die an der Bilanz beteiligten Glieder sind schematisch auf Abb. 16 dargestellt. Die Bilanzierung erbrachte den Nachweis, daß der überwiegende Anteil des auf der Deponie gebildeten Sickerwassers tatsächlich über die Torfschicht dem Randgraben zufließt und von dort zum Klärwerk verbracht wird. Lediglich eine Restmenge von maximal 17 % des gebildeten Sickerwassers verbleibt im Untergrund.

Aufgrund dieser günstigen hydraulischen Situation ist die von der Deponie beeinflußte Zone in der Torfschicht auf die unmittelbare Umgebung der Deponie beschränkt. Dort kann der Sickerwassereinfluß aufgrund des Chemismus des Grundwassers belegt werden. Nur wenig außerhalb der Deponie liegen die Schadstoffgehalte des Grundwassers im Bereich der Grundbelastung, die aus der Landwirtschaft und aus einem zeitweiligen Zuwässern von Wasser der Weser herrührt.

Diese günstige Situation ist bedingt durch den natürlichen geologischen Aufbau des Untergrundes, der hier dem Prinzip einer Deponiebasisdichtung nach heutigem Stand der Technik (Abb. 7) sehr nahe kommt. Die durchgängige, die Deponie unterlagernde Torfschicht, übernimmt praktisch die Funktion einer Flächendränage. Der darunter liegende, etwa 6 m mächtige Klei wirkt als natürliche Basisdichtung. Durch geeignete technische Maßnahmen, lassen sich die natürlichen Verhältnisse so

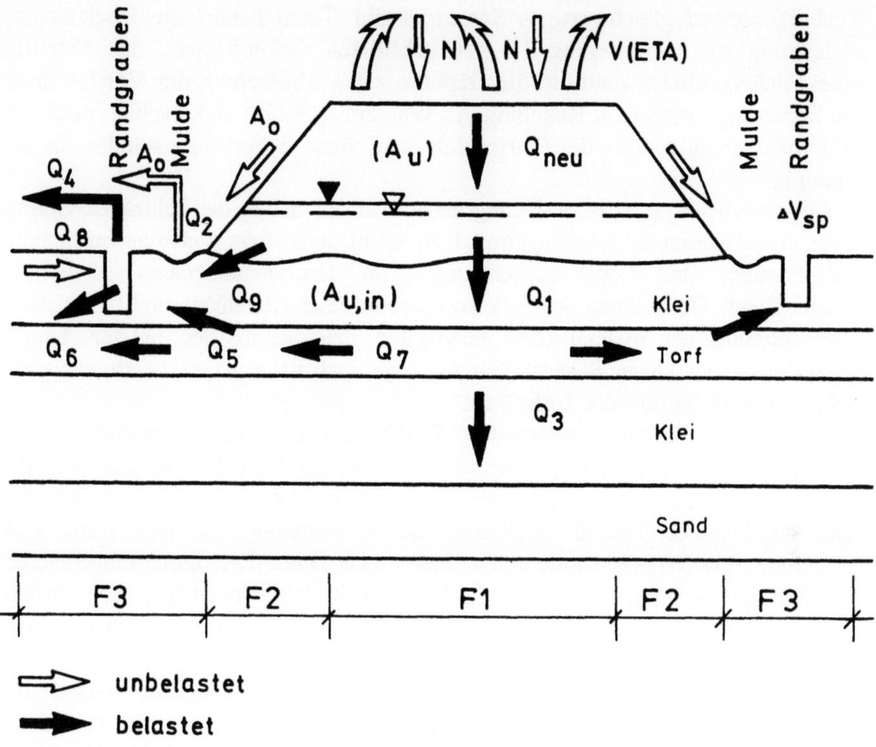

Abb. 16. Deponie Wesermarsch-Mitte: Die im Untergrund der Deponie stattfindenden Wasserströmungen sind schematisch im Schnitt dargestellt, die an der Wasserbilanz beteiligten Glieder sind tabellarisch zusammengestellt.

N	:	Niederschlag
V	:	Verdunstung (ETA)
A_0	:	Abfluß
ΔV_{sp}	:	Speichervolumenveränderung der Deponie
Q_{neu}	:	Sickerwasserneubildung $Q_{neu} = N - V - A = A_u$
Q_1	:	Durchströmung des oberen Kleis qhkO
Q_2	:	Direkter Zustrom Deponie / Randgraben
Q_3	:	Zustrom Torfschicht qhA / Grundwasserleiter qp
Q_4	:	Entnahmemenge verdünntes Sickerwasser
$Q_{4'}$	:	Sickerwasseranteil an Q_4 aus dem Randgraben
		$Q_4 = Q_2 + Q_8 + Q_9 - Q_6 + A_O$
Q_5	:	Unterströmung des Randgrabens
Q_6	:	Abströmung aus dem Randgraben
Q_7	:	Zustrom aus der Torfschicht qhA zum Randgraben
Q_8	:	Zustrom von unbelastetem Grundwasser zum Randgraben
Q_9	:	Horizontal gerichteter Abstrom von Sickerwasser in der Torfschicht qhA
F1	:	Offene Deponiefläche
F2	:	Böschungen
F3	:	Einzugsbereich des Randgrabens.

verbessern, daß sich ein einer Deponiebasisdichtung nach heutigem Stand der Technik nahezu gleichwertiges System ergibt. Dazu gehört die Oberflächenabdeckung zur Minimierung des neu gebildeten Sickerwassers, das Abteufen eines Sickerschlitzes rund um die Deponie zur Verbesserung der Vorflut sowie ein Steuerungssystem zur Regelung des Wasserstandes im Sickerschlitz nach den Grundwasserständen in der Torfschicht und den Sickerwasserständen in der Deponie.

Der natürliche geologische Untergrundaufbau mit der in die holozänen Geringleiter eingelagerten Torfschicht ermöglicht somit auch ohne Sicherungsmaßnahme die Fassung des Deponiesickerwassers im Deponierandgraben sowie die anschließende Behandlung des Sickerwassers in einer Kläranlage und damit durch Verminderung der hydraulischen Gradienten den Schutz des tieferen Grundwasserleiters vor einem Schadstoffeintrag, wie auch nahezu die Unterbindung des Schadstoffaustrags über die Torfschicht.

Als Auflage für eine nachträgliche Erhöhung der Altdeponie wurde von den Genehmigungsbehörden eine Sicherungsmaßnahme gefordert, die zum Ziel hatte, den Standort soweit zu verbessern, daß die Sicherheit der Deponie in etwa mit Deponien nach dem Stand der Technik vergleichbar ist. Die Sicherungsmaßnahme wurde 1996 ausgeführt. Die Deponie wurde durch einen Sickerschlitz (Kiesrigole) umgeben, der den flächig ausgebildeten Torf durchteuft und bis in den darunter liegenden Unteren Klei einbindet. Dadurch wurde ein kompletter hydraulischer Anschluß der Torfschicht an den Sickerschlitz geschaffen. Durch künstliche Einstellung eines Wasserstandes im Sickerschlitz, der überall tiefer als die Außenwasserstände des oberflächennahen Grundwassers sind, ist gewährleistet, daß über die Torfschicht keine Emission von Sickerwasser mehr erfolgen kann. Aufgrund der Absenkung kommt es jedoch zur Zuströmung von unbelastetem Grundwasser über die Torfschicht aus der weiteren Umgebung der Deponie. Daraus resultiert eine unerwünschte Verdünnung des gefaßten Deponiesickerwassers und einhergehend eine Vergrößerung der zu klärenden Wassermenge. Daher wurde zur Begrenzung dieses Zustromes außerhalb des Sickerschlitzes eine Spundwand als Dichtwand angeordnet, die diesen Zustrom wirkungsvoll begrenzt. Außerdem schützt diese Dichtwand im Fall eines Versagens der Steuerung des Sickerschlitzes vor einer Emission von Sickerwasser.

2.2 Deponie Varel-Hohenberge

Der Untergrundaufbau im Bereich der Deponie und deren Umgebung wurde durch Bohrungen und Bohrsondierungen aufgeschlossen. Einen Überblick über die Lage der Deponie und die im Umfeld abgeteuften Bohrungen gibt Abb. 17. Die durchgeführte Abstraktion und Modellbildung ist exemplarisch auf Abb. 18 dargestellt und wird im folgenden näher erläutert.

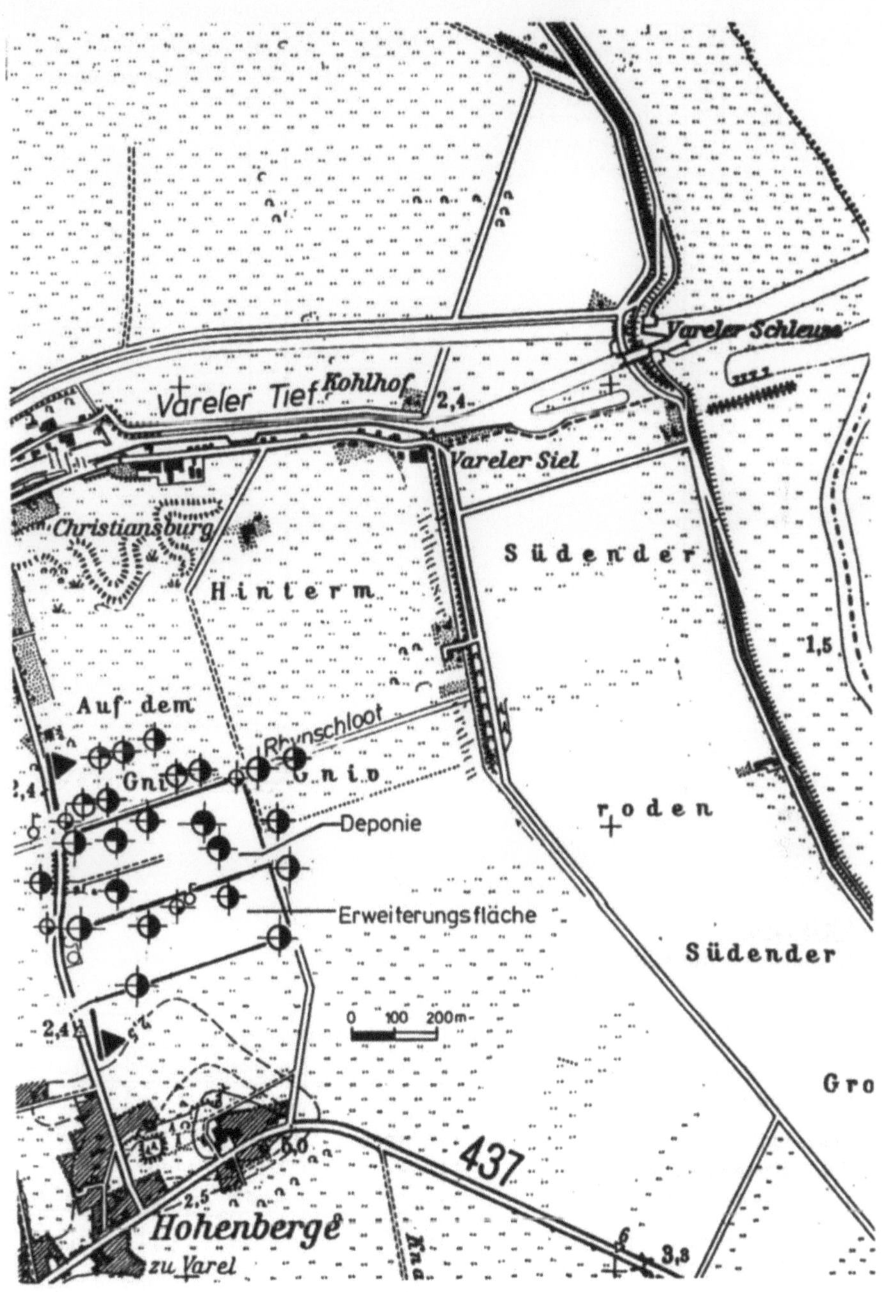

Abb. 17. Lageplan - Deponie Varel-Hohenberge. Legende siehe Abb. 12. Rechts oben auf dem Plan ist die Deichlinie erkennbar, dahinter Deichvorland und Jadewatt.

Profilaufnahme

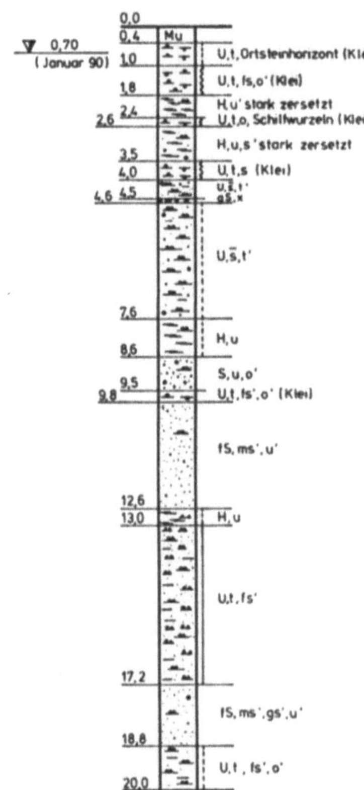

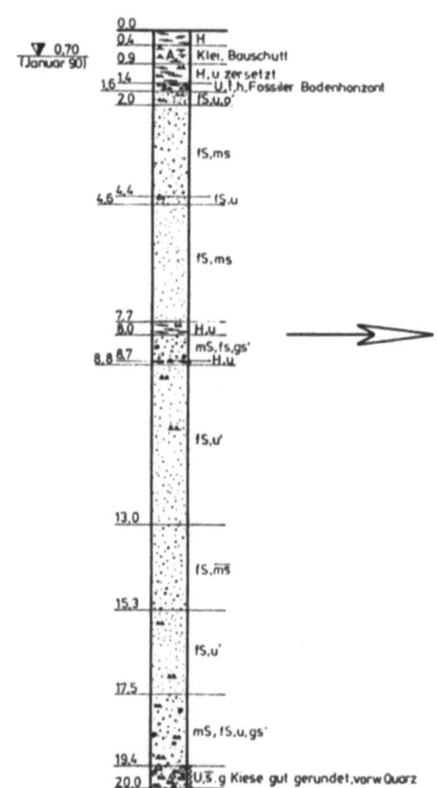

LEGENDE:

Geologische Klassifikation:

Holozän:

OKl   Oberer Klei
H   Torf
FA   Fluviatile Ablagerungen
UKl   Unterer Klei

Pleistozän:

SWS   Schmelzwassersande
LT   Lauenburger Ton

▽   Sickerwasserstand im
      Deponiekörper

▼   Tidehochwasser

▼ __ Grundwasserdrucklinie

Hydraulische Bemessungswerte			
Schicht	k_h [m/s]	k_v [m/s]	n_{eff} [%]
k_1: Klei	$5 \cdot 10^{-7}$	$1 \cdot 10^{-8}$	3
k_2: Rinne	$10 \cdot 10^{-6}$	$1 \cdot 10^{-7}$	15
k_3: LT	$1 \cdot 10^{-5}$	$1 \cdot 10^{-9}$	1
k_4: S	$2 \cdot 10^{-4}$	$2 \cdot 10^{-4}$	25
durchströmte Schicht	i_{min} [ ]	i_{max} [ ]	v_a [m/s]
k_1 (vert.)	$5 \cdot 10^{-1}$	$4 \cdot 10^{0}$	$7 \cdot 10^{-7}$
k_4 (hor.)	$6 \cdot 10^{-2}$	-	$4 \cdot 10^{-7}$
k_5 (vert.)	-	$2 \cdot 10^{-2}$	$2 \cdot 10^{-9}$

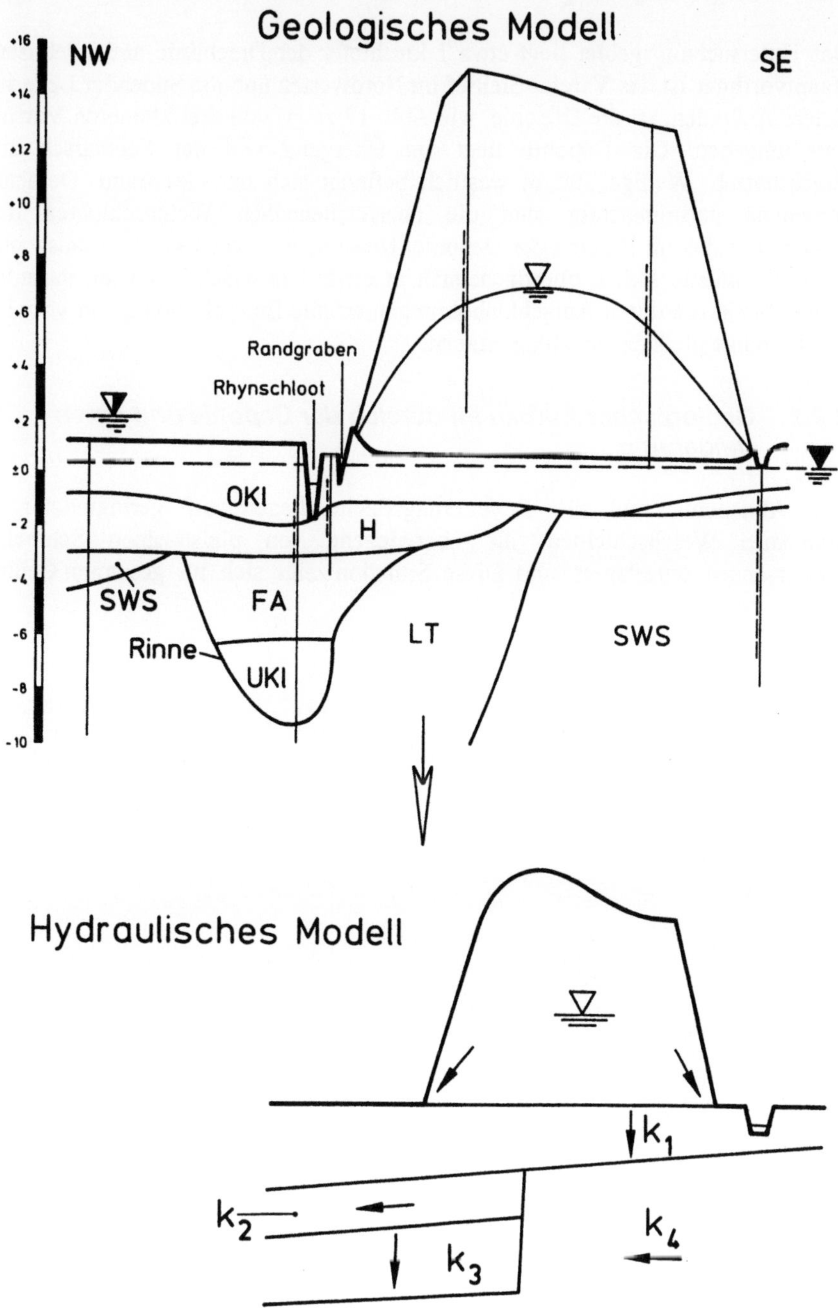

Abb. 18. Deponie Varel-Hohenberge - Darstellung der bei der Durchführung des Untersuchungsprogramms gemachten Abstraktionsschritte vom Bohrprofil zum geologischen Modell und weiter zum hydraulischen Modell.

2.2.1 Regionalgeologische Situation

Das Untersuchungsgebiet liegt etwa 1 km hinter der Deichlinie am Jadebusen. Hauptvorfluter ist das Vareler Sieltief im Nordwesten und die Südender Leke im Osten. Außerdem ist die Deponie, wie Abb. 17 zeigt, von drei kleineren Vorflutern umgeben. Die Deponie liegt am Übergang von der Seemarsch zur Brackmarsch. Wenige 100 m westlich befindet sich der Geestrand. Dementsprechend geringmächtig sind die oberflächennahen Weichschichten des Küstenholozäns im Bereich der Deponie. Diese überwiegend klastisch ausgebildeten Sedimente stehen oberflächennah in etwa 2 m Mächtigkeit an, darunter folgen bis in die durch Aufschlußbohrungen erfaßte Endtiefe von 25 m vorwiegend sandige pleistozäne Ablagerungen.

2.2.2 Geologischer Aufbau im Bereich der Deponie und deren Umgebung

Die Altdeponie und die Erweiterungsfläche liegen auf geringmächtigen holozänen Weichschichten, die überwiegend von pleistozänen Schmelzwassersanden unterlagert sind. Diese Situation zeigt sich im gesamten Gebiet

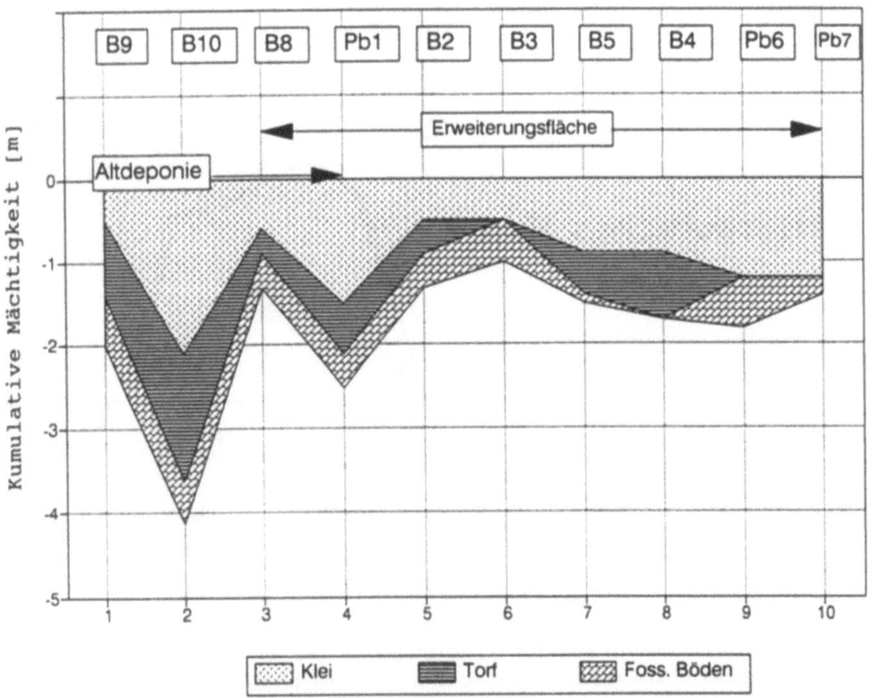

Abb. 19. Deponie Varel-Hohenberge - Kumulative Mächtigkeiten des Holozäns.

außerhalb des auf Abb. 21 gekennzeichneten Gebietes, in dem Lauenburger Ton verbreitet ist.

Die holozänen Weichschichten, dargestellt im Profil auf Abb. 19, mit kumulativen Mächtigkeiten zwischen 1,0 m und 4,1 m, gliedern sich in einen oberflächennahen Klei. Darunter folgt eine durchgehende Torfschicht mit zwischengelagerten bindigen Schichten und Wattsandschichten und darunter örtlich eine geringmächtige Kleischicht.

In dem auf Abb. 21 gekennzeichneten Bereich steht unterhalb des Holozäns der oben erwähnte Lauenburger Ton an. Dabei handelt es sich um eine große isolierte Scholle, die nachweislich diskordant den darunter anstehenden pleistozänen Sanden aufliegt. Am Deponierand liegt der Lauenburger Ton direkt unter dem Holozän, im Abstrombereich liegen zwischen Lauenburger Ton und Holozän noch geringmächtige Schmelzwassersande.

Direkt am nördlichen Deponierand im Bereich des Rhynschloots verläuft eine Rinne von geringer räumlicher Erstreckung. Sie enthält örtlich bis in Tiefen von 10 m holozäne Sedimente. Diese gliedern sich in einen basalen Klei und darüberliegende fluviatile Ablagerungen aus Mudden, Torfen und Feinsanden, örtlich mit gut gerundeten Geröllen. Auch außerhalb der Rinne können, partiell verzahnt mit den Schmelzwassersanden, Schichten mit gut gerundeten Geröllen festgestellt werden, die eindeutig fluviatilen Ursprungs ist. Derartige gut gerundete Kiese können nach Aussage BARCKHAUSENs (frdl. mündl. Mitt.) vom nahen Geestrand abgeleitet werden.

2.2.3 *Hydrostratigraphie und hydraulische Bemessungswerte*

Die Weichschichten des Holozäns bilden einen durchgehenden oberen Grundwassergeringleiter, der den Grundwasserleiter des Pleistozäns abdeckt. Dieser wird aus den durchgehend vorhandenen Schmelzwassersanden gebildet und enthält gespanntes Grundwasser. Im Abstrombereich der Deponie ist der Fließquerschnitt in diesem Grundwasserleiter durch die Scholle aus Lauenburger Ton deutlich verringert. Ob diese bis auf die Basis des Grundwasserleiters reicht, wurde nicht erkundet, ist jedoch nicht anzunehmen. Trotzdem bilden diese mächtigen Tone im Abstrombereich der Deponie eine Barriere, da sie zusammen mit den bindigen holozänen Schichten einen Grundwassergeringleiter aufbauen.

Die Gesamtmächtigkeiten des Holozäns und die aufsummierten Teilmächtigkeiten der verschiedenen Lockergesteinstypen Klei, Torf und fossile Böden sind in Abb. 19 für die beiden Bereiche Altdeponie und Erweiterungsfläche dargestellt. Insgesamt hat das den pleistozänen Grundwasserleiter schützende Holozän Mächtigkeiten zwischen 1,0 m und 4,1 m, im Mittel 1,9 m. Nicht berücksichtigt sind dabei die im Bereich der holozänen Rinne sehr viel größeren Mächtigkeiten. Das Holozän besteht jedoch nur zum Teil aus Klei, der bezüglich seiner Durchlässigkeit im nicht durchwurzelten Bereich nahezu isotrop ist und zum anderen Teil aus hinsichtlich der Durchlässigkeit ausgesprochen anisotropen Torfen und fossilen Böden. Von daher ist im Holozän mit einer bevorzugten Grundwasserströmung in horizontaler Richtung zu rechnen.

Im Bereich der pleistozänen Rinne liegt unterhalb des oben beschriebenen 1. Grundwassergeringleiters ein weiterer, 2. Grundwassergeringleiter, der sich

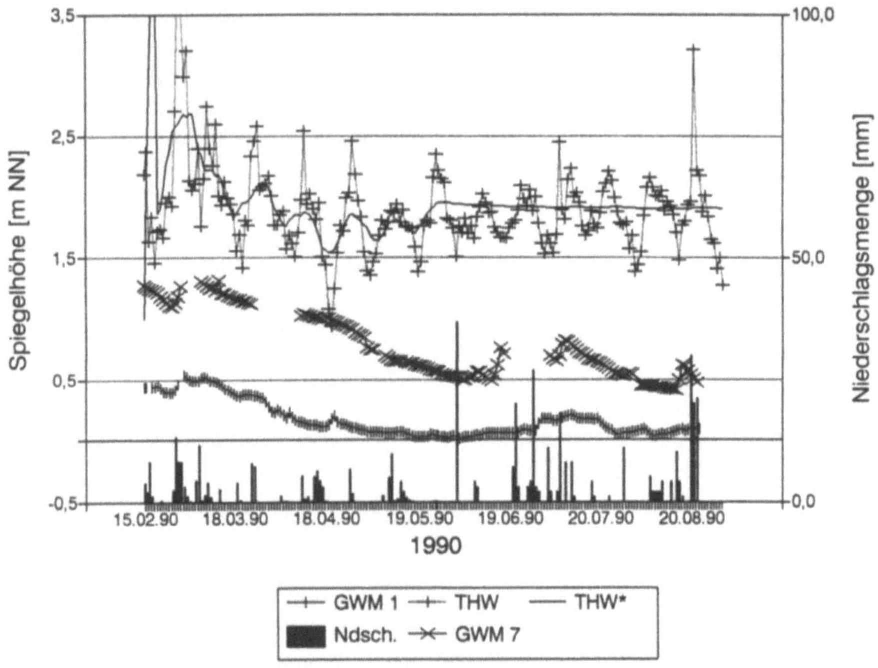

Abb. 20. Deponie Varel-Hohenberge - Ganglinien von ausgewählten Grundwassermeßstellen, Tidehochwasserständen und Niederschlägen.

THW	:	Tidehochwasserstände,
THW*	:	Tidehochwasserstände, geglättet nach der sukzessiven Mittelwertbildung über jeweils 5 Tage,
GWM 1	:	Grundwassermeßstelle 1,
GWM 7	:	Grundwassermeßstelle 7,
Ndsch	:	Niederschlagsmengen.

oberflächennah aus geringmächtigen Wattsanden mit zwischengelagerten Schluffen und darunter aus Torfen unterschiedlichen Zersetzungsgrades zusammensetzt. Den Torfen sind wenige Zentimeter bis Dezimeter mächtige schluffige Tone zwischengelagert. Unterhalb der Torfe folgen in Teilbereichen fluviatile Ablagerungen, vorwiegend tonig-schluffige Sande, örtlich mit einer Kieskomponente. Zwischengelagert sind Schluffschichten. Der 2. Grundwassergeringleiter ist aufgrund seines inhomogenen Aufbaus ausgeprägt anisotrop. Die Durchlässigkeit in horizontaler Richtung ist daher bedeutend größer als in vertikaler Richtung. Dennoch stellt er aufgrund seiner Eintiefung in der Erosionsrinne in den Schmelzwassersanden eine lokale Barriere für das Grundwasser dar.

Die das Holozän unterlagernden pleistozänen Schmelzwassersande bestehen kornanalytisch vorwiegend aus Feinsanden, schichtweise Mittelsanden mit in geringen Grenzen variierenden Beimengungen. Örtlich sind Feinkiesschichten zwischengelagert. Durch die zwischengelagerten feinkörnigeren Schichten erhalten auch sie eine deutliche Anisotropie hinsichtlich der Durchlässigkeit. Der Lauenburger

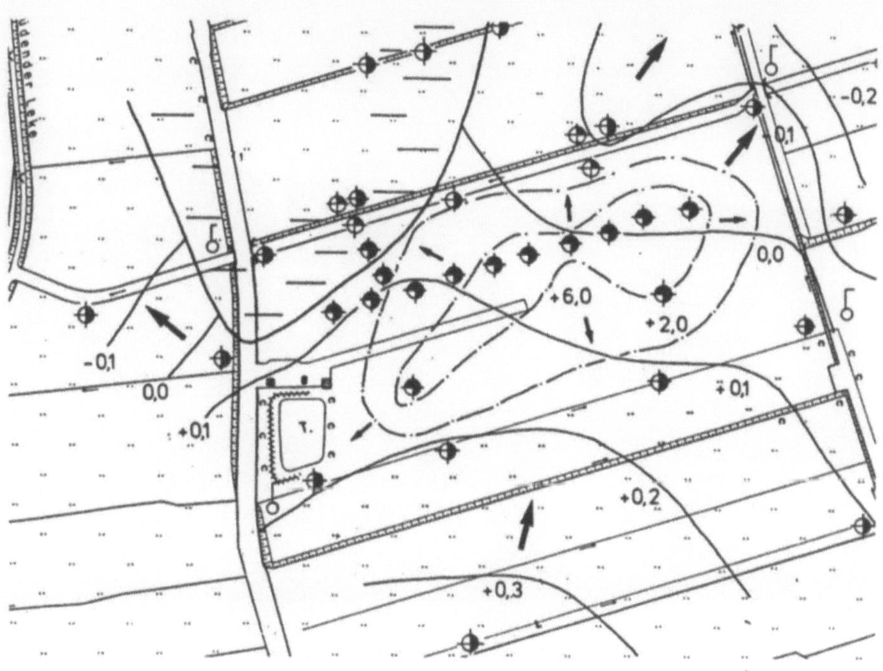

Abb. 21. Deponie Varel-Hohenberge - Grundwassergleichen des Grundwassers im abgedeckten pleistozänen Grundwasserleiter (durchgezogene Gleichen). Dieser wird nördlich der Deponie im querschraffierten Bereich durch eine Scholle Lauenburger Ton in seinem Fließquerschnitt stark eingeengt, woraus die mit großen Pfeilen angegebenen unterschiedlichen Abstromrichtungen nach Nordost zum Vareler Sieltief (vgl. Abb. 17) und nach Nordwest zur Südender Leke resultieren. Die Gleichen des Deponiesickerwassers sind strichpunktiert angegeben, die nach allen Seiten divergierenden Abstromrichtungen des Sickerwassers mit kleinen Pfeilen.

Ton als 3. Grundwassergeringleiter hat eine um Größenordnungen geringere Durchlässigkeit, ist jedoch örtlich gestört, was eine Erhöhung der Durchlässigkeit vorzugsweise in horizontaler Richtung bewirkt.

Die hydraulischen Kennwerte bzw. Bemessungswerte für den pleistozänen Grundwasserleiter sind aufgrund seines einfachen Aufbaus aus Schmelzwassersanden ohne großen Aufwand nach Kornverteilungskurven und Pumptests abgeschätzt auf Abb. 18 angegeben. Die Bemessungswerte für die holozänen Schichten sind unterschieden nach dem Bereich der flächenhaften Verbreitung (1. Grundwassergeringleiter) und nach dem davon deutlich unterschiedenen Rinnenbereich (2. Grundwassergeringleiter) angegeben.

2.2.4 *Hydraulische Situation, Emissionsverhalten und Gefährdungsabschätzung*

Aufgrund der Nähe der Deponie zur Küste war zuallererst der Tideeinfluß auf das Grundwasser zu untersuchen. Aus einem Vergleich von Grundwasserganglinien mit den Tidehochwasserständen und den Niederschlägen (Abb. 20)

Abb. 22. Deponie Varel-Hohenberge - Blick auf den Rhynschloot, den in der Grundwasser-
abstromrichtung gelegenen Vorfluter für das Grundwasser im Grundwassergeringleiter und für
Teile des Deponiesickerwassers. Rechts direkt hinter dem Zaun verläuft der Deponierandgraben, dessen Sohle etwa 2 m über der Sohle des Rhynschlootes liegt. Der Randgraben
schneidet in die holozänen Weichschichten ein, der Rhynschloot durchteuft diese über weite
Strecken.

können folgende Abhängigkeiten abgeleitet werden:

Der generelle Gang der Grundwasserstände zeigt eine deutliche Beeinflussung
durch die mittleren Wasserstände im Jadebusen. Dagegen sind die einzelnen Tiden in
den Grundwassermeßstellen aufgrund starker Dämpfung kaum nachweisbar. Die
Niederschläge beeinflussen die Grundwasserstände und erzeugen kleinere überlagerte
Spitzen in den Ganglinien der Grundwasserstände. Die oben beschriebenen
Oberflächengewässer bilden stets die Vorflut für das Grundwasser.

Die Grundwassergleichen für den pleistozänen Grundwasserleiter sind auf Abb. 21
aufgetragen. Danach ist der im Abstrombereich der Deponie verbreitete Lauenburger
Ton das bestimmende Element für den Abstrom des Grundwassers aus dem
Deponiebereich. Die, wie im Lageplan angegegeben, keilförmig auf die Deponie
zulaufende Scholle bewirkt eine Zweiteilung des Grundwasserabstroms. Westlich
davon fließt das Grundwasser zur Südender Leke als Vorfluter, östlich davon zum
Vareler Sieltief. Den Schwankungsbreiten der Grundwasserstände zufolge ist die
Grundwasserfließrichtung über die Zeit konstant in diese Richtungen.

Der in der Deponie ausgebildete sehr hohe Stauwasserspiegel ist auf Abb. 18 im
Schnitt dargestellt. Er fällt entsprechend der Geometrie der Deponie nach allen Seiten
hin ab. Für das Stauwasser sind somit die die Deponie umgebenden kleineren Wasserzüge Vorfluter. Abb. 22 zeigt die Abstromseite der Deponie mit dem Deponierandgraben und dem Vorfluter für einen Teil des Sickerwassers, dem Rhynschloot.

Im Deponiebereich, innerhalb dieser Wasserzüge überlagern sich die Druckhöhen von Deponiesickerwasser und Grundwasser, so daß örtlich, insbesondere am Südrand der Deponie von dem in Abb. 21 gezeichneten Strömungsbild abweichende Strömungsrichtungen auftreten. Den generellen Grundwasserstrom beeinflußt die Deponie jedoch nicht.

Aufgrund des im Abschnitt 2.2.3 dargestellten hydrogeologischen Aufbaus des Untergrundes der Deponie und des gemessenen hohen Sickerwassereinstaus in der Altdeponie kommt es zu dem in Abb. 18 skizzierten Emissionsverhalten aus der Altdeponie:

Die holozänen Weichschichten unter der Deponie werden in den Bereichen, in denen sie von Schmelzwassersanden unterlagert sind, von oben nach unten durchströmt. Das emittierte Sickerwasser gelangt in den pleistozänen Hauptgrundwasserleiter und wird dort etwa in horizontaler Richtung entsprechend dem Grundwasserstrom wegtransportiert. In Bereichen, in denen die holozänen Schichten von Lauenburger Ton unterlagert sind, erfolgt ein seitliches Abströmen im 2. Grundwassergeringleiter, der dem 1. und 3. Grundwassergeringleiter zwischengelagert ist und eine erhöhte Durchlässigkeit in horizontaler Richtung besitzt. Dieses emittierte Sickerwasser wird zum Teil im Deponierandgraben gefaßt.

Da der Rhynschloot, der entlang der nördlichen Deponiegrenze außerhalb des Deponierandgrabens verläuft, in den 2. Grundwassergeringleiter einschneidet und deutlich geringere Wasserstände als das umgebende Grundwasser aufweist, erfolgt eine Zuströmung des durch Sickerwasser belasteten Grundwassers zum Rhynschloot. Damit wird eine weitere Ausbreitung belasteten Grundwassers verringert, jedoch nicht verhindert. Ein Teil des Sickerwassers unterströmt im tieferen Teil des 2. Grundwassergeringleiters zumindest zeitweilig den Rhynschloot. Diese Unterströmung ist von Bedeutung, da der 2. Grundwassergeringleiter abstromseitig in direktem Kontakt zu einem nur dort vorhandenen flachen Grundwasserleiter steht. Es kann jedoch aufgrund der gemessenen Grundwasserstände davon ausgegangen werden, daß der überwiegende Teil des oberflächennah emittierten Sickerwassers dem Rhynschloot zuströmt. An allen 4 Seiten der Altdeponie kommt es neben der Zuströmung über den 2. Grundwassergeringleiter auch zu einem direkten Zustrom von Deponiesickerwasser durch den 1. Grundwassergeringleiter zum Deponierandgraben. Diese direkte Zuströmung ist auf die Randbereiche der Deponie beschränkt.

Aufbauend auf den in Abb. 18 angegebenen Bemessungs- und Meßwerten kann die Emissionssituation folgendermaßen quantifiziert werden: Die obere Kleischicht wird aufgrund der hohen hydraulischen Gradienten infolge des hohen Sickerwassereinstaus in der Deponie mit Abstandsgeschwindigkeiten von ca. 40 m pro Jahr durchströmt. Die Abstandsgeschwindigkeit für die direkte Durchströmung des oberen Kleis mit Sickerwasser aus der Deponie in den Deponierandgraben beträgt rechnerisch lediglich etwa 0,1 m pro Jahr. Dieser Werte ist zu gering, gemessen an den tatsächlich festgestellten Emissionen in den Deponierandgraben, auch bei geringen Grundwasserständen und deuten darauf hin, daß am Rande der Deponie deutlich steilere Gradienten auftreten, als sie bei der vorgenommenen linearen Interpolation der Wasserstände zwischen Deponiemeßstellen und Randgraben ermittelt wurden. Dies belegen auch die Sickerwasseraustrittsstellen an der südlichen Böschung der Deponie.

Außerdem kommt der überwiegend horizontal gerichteten Emission über den 2. Grundwassergeringleiter aufgrund dessen größerer horizontaler Durchlässigkeitskomponente erhebliche Bedeutung zu, obwohl der Deponierandgraben nur in Teilbereichen in den 2. Grundwassergeringleiter einbindet. So wurden für diesen 2. Grundwassergeringleiter Abstandsgeschwindigkeiten bis ca. 200 m pro Jahr im Randbereich der Deponie bestimmt. Auch weiter außerhalb der Deponie treten im 2. Grundwassergeringleiter aufgrund hoher hydraulischer Gradienten hohe Abstandsgeschwindigkeiten mit Werten bis zu 110 m pro Jahr auf, die in derselben Größenordnung liegen, wie die Abstandsgeschwindigkeiten im Hauptgrundwasserleiter, der zwar durchlässiger ist, in dem jedoch geringere hydraulische Gradienten vorherrschen.

Im wesentlichen aufgrund des Vorhandenseins der holozänen Weichschichten wird ein erheblicher Teil des Sickerwassers in den Randgräben gefaßt. Dieses Ergebnis liefern Bilanzierungen des Wasserhaushaltes der Deponie. Aufgrund der stattgefundenen Emission durch die Weichschichten zeigt das Grundwasser entlang der Abstromseite der Deponie eine deutliche Belastung durch die im Sickerwasser gelösten Stoffe.

2.3 Deponie Mansie

Die Deponie Mansie wurde im Zuge der durchgeführten Baugrunderkundungen und der Beweissicherung durch eine Vielzahl von Bohrungen und Bohrsondierungen erkundet. Der Aufbau eines Grundwasserbeobachtungsnetzes erfolgte sukzessive. Die abschließende Situation des Aufschluß- und Beobachtungsnetzes ist auf Abb. 23 angedeutet. Abb. 24 enthält wiederum die einzelnen Abstraktionschritte vom Bohrergebnis zum hydraulischen Modell, die nachfolgend erläutert sind.

2.3.1 Regionalgeologische Situation

Die Deponie Mansie liegt auf dem Oldenburger Geestrücken, einer NWN - SES streichenden Einheit, bestehend vorwiegend aus Sandersedimenten und Geschiebemergeln, die durch zahlreiche NE - SW streichende Schmelzwasserrinnen untergliedert ist. Das Gelände liegt ungefähr auf einer NN-Höhe von 3,5 m. In diesem Bereich streicht oberflächennah eine großflächige Geschiebemergeldecke aus. Darunter ist im nördlichen Bereich der Lauenburger Ton verbreitet, während im südöstlichen Bereich direkt unter der Geschiebemergeldecke Schmelzwassersande liegen. Alle quartären Schichteinheiten sind glazitektonisch beansprucht, was sich im Lauenburger Ton in Störungen und Harnischen abzeichnet, in den übrigen Sedimenten durch das gelegentliche Auftauchen von Schuppen.

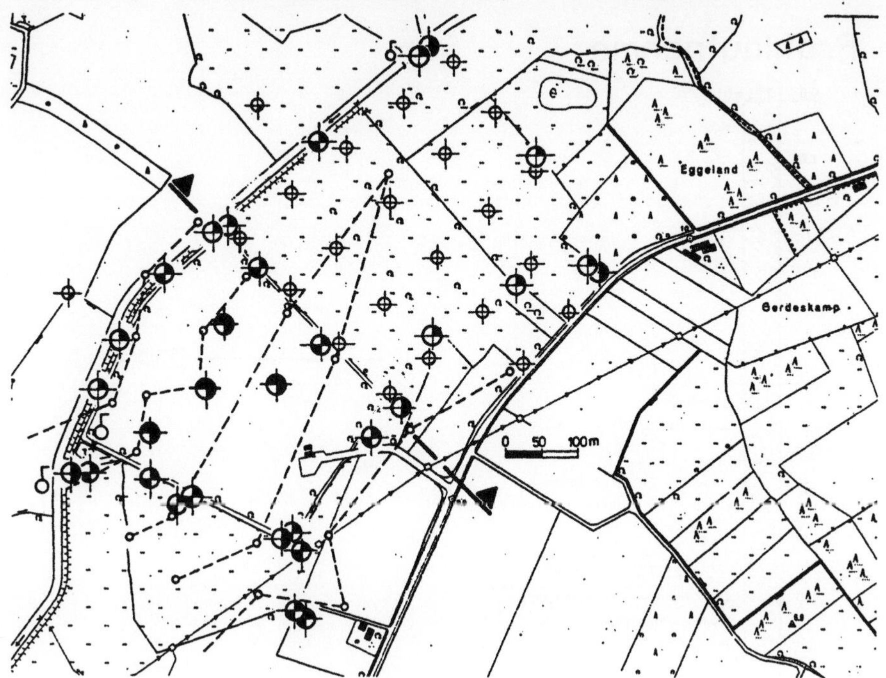

Abb. 23. Deponie Mansie - Lageplan. Legende siehe Abb. 12.

2.3.2 Geologischer Aufbau im Bereich der Deponie und deren Umgebung

Im Bereich der Deponie stehen nachweislich über 60 m mächtige pleistozäne Schichteinheiten an. Diese sind folgendermaßen gegliedert: Über altpleistozänen Sanden folgt überwiegend Lauenburger Ton, darüber Geschiebemergel und Beckensedimente bzw. sehr feinkörnige Schmelzwassersande. Oberflächennah ist eine örtlich etwas erodierte, dünne Flugsandschicht verbreitet. Im südlichen Teil des Untersuchungsgebietes verläuft eine lokale Verbreitungsgrenze des in der Tiefe anstehenden Lauenburger Tons. Nach Norden nimmt die Mächtigkeit des Lauenburger Tons ganz erheblich zu bis auf über 50 m. Südlich der Ausbreitungsgrenze stehen in derselben Tiefe Sande an. In den Lauenburger Ton bzw. diese Sande überlagernden Sedimenten ist lateral eine 3-Gliederung vorhanden. Im Nordwesten und Südosten ist die Geschiebemergeldecke vorhanden, im Bereich der Deponie fehlt diese örtlich und wird durch eingeschuppte Beckensedimente sehr unterschiedlichen Kornaufbaus ersetzt. Auf Abb. 22 ist diese Situation im N - S- Schnitt dargestellt.

Die Lagerungsverhältnisse der Schichten sind oberflächennah durch Eistektonik gestört, örtlich ist ein Schuppenbau nachgewiesen. Dieser Schuppenbau ist an den Lagerungsverhältnissen der einzelnen Einheiten deutlich erkennbar, aber auch die Bohrkerne weisen auf eine ausgeprägte glazitektonische Überprägung hin. So enthält der Lauenburger Ton zahlreiche Scherzonen und Harnische. Während in tieferen

Profilaufnahme

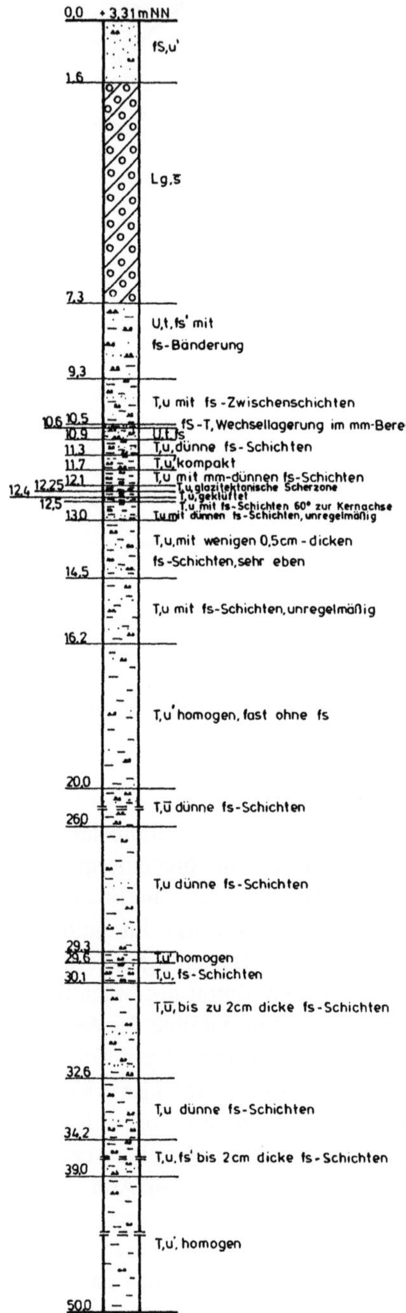

LEGENDE:

Mg	Geschiebemergel
fS,u	Feinsand, schluffig
U,fs	Schluff, feinsandig
▽	Sickerwasserstand im Deponiekörper, Grundwasser im flachen Grundwasserleiter
▼ __	Grundwasserdrucklinie

Hydraulische Bemessungswerte			
Schicht	k_h [m/s]	k_v [m/s]	n_{eff} [%]
k_0: Müll	–	$1 \cdot 10^{-6}$	–
k_1: Flugs.	$1 \cdot 10^{-4}$	$1 \cdot 10^{-4}$	25
k_2: U,fs	$1 \cdot 10^{-6}$	$5 \cdot 10^{-8}$	5
k_3: Mg	$1 \cdot 10^{-8}$	$1 \cdot 10^{-8}$	7
k_4: LT	$1 \cdot 10^{-9}$	$1 \cdot 10^{-9}$	3
k_5: Altpl.	$5 \cdot 10^{-4}$	$1 \cdot 10^{-4}$	28
durchströmte Schicht	i_{min} [ ]	i_{max} [ ]	v_a [m/s]
k_1 (hor.)	0	$5 \cdot 10^{-3}$	$2 \cdot 10^{-6}$
k_4 (vert.)	$2 \cdot 10^{-2}$	$1 \cdot 10^{-1}$	$7 \cdot 10^{-10}$
k_5 (hor.)	$3 \cdot 10^{-4}$	$2 \cdot 10^{-3}$	$4 \cdot 10^{-6}$

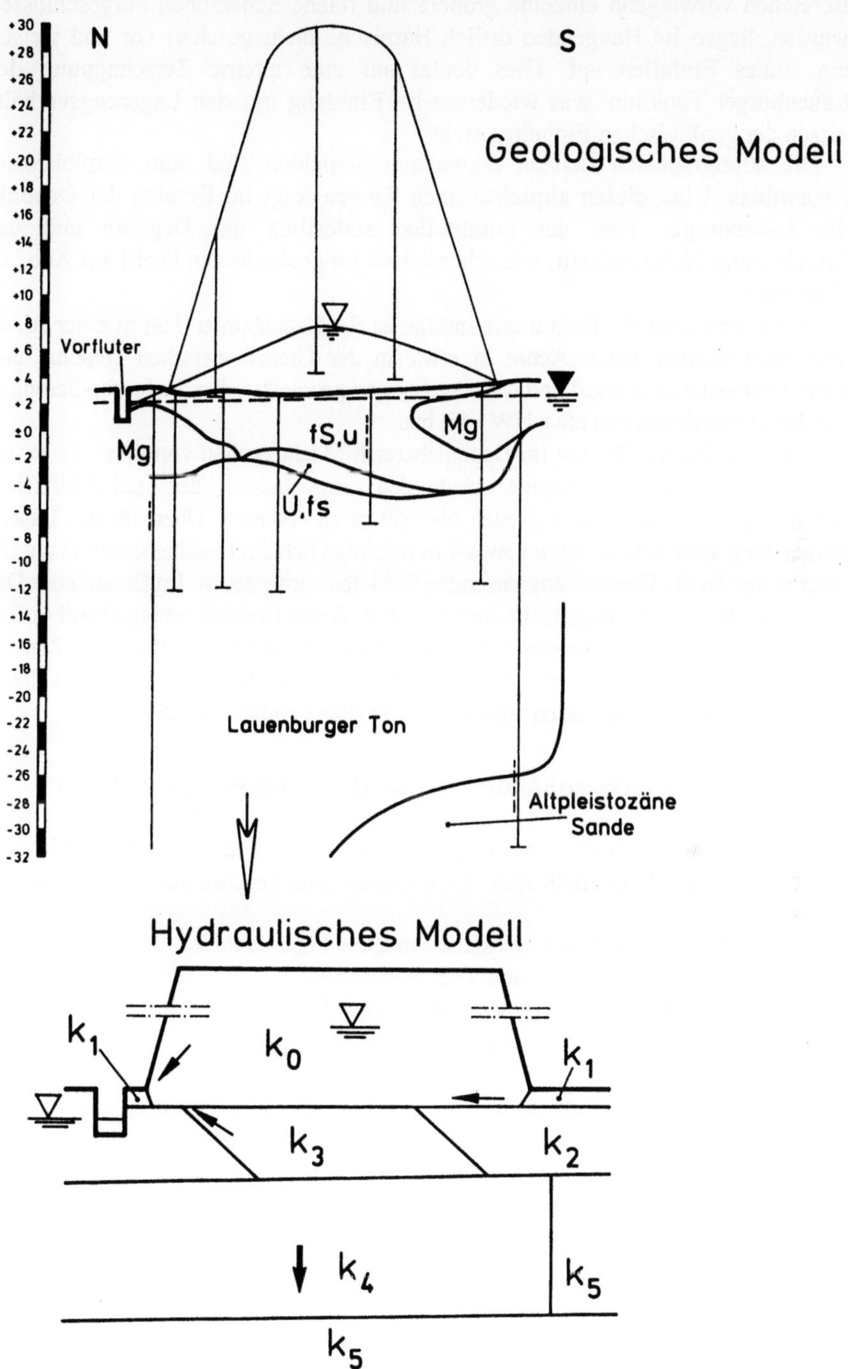

Abb. 24. Deponie Mansie - Darstellung der bei der Durchführung des Untersuchungsprogramms gemachten Abstraktionsschritte vom Bohrprofil zum geologischen Modell und weiter zum hydraulischen Modell.

Bereichen vorwiegend einzelne größere und flache Scherzonen aufgeschlossen wurden, liegen im Hangenden örtlich Harnische dicht geschart vor und weisen ein steiles Einfallen auf. Dies deutet auf eine interne Zerschuppung des Lauenburger Tons hin, was wiederum im Einklang mit den Lagerungsverhältnissen der geologischen Einheiten steht.

Die stratigraphisch tiefsten erkundeten Schichten sind dem Altpleistozän zuzuordnen. Über diesen altpleistozänen Sanden folgt im Bereich der Deponie der Lauenburger Ton, der unmittelbar südöstlich der Deponie und der Erweiterungsfläche auskeilt, wie schematisch im geologischen Profil auf Abb. 24 dargestellt.

Den Ergebnissen der Bohrungen zufolge ist der Lauenburger Ton in einer Rinne abgelagert worden, deren Achse in etwa an der Grenze zwischen Deponie und Erweiterungsfläche verläuft und den Ergebnissen geoelektrischer Tiefensondierungen zufolge ein Streichen von etwa NW - SE hat.

Der Lauenburger Ton hat im Deponiebereich Mächtigkeiten von über 13 m, im nördlich angrenzenden Gebiet sind den Ergebnissen der geoelektrischen Sondierungen zufolge Mächtigkeiten über 60 m zu erwarten. Oberhalb des Lauenburger Tons steht eine im Mittel etwa 4 m mächtige Schicht Geschiebemergel an, die auch in den an die Deponie angrenzenden Gebieten verbreitet ist. Im Bereich der Deponie und der Erweiterungsfläche sind jedoch in dieses Geschiebemergelband örtlich Beckenablagerungen und feinkörnige Schmelzwassersande sehr heterogener Zusammensetzung eingeschuppt, vgl. Abb. 24. Abgedeckt werden diese Einheiten durch eine Flugsanddecke, die jedoch unterhalb der Deponie entfernt wurde.

2.3.3 Hydrostratigraphie und hydraulische Bemessungswerte

Der Untergrund im Bereich der Deponie und der Erweiterungsfläche ist hydrogeologisch gegliedert gemäß Abb. 22 in nachfolgend beschriebene Einheiten:

- Flacher Grundwasserleiter: Beckensedimente + Flugsanddecke,
- Oberer Grundwassergeringleiter: Geschiebemergel,
- Unterer Grundwassergeringleiter: Lauenburger Ton,
- Tiefer Grundwasserleiter: Altpleistozäne und jüngere Sande.

Die altpleistozänen Sande bilden den tiefen Grundwasserleiter, der in den Gebieten ohne Überdeckung mit Lauenburger Ton außerdem aus jüngeren Sandersedimenten aufgebaut ist. Dieser tiefe Grundwasserleiter ist im Bereich der Deponie und nordwestlich davon durch den Lauenburger Ton und zusätzlich über weite Flächen durch den Geschiebemergel abgedeckt, südöstlich der Deponie durch den dort flächenhaft anstehenden Geschiebemergel.

Somit hat der tiefe Grundwasserleiter sowohl im Bereich der Deponie eine schützende Abdeckung durch mindestens 13 m Lauenburger Ton und zusätzlich örtlich durch Geschiebemergel, als auch außerhalb, im Norden durch Lauenburger Ton und Geschiebemergel, im Süden lediglich durch den Geschiebemergel.

Der flache Grundwasserleiter besteht aus zwei völlig unterschiedlichen geologischen Einheiten. Die zwischen den Geschiebemergel eingeschuppten

Beckensedimente bilden im mittleren Bereich den liegenden, überwiegend auf dem Lauenburger Ton aufliegenden Teil des flachen Grundwasserleiters. Da es sich um eine eingeschuppte Scholle handelt, wird er an der Basis und an den Seiten fast gänzlich durch geringdurchlässige Einheiten begrenzt. Bei diesem basalen Teil des flachen Grundwasserleiters, der vorwiegend aus Schluffen und schluffigen Feinsanden besteht, handelt es sich um einen sehr wenig wasserführenden Grundwasserleiter. Die qualitative Einstufung als Grundwasserleiter und nicht als Grundwassergeringleiter wurde lediglich aufgrund der zu einem geringen Teil am Aufbau dieser Schichtfolge beteiligten Feinsande vorgenommen, und aufgrund des deutlich größeren k-Wertes im Vergleich zu Geschiebemergel und Lauenburger Ton. Dieser basale Teil des Grundwassergeringleiters steht in unmittelbarer hydraulischer Verbindung zu den Sanden der aufliegenden Flugsanddecke, die zwar geringmächtig ist, jedoch flächenhaft mit nur wenigen erodierten Bereichen vorliegt und bei einem sehr homogenen Kornaufbau der mS- und fS- Fraktion sehr durchlässig ist.

Auf der Basis von Erfahrungswerten und von Feld- und Laborversuchen wurden den einzelnen Schichten auf der sicheren, d.h. der durchlässigen Seite liegende Bemessungswerte zugeordnet, die in Abb. 24 dargestellt sind. Es werden somit die ungünstigsten Werte für die Betrachtung des Emissionsgeschehens angesetzt. Eine getrennte Betrachtung von horizontaler und vertikaler Durchlässigkeit wurde lediglich beim basalen Teil des flachen Grundwasserleiters vorgenommen, da aus hydraulischen Gründen lediglich in diesem Bereich die Anisotropie einen gewissen Einfluß auf eventuelle Emissionen hat.

2.3.4 *Hydraulische Situation, Emissionsverhalten und Gefährdungsabschätzung*

Der tiefe Grundwasserleiter enthält gespanntes Grundwasser, das örtlich bis über Gelände ansteht, der flache Grundwasserleiter eine freie Grundwasseroberfläche, die im gesamten Gebiet niedrigere Druckhöhen aufweist, vgl. Abb. 24. Sowohl flacher wie auch tiefer Grundwasserleiter sind in ihrem zeitlichen Verhalten deutlich niederschlagsbeeinflußt (Abb. 25), jedoch ist der Einfluß im tiefen Grundwasserleiter geringer. Auch die die beiden Grundwasserleiter abtrennenden Grundwassergeringleiter zeigen diese Abhängigkeit der Druckhöhen vom Niederschlagsgeschehen in oberflächennah ausgefilterten Meßstellen. Die Phasenverschiebung zwischen Niederschlag und Grundwasserständen nimmt zur Tiefe hin zu.

Insgesamt deutet die zeitliche Abhängigkeit auch des tiefen Grundwassers darauf hin, daß der tiefe Grundwasserleiter im Anstrombereich Verbindung zum oberflächennahen Grundwasserleiter hat. Aufgrund der Schwankungen sind auch die hydraulischen Gradienten zeitlich unterschiedlich, wie dies auf Abb. 26 zum Ausdruck kommt. Insgesamt konnten jedoch die in Abb. 24 dargestellten hydraulischen Gradienten als für längere Zeiträume auf der sicheren Seite liegend angegeben werden.

Danach herrscht im flachen Grundwasserleiter generell ein hydraulisches Gefälle zum Vorfluter (Abb. 25) vor und ein Gefälle vom tiefen Grundwasserleiter zum flachen Grundwasserleiter hin, was einen ausgezeichneten Schutz für das tiefe

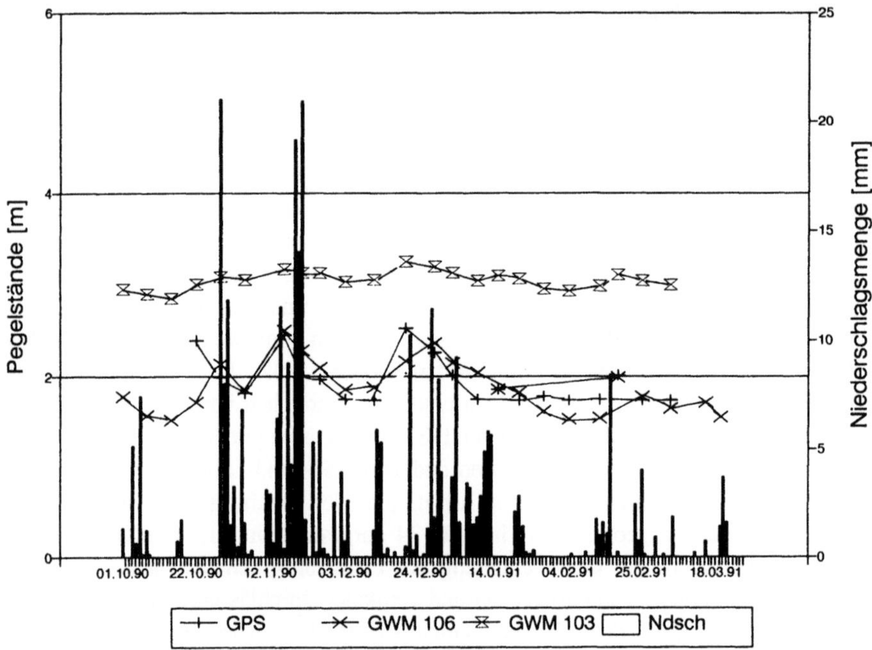

Abb. 25. Deponie Mansie - Zeitlicher Verlauf der Grundwasserstände und Gewässerpegelstände ausgewählter Meßstellen in Abhängigkeit vom Niederschlag.

GPS : Gewässerpegelstand Süderbäke,
GWM 106 : Grundwassermeßstelle 106,
WM 103 : Grundwassermeßstelle 103,
Ndsch : Niederschlagsmengen.

Grundwasser überall dort ergibt, wo der Sickerwassereinstau kleiner als die Druckhöhe des tiefen Grundwasserleiters ist. Dies ist in den Randbereichen der Fall, in der Mitte wird der natürliche, vollkommene Schutz des Grundwassers durch den Grundwassereinstau etwas geschwächt. Einen weiteren Hinweis auf die gute Abtrennung der beiden Grundwasserleiter geben die unterschiedlichen Fließrichtungen, die aus den Grundwassergleichen der Abb. 27 abzuleiten sind.

Diese hydraulischen Verhältnisse führen zu folgendem Emissionsverhalten: Das Deponiesickerwasser wird nur zu einem Teil durch den Deponierandgraben gefaßt. Das übrige Sickerwasser tritt randlich aus dem Müllkörper direkt in den oberen Grundwasserleiter ein. Im Bereich der Deponie ist aufgrund des nachgewiesenen Sickerwassereinstaus in der Deponie davon auszugehen, daß der obere Grundwasserleiter bis zur Oberkante grundwassererfüllt ist. Auf der Fläche der Deponie erfolgt ein horizontaler Sickerwassertransport überwiegend im Müllkörper, der direkt auf den geringdurchlässigen Schichten aufliegt.

Die lokal in den Geschiebemergel eingeschuppten unterlagernden schluffigen Sande werden nur sehr langsam durchströmt, tragen jedoch mit ihrem Speichervolumen zu einer Speicherung von sickerwasserbelastetem Grundwasser bei. Da die Große Süderbäke als Vorfluter des oberen Grundwasserleiters diesen ganz durchteuft,

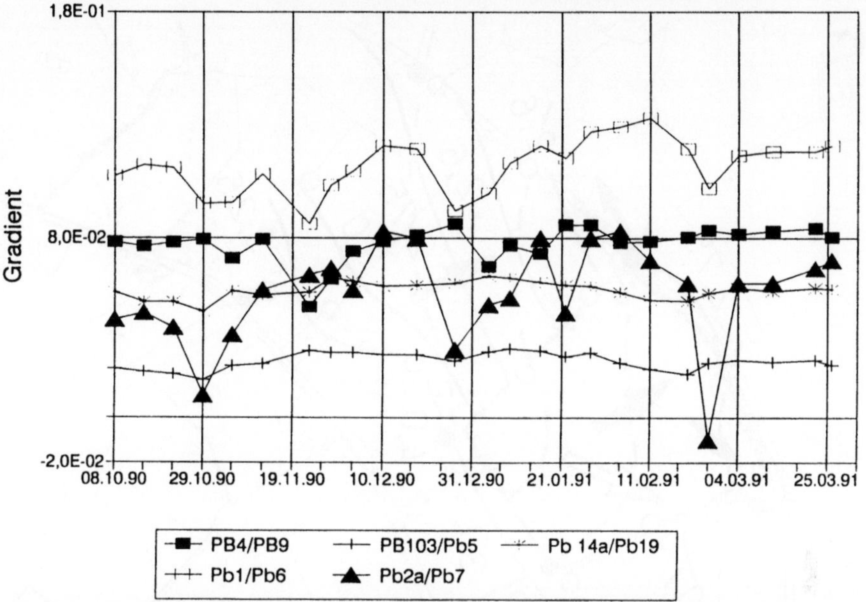

Abb. 26. Deponie Mansie - Zeitlich unterschiedliche, jedoch fast beständig nach oben gerichtete hydraulische Gradienten zwischen oberem und unterem Grundwasserleiter.

fließt das Grundwasser bei hohen Grundwasserständen vollständig der Großen Süderbäke zu.

Bei tiefen Grundwasserständen jedoch ist örtlich wegen des sehr hoch anstehenden Geschiebemergels der direkte Zustrom unterbunden. Das Grundwasser muß somit örtlich den geringdurchlässigen Geschiebemergel zur Süderbäke hin durchströmen. In diesem Falle ist auch denkbar, daß die Große Süderbäke unterströmt wird. Allerdings würden aufgrund der geringen Durchlässigkeit nur bei sehr langen Zeiten geringer Wasserstände und auch dann nur sehr geringe Wassermengen die Süderbäke unterströmen.

Insgesamt ist davon auszugehen, daß das nicht durch den Deponierandgraben gefaßte Deponiesickerwasser nahezu vollständig in die Große Süderbäke gelangt. Eine Emission ins tiefe Grundwasser ist trotz der erhöhten Stauwasserstände im Deponiekörper aufgrund der sehr großen Mächtigkeit der geringdurchlässigen unterlagernden Schichten nahezu ausgeschlossen. Folglich bewirkt die Deponie eine Gewässerverschmutzung, die jedoch mit weit einfacheren Mitteln zu unterbinden ist als die Sanierung einer Grundwasserverschmutzung.

Das Emissionsverhalten spiegelt sich an den tatsächlich gemessenen Schadstoffgehalten des Grundwassers in den einzelnen Meßstellen wieder. Sämtliche tiefen Meßstellen im unteren Grundwasserleiter zeigen keinen Deponieeinfluß.

Die im Abstrombereich gelegenen Meßstellen des flachen Grundwasserleiters und der in den obersten Bereichen des Geschiebemergels verfilterten Meßstellen zeigen dagegen eine deutliche Belastung durch Deponiesickerwasser. Abb. 28 zeigt, wie unterschiedlich diese Belastung bei unterschiedlicher Anordnung der Meßstellen zur Deponie ausfällt. Ein Nachweis von der Deponie zuzuordnenden Schadstoffen in der

Abb. 27. Mansie - Grundwassergleichen von tiefem (gestrichelt) und flachem Grundwasserleiter (durchgezogen), die durch mächtige Grundwassergeringleiter getrennt sind.

Große ausgefüllte Pfeile: Fließrichtung des Grundwassers im flachen Grundwasserleiter.

Kleine ausgefüllte Pfeile: lokale Änderung der Fließrichtung infolge des Einflusses von Deponiesickerwasser.

Nicht ausgefüllte Pfeile: Fließrichtung des Grundwassers im tiefen Grundwasserleiter.

Süderbäke ist aufgrund Verdünnung infolge der im Vergleich zur Grundwasserzuströmung großen Wasserführung der Süderbäke nicht möglich.

2.4 Deponie Vechta

Die Umgebung der Altdeponie und der geplanten und ausgeführten Erweiterungsabschnitte wurden durch eine Vielzahl von Baugrundbohrungen, Sondierungen und Meßstellen erkundet. Schon frühzeitig erfolgte der Ausbau eines bis weit in den Abstrombereich reichenden Überwachungsnetzes, vgl. Abb. 29. Die im Zuge der hydrogeologischen Erkundungen stattgefundene Modellbildung ist wiederum exemplarisch auf Abb. 30 dargestellt und wird im folgenden näher erläutert.

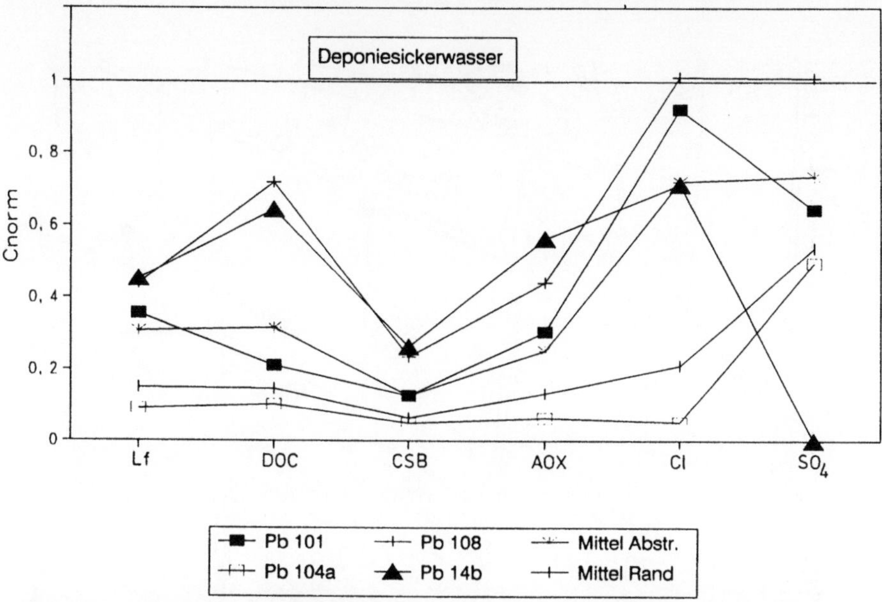

Abb. 28. Belastung des Grundwassers im Abstrombereich der Altdeponie Mansie (auf die Gehalte des Sickerwassers normierte Werte)

Pb 101	:	Grundwassermeßstelle
Pb 108	:	Grundwassermeßstelle zentral im Abstrombereich der Deponie,
Pb 104a	:	Grundwassermeßstelle im randlichen Abstrombereich der Deponie,
Pb 14b	:	Grundwassermeßstelle
Mittel Rand	:	Mittelwert aller im randlichen Abstrombereich gelegenen Grundwassermeßstellen,
Mittel Abstr.	:	Mittelwert aller im direkten Abstrombereich der Deponie gelegenen Grundwassermeßstellen.
Lf	:	Spezifische elektrische Leitfähigkeit,
DOC	:	Gelöster, organisch gebundener Kohlenstoff,
CSB	:	Chemischer Sauerstoffbedarf,
AOX	:	Adsorbierbare organische Chlorverbindungen,
Cl	:	Chlorid,
SO₄	:	Sulfat.

2.4.1 Regionalgeologische Situation

Die Deponie Vechta zeichnet sich dadurch aus, daß sie in einer überwiegend flachen Umgebung, die lediglich durch eine Drenthezeitliche Geschiebemergeldecke ein leichtes Relief erhält, direkt auf einer etwa 50 m hohen Anhöhe liegt und keinerlei Vorfluter in ihrer Umgebung vorhanden sind.

Die Begründung dafür liegt in der geologischen Situation. Die Deponie liegt auf dem bei MÜNZING (1963) beschriebenen Ausläufer des Stauchendmoränenzuges der Rehburger Phase der Saale-Eiszeit. Er zeichnet sich durch sehr mächtige Sandschichten und das fast vollständige Fehlen von Geschiebemergeln aus (MEYER 1978). Eigene Untersuchungen im Bereich der unmittelbar benachbarten geplanten Orts-

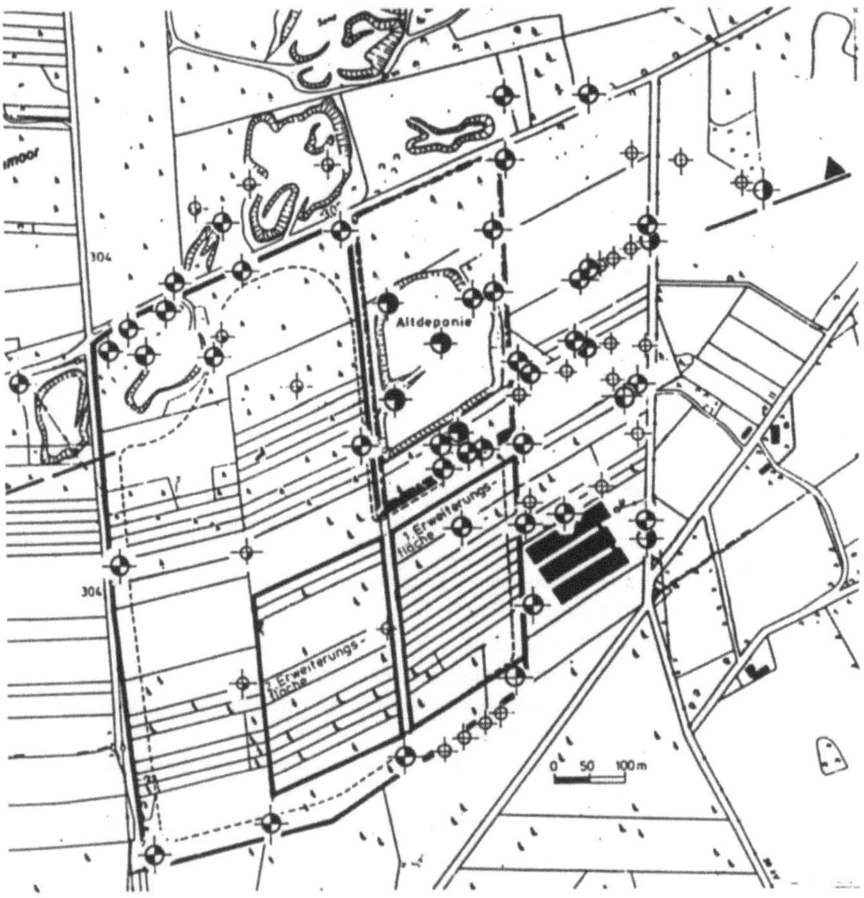

Abb. 29. Deponie Vechta - Lageplan. Legende siehe Abb. 12.

umgehung Vechta der B 69 und im Bereich der Deponie haben ergeben, daß die von MEYER beschriebene Geschiebemergelschicht beidseitig mit Annäherung an den Moränenzug morphologisch deutlich ansteigt, jedoch sehr viel weniger als das Gelände und auskeilt, bzw. von Steinlagen und Abschlämmassen vertreten wird. Die im Bereich der Endmoräne anstehenden pleistozänen Schichten sind eistektonisch stark beansprucht. In den Sandgruben der Umgebung konnten Aufschiebungen und Schuppen, sowie große abgescherte Sandkörper festgestellt werden. Im Bereich oberflächennah anstehender Tone, wie in der Tongrube Frydag nordwestlich der Deponie, sind auch die Tertiärschichten mit in die Glazialtektonik einbezogen.

An die Stauchendmoräne schließt sich nach Westen die Weser - Niederterrasse und daran ein Ausläufer des Interglazialbeckens von Quakenbrück an. Nach Osten folgt ein Drentheeiszeitlicher Sander, wiederum die Niederterrasse und ein ausgedehntes Niedermoor, das Vechtaer Moor, ein Ausläufer des Großen Moores von Diepholz.

2.4.2 Geologischer Aufbau im Bereich der Deponie und deren Umgebung

Im Bereich der Deponie und deren näheren Umgebung stehen etwa 60 m bis 70 m mächtige pleistozäne Sande, darunter Tertiärtone an. Etwa 150 m östlich der Deponie keilt ein Geschiebemergel aus, der nach Osten hin deutlich an Mächtigkeit zunimmt und schließlich von Niedermoortorf abgedeckt wird. Die Lagerungs- und Sedimentationsverhältnisse der pleistozänen Sande sind aufgrund der Glazialtektonik kompliziert, Korrelationen zwischen den einzelnen Bohrungen sind daher erschwert. Abb. 31 zeigt glazifluviatile Sande aus dem Bereich des Sandabtrags für die 3. Erweiterungsfläche, die lokal Versteilungen an Schuppenstrukturen aufweisen.

Es können lediglich in einer Tiefe von im Mittel etwa 20 m bis 30 m kohle-flitterhaltige Feinsande ausgemacht werden, die einen Leithorizont darstellen (Abb. 30). Dieser fällt entsprechend dem morphologischen Gefälle der Endmoräne mit einer Neigung von etwa 3° nach Osten zum Abstrombereich der Deponie ein. Vereinzelte Korrelationen zwischen stark glaukonithaltigen Sanden und Abschlämmassen aus den Bohrsondierungen lassen ebenfalls stets ein leichtes Einfallen nach Osten erkennen. Trotz des linsenartig zerlegten Aufbaus der mächtigen Sandkörper scheint somit eine generelle leichte Schiefstellung vorzuherrschen. Die Grenze zwischen Quartär und Tertiär fällt ebenso generell nach Osten ein. Ein unregelmäßiger Verlauf ist jedoch anzunehmen, wie die großräumig sehr unterschiedliche Tiefenlage der Quartärbasis nahelegt. Westlich der Deponie und des morphologischen Kammes der Moräne ist geologischen Aufnahmen in Sandentnahmen und den oben erwähnten Aufschlußarbeiten für die Umgehungsstraße Vechta zufolge ein generelles flaches Einfallen in Gegen-richtung zu verzeichnen.

2.4.3 Hydrostratigraphie und hydraulische Bemessungswerte

Direkt unterhalb der Deponie stehen 60 m bis 70 m mächtige Sande an, die den Hauptgrundwasserleiter aufbauen. Lediglich im Abstrombereich ist eine Trenn-schicht in Form des o.a. Geschiebemergels vorhanden. Die über diesem Geschiebemergel anstehenden geringmächtigen Sande bilden einen flachen Grundwasserleiter mit einer freien Grundwasseroberfläche, der jedoch wie der Schnitt auf Abb. 30 zeigt, keine hydraulische Verbindung zur Deponie besitzt aufgrund beständig sehr großer Flurabstände des Grundwassers.

Folglich wird das Emissionsverhalten der Deponie ausschließlich vom Hauptgrundwasserleiter bestimmt, der im Bereich der Deponie freies Grundwasser enthält, etwa 200 m im Abstrom der Deponie, unterhalb des Geschiebemergels halbgespanntes Grundwasser. Vor Deponierung des Mülls wurde bereichsweise auf die Sohle der ehemaligen Sandgrube Geschiebelehm aufgebracht. Dieser führt dazu, daß örtlich im Deponiekörper schwebende Sickerwasserstockwerke ausgebildet sind.

Der Hauptgrundwasserleiter besteht überwiegend aus Mittelsanden. Die Sand-schichten variieren in ihrem Kornaufbau ganz überwiegend lediglich in einem

Profilaufnahme

Feinstratigraphische Bohrkernaufnahme

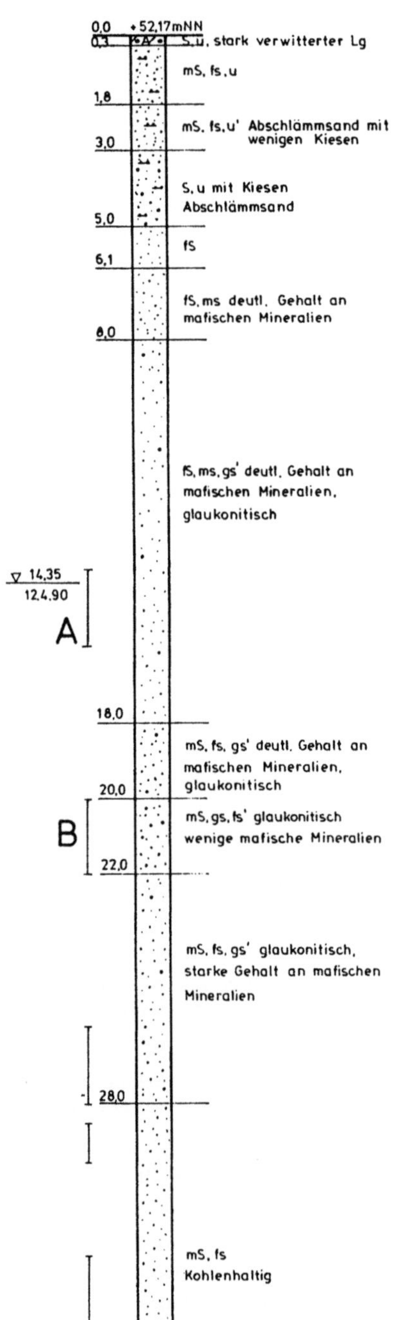

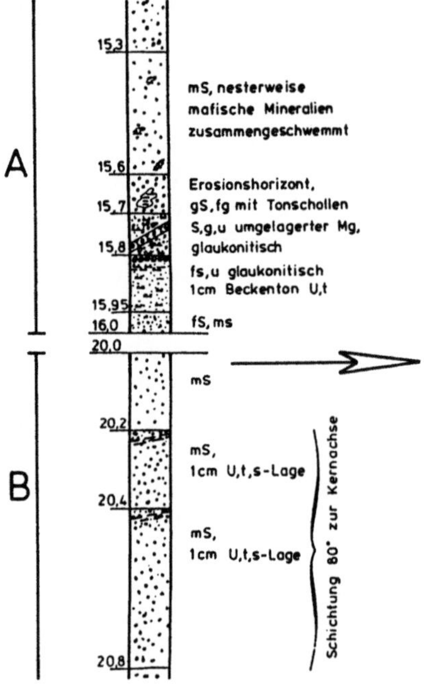

LEGENDE:

fS	Feinsand
mS	Mittelsand
gS	Grobsand
Mg	Geschiebemergel
▽	Sickerwasserstand im Deponiekörper
▼__	Grundwasserdrucklinie

Hydraulische Bemessungswerte			
Schicht	k_h [m/s]	k_v [m/s]	n_{eff} [%]
k_0: Müll	$1 \cdot 10^{-6}$	$2 \cdot 10^{-4}$	-
k_1: Plei.	$2 \cdot 10^{-4}$	$2 \cdot 10^{-5}$	25
durchströmte Schicht	i_{min} [ ]	i_{max} [ ]	v_a [m/s]
k_1 (vert.)	0	$4 \cdot 10^{-2}$	$2 \cdot 10^{-7}$
k_1 (hor.)	$1 \cdot 10^{-3}$	$3 \cdot 10^{-3}$	$2 \cdot 10^{-6}$

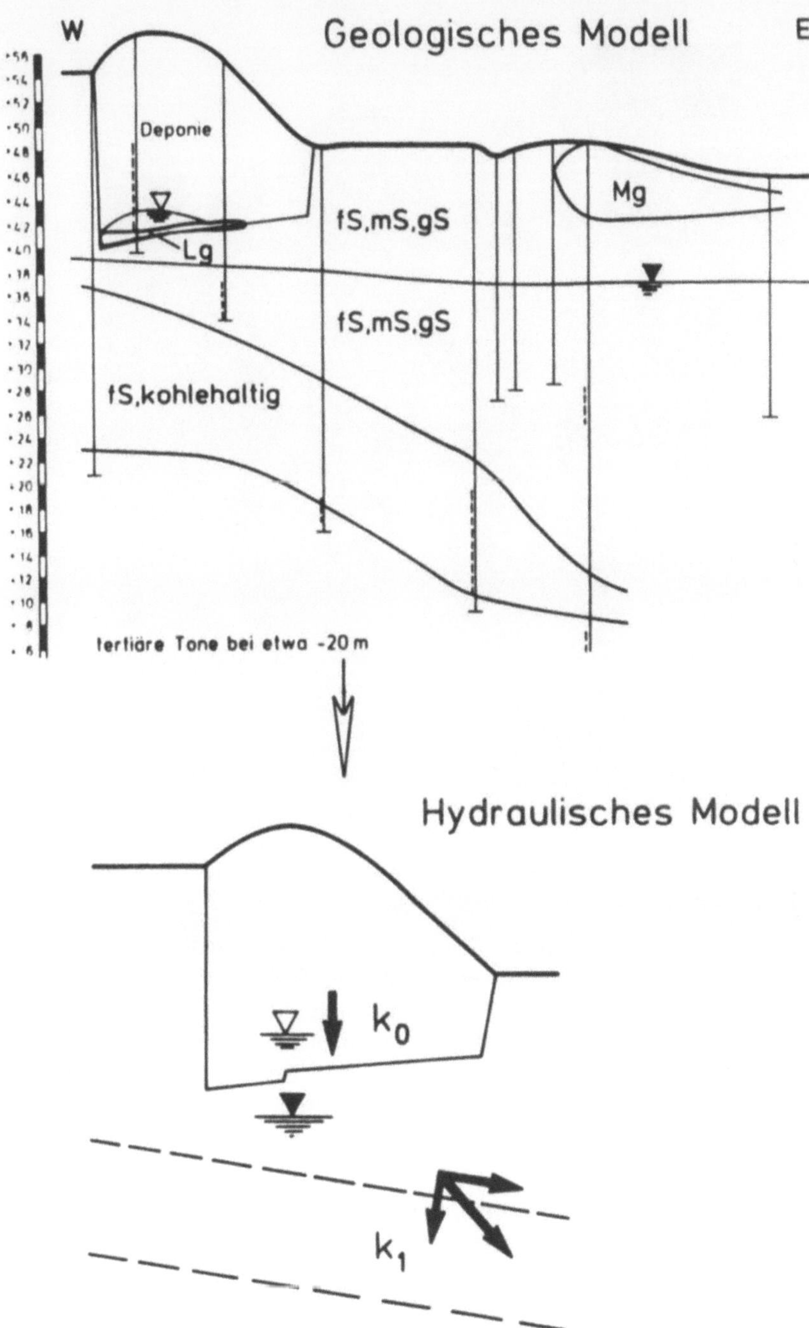

Abb. 30. Deponie Vechta - Darstellung der bei der Durchführung des Untersuchungsprogramms gemachten Abstraktionsschritte vom Bohrprofil zum geologischen Modell und weiter zum hydraulischen Modell.

Abb. 31 Deponie Vechta - an Schuppenstrukturen aufgesteilte glazifluviatile Sandschichten aus dem Bereich der geplanten 3. Erweiterungsfläche.

Intervall von mittelsandigen Feinsanden bis grobsandigen Mittelsanden. Dennoch ist der Hauptgrundwasserleiter bezüglich der Durchlässigkeit deutlich anisotrop, wie die auf Abb. 30 angegebenen Bemessungswerte zeigen. Diese Anisotropie beruht zum einen auf dem geschichteten Aufbau, zum anderen auf dünnen, den Sandschichten zwischengelagerten Schluffschichtchen und wird durch den Chemismus des Grundwassers im Abstrom bestätigt, wie im folgenden Abschnitt dargestellt.

2.4.4 Hydraulische Situation, Emissionsverhalten und Gefährdungsabschätzung

Das Grundwasser im Hauptgrundwasserleiter fließt gemäß dem Grundwasser-gleichenplan auf Abb. 32 aus dem Bereich der Deponie nach Osten Richtung Vechtaer Moor. Dabei treten Gradienten zwischen $2,5 \cdot 10^{-3}$ und $1 \cdot 10^{-3}$ auf. In horizontaler Richtung ist bei Abstandsgeschwindigkeiten von $1,6 \cdot 10^{-6}$ m/s und $6,4 \cdot 10^{-7}$ m/s eine Ausbreitung der Schadstoffahne mit etwa 20 m bis 50 m pro Jahr zu rechnen. Die Ausbreitung in vertikaler Richtung ist entsprechend der

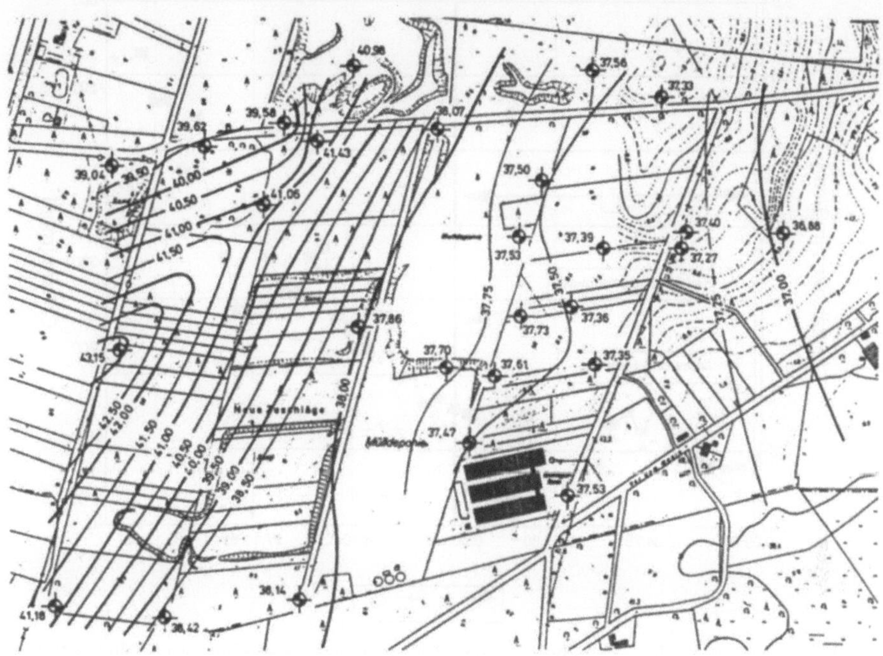

Abb. 32. Deponie Vechta - Grundwassergleichenplan. Legende siehe Abb. 12.

geringeren Durchlässigkeit, bedingt durch die Anisotropie, resultierend aus dem geschichteten Aufbau und wegen geringerer Gradienten mit etwa 5 m pro Jahr sehr viel geringer. Die Schadstoffahne breitet sich unter einem Abtauchwinkel von etwa 5° aus, während das Schichteinfallen 3° beträgt. Bestätigt wurde diese allein auf hydraulischen Berechnungen fußende Aussage durch das in den Meßstellen bestimmte hydrochemische Tiefenprofil. Allerdings ist auch festzustellen, daß vereinzelte Parameter, insbesondere Ammonium und Arsen in größerer Tiefe festzustellen sind, als dies aufgrund eines konvektiven Stofftransports zu erwarten wäre. Es ist davon auszugehen, daß hier die Makrodispersion einen entscheidenden Einfluß auf die Schadstoffausbreitung hat (vgl. DVWK 1983, S. 37).

Aufgrund hoher Flurabstände mußte das Sickerwasser direkt unter der Deponie stellenweise eine beträchtliche Strecke in der ungesättigten Zone zurücklegen bevor es dem Grundwasser zusickerte. Dementsprechend ist die Grundwasserkontamination erst etwa 6 Jahre nach Einlagerungsbeginn von Hausmüll in die Deponie in der ersten, unmittelbar am Deponierand befindlichen Brunnenreihe feststellbar. Abb. 33 verdeutlicht dies anhand der zeitlichen Entwicklung der Grundwasserbelastung an einigen ausgewählten Parametern einer direkt am Deponierand gelegenen Meßstelle.

Insgesamt sind nunmehr, 18 Jahre nach Betriebsbeginn der Deponie, Schadstoffe in sehr geringen Konzentrationen bis in einem Abstand von etwa 350 m abstromseitig von der Deponie nachweisbar. Die eigentliche, erhebliche Grundwasserkontamination beschränkt sich derzeit jedoch auf einen Streifen von wenigen Metern an der Ab-

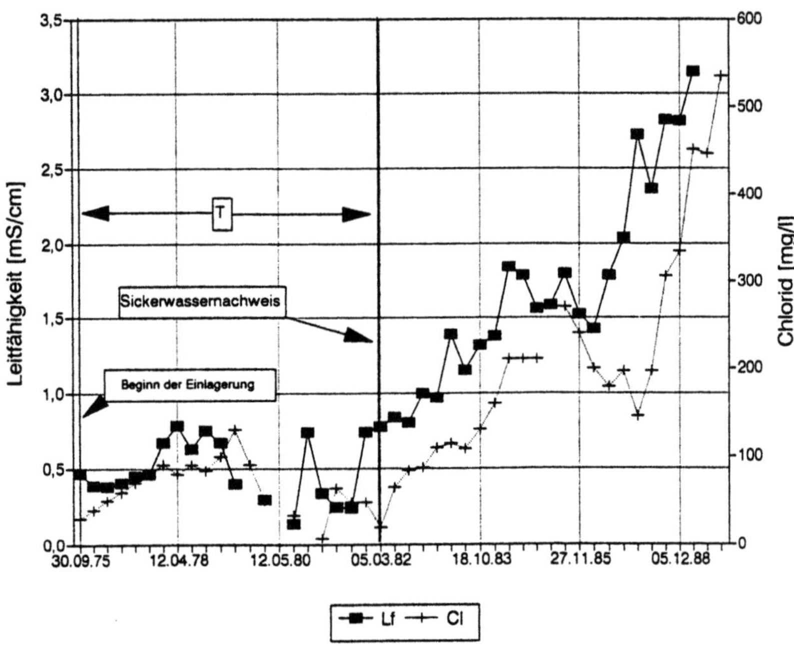

Abb. 33. Deponie Vechta - Grundwasserbelastung, erstmals nachweisbar etwa 6 Jahre nach Einlagerungsbeginn.

T: Zeit zur Durchströmung der ungesättigten Bodenzone.

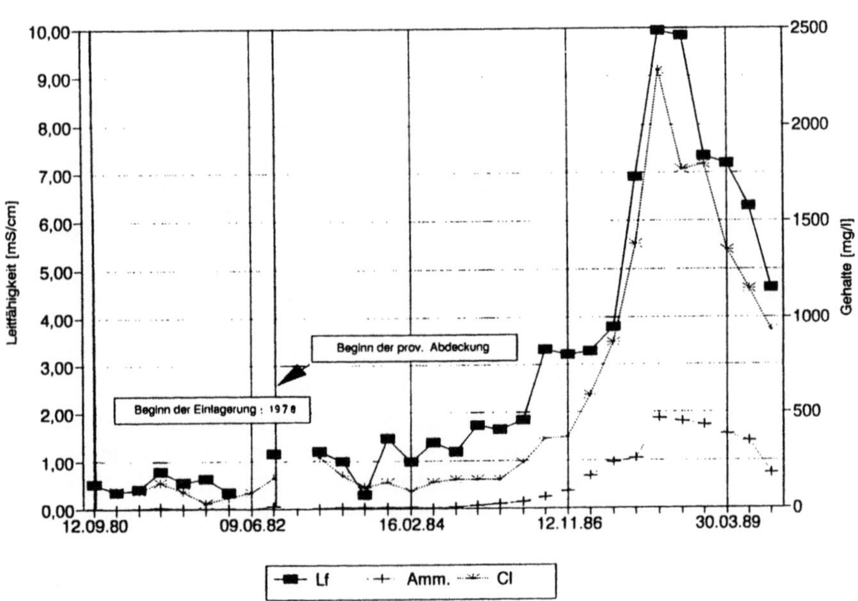

Abb. 34. Deponie Vechta - Wirksamkeit einer in den Jahren 1980-1988 aufgebrachten provisorischen Oberflächenabdeckung, nachweisbar in einem Rückgang der Grundwasserbelastung im Abstrombereich seit etwa 1987.

stromseite. Ohne weitere Maßnahmen zur Sicherung bzw. Sanierung der Deponie ist jedoch ein zeitlich überproportionales Anwachsen der kontaminierten Zone zu erwarten. Wie Abb. 34 anhand des deutlichen Rückgangs der Werte der spezifischen elektrischen Leitfähigkeit, des Ammonium- und Chloridgehaltes zeigt, sind jedoch selbst provisorische Abdeckungen, wie sie in Vechta in den Jahren 1980 bis 1988 durchgeführt wurden, geeignet, den Sickerwassereintrag deutlich zu reduzieren.

Teil III

Spezielle Arbeitsmethoden der hydrogeologischen Erkundung und Erfassung hydraulischer Daten an Altlasten

Die hydrogeologische Erkundung besteht aus:

- den **Aufschlußarbeiten** zur Bestimmung des hydrostratigraphischen Aufbaus des Untergrundes und des jeweiligen Feinbaus der hydrogeologischen Einheiten,
- dem Einrichten von **Grundwassermeßstellen** zur Bestimmung der Grundwasserdruckhöhen und des Grundwasserchemismus.

An die hydrogeologische Erkundung schließt sich die Datenerfassung an. Sie besteht aus:

- der Durchführung von Feldversuchen,
- der Aufnahme hydraulischer Daten im Feld,
- der Wasserprobennahme,
- der Ausführung von Laborversuchen,
- der Durchführung chemischer Analysen.

Nachfolgend wird auf einige dieser Punkte näher eingegangen soweit an die Verfahren besondere Anforderungen hinsichtlich der Untersuchung von Altlasten zu stellen sind.

1 Hydrogeologische Erkundung

Sowohl an die Aufschlußarbeiten als auch an den Ausbau von Grundwassermeßstellen sind besonders hohe Anforderungen zu stellen, da auf ihren Ergebnissen sämtliche späteren Schlußfolgerungen zur Gefährdungsabschätzung stehen. Darüber hinaus stellen sie den größten Kostenfaktor bei der Durchführung der hydrogeologischen Beweissicherung dar. Die Aufschlußarbeiten erfordern somit eine sorgfältige Planung und eine über die z.B. bei Baugrundbohrungen übliche stichprobenartige Überwachung hinausgehende Betreuung und Koordinierung der Aufschlußarbeiten durch den Geologen vor Ort.

1.1   Aufschlußarbeiten

An die Qualität der Aufschlußarbeiten sind hohe Anforderungen zu stellen, weil der Untergrundaufbau - wie im Teil I geschildert - in sehr unterschiedlichen Dimensionen erkundet werden muß. Für die Gefährdungsabschätzung ist die Kenntnis des großräumigen hydrostratigraphischen Aufbaus bis hinab zur Feinschichtung und zum Kornaufbau einzelner Einheiten erforderlich. Zahlreiche Autoren, z.B. HARDT et al. (1991) empfehlen daher ein möglichst umfangreiches Untersuchungsprogramm, das mit geophysikalischen Erkundungen beginnt, einen großen Umfang von Bohrungen mit Kerngewinn einschließt und bei bohrlochgeophysikalischen Verfahren endet. Ein derartiges Verfahren ist bei den hier vorgestellten Erkundungen wirtschaftlich nicht ausführbar. Streicht man jedoch ein solches Programm auf das finanzierbare Maß zusammen, so wird es sinnlos hinsichtlich seiner Ergebnisse.

Aufgrund der vor Ort gemachten Erfahrungen wird hier daher ein herkömmliches Erkundungsprogramm, basierend auf den klassischen Verfahren zur Untergrunderkundung vorgeschlagen.

An die durchzuführenden Aufschlüsse sind neben den üblichen, in einer Vielzahl von Normen (DIN 4020, 4021, 18301) und Richtlinien festgelegten Verfahrensweisen folgende besonderen Anforderungen zu stellen:

- ein detailliertes Schichtenprofil mit einer exakten Bestimmung der Tiefenlage der Schichtgrenzen,
- zutreffende Aussagen bzw. Abschätzungen über die laterale Ausdehnung der Schichten,
- die gleichwertige Erkundung, gleichermaßen von Grundwasserleitern und Grundwassergeringleitern,

– die Möglichkeit zur Entnahme ungestörter Bodenproben,
– vertretbare Kosten bei großer Aufschlußdichte.

Damit unterscheiden sich die Anforderungen deutlich von den vom Hydrogeologen bisher üblicherweise eingesetzten Bohrverfahren zur Grundwassererschließung, wie sie zusammenfassend bei SAUER & PRIER (1980) sowie im DVWK Regelwerk Wasser (DVWK 1977) dargestellt sind.

Vielmehr hat sich die Erkundung des Untergrundes an den aus der Baugrunderkundung (DIN 4021) bekannten Verfahren der Ingenieurgeologie zu orientieren, jedoch mit veränderter Zielsetzung. Während bei der Baugrunderkundung die Zielsetzung ist, möglichst homogene Einheiten gleicher Festigkeitsparameter (Zusammendrückbarkeit, Scherparameter) festzulegen, liegt bei der Erkundung von Altlasten naturgemäß ein Schwerpunkt auf der Feststellung der hydraulischen Parameter, jedoch, wie schon in Abschnitt I/2.1.3 angedeutet, in sehr kleinen Homogenbereichen. Es geht somit bei der Baugrunderkundung darum, einzelnen Schichteinheiten zutreffende Bemessungswerte zuzuordnen und den Einfluß der festgestellten Inhomogenitäten abzuschätzen. Auch bei der Erkundung für die hydrogeologische Beweissicherung geht es erst einmal darum, für einzelne Schichteinheiten hydraulische Kennwerte zu bestimmen und daraus Bemessungswerte abzuleiten. In einem zweiten Schritt jedoch ist der Beitrag von Einzelschichten für das Emissionsverhalten der Deponie abzuschätzen.

Der Untergrundaufbau an Deponien ist daher so detailliert wie möglich aufzunehmen und darzustellen, denn häufig bestimmen unscheinbare Schichten selbst sehr geringer Mächtigkeit ganz entscheidend die hydraulische Situation, vgl. Abschnitt II/2.3.4. Weiterhin sind die Lagerungsverhältnisse sehr entscheidend, da sich Inhomogenitäten und Ansiotropien entscheidend in der späteren Gefährdungsabschätzung niederschlagen. Da laterale Inhomogenitäten aus Maßstabsgründen häufig auch durch ein noch so dichtes Bohrraster nicht aufgelöst werden können, sind flächige Aufschlüsse (z.B. Schürfe) häufiger als für Baugrunduntersuchungen anzuwenden.

1.1.1   Schürfe

Schürfe erlauben insbesondere bei oberflächennah anstehenden geringdurchlässigen Schichten eine ausgezeichnete flächenhafte Erkundung und Abschätzung des lateralen Verlaufs von Schichten. Ferner können Raumlagen von geologischen Strukturen, Schrägschichtungsphänomene, Störungen und andere größere Trennelemente nur im großflächigen Aufschluß aufgenommen werden. Auch liefern lediglich Schürfe die Möglichkeit zur gezielten Entnahme sowohl vertikal als auch horizontal orientierter ungestörter Bodenproben.

Problematisch sind Schürfe nur bei zu großem Wasserandrang. Mit gängigem Verbau, z.B. Krings-Verbau oder Kanalplatten (Abb. 35), lassen sich Tiefen bis etwa 4 m bei relativ geringem Kostenaufwand erreichen. Bei größeren Tiefen steigt der Preis der Aufschlüsse erheblich an, da Schürfe dann als Schürfschächte anzulegen sind, die nur in Ausnahmefällen gerechtfertigt sind. Abb. 36 zeigt einen derartigen 7 m tiefen Schürfschacht (ENTENMANN et al. 1989).

In jedem Fall sollten in der Umgebung vorhandene großflächige Aufschlüsse, wie Kiesgruben oder Böschungsanschnitte, vor der Planung des Untersuchungsprogramms sehr genau aufgenommen werden, selbst wenn diese in einigem Abstand zur Deponie liegen. Wie eminent wichtig die geologische Aufnahme

Abb. 35. (links) Ausbau einer 4 m tiefen Schürfgrube im Lößlehm mit Hilfe von eingestellten Kanalplatten. Das spätere abgetreppte Anlegen der Stirnseiten von Hand erlaubt eine exakte Entnahme von vertikal und horizontal orientierten ungestörten Bodenproben.

Abb. 36. (rechts) Abteufen und Ausbau eines 7 m tiefen Schürfschachtes zur Erschließung von Tonsteinen neben der Industrieschlammdeponie Bielefeld-Brake.

ergänzend zu den Bohrungen sein kann, zeigen die in der unmittelbaren Umgebung der Deponie Vechta aufgenommenen Abbildungen 37 bis 42, die Strukturen in einem glazifluviatilen Sand auf einem Areal von nur wenigen hundert Quadratmetern zeigen. Diese sind ihrer Genese nach völlig unterschiedlich, würden jedoch im Bohrkern als identisch angesehen.

Neben sedimentären Strukturen, wie Kreuzschichtung (Abb. 37) und Steinlagen (Abb. 38) treten glazitektonische Strukturen, wie aufgesteilte geschleppte

Schichtfolgen (Abb. 39), Schuppen und Scherköiper (Abb. 40) auf. Daneben treten oberflächennah periglaziäre Strukturen wie Eiskeile (Abb. 41) und Kryoturbationen (Abb. 42) auf.

Abb. 37. Aufnahme von geologischen Strukturen im Oberflächenaufschluß. Die Aufnahme großflächiger Aufschlüsse, die u.U. mittels Schürfgruben erst geschaffen werden müssen, bietet häufig die einzige Möglichkeit zur Bewertung von im Bohrkern entdeckten Sedimentstrukturen. Die hier gezeigten Kreuzschichtungsphänomene in glazifluviatilen Sanden an der Deponie Vechta können im Bohrkern lediglich anhand von Winkeldiskordanzen abgelesen werden. Das Bohrergebnis dagegen läßt im Unterschied zum großflächigen Aufschluß mehrere Interpretationen zu.

Abb. 38. Aufnahme von geologischen Strukturen im Oberflächenaufschluß: Steinlagen in pleistozänen glazifluviatilen Sanden an der Deponie Vechta.

Abb. 39. Aufnahme von geologischen Strukturen im Oberflächenaufschluß: Durch Eisschub aufgesteilte, geschleppte Schichtfolgen in pleistozänen glazifluviatilen Sanden an der Deponie Vechta.

Abb. 40. Aufnahme von geologischen Strukturen im Oberflächenaufschluß: Schuppen und Scherkörper in pleistozänen glazifluviatilen Sanden an der Deponie Vechta.

Abb. 41. Aufnahme von geologischen Strukturen im Oberflächenaufschluß: Periglazial gebildete Eiskeile in Flugsanden an der Deponie Vechta.

Abb. 42. Aufnahme von geologischen Strukturen im Oberflächenaufschluß: Periglaziale Kryoturbationen in Flugsanden und glazifluviatilen Sanden an der Deponie Vechta.

1.1.2 Spülbohrungen

Für die Erkundung pleistozäner und tertiärer Lockergesteine an Deponien scheiden Spülbohrungen aus folgenden Gründen grundsätzlich aus:

– Für die Erkundung von Deponien sind üblicherweise keine so großen Tiefen notwendig, als daß sie nicht durch Trockenbohrungen erreichbar wären, die beim heutigen Stand der Bohrtechnik 50 m problemlos deutlich überschreiten können. Ähnliche Zahlen geben LANGGUTH & VOIGT (1986) an. Für das Emissionsverhalten der Deponie sind alle Schichten bis einschließlich des ersten durchgängigen, mächtigen Grundwasserleiters entscheidend. Dieser wird im Pleistozän meist aus Schmelzwassersanden gebildet und steht in der

Abb. 43. Ausgelegtes Bohrgut einer 150 m tiefen Spülbohrung. Diese sehr sorgfältig ausgeführte Spülbohrung zeigt, daß anhand der Bodenproben, die im Spülstrom zutage gefördert werden, nur ein sehr ungenaues Bild des Untergrundaufbaus erzielt wird. Es lassen sich lediglich in etwa größere hydrogeologische Einheiten voneinander abgrenzen. Die Feststellung der Lithologie dieser Einheiten ist auch bei zusätzlicher geophysikalischer Vermessung nur sehr begrenzt möglich. Spülbohrungen sind daher für die hier beschriebenen hydrogeologischen Untersuchungen nicht einsetzbar, außer es sollten ergänzend mit geringem Aufwand sehr große Bohrtiefen erreicht werden.

Mehrzahl der Fälle in Tiefen an, die problemlos durch Trockenbohrungen erreicht werden können.

– Eine einigermaßen exakte Feststellung von Schichtgrenzen ist nur durch den zusätzlichen Einsatz von Bohrlochgeophysik möglich.

– Spülbohrungen geben nur ein sehr grobes Bild des Untergrundaufbaus. Schichten unter etwa 1 m Mächtigkeit werden stets überbohrt, aber auch mächtigere Schichteinheiten sind oftmals nicht abzugrenzen. Eine Vorstellung von der Qualität des Untergrundaufschlusses durch Spülbohrungen liefert das auf Abb. 43 gezeigte Bohrgut einer 150 m tiefen Spülbohrung.

– Der Kornaufbau der einzelnen Schicht ist nur in etwa festzustellen.

– Ungestörte Bodenproben können nur unter erheblichem zusätzlichen Aufwand gewonnen werden. Eine gezielte Entnahme ist nicht möglich aufgrund des nur unzureichend genau bekannten Bohrprofils vor der geophysikalischen Vermessung.

Wird die Bohrung - wie bei der überwiegenden Zahl der Bohrungen notwendig - zur Grundwassermeßstelle ausgebaut, verhindert der Filterkuchen eine auch nur einigermaßen sichere k-Wert-Bestimmung in-situ. Soll die Filterkuchenbildung eingeschränkt werden, muß das teurere Lufthebeverfahren

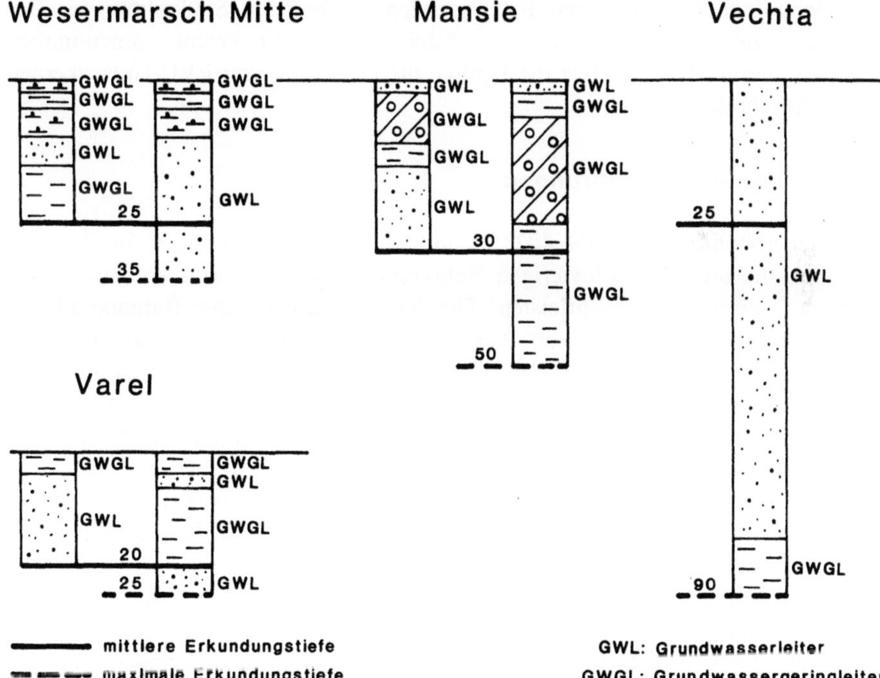

Abb. 44. Maximale erforderliche Aufschlußtiefe zur Erkundung des hydrogeologisch relevanten Untergrundbereiches an den vier untersuchten Deponien. Dargestellt ist die hydrogeologische Einteilung von Schichteinheiten und die mittlere Tiefenlage ihrer Basis. Es ist die jeweilige mittlere sinnvolle Erkundungstiefe angegeben sowie die maximale Erkundungstiefe.

angewandt werden. Dies kann Probleme beim Durchteufen von Tonen geben, vgl. LANGGUTH & VOIGT (1986).

– Spülbohrungen neigen dazu, im Grundwasser vorhandene Schadstoffe in die Tiefe zu verschleppen, vgl. MIELCAREK et al. (1991).

Spülbohrungen sind somit nur dann ergänzend einzusetzen, wenn eine mit Trockenbohrungen nicht erreichbare Aufschlußtiefe erforderlich ist. Abschließend wird in Abb. 44 anhand der vier Fallbeispiele demonstriert, daß derartige Verhältnisse, d.h. der sinnvolle Einsatz von Spülbohrungen ergänzend zu Trockenbohrungen nur in Ausnahmefällen gegeben sind. So war bei den vorgestellten Fallbeispielen lediglich für die Deponie Tonnenmoor das Abteufen einer Spülbohrung zum Aufschluß der Basis des pleistozänen Grundwasserleiters angezeigt.

1.1.3   Trockenbohrungen

Trockenbohrungen sind die am häufigsten einzusetzende Form der Untergrunderkundung. Sie erlauben definierte Entnahmen von gestörten und ungestörten Bodenproben und die genaue Bestimmung von Schichtgrenzen mit um Größenordnungen geringeren Fehlergrenzen als bei den Spülbohrungen. Der Bohrlochausbau zur Grundwassermeßstelle kann sehr genau vorgenommen werden. Ferner besteht stets die Option zur Entnahme von PVC-Hülsenkernen (vgl. Abschnitt 1.1.4).

1.1.4   Rammkernbohrungen

Rammkernbohrungen (DIN 4021) sind die einzigen Bohrungen im Lockergestein, die auch bei schwierigen Bohrverhältnissen eine exakte feinstratigraphische Aufnahme gewährleisten. Die Verfahrensweise des Rammkernbohrverfahrens zur Entnahme von PVC-Hülsenkernen aus Trockenbohrungen ist schematisch in Abb. 45 dargestellt. Dieses Bohrverfahren ist somit stets zumindest in Abschnitten von Trockenbohrungen einzusetzen, wo es auf die Auflösung der Feinstruktur von geologischen Einheiten ankommt. Dies ist insbesondere bei Grundwassergeringleitern der Fall, denen eine Schutzfunktion tieferer Grundwasserleiter zukommt. Ferner lassen sich nur bei Kenntnis des feinstratigraphischen Aufbaus zutreffende Aussagen über Homogenität und Tropie der einzelnen Schichteinheiten machen.
Weiterhin eignen sich PVC-Hülsenkerne von ihrer Qualität her - zumindest nach einem Umpressen in andere Probenzylinder - für Durchlässigkeitsversuche, die dann ganz gezielt durchgeführt werden können, im Gegensatz zu den ungestörten Bodenproben, die oftmals die hydrogeologisch interessanten Schichten verfehlen, jedoch hinsichtlich ihrer Qualität besser als Rohrkerne sind. Auch können Rohrkerne problemlos aus Sanden unterhalb des Grundwasserspiegels entnommen werden, wo die Entnahme von ungestörten Bodenproben nicht möglich ist. Abb. 46 zeigt den Einsatz des Rammkernbohrverfahrens zur

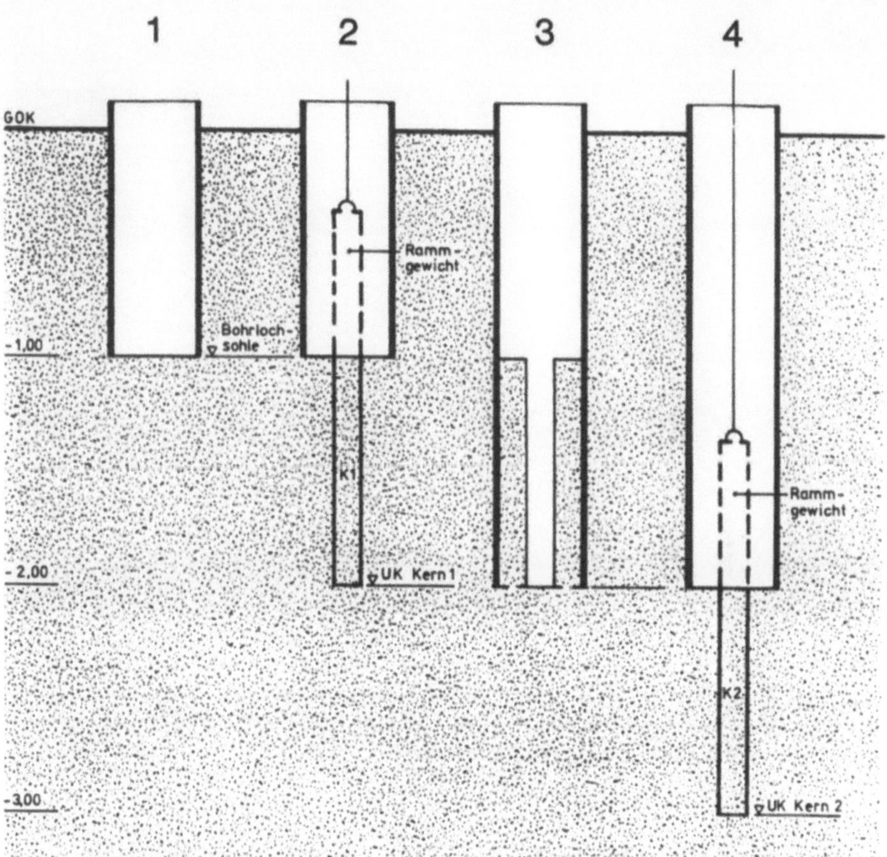

Abb. 45. Schematische Darstellung des Rammkernbohrverfahrens. Das Rammkernbohrverfahren wird, der Rohrtour vorauseilend, in konventionell nach dem Trockenbohrverfahren hergestellten Bohrlöchern eingesetzt. Es kann durchgängig wie auch abschnittsweise in geologisch besonders interessanten Bohrabschnitten eingesetzt werden.

Erkundung von holozänen Rinnensedimenten und Lauenburger Ton an der Deponie Varel-Hohenberge, Abb. 47 die Bohrkerne des zweiten Erkundungsprogramms vor der Ansprache.

1.1.5 Hohlbohrschneckenverfahren

Das Hohlbohrschneckenverfahren liefert in seinen Anwendungsgrenzen Bohrkerne in nahezu derselben Qualität wie das Rammkernbohrverfahren und ergibt daher auf Altlasten gute Ergebnisse für die Erkundung kontaminierter Böden und Auffüllungen, insbesondere wo es darauf ankommt, kein zusätzliches Bohrgut zu fördern (Verdrängungsbohrung). Dagegen ist es für die hydrogeologische Erkundung von Altlasten nicht geeignet aus folgenden Gründen:

Abb. 46. Einsatz des Rammkernbohrverfahrens zur Erkundung von holozänen Ablagerungen und Lauenburger Ton an der Deponie Varel-Hohenberge. Das Photo zeigt Mitarbeiter der Fa. Keller Grundbau beim Zusammenbau des Entnahmegeräts für die PVC-Hülsenkerne mit PVC-Hülse, Stahlmantelrohr und Schlageinrichtung.

- Die Einsatztiefe reicht nur bis etwa 20 m, für die tiefere Erkundung ist ein zweites konventionelles Bohrgerät erforderlich.
- Bei wassergesättigten Sanden versagt das Verfahren häufig.
- Als Verdrängungbohrung erzeugt es eine verdichtete Zone um das Bohrloch, die sich negativ auf die Wirksamkeit der später auszubauenden Grundwassermeßstelle auswirkt und den k-Wert örtlich verändert.
- Das Verfahren ist zu anfällig gegen Verschmutzungen von Rohrverbindungen, einige Teile sind nicht robust genug für den Einsatz in schwer zu bohrenden Böden.

1.1.6   Drehkernbohrungen

In jüngster Zeit wurde das Spülbohrverfahren weiterentwickelt, so daß nun die Entnahme von Bohrkernen möglich ist. Erstmals beschrieben wurde diese Entwicklung von ASSMANN et al. (1984). In seinem heutigen Entwicklungsstand ist das Verfahren in der Terminologie der Preussag Anlagenbau GmbH zutreffend

Abb. 47. Rammbohrkerne und gestörte Bodenproben des zweiten Erkundungsprogrammes an der Deponie Varel-Hohenberge. Von den Rohrkernen werden nach einer orientierenden Profilerstellung anhand der gestörten Proben gezielt Proben für Laborversuche abgesägt und versiegelt. Das Aufsägen der Rohrkerne erfolgt erst unmittelbar vor der geologischen Aufnahme. Im Bild ein Mitarbeiter der Fa. Keller Grundbau beim Aufsägen der Rohrkerne mit der Kreissäge.

als Drehkernbohrverfahren zu bezeichnen, RÜBESAMEN (1994). Die Kernentnahmeapparatur wird durch das Spülgestänge hindurch am Seil bewegt. Die eingeschlagenen Kerne werden überspült und dann erst gezogen. Aus diesem Grunde sind die gewonnenen Kerne durch das Bohrverfahren etwas beeinflußt. Nach RÜBESAMEN ist es daher für rollige Böden nur bedingt geeignet.

Das Drehkernbohrverfahren kommt überall dort zum Einsatz, wo es um das Erreichen von sehr großen Bohrtiefen geht und zusätzlich zumindest abschnittsweise die Gewinnung von Bohrkernen gewünscht ist, die in Lockergesteinen tieferer Schichten durch kein anderes Verfahren möglich ist.

Für Gefährdungsabschätzungen an Deponien und Altlasten ist daher der Einsatz von Drehkernbohrungen nur in Ausnahmen zu erwägen. In den üblicherweise zu erkundenden flacheren Teufenbereichen ist das Rammkernbohrverfahren technisch und wirtschaftlich überlegen.

Abb. 48. Bohrergebnis von Bohrsondierungen mit der 50 mm-Schappe an der Deponie Varel-Hohenberge. Im Photo werden holozäner Bruchwaldtorf (148-158), Mudde (158-163) und Wattsand (163-168) gezeigt.

Abb. 49. Einsatz eines Protonen-Magnetometers durch einen Mitarbeiter der Fa. Ivers, Rendsburg.

1.1.7 Bohrsondierungen

Bohrsondierungen erlauben - bei sehr guter Ausführung - eine feinstratigraphische Ansprache von Bodenschichten, jedoch mit deutlich geringerer Qualität als
bei der Rammkernbohrung, sowohl verfahrensbedingt als auch aufgrund des
wesentlich geringeren Durchmessers, vgl. Abb. 48. Sie sind jedoch sehr viel
kostengünstiger. Allerdings erreichen sie bei guter Qualität, je nach Bodenart lediglich Tiefen von etwa 15 m. Nachteilig ist die geringe gewinnbare Probenmen-
ge, die meist keine exakte Bestimmung der Kornverteilung für grobe Sande und
Kiese erlaubt und, daß keine ungestörten Bodenproben erhalten werden können.
Ergänzend und insbesondere wenn oberflächennahe Schichten sehr dicht abge-
bohrt werden müssen, sind sie jedoch sehr häufig einzusetzen.

1.1.8 Oberflächengeophysikalische Verfahren

Bei dem für das hydrogeologische Beweissicherungsverfahren erforderlichen
dichten Meßstellenraster ist der zusätzliche Einsatz oberflächengeophysikalischer Verfahren nicht sinnvoll, da damit keine echte Verdichtung von Infor-
mation über den Untergrundaufbau erzielbar ist. Als Grundlage für die Planung
des Meßstellennetzes dagegen kann vorzugsweise eine geoelektrische Kartierung
nützlich sein, wie es an der Deponie Mansie der Fall war. Dort waren die
Mächtigkeitsverhältnisse des Lauenburger Tones aufgrund einer vorliegenden
geoelektrischen Kartierung vorab schon in guter Näherung bekannt.
  Für Sonderprobleme, wie etwa auf Abb. 49 gezeigt, das Aufsuchen alter
aufgegebener Brunnen, die abgetrennte Grundwasserstockwerke künstlich miteinander verbinden, kann der Einsatz oberflächengeophysikalischer Verfahren,
hier Geomagnetik, durchaus sinnvoll sein.

1.1.9 Bohrlochgeophysikalische Verfahren

Der Einsatz bohrlochgeophysikalischer Verfahren in Trockenbohrungen ist wegen der Verrohrung nicht möglich. Sollten in Ausnahmefällen Spülbohrungen
zum Einsatz kommen (große notwendige Erkundungstiefen, vgl. Abschnitt 1.1.2), so ist der Einsatz von Bohrlochgeophysik unerläßlich.

1.2 Untersuchungen zur Genauigkeit des Trockenbohrverfahrens

Bei der Durchführung der Trockenbohrungen mit Kernentnahme konnte das
Trockenbohrverfahren auf seine Genauigkeit untersucht werden. Ein Vergleich
der Bohrergebnisse der aus dem Ringraum zwischen Bohrkern und Verrohrung
entnommenen gestörten Bodenproben aus Trockenbohrungen mit der späteren
Kernansprache im Labor ergab statistisch abgesicherte Ergebnisse über die
Genauigkeit von Trockenbohrungen ohne Kernentnahme.

Art der Schicht-grenze	Bohr-werkzeug	Bewertung des Bohr-ergebnisses einer Trockenbohrung *mit* Kernentnahme gegenüber der *ohne*	Begründung	Abgeschätzte Abweichung
bindig → bindig	Schnecke	keine Beeinflussung des Ergebnisses	Material ist standsicher	keine
bindig → rollig	Schnecke → Ventilbohrer	geringfügige Beein-flussung des Ergebnisses	Wenn die Schnecke zu lange eingesetzt wird, Zerstörung des bindigen Materials durch Rotation	bis ca. 1 dm
rollig → bindig	Ventilbohrer → Schnecke	keine Beeinflussung des Ergebnisses	Ventilbohrer löst bindiges Material nicht	keine
rollig → rollig	Ventilbohrer	deutliche Beein-flussung des Ergebnisses	Material im Ringspalt kollabiert	0 bis 17 cm [*)]

[*)] gilt für Kerndurchmesser 100 mm, Bohrlochdurchmesser 267 mm

Tabelle 1. Beeinflussung der Genauigkeit des Bohrergebnisses bei Trockenbohrungen mit Kernentnahme gegenüber Trockenbohrungen ohne Kernentnahme.

Zur Auswertung wurden 433 lfm PVC - Hülsenkerne aus Trockenbohrungen herangezogen. Die Bohrmeisteransprache erfolgte am Boden aus dem Ringraum zwischen dem entnommenen Kern und der Verrohrung. Ausgewertet wurden ausschließlich Bohrungen mit einem Durchmesser von 267 mm.

Aufgrund der Verfahrensweise beim Bohren ist die Bohrmeisteransprache etwas ungenauer als in einer Trockenbohrung ohne Entnahme von PVC-Hülsen-kernen. Diese Ungenauigkeit wird teilweise jedoch wettgemacht dadurch, daß der Bohrmeister seine Ansprache aufgrund der bei der Kernentnahme auf-gezeichneten Schlagzahl etwas korrigieren kann. Aus theoretischen Überlegun-gen ergeben sich die in Tabelle 1 angegebenen Unterschiede im systematischen Fehler für die verschiedenartigen Schichtgrenzen.

Danach ergibt sich eine signifikante systematische Beeinflussung der Genauig-keit des Bohrergebnisses lediglich bei Schichtgrenzen zwischen zwei aus rolligen Böden bestehenden Schichten. Die maximale Abweichung beträgt dann 0,17 m bei Kernschußlängen von 1 m, bei Kerndurchmessern von 100 mm und Bohrdurchmessern von 267 mm. Die theoretische Ableitung dieses Ergebnisses ist in Abb. 50 angegeben. Diese Überlegungen sind notwendig für die Bewer-tung der nachfolgenden statistischen Überprüfung der Genauigkeit von Trocken-bohrungen mittels der Ergebnisse von Kernansprachen. Vorausgeschickt werden muß, daß lediglich Bohrungen ausgewertet wurden, die von erstklassigen Bohr-meistern abgeteuft wurden.

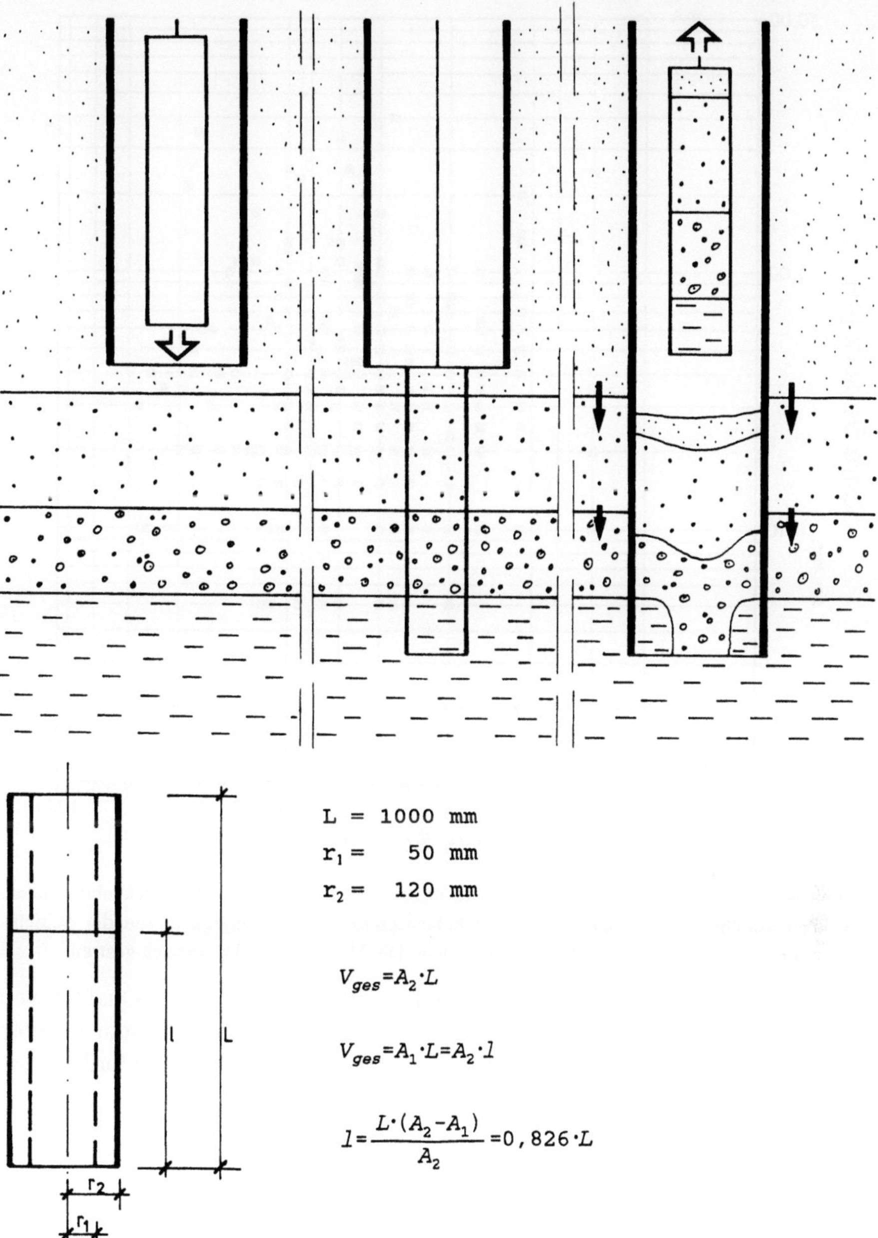

$$V_{ges}=A_2\cdot L$$

$$V_{ges}=A_1\cdot L=A_2\cdot l$$

$$l=\frac{L\cdot(A_2-A_1)}{A_2}=0,826\cdot L$$

Abb. 50. Systematischer Fehler bei der Aufnahme des Bohrergebnisses von Trockenbohrungen mit Kernentnahme gegenüber Trockenbohrungen ohne Kernentnahme beim Abteufen in rolligen Böden. Die Entnahme von Bohrkernen führt zu einem Nachfall von Boden in der Bohrung, was zu einem systematischen Fehler bei der Bestimmung der Schichtgrenzen nach dem Bohrgut aus dem Ringraum führt. Die Kenntnis der absoluten Größe dieses Fehlers ist für das Bohrergebnis irrelevant, da ja die exakt eingemessenen Bohrkerne vorliegen. Bei einem Vergleich der Genauigkeit von Trockenbohrung und Rammkernbohrung ist er jedoch zu berücksichtigen.

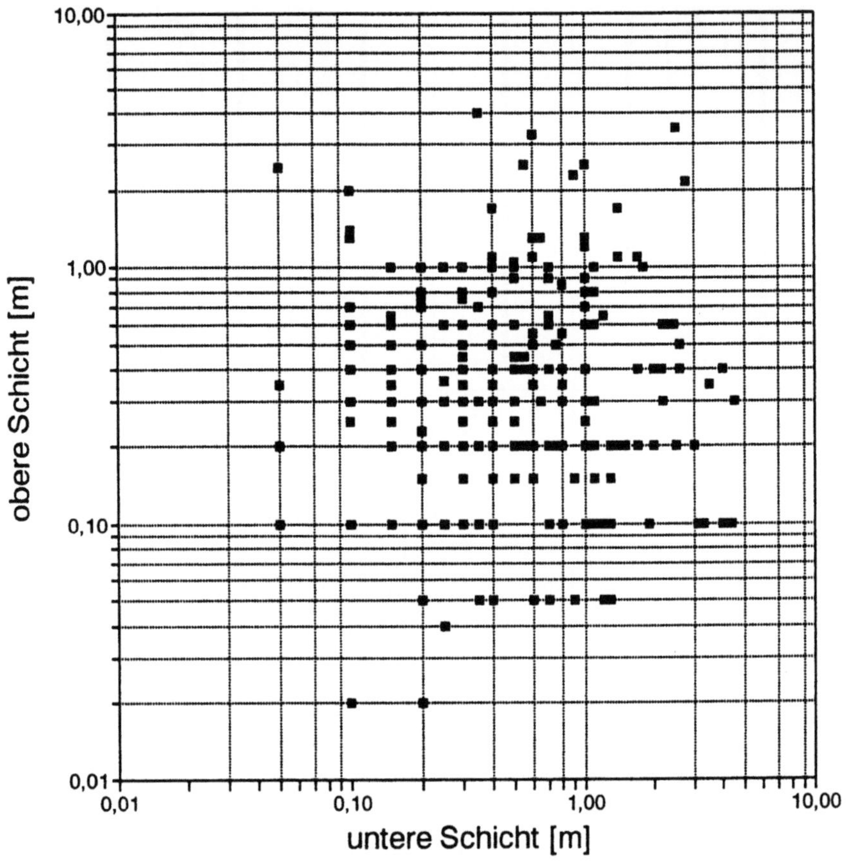

Abb. 51. Statistische Auswertung der Genauigkeit des Ergebnisses von Trockenbohrungen: Wahrscheinlichkeit des Überbohrens von Schichtgrenzen in Abhängigkeit von der Schichtmächtigkeit der über- und unterlagernden Schicht. Die Meßwerte sind statistisch gestreut.

Zweierlei Informationen sind wichtig für die Beurteilung der Qualität von Trockenbohrungen abgesehen von der Bodenansprache, die im Labor ohnehin überarbeitet wird und an die auf der Bohrstelle somit geringere Anforderungen zu stellen sind.

– Welche Schichtgrenzen werden überbohrt?
– Welche Schichten werden vollständig überbohrt?
– Wie genau ist die Ansprache der Teufenlage einer Schichtgrenze?

Die Schichtgrenzen wurden unterteilt in

– Schichtgrenzen, die zwei rollige Schichten voneinander trennen (r/r),
– Schichtgrenzen, die zwei bindige Schichten voneinander trennen (b/b), und
– Schichtgrenzen, die je eine rollige Schicht und eine bindige Schicht voneinander trennen.

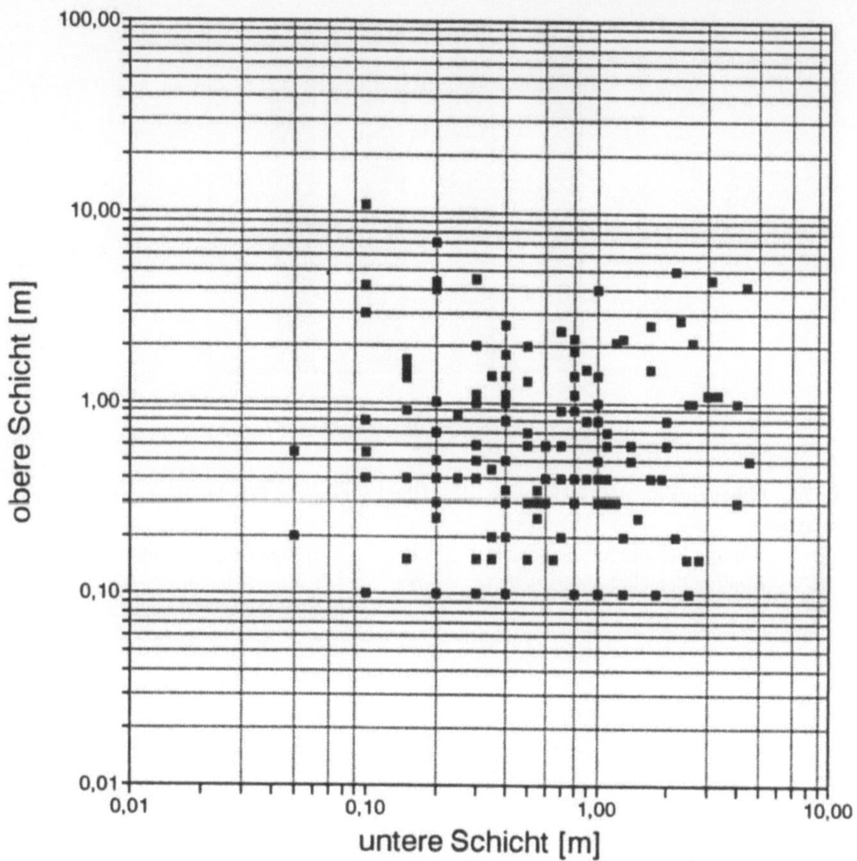

Abb. 52. Statistische Auswertung der Genauigkeit des Ergebnisses von Trockenbohrungen: Wahrscheinlichkeit des Erfassens von Schichtgrenzen in Abhängigkeit von der Schichtmächtigkeit der über- und unterlagernden Schicht. Die Meßwerte sind ebenso statistisch gestreut.

Überbohren von Schichtgrenzen

Zur Untersuchung, welche Schichtgrenzen beim Trockenbohrverfahren überbohrt werden und welche nicht, wurden die nach der Kernansprache gewonnenen Schichtgrenzen zugrundegelegt und überprüft, ob diese Schichtgrenzen bei der vorab durchgeführten Ansprache der Trockenbohrung nachgewiesen werden konnten oder nicht. Da anzunehmen ist, daß das Überbohren abhängig von den Schichtmächtigkeiten ist, wurden die Mächtigkeiten der jeweils über- und unterlagernden Schicht in Abb. 51 für die überbohrten und in Abb. 52 für die nicht überbohrten Schichten dargestellt. Es zeigt sich deutlich, daß Schichtgrenzen, die mindestens eine Schicht mit Mächtigkeiten unter 10 cm begrenzen, generell überbohrt werden, d.h. Schichten unter 10 cm sind durch Trockenbohrungen nicht erfaßbar.

Auf die Darstellung einer Vielzahl von zusätzlichen Schichtgrenzen, die aus einer Wechsellagerung im cm-Bereich resultieren, wurde daher in Abb. 51 voll-

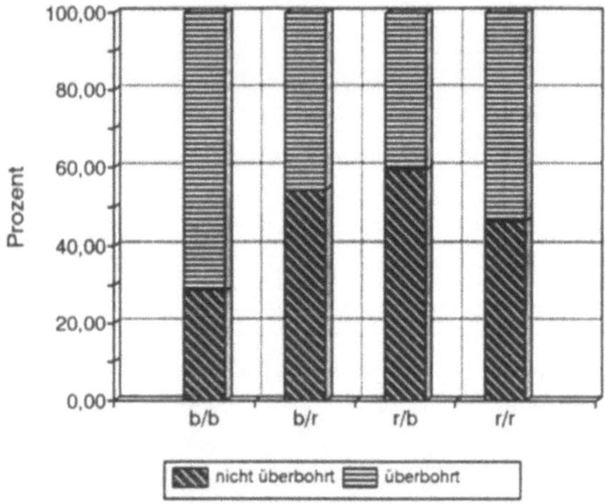

Abb. 53. Abhängigkeit der Häufigkeit des Überbohrens von Schichtgrenzen von den Bodenarten.

b/r	:	bindige Schicht/rollige Schicht	r/b	:	rollige Schicht/bindige Schicht
b/b	:	bindige Schicht/bindige Schicht	r/r	:	rollige Schicht/rollige Schicht

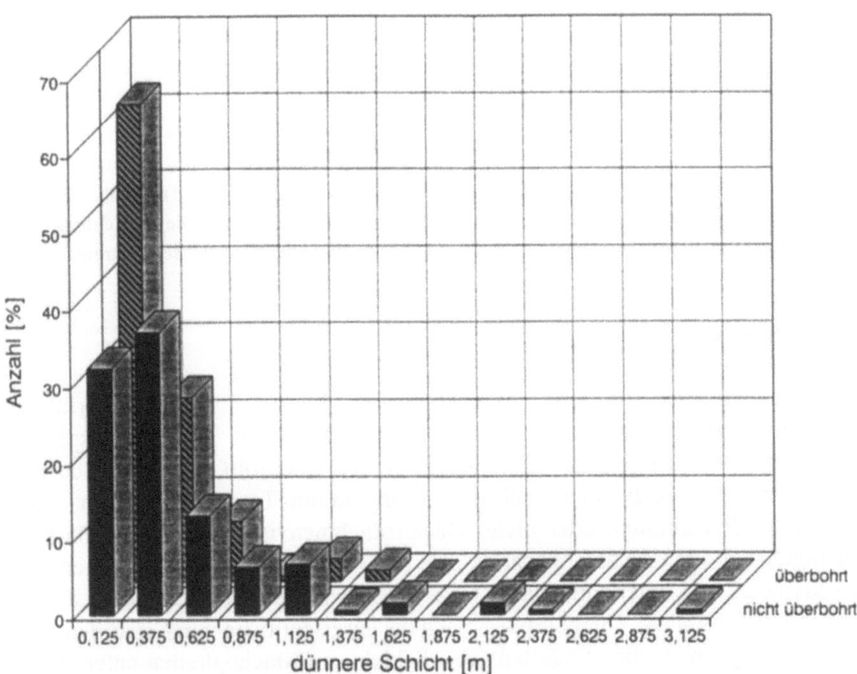

Abb. 54. Genauigkeit des Ergebnisses von Trockenbohrungen: Überbohren von Schichtgrenzen - Abhängigkeit von der Schichtmächtigkeit der jeweils dünneren Schicht. Auf der Abszisse ist die jeweilige Intervalmitte der Häufigkeitsklasse angegeben.

ständig verzichtet. Es wurden lediglich die Schichtgrenzen dargestellt, die je eine Schicht unter 10 cm und eine über 10 cm begrenzen.

Vernachlässigt man die Schichtgrenzen zwischen Schichten jeweils unter 10 cm, so wurden insgesamt bei der Kernansprache 425 Schichtgrenzen festgestellt, davon wurden durch die Trockenbohrung 179 (= 42 %) überbohrt. Zu erwarten wäre nun, daß die überbohrten Schichtgrenzen vorzugsweise geringmächtige Schichten begrenzen. Vergleicht man jedoch in Abb. 51 und 52 die Wertebereichsfelder für überbohrte und nicht überbohrte Schichten, so zeigt sich ein unerwartet geringer Unterschied in der Umgrenzung der Wertebereichsfelder, nicht jedoch in deren Belegungsdichte. Daraus, daß auch Schichtgrenzen, die sehr mächtige Schichten voneinander abgrenzen, überbohrt werden, muß auf eine zweite Abhängigkeit geschlossen werden. Die Ursache des Überbohrens kann sowohl an einer geringen Schichtmächtigkeit der über- oder unterlagernden Schicht als auch an der Qualität des Bohrguts der Trockenbohrung liegen, die das Erkennen von Schichtwechseln häufig nicht zuläßt im Gegensatz zum Bohrkern, der auch die Unterscheidung geringfügiger Wechsel im Kornaufbau zuläßt.

Die Bestätigung für diese Annahme gibt Abb. 53. Dort ist die Häufigkeit des Überbohrens von Schichtgrenzen in Abhängigkeit von der Bodenart der

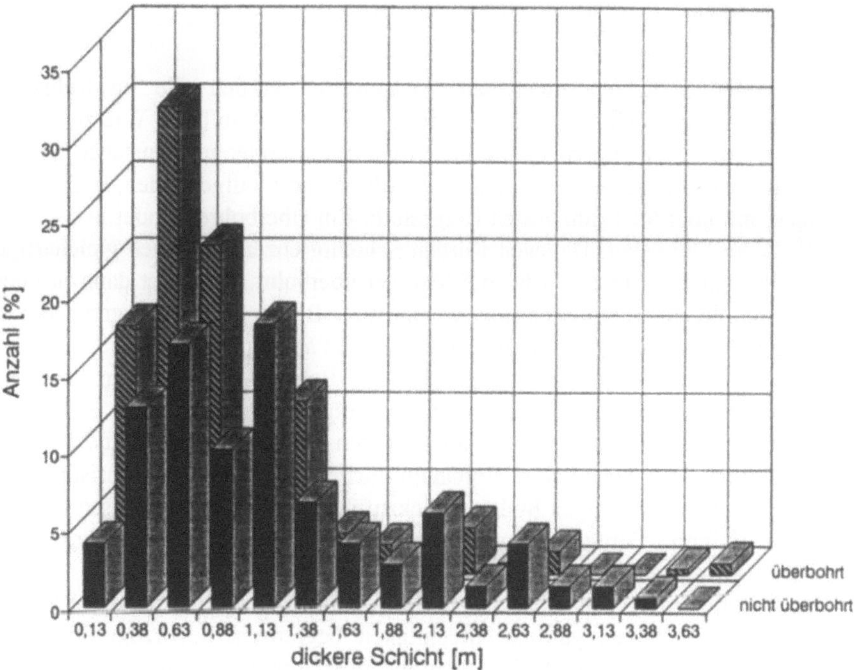

Abb. 55. Genauigkeit des Ergebnisses von Trockenbohrungen: Überbohren von Schichtgrenzen - Abhängigkeit von der Schichtmächtigkeit der jeweils dickeren Schicht. Auf der Abszisse ist die jeweilige Intervalmitte der Häufigkeitsklasse angegeben.

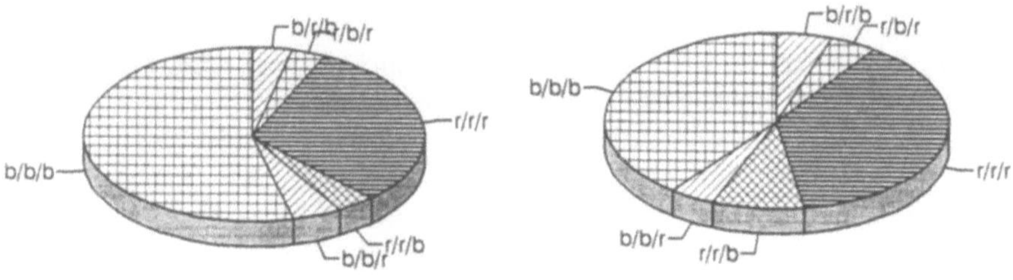

Schichtabfolge	Schichten nicht überbohrt [%]	Schichten überbohrt [%]	Schichten insgesamt [%]
b / r / b	5,2	3,7	4,2
r / b / r	4,3	3,2	3,6
r / r / r	37,9	31,1	33,4
r / r / b	8,6	3,7	5,4
b / b / r	4,3	4,6	4,5
b / b / b	39,7	53,9	49,0

Abb. 56. Genauigkeit des Ergebnisses von Trockenbohrungen: Wahrscheinlichkeit des Überbohrens ganzer Schichten in Abhängigkeit von der Bodenart.
Linkes Diagramm   : Verteilung der überbohrten Schichten
Rechtes Diagramm : Verteilung der erfaßten Schichten

angrenzenden Schichten angegeben. Ausgewertet wurden alle im Rohrkern erkennbaren auch noch so geringen Änderungen des Kornaufbaus. Wie zu erwarten ist, werden Schichtgrenzen, an denen von ihren bodenmechanischen Eigenschaften stark unterschiedene Böden, also rollige und bindige Böden, aneinander grenzen, mit über 60 % am besten festgestellt. Ein Überbohren findet in weniger als 40 % der Fälle statt. Dagegen wurden Schichtgrenzen, an denen gleichartige Böden aneinander grenzen, sehr viel häufiger überbohrt. So findet dann in über 60 % der Fälle ein Überbohren statt, wenn rollige Böden aneinander grenzen und sogar in über 75 % der Fälle, wenn bindige Böden aneinander grenzen.

Dieser Wert ist erstaunlich hoch, da vom Bohrverfahren her zu erwarten wäre, daß Schichtgrenzen zwischen bindigen Böden (Bohrwerkzeug: Schnecke, Schappe) leichter zu erfassen wären als zwischen rolligen Böden (Bohrwerkzeug: Ventilbohrer). Das gegenteilige Verhalten dürfte auf die weiche Konsistenz der meisten erkundeten bindigen Böden zurückzuführen sein, die beim Lösen mit der Schnecke in ihrem Gefüge stark verändert werden. Dabei können Schichtgrenzen zwischen geringmächtigen Schichten zerstört werden.

Unabhängig vom Kornaufbau zeigen die Abbildungen 54 und 55, daß Schichtgrenzen, die Schichten geringer Mächtigkeit begrenzen, bevorzugt überbohrt werden. Dort ist der prozentuale Anteil der überbohrten bzw. nicht überbohrten Schichtgrenzen in Abhängigkeit von der Mächtigkeit der jeweils angrenzenden dickeren oder dünneren Schicht dargestellt. Es ist deutlich ablesbar, daß die Wahrscheinlichkeit des Überbohrens mit zunehmender Schichtmächtigkeit

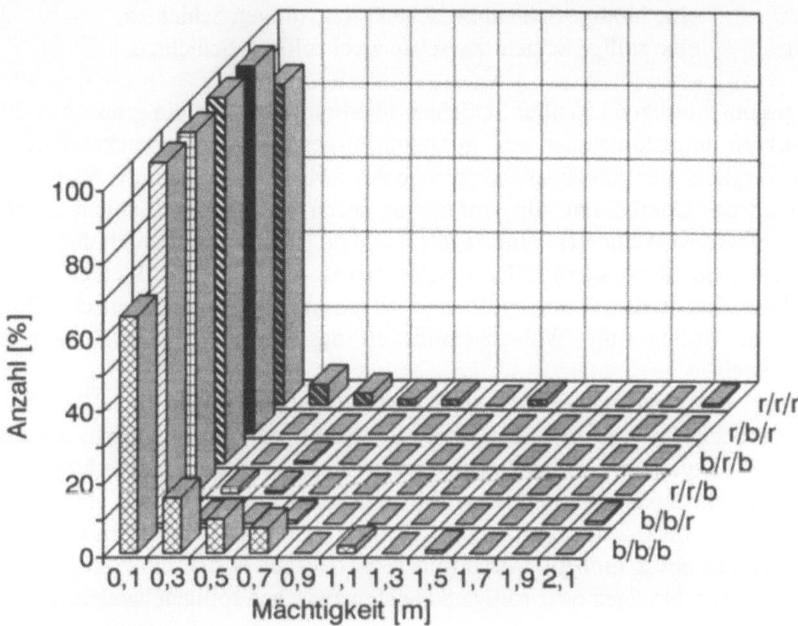

Abb. 57. Genauigkeit des Ergebnisses von Trockenbohrungen: Wahrscheinlichkeit des Überbohrens ganzer Schichten in Abhängigkeit von der Bodenart und der Schichtmächtigkeit. Auf
der Abszisse ist die jeweilige Intervalmitte der Häufigkeitsklasse angegeben.

abnimmt. Den entscheidenden Einfluß, ob die Schichtgrenze im Trockenbohrverfahren festgestellt wird oder nicht, spielt die Schichtmächtigkeit der jeweils
angrenzenden dünneren Schicht.

Vollständiges Überbohren ganzer Schichten

Daneben kann es auch vorkommen, daß einzelne Schichten mit dem
Trockenbohrverfahren vollständig überbohrt werden. Dies verfälscht besonders
dann die Bewertung der hydraulischen Eigenschaften der jeweiligen Einheit,
wenn es sich um grobkörnige Schichten in einem Grundwassergeringleiter oder
um feinkörnige Schichten in einem Grundwasserleiter handelt. Auch dieser Fall
des Überbohrens ganzer Schichten wurde statistisch untersucht.

Die Ergebnisse der Überprüfung des Überbohrens ganzer Schichten im
Trockenbohrverfahren ist in Abb. 56 dargestellt. Dabei wurden folgende Schich-
tungstypen für sich betrachtet:

b/b/b:	eine bindige Schicht zwischen zwei bindigen Schichten,
b/b/r:	eine bindige Schicht überlagert von einer bindigen und unterlagert von einer rolligen Schicht,
r/r/b:	eine rollige Schicht überlagert von einer rolligen und unterlagert von einer bindigen Schicht,
b/r/b:	eine rollige Schicht zwischen zwei bindigen Schichten,

r/b/r: eine bindige Schicht zwischen zwei rolligen Schichten,
r/r/r: eine rollige Schicht zwischen zwei rolligen Schichten.

Insgesamt wurden 63 % aller Schichten überbohrt, was auf die große Anzahl im Rohrkern aufgenommener sehr geringmächtiger Schichten zurückzuführen ist. Ein Vergleich der einzelnen Diagramme der Abb. 57 zeigt, daß die Wahrscheinlichkeit des Überbohrens am größten ist, wenn eine bindige Schicht zwischen zwei bindigen Schichten eingelagert ist. Die Gefahr des Überbohrens einer rolligen Schicht zwischen rolligen Schichten ist dagegen etwas kleiner, während in den Fällen, in denen ein signifikanter Wechsel der bodenmechanischen Eigenschaften vorliegt, die Wahrscheinlichkeit des Überbohrens noch deutlicher zurückgeht.

Sehr viel ausgeprägter ist jedoch die Wahrscheinlichkeit des Überbohrens ganzer Schichten von der Schichtmächtigkeit der jeweiligen Schicht abhängig. Abb. 57 zeigt ferner die Mächtigkeitsverteilung überbohrter Schichten. Es ist deutlich erkennbar, daß die Gefahr des Überbohrens mit 70 % bis über 95 % in der Klasse 0 bis 0,2 m am größten ist. Schichten über 0,2 m Mächtigkeit werden nur dann in etwas größerer Anzahl überbohrt, wenn es sich um bindige Schichten zwischen bindigen oder rollige Schichten zwischen rolligen handelt.

Aufnahme der Teufenlage von Schichtgrenzen

Zur Untersuchung der Genauigkeit der Feststellung der Teufenlage von Schichtgrenzen wurden ebenso die nach der Kernansprache gewonnenen Schichtgrenzen zugrundegelegt und überprüft, wie weit die nach der Auswertung der Trockenbohrergebnisse vorab aufgenommenen Schichtgrenzen davon abweichen. Der Grad der Abweichung der Schichtgrenzen ist als Häufigkeitsverteilung in Abb. 58 für die unterschiedlichen Typen von Schichtgrenzen dargestellt. Insgesamt wurden Abweichungen bis 1,1 m festgestellt. Dieser Wert entspricht in etwa der maximalen durch den Ventilbohrer förderbaren Aushublänge. Große Abweichungen über 0,3 m treten nur bei etwa 25 % der Schichtgrenzen insgesamt auf.

Erwartungsgemäß ist dieser Anteil bei den Schichtgrenzen zwischen rolligen Schichten (r/r) mit 35 % am größten, da bei rolligen Schichten Übergänge im Kornaufbau oft fließend sind (Gradierungen). Bei Schichtgrenzen zwischen rolligen und bindigen Schichten (r/b und b/r) ist der Anteil der Abweichungen über 0,3 m mit 18 % am kleinsten, da in diesem Fall der deutliche Unterschied der bodenmechanischen Eigenschaften die exakte Lokalisierung erheblich erleichtert. Daß der Anteil der Abweichungen über 0,3 m bei den Schichtgrenzen, die zwei bindige Schichten trennen (b/b), nicht in der Größenordnung wie bei zwei rolligen Schichten ist, sondern mit 24 % deutlich darunter, liegt, wie oben angedeutet, daran, daß der Übergang von bindiger Schicht zu bindiger Schicht üblicherweise mit der Schnecke erbohrt wird und nicht mit dem Ventilbohrer. Dadurch läßt sich, jedoch nur solange die angrenzenden Schichten eine ausreichende Mächtigkeit aufweisen, auch bei weicher Konsistenz der Übergang sehr viel besser bestimmen als im stark gestörten Bohrgut des Ventilbohrers.

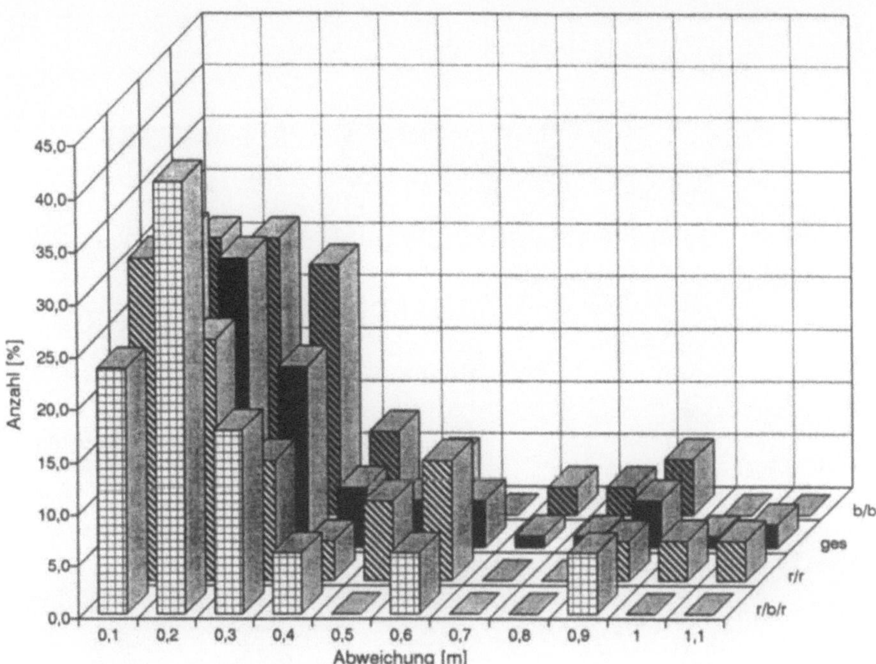

Abb. 58. Genauigkeit des Ergebnisses von Trockenbohrungen: Genauigkeit der Teufenlage von Schichtgrenzen in Abhängigkeit von der Petrographie der angrenzenden Schichten. Auf der Abszisse ist die jeweilige Intervalmitte der Häufigkeitsklasse angegeben.

Weitergehende Aussagen zur Genauigkeit der Teufenlage können nicht gemacht werden, insbesondere keine Aussagen über Standardabweichungen, da die Verteilungen in der Auftragung nach positiver und negativer Abweichung von der Normalverteilung deutlich abweichen.

Zusammenfassend kann über die Genauigkeit von Trockenbohrungen ausgesagt werden:

Trockenbohrungen sind das überwiegend verwendete Aufschlußverfahren für hydrogeologische Erkundungen an Altlasten. Sie liefern zuverlässige Ergebnisse über den hydrostratigraphischen Aufbau des Untergrundes in den beschriebenen Fehlergrenzen und gutes Probenmaterial. Die Genauigkeit, mit der die Tiefenlage von Schichtgrenzen festgestellt wird, ist für die hydrostratigraphische Gliederung ausreichend. Sobald jedoch Schichten erkundet werden sollen, die nur wenige Dezimeter mächtig sind, wird die Gefahr des Überbohrens sehr groß. Daher sind Trockenbohrungen ohne Rohrkernentnahme nicht geeignet für eine zutreffende Beurteilung inhomogener oder anisotroper Grundwasserleiter oder Grundwassergeringleiter.

Aber auch bei mächtigeren Schichten ist die Gefahr des Nichterkennens von Schichtwechseln groß, wenn die Schichten petrographisch sich nur wenig unterscheiden. Für die Abschätzung der Anisotropie eines Grundwasserleiters oder Grundwassergeringleiters ist es jedoch häufig notwendig, die Anzahl von Schichtwechseln exakt festzuhalten, die nur geringfügig im Kornaufbau unter-

09,50-10,50	U,t		Lauenburger	GP
10,50-11,35	U,t		Ton (LT)	K
11,35-11,40	fS,u/U,t	alternierend im mm-Bereich	Sandige Fazies	K
11,40-11,50	T,u		LT	K
11,50-12,50	U,t		LT	GP
12,50-12,78	fS,u'		LT	K
12,78-12,88	fS,u	zahlreiche mm-dicke T,u-Schichten zwischengelagert	Sandige Fazies LT	K
12,88-13,36	fS,u	wenige mm-dicke T,u-Schichten zwischengelagert	Sandige Fazies LT	K
13,36-13,50	fS	Schmelzwassersande (SWS)	Altpleistozäne Sande	K
13,5 -14,50	S,u	SWS		GP

K: aufgenommen nach den oben abgebildeten Rohrkernen,
GP: aufgenommen nach gestörten Bodenproben.

Abb. 59. Feinstratigraphische Aufnahme von Bohrungen anhand von entnommenen PVC-Hülsenkernen. Im Photo werden 3 m Rohrkerne gezeigt. Darunter ist das teilweise aus den Rohrkernen und teilweise aus gestörten Bodenproben abgeleitete Bohrprofil aufgetragen. Die Qualität dieser Kerne ist ganz wesentlich von der Erfahrung des Bohrmeisters abhängig. Die in diesem und den nachfolgenden Photos gezeigten Kerne wurden von einem erfahrenen Bohrmeister der Firma Keller Grundbau ohne jeglichen Kernverlust erbohrt. Derart detailgenaue Profile erlauben eine zutreffende Beurteilung der hydraulischen Eigenschaften der hydrogeologischen Einheit mit einer Abschätzung des Grades der Inhomogenität und der Anisotropie.

schiedene Schichten trennen und die Feinstruktur dieser Einheiten zu erkunden. In all diesen Fällen ist eine feinstratigraphische Profilaufnahme notwendig, die nur durch zusätzliche Entnahme von PVC-Hülsenkernen aus der Trockenbohrung gewährleistet ist. Diese Entnahme kann auch abschnittsweise erfolgen. Näheres zu diesem Verfahren wird im nächsten Abschnitt ausgeführt.

1.3 Vorteile des Rammkernbohrverfahrens für die hydrogeologische Erkundung von Lockergesteinen

Der entscheidende Vorteil des Rammkernbohrverfahrens für die hydrogeologische Erkundung ist die Möglichkeit einer feinstratigraphischen Profilaufnahme. Abb. 59 zeigt, wie detailliert eine Rammkernbohrung vom Geologen angesprochen werden kann. In Abb. 60 ist exemplarisch die Unterschiedlichkeit des Detaillierungsgrades von Bohrprofilen dargestellt. Das linke Profil zeigt das Bohrergebnis nach der Bohrmeisteransprache der gestörten Bodenproben, das mittlere Bohrprofil zeigt die vom Ingenieurgeologen vorgenommene bodenmechanische Ansprache derselben Bodenproben, wie sie für grundbautechnische Fragestellungen völlig ausreichend ist. In den beiden rechten Teilprofilen sind die vom Ingenieurgeologen aufgenommenen feinstratigraphischen Profile nach Auswertung der PVC-Hülsenkerne dargestellt, die eine sehr differenzierte Bewertung des Untergrundes hinsichtlich seiner hydraulischen Eigenschaften zulassen.

Welche Auswirkungen diese Möglichkeit zur Auflösung auch feinster Schichtstrukturen für die hydraulischen Fragestellungen haben kann, wird anhand Abb. 60 beispielhaft an den beiden Profilabschnitten PA 1 zwischen 15,3 m und 16,0 m und PA 2 zwischen 20,0 m und 20,8 m aufgezeigt.

Auf der Grundlage von Laborversuchen und Abschätzungen an Bodenproben wurden den einzelnen Schichten k-Werte zugeordnet. Auf diesen Einzelwerten aufbauend wurden den beiden Profilabschnitten mittlere k-Werte für die horizontale und vertikale Durchströmungsrichtung als Bemessungswerte zugeordnet. Die Ableitung des vertikalen k-Werts erfolgte durch Superposition der Einzelwerte, näher erläutert in Abschnitt 2.1.10.
Danach wären folgende Bemessungswerte abzuleiten:

PA 1: $k_h = 4,4 \cdot 10^{-4}$ m/s und $k_v = 4,4 \cdot 10^{-4}$ m/s, geht man von der Ansprache nach gestörten Bodenproben aus und
$k_h = 3,4 \cdot 10^{-4}$ m/s und $k_v = 1,8 \cdot 10^{-6}$ m/s, geht man von der Ansprache nach Rohrkernen aus.

PA 2: $k_h = 4,0 \cdot 10^{-4}$ m/s und $k_v = 4,0 \cdot 10^{-4}$ m/s, geht man von der Ansprache nach gestörten Bodenproben aus und
$k_h = 9,8 \cdot 10^{-5}$ m/s und $k_v = 2,5 \cdot 10^{-6}$ m/s, geht man von der Ansprache nach Rohrkernen aus.

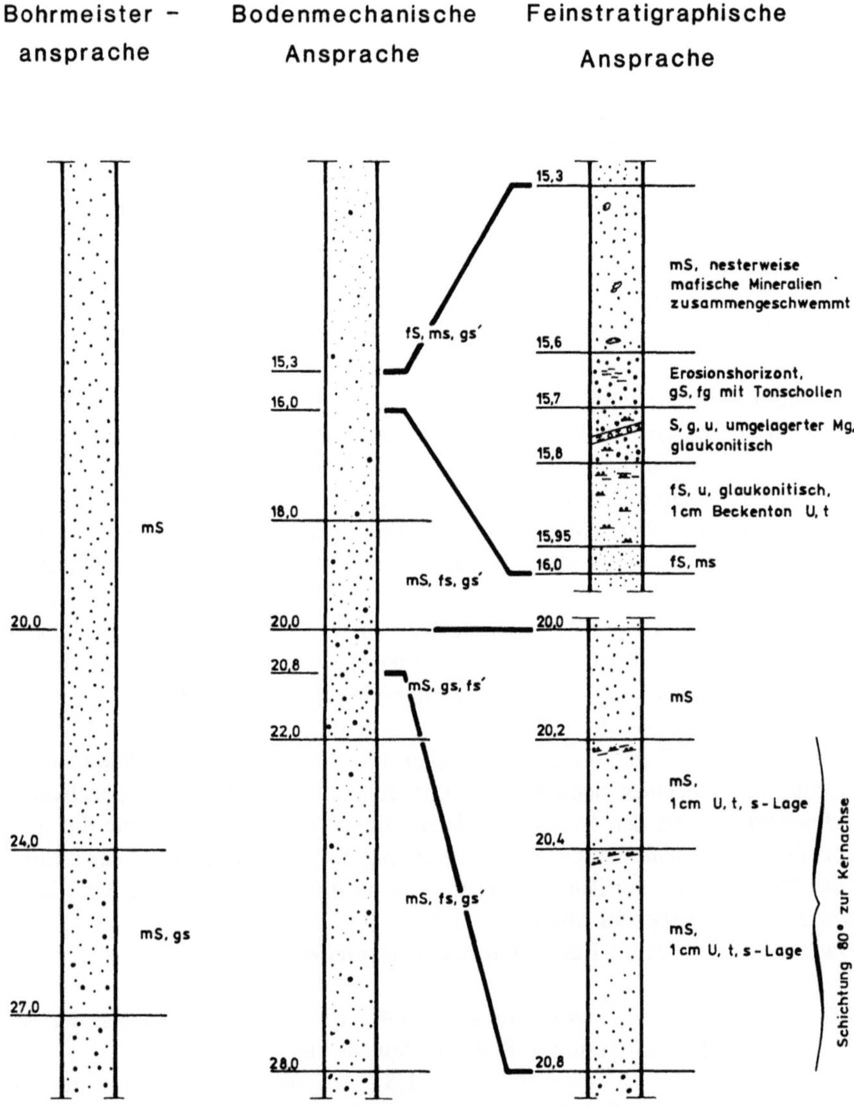

Abb. 60. Gegenüberstellung des Detaillierungsgrades bei der Aufnahme von Bohrungen, dargestellt an einem Bohrprofil aus dem Bereich der Deponie Tonnenmoor/Vechta:

l : Bohrmeisteransprache nach gestörten Bodenproben
m : Bodenmechanische Ansprache nach gestörten Bodenproben
      und Laborversuchsergebnissen durch den Geologen
r : Feinstratigraphische Ansprache nach PVC-Hülsenkernen
      derselben Bohrung durch den Geologen.

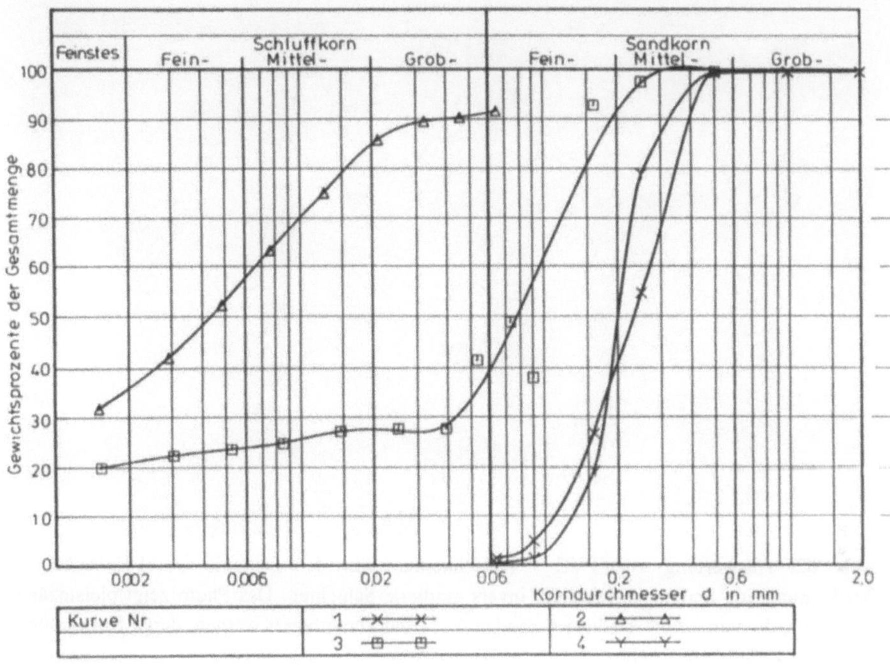

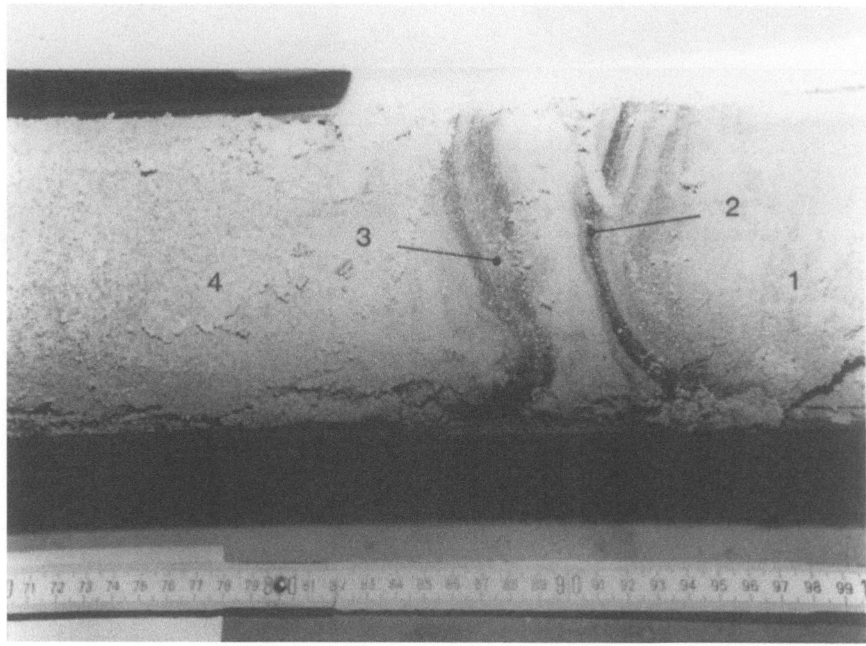

Abb. 61. Darstellung der Detailgenauigkeit von PVC - Hülsenkernaufnahmen aus Rammkernbohrungen von der Deponie Vechta. - Bestimmung der Kornverteilung von 4 mm bis 8 mm mächtigen Schluffschichten zwischen Sandschichten.

Abb. 62. Auswertung von PVC - Hülsenkernen von der Deponie Varel-Hohenberge: Bestimmung von Sedimentstrukturen: invers gradierte Schichten. Das Photo zeigt pleistozäne Feinsande, die von invers gradierten Sanden diskordant unterlagert werden, deren Korngrößen von gS,fg' zu mS,fs übergehen.

Abb. 63. Auswertung von PVC - Hülsenkernen von der Deponie Varel-Hohenberge: Bestimmung von Sedimentstrukturen: Erosionsdiskordanzen. Das Photo zeigt faulschlammige holozäne Sande (85-87), die von fluviatilen gut gerundeten Kiessanden (87-97) unterlagert werden. Diese grenzen an einer Erosionsdiskordanz an Lauenburger Ton mit Feinsandbänderung.

Abb. 64. Auswertung von PVC - Hülsenkernen von der Deponie Varel-Hohenberge: Bestimmung von Sedimentstrukturen: Schrägschichtung. Das Photo zeigt eben geschichtete Feinsande (104-110), darunter schluffige glimmerige Feinsande (110-118), die als aufgearbeitete Lauenburger Tone gedeutet werden können und 20° bis 30° winklig verlaufen. Darunter stehen Feinsande (118-135) mit ausgeprägten Fließtexturen an.

Es kann abgelesen werden, daß die hydraulischen Bemessungswerte, die nach den Ergebnissen der Trockenbohrung abgeleitet wurden, hinsichtlich der vertikalen Durchlässigkeit deutlich zu große Werte vortäuschen.

Insbesondere die Möglichkeit, wie in Abb. 61 dargestellt, auch sehr dünne bindige Zwischenlagen in rolligen Sedimenten aufzuschließen und über eine gezielte Probennahme auch die Kornverteilung dieser Zwischenlagen zu ermitteln, ist für die Untersuchung der Durchlässigkeit und für eine Abschätzung der Anisotropie des Gebirges entscheidend. Darüber hinaus können mit Rohrkernen auch Sedimentstrukturen, wie z.B. graded bedding (vgl. Abb. 62), Erosionsdiskordanzen (Abb. 63) oder Schrägschichtung (Abb. 64) ermittelt werden. Damit ist oftmals eine Abgrenzung von Faziesbereichen möglich. Auch tektonische Elemente, wie Scherflächen und Klüfte konnten im Geschiebemergel und Lauenburger Ton sicher erkundet werden. Abb. 65 zeigt eine glazialtektonische Störung in Schmelzwassersanden mit Schollen von Tertiärton und Geschiebemergel. Darüber hinaus können unter Anwendung spezieller Präparationstechniken auch Dünnschliffe zur Erkundung der Mikrostruktur, insbesondere des Porenraums angefertigt werden, vgl. Abb. 66.

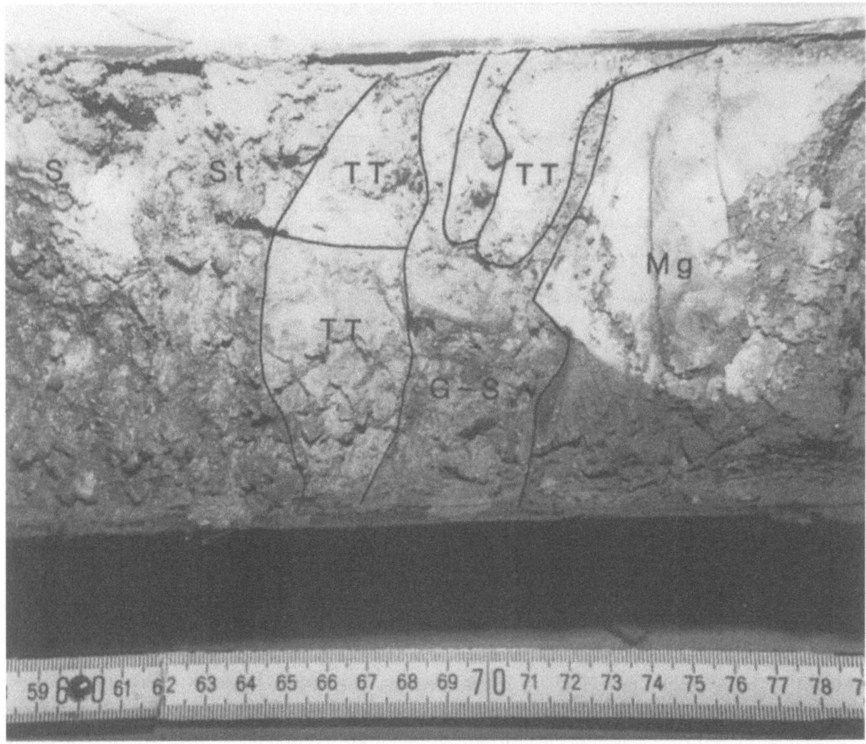

Abb. 65. Auswertung von PVC - Hülsenkernen von der Deponie Vechta: Glazialtektonische Störung. Die Störung trennt zwei Schmelzwassersande. Im Bild wird der Störungsmylonit gezeigt mit aufgearbeiteten Sanden und Kiessanden, die durch Aufarbeitung von einge- schuppten Tertiärtonen eine Zufuhr von Ton erhielten (56-63). Daneben liegen eingeschuppte Schollen eines Tertiärtones in der Grundmasse (63-72). Rechts im Bild liegt eine Geschiebe- mergelscholle (72-80).

Mg	:	Geschiebemergelscholle	GS	:	Kiessand
TT	:	Tertiärtonscholle	S	:	Sand
St	:	Sand mit aufgearbeitetem Tertiärton			

1.4 Bohrungen im Deponiekörper

Eine Sonderstellung nehmen Bohrungen ein, die in einem Deponiekörper niedergebracht werden. Diese dienen nicht dem Aufschluß des aufgebrachten Mülls, sondern lediglich der Einrichtung von Sickerwassermeßstellen. Auch ein Durchteufen der Deponiebasis ist im Regelfall nicht vorgesehen, um keine bevorzugten Wasserwege für die Emission von mit Schadstoffen belastetem Sickerwasser zu schaffen.

Unter den in den vorigen Abschnitten beschriebenen Bohrverfahren eignen sich prinzipiell folgende Verfahren für das Bohren im Müllkörper:

– das Trockenbohrverfahren
– das Hohlbohrschneckenverfahren

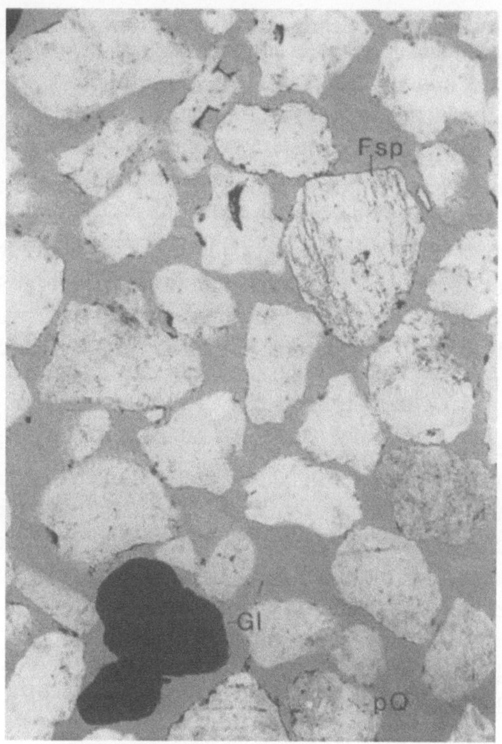

Abb. 66. Auswertung von PVC - Hülsenkernen: Auflösung des Mikrogefüges von Sanden. - Dünnschliff einer mit Kunstharz verfestigten Sandprobe aus einem PVC-Hülsenkern. Porenraum angefärbt.

Gl	:	Glaukonit	pQ :	polykristalliner Quarz
Fsp	:	Feldspat	Rest :	Quarz.

Das Spülbohrverfahren scheidet aufgrund der Struktur des Müllkörpers, die zu Spülungsverlust oder zu einer Beladung der Spülflüssigkeit mit organischen Stoffen führen würde, grundsätzlich aus.

Problematisch für das Abteufen von Bohrungen im Müllkörper sind Hindernisse (Einrichtungsgegenstände, Reifen etc.), die in Hausmülldeponien enthalten sind. Aus diesem Grunde, außerdem wegen des Auftretens möglicherweise explosiver Gase und der Möglichkeit, daß die Bohrmannschaft mit kontaminierten Materialien in Berührung kommt, sind folgende Anforderungen an derartige Bohrungen zu stellen:

- die Möglichkeit zur Verdrängung von Hindernissen,
- die Möglichkeit zum Aufbringen eines großen Drehmomentes,
- die Möglichkeit zum schnellen und kostengünstigen Versetzen der Bohrung,
- die Beherrschung möglicher abrupter Gasaustritte,
- eine möglichst geringe Emission von Gasen,

– ein möglichst geringer und kontrollierbarer Kontakt der Bohrmannschaft mit eventuell kontaminierten erbohrten Materialien.

Vorzugsweise sind daher Verfahren einzusetzen, mit denen große Drehmomente aufgebracht werden können, bei denen ein schnelles Versetzen möglich ist und die eine weitestgehende Kapselung der Bohrung bewirken.

Die Trockenbohrung ist insbesondere wegen möglicher Gasaustritte nur wenig geeignet für das Bohren im Müllkörper. Wird sie eingesetzt, so sind umfangreiche Maßnahmen zum Arbeits- und Explosionsschutz vorzusehen, üblicherweise durch die kontinuierliche Abstellung eines Fachingenieurs.

Vorteilhaft sind daher Verdrängungsbohrungen. Die Hohlbohrschneckenbohrung ist geeignet, wenn im Untergrund nur wenig Hindernisse vorhanden sind. Dann ist sie wirtschaftlich einsetzbar. Sie wirkt auf Hausmülldeponien jedoch nicht als Vollverdrängungsbohrung, sondern als Teilverdrängungsbohrung. Solange die Spitze der Hohlbohrschnecke verriegelt ist, bildet sie ein gekapseltes System, d. h., daß keine Gase austreten können. Unterhalb des Stauwasserspiegels der Deponie ist diese Kapselung auch mit entriegelter Spitze gegeben. Aus diesem Grunde kann auch gefahrlos die Deponiebasis durch Kernentnahme erkundet werden, sofern dies gefordert ist. Keinesfalls empfehlenswert ist dies jedoch, wenn dort bindige Schichten vorhanden sind und nicht sicher gewährleistet werden kann, daß diese durch Abdichtung wieder in ihren ursprünglichen Zustand versetzt werden können.

Der Einsatz der Hohlbohrschnecke ist nicht wirtschaftlich, da kein Bodenaufschluß vorgesehen ist. Außerdem verfügt die Hohlbohrschnecke konstruktionsbedingt (Entnahmemöglichkeit von Kernen) nicht über die notwendige Robustheit.

Als optimal für das Abteufen der Deponiebohrungen hat sich - für den Fall, daß kein Untergrundaufschluß erforderlich ist - der Einsatz eines Bohrgeräts zur Herstellung von Kleinbohrpfählen herausgestellt. Die Abbildungen 67 und 68 zeigen ein von der Fa. Keller Grundbau umgerüstetes Raupen-Bohrgerät, das üblicherweise für die Herstellung von Teilverdrängungsbohrpfählen eingesetzt wird. Diese Bohrtechnik hat folgende entscheidenden Vorteile:

– Es können sehr hohe Drehmomente aufgebracht werden.
– Grobe Gegenstände können verdrängt werden.
– Sollte mit der Bohrung trotzdem ein Hindernis nicht durchteuft werden können - was etwa bei jeder zweiten Bohrung der Fall ist - kann das Raupenbohrgerät meist innerhalb 15 Minuten umgesetzt werden.

Die Sickerwassermeßstelle muß über nahezu ihre gesamte Länge verfiltert werden. Insbesondere darf kein Sumpfrohr eingebaut werden. Nur dadurch kann sicher ausgeschlossen werden, daß in diesen Meßstellen Wasserstände von schwebenden Sickerwasserkörpern gemessen werden, die aufgrund des lagenweisen Aufbaus von Deponiekörpern sehr häufig sind. Ist derartiges schwebendes Sickerwasser vorhanden, so wirkt die voll verfilterte Meßstelle als Vertikaldrän und die Sickerwasserlinsen bluten aus.

Abb. 67. Einsatz eines Raupenbohrgeräts zur Herstellung von Bohrungen im Deponiekörper zum Ausbau als Sickerwassermeßstellen. Dieses Gerät wird üblicherweise zur Herstellung von Teilverdrängungsbohrpfählen verwendet und arbeitet mit verlorener Spitze. Im Photo dargestellt ist das Abteufen der Bohrung, daran anschließend erfolgt das abschnittsweise Ziehen des Bohrrohrs und Verkiesen der Meßstelle. Photo: Keller Grundbau, Niederlassung Bremen, 1991.

Abb. 68. Einbringen des Ausbaumaterials, bestehend aus Sumpfrohr, Filterrohr und Aufsatzrohr, in das Bohrrohr vor Abteufen der Bohrung zur Herstellung von Sickerwassermeßstellen. Photo: Keller Grundbau, Niederlassung Bremen, 1991.

Zur Abschätzung des Emissionsverhaltens der Deponie ist es von entscheidender Bedeutung, einen echten Sickerwasserstand zu messen und aus diesem Meßwert den hydraulischen Gradienten zwischen Sickerwassser und Grundwasser bzw. Oberflächenwasser zu ermitteln. Da der eigentliche Sickerwasserspiegel in den meisten Deponien sehr tief liegt, aufgrund von gering durchlässigen Zwischenschichten im Müllkörper Schichtwasser häufig auftritt, können aufgrund derartiger Fehlmessungen bei weitem zu ungünstige Werte für die hydraulischen Gradienten entstehen. Damit wäre auch das Emissionsverhalten der meisten Deponien zu ungünstig bewertet.

Die wie oben beschrieben ausgebauten Meßstellen fördern als vertikale Gasdränagen bedeutende Mengen Deponiegas. Daher sind bei der Einmessung und Beprobung dieser Meßstellen die einschlägigen Arbeitsschutzrichtlinien strikt einzuhalten, insbesondere was den Explosionsschutz angeht.

2 Bestimmung der hydraulischen Parameter

Die Bestimmung der hydraulischen Parameter für die einzelnen unterschiedenen hydrogeologischen Einheiten ist die wesentliche Voraussetzung für die spätere Abschätzung des Emissionsverhaltens der Deponie.

Generell müssen die hydraulischen Parameter stets so genau bestimmt werden, wie es notwendig ist für zuverlässige Aussagen über das Emissionsverhalten. Die Genauigkeitsanforderungen an die für die Gefährdungsabschätzung notwendigen Berechnungen und Abschätzungen ist dabei wiederum in erster Linie von folgenden Gesichtspunkten abhängig:

- Wird das Deponiesickerwasser gefaßt?
- Wie belastet ist das Deponiesickerwasser?
- Sind Grundwassergewinnungsanlagen in unmittelbarer Nähe der Deponie?
- Ist eine sehr schnelle Ausbreitung von Schadstoffen zu erwarten?
- Herrscht ein einfacher hydrogeologischer Aufbau vor?

Daher kann der Aufwand der zur Bestimmung der hydraulischen Parameter notwendig ist, sehr unterschiedlich ausfallen.

Im einzelnen müssen für die weiteren Untersuchungen zur Gefährdungsabschätzung die nachfolgend beschriebenen Kenngrößen vorliegen, die notwendig sind, Abstandsgeschwindigkeiten oder strömende Wassermengen zu bestimmen. Neben den aus den Grund- und Oberflächenwasserständen ermittelten hydraulischen Gradienten sind dies:

- die k-Werte der verschiedenen Einheiten, richtungsabhängig,
- die effektiven Porositäten der Einheiten,
- die Geometrie der Einheiten.

Die Anforderungen an die Bestimmung dieser Parameter ist im Laufe der Untersuchungen den Erfordernissen anzupassen. In den nachfolgenden Abschnitten wird beschrieben, welche Untersuchungen bei den betrachteten Deponien notwendig waren und wie die Versuchsergebnisse im einzelnen zu bewerten sind.

2.1 Bestimmung der hydraulischen Leitfähigkeit (k-Wert)

Die Bestimmung der hydraulischen Leitfähigkeit ist die wesentlichste Voraussetzung für spätere hydraulische Berechnungen und Abschätzungen. Zur Bestimmung des k-Werts stehen vorrangig folgende Feld- und Laborversuche zur Verfügung:

- Pumptests   (Feldversuch)
- Pumpversuch   (Feldversuch)
- direkter Durchlässigkeitsversuch   (Laborversuch)

Weiterhin sind als indirekte Methode der Kompressionsversuch zu nennen, der insbesondere bei feinkörnigen Sedimenten zur Simulation der Auswirkung von Auflast durch die Deponie zur Anwendung kommt, sowie eine Vielzahl von semiquantitativen Methoden zur Bestimmung der Durchlässigkeit nach bodenmechanischen Kenngrößen. Diese Verfahren sind in Tabelle 2 zusammengestellt.

Ziel der Auswertung ist eine möglichst genaue Bestimmung der Durchlässigkeit in-situ. Von daher sind Feldversuche prädestiniert für Durchlässigkeitsuntersuchungen. Wie nachfolgend erläutert wird, unterliegen jedoch Feldversuche Anwendungsgrenzen, so daß neben ihnen auch Laborversuche durchgeführt werden müssen, die wiederum jeweils unterschiedlichen Einschränkungen hinsichtlich ihrer Anwendbarkeit unterliegen. Aufgrund der im Untergrund vorhandenen Inhomogenitäten ist die Bestimmung des k-Werts darüber hinaus auch ein Dimensionsproblem. Die von TEUTSCH et al. (1990) gemachten Aussagen für Talkiese gelten noch in viel stärkerem Maße für die hier untersuchten Böden.

Mit dem mathematisch exakt auswertbaren Pumpversuch wird ein großräumiger mittlerer k-Wert für grobkörnige Schichten mit der größten Genauigkeit gewonnen. Örtlich vorhandene Durchlässigkeitsunterschiede sind jedoch nicht bestimmbar. Darüber hinaus ist seine Ausführung kostenintensiv. Pumptests dagegen sind zwar kostengünstiger, liefern jedoch nur Näherungswerte für den k-Wert. Der mit ihnen abgedeckte untersuchte Gebirgsausschnitt ist deutlich kleiner. Andererseits können mit einer Vielzahl von Pumptests Durchlässigkeitsunterschiede des Gebirges sehr gut bestimmt werden.

Genaue k-Werte für Böden mit geringer Durchlässigkeit liefert nur der direkte Durchlässigkeitsversuch im Labor. Dieser ist jedoch nur für den sehr kleinen Gebirgsausschnitt repräsentativ, den die ungestörte Bodenprobe liefert.

Zusammenfassend kann daher festgestellt werden, daß es *den* Durchlässigkeitsversuch nicht gibt, sondern daß für eine zutreffende Beschreibung der Durchlässigkeitsverhältnisse im Untergrund, d.h. Durchlässigkeiten, Durchlässigkeitsunterschiede und richtungsabhängige Durchlässigkeiten die beschriebenen Versuche kombiniert eingesetzt und deren Ergebnisse untereinander verglichen und kritisch ausgewertet werden müssen, vgl. auch SCHETELIG (1991). Um den Untersuchungsaufwand insbesondere hinsichtlich der Kosten einigermaßen in Grenzen zu halten, sind Abschätzungen nach Korngrößenverteilungen unbedingt mit heranzuziehen. Nur diese, auch an gestörten Bodenproben zu erhaltenden Werte, stehen in ausreichender Anzahl und kostengünstig zur Verfügung um statistisch abgesicherte Zuordnungen bei inhomogenen Untergrundverhältnissen zu gewährleisten.

In den nachfolgenden Abschnitten sind die verschiedenen Methoden und deren Grenzen beschrieben, darauf aufbauend werden in den Abschnitten 2.1.7 bis 2.1.11 anhand der Fallbeispiele auf verschiedene Arten gewonnene Ergebnisse vorgestellt, miteinander verglichen und bewertet.

Versuch	Dimension des erfaßten Prüfkörpers	Auswertung	Methode	ungefährer Anwendungs-bereich*)	ungefähre Kosten **)
Pump-versuch	in Abhängig-keit vom k-Wert m- bis 100 m- Be-reich	a) stationär, mathematisch exakt nach DUPUIT-THIEM b) instationär: Näherungslö-sungen nach THEIS, JACOB u.a.	Feld-versuch	$1 \cdot 10^{-6}$ m/s bis $5 \cdot 10^{-3}$ m/s	1000 DM bis 5000 DM
Pumptests	in Abhängig-keit vom k-Wert dm- bis 10 m-Be-reich	Auffüllversu-che, Absenk-versuche, Näherungs-lösungen	Feld-versuch	$1 \cdot 10^{-9}$ m/s bis $5 \cdot 10^{-3}$ m/s	500 DM bis 1000 DM
Direkter Durchlässig-keitsversuch	ca. 1 dm	mathematisch exakt nach DARCY	Labor-versuch	$1 \cdot 10^{-11}$ m/s bis $5 \cdot 10^{-4}$ m/s	200 DM bis 250 DM
Kompres-sionsversuch	ca. 1 cm	indirekte Be-stimmung aus Zeitsetzungs-verhalten	Labor-versuch	ca. $< 1 \cdot 10^{-8}$ m/s	500 DM bis 700 DM
Abschätzung nach boden-mechani-schen Kenn-ziffern	je nach Bohr-verfahren und Probenahme repräsentativ für eine Schicht	semiquantita-tives Verfahren	Labor-versuch	je feinkörniger, desto ungenauer	120 DM bis 250 DM ***)

*)   nach eigenen Erfahrungen
**)   Stand 1996
***)   einschließlich Kornverteilung

Tabelle 2. Verfahren zur Bestimmung der hydraulischen Leitfähigkeit (k-Wert).

2.1.1 Pumpversuch

Der Pumpversuch liefert die zutreffendsten mittleren k-Werte in horizontaler Richtung für einen großen Gebirgsbereich, da

- er in-situ durchgeführt wird,
- die Drucklinie zum Brunnen hin durch Beobachtungspegel bestimmt wird und nicht - wie beim Pumptest - abgeschätzt wird,
- Inhomogenitäten des Untergrundes zutreffend gemittelt werden.

Zum Einfluß einer Anisotropie des untersuchten Gebirges vgl. KLÜBER (1975). Die Bestimmung einer Anisotropie des Untergrundes hinsichtlich der Durchlässigkeit ist mit instationär ausgewerteten Pumpversuchen in unvollkommenen Brunnen möglich, jedoch sehr aufwendig (WEEKS 1969).

Während jedoch in Grundwasserleitern, in denen der Pumpversuch eingesetzt werden kann, die exakte Bestimmung von k-Werten oft von nachgeordneter Bedeutung ist, ist der Einsatz in Grundwassergeringleitern, an deren Untersuchung bei Gefährdungsabschätzungen deutlich höhere Genauigkeitsanforderungen zu stellen sind, nicht gegeben. Somit ist der in seiner Durchführung unverhältnismäßig kostspielige Pumpversuch zum Zeitpunkt der Gefährdungsabschätzung nur selten einzusetzen, wenn nicht, wie z.B. bei den Deponien Mansie und Wesermarsch-Mitte andere Gründe für die Durchführung eines Pumpversuchs sprechen. Dort mußte zur Überprüfung von eventuellen Fehlstellen im Grundwassergeringleitern (alte Bohrungen, Erosionsrinnen), die Druckhöhe des

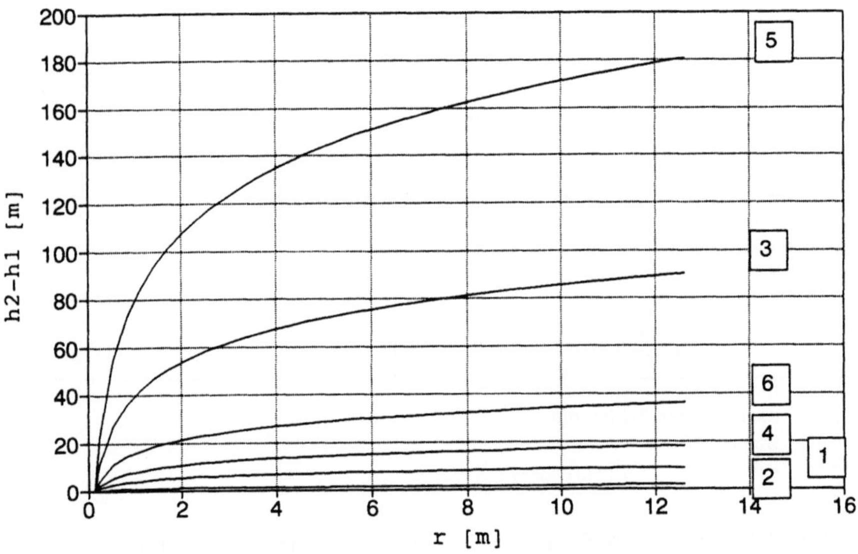

Abb. 69. Vorab-Abschätzungen zur Planung von Pumpversuchen. Dargestellt sind verschiedene Sickerlinien nach Dupuit-Thiem mit den dazugehörigen Randbedingungen für eine Entnahmemenge von $Q = 2,5 \cdot 10^{-3}$ m^3/s

Abszisse: Radius r

Ordinate: Differenz zwischen der Druckhöhe h_2 am Ort r und
der Druckhöhe $h_1 = 0$ im Brunnenfilter.

Kurve Nr.	k-Wert	Aquifermächtigkeit	Kurve Nr.	k-Wert	Aquifermächtigkeit
1	$1 \cdot 10^{-4}$ m/s	2 m	4	$1 \cdot 10^{-5}$ m/s	10 m
2	$1 \cdot 10^{-4}$ m/s	10 m	5	$5 \cdot 10^{-6}$ m/s	2 m
3	$1 \cdot 10^{-5}$ m/s	2 m	6	$5 \cdot 10^{-6}$ m/s	10 m

unterlagernden Grundwasserleiters örtlich über längere Zeit deutlich abgesenkt werden.

Der Pumpversuch sollte, wenn er ausgeführt wird, bis zum stationären Zustand gefahren werden. Eine ausschließlich instationäre Auswertung liefert für den k-Wert nur Näherungslösungen und rückt den Pumpversuch in die Nähe der viel kostengünstigeren Pumptests, was seine Genauigkeit angeht. Zusätzlich sollte jedoch instationär ausgewertet werden zur Bestimmung des mittleren effektiven Porenvolumens (vgl. Abschnitt 2.2).

Pumpversuche erlauben es weiterhin, die durchgeführten Pumptests zu eichen. Der hydrologische Pumpversuch mit Zugabe von Tracern (MERCADO & HALEVY 1966) ist für die im Rahmen der Gefährdungsabschätzungen zu bearbeitenden Fragestellungen zu aufwendig. Er liefert jedoch als einziger Feldversuch zutreffende Aussagen über Schadstoffretention und Makrodispersion. vgl. Abschnitt 3.1 und 3.3. Näheres dazu im Teil IV.

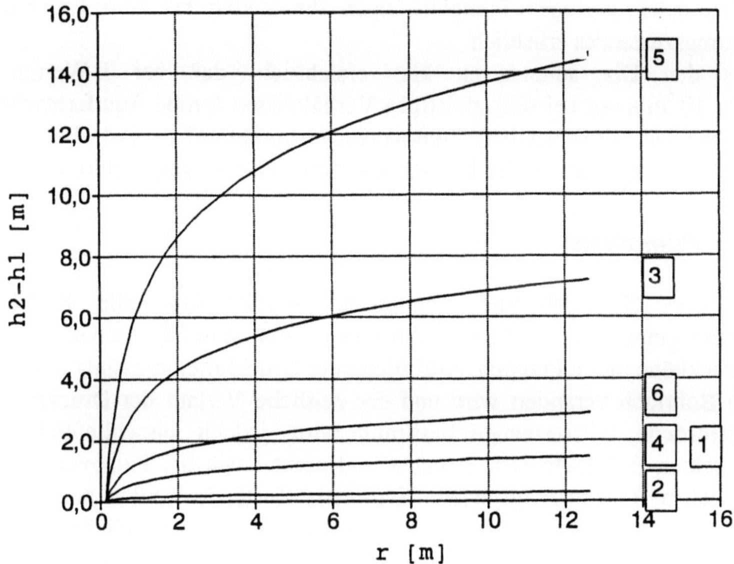

Abb. 70. Vorab-Abschätzungen zur Planung von Pumpversuchen. Dargestellt sind verschiedene Sickerlinien für gespanntes Grundwasser nach Dupuit-Thiem mit den dazugehörigen Randbedingungen für eine Entnahmemenge von Q = 2 · 10^{-5} m³/s

Abszisse: Radius r

Ordinate: Differenz zwischen der Druckhöhe h_2 am Ort r und
  der Druckhöhe h_1 = 0 im Brunnenfilter.

Kurve Nr.	k-Wert	Aquifermächtigkeit	Kurve Nr.	k-Wert	Aquifermächtigkeit
1	5 · 10^{-6} m/s	2 m	4	1 · 10^{-6} m/s	10 m
2	5 · 10^{-6} m/s	10 m	5	5 · 10^{-7} m/s	2 m
3	1 · 10^{-6} m/s	2 m	6	5 · 10^{-7} m/s	10 m

Die Anwendbarkeit von Pumpversuchen hängt im wesentlichen von der Steilheit der ausgebildeten Sickerlinie ab. Ist diese wegen geringer hydraulischer Leitfähigkeiten zu steil, müssen sehr große Absenkungen durchgeführt werden, um bei einem noch einigermaßen sinnvollen Abstand des 1. Beobachtungpegels meßbare Absenkungswerte zu erhalten. Zur Planung eines Pumpversuchs ist es daher notwendig, nach vorab angenähert bestimmten k-Werten das Ergebnis des Pumpversuchs abzuschätzen und sinnvolle Pegelabstände festzulegen.

Abb. 69 und 70 zeigen Diagramme für derartige Abschätzungen, wie sie an den untersuchten Deponien durchzuführen waren. Die Diagramme zeigen Sickerlinien nach DUPUIT-THIEM für die im untersuchten geologischen Umfeld vorkommenden Randbedingungen. Für das Diagramm der Abb. 69 wurde eine Entnahmemenge von $Q = 2,5 \cdot 10^{-3}$ m^3/s gewählt, die von einer kleinen Tauchpumpe erzielt wird. Zur Abschätzung der Anwendungsgrenzen bei sehr geringen Durchlässigkeiten wurde in Abb. 70 ein Wert von $Q = 2 \cdot 10^{-5}$ m^3/s gewählt. Dieser Extremwert ist nur bei sehr starker Drosselung handelsüblicher Tauchpumpen erzielbar, die ihre Lebensdauer erheblich einschränkt. Ferner verlängern sich bei solch geringen Pumpleistungen die Zeiten bis zum Erreichen des Beharrungszustandes erheblich.

Aus den Diagrammen ist klar ersichtlich, daß bei k-Werten unter $k = 1 \cdot 10^{-5}$ m/s nur bei sehr günstigen Verhältnissen (große Aquifermächtigkeit, tiefe Grundwassermeßstellen) Pumpversuche durchführbar sind. Bei k-Werten unter $k = 1 \cdot 10^{-6}$ m/s ist der Einsatz des Pumpversuchs ausgeschlossen.

2.1.2 Pumptests

Unter dem Sammelbegriff "Pumptests" werden hier alle Feldversuche zusammengefaßt, die als kennzeichnende gemeinsame Eigenschaft haben, daß die Druckhöhe durch Pumpen, Auffüllen oder Drucklufteinpressung kurzzeitig in einem Bohrloch verändert wird und der zeitliche Verlauf der Druckhöhe bzw. die geförderte Wassermenge bestimmt wird, jedoch ausschließlich in dem untersuchten Bohrloch oder Brunnen und nicht - wie bei Pumpversuchen - in zusätzlichen Beobachtungspegeln. Stationäre Zustände werden nur angenähert erreicht. Die im Gebirge sich ausbildende Drucklinie wird nicht bestimmt. Von daher sind diese Versuche nur auszuwerten, wenn Annahmen (z.B. aus Erfahrungswerten bzw. Eichungen an Pumpversuchen) über die Drucklinie zugrunde gelegt werden. Bei den Ergebnissen handelt es sich somit um Näherungslösungen.

Beispielhaft ist dies in Abb. 71 dargestellt. Dort ist der Absenkungstrichter eines Pumpversuchs dargestellt mit der in den Außenpegeln gemessenen Sickerlinie. Die exakte Auswertung nach Dupuit-Thiem ergibt einen k-Wert von $k = 1,85 \cdot 10^{-4}$ m/s. Die Auswertung ein und desselben Pumpversuchs als Pumptest ohne Berücksichtigung der Meßwerte der Außenpegel nach gängigen Auswerteformeln ergibt k-Werte zwischen $k = 7,98 \cdot 10^{-6}$ m/s und $k = 7,51 \cdot 10^{-3}$ m/s. Berücksichtigt wurden nur Auswerteverfahren, für die die Randbedingungen übereinstimmen. Die aus diesen k-Werten resultierenden abweichenden Sickerlinien sind zum Vergleich in Abb. 71 mit aufgenommen.

Die große Anzahl unterschiedlicher Verfahren läßt sich vom Meßprinzip her mehr oder weniger auf den im EARTH MANUAL (1974) beschriebenen Absenk- und Auffüllversuch, den Wasserdruckversuch (LUGEON 1933) und das Einschwingverfahren nach KRAUSS (1974) reduzieren. Die Absenkversuche werden je nach Autor auch als Kleinpumpversuche oder Kurzpumpversuche bezeichnet.

Weiterhin ist die Einbohrlochmethode (MOSER 1979) zu nennen. Sie baut auf einem völlig anderen Meßprinzip, der Messung radioaktiver Isotope zur Bestimmung von Durchflußmengen auf. Wegen der gerätetechnisch aufwendigen Versuchsdurchführung ist sie zum Einsatz an Hausmülldeponien derzeit nicht geeignet, wenn auch die Meßmethodik den hydraulischen Fragestellungen an Deponien sehr entgegen kommt.

Für den Einsatz auf der Bohrstelle oder in Grundwassermeßstellen sind lediglich die Auffüllversuche und Absenkversuche sinnvoll, da das notwendige Gerät auf jeder Bohrstelle vorhanden ist. Diese Pumptests eignen sich insbesondere für die tiefengestaffelte Bestimmung des k-Werts. Dazu sind die Bohrarbeiten jeweils für etwa zwei Stunden zu unterbrechen.

Für Bereiche mit kleinen k-Werten sind Auffüllversuche vorteilhaft, da bei ihrer Durchführung durch Verlängern der Rohrtour größere hydraulische Gradienten aufgebracht werden können und eventuelle Undichtigkeiten der Rohrtour leichter entdeckt werden können.

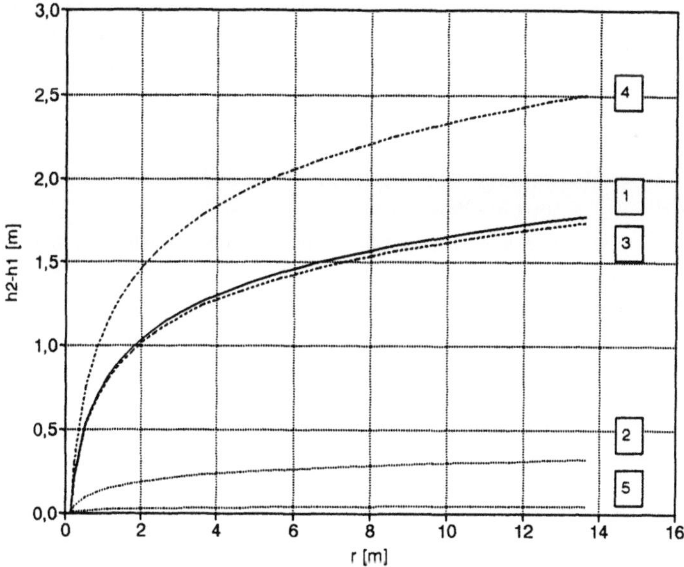

Abb. 71. Auswertung eines Pumpversuchs in einem quartären Sander nach Dupuit-Thiem (1) und im Vergleich dazu die Auswertung desselben Versuchs als Pumptest ohne Berücksichtigung der tatsächlichen Wasserstände in den Beobachtungspegeln (2-5).

1:   Pumpversuch nach Dupuit-Thiem,   4:   Pumptest nach Mandel,
2:   Pumptest nach Körner,   5:   Pumptest nach Ernst.
3:   Pumptest nach Gilg-Gavard,

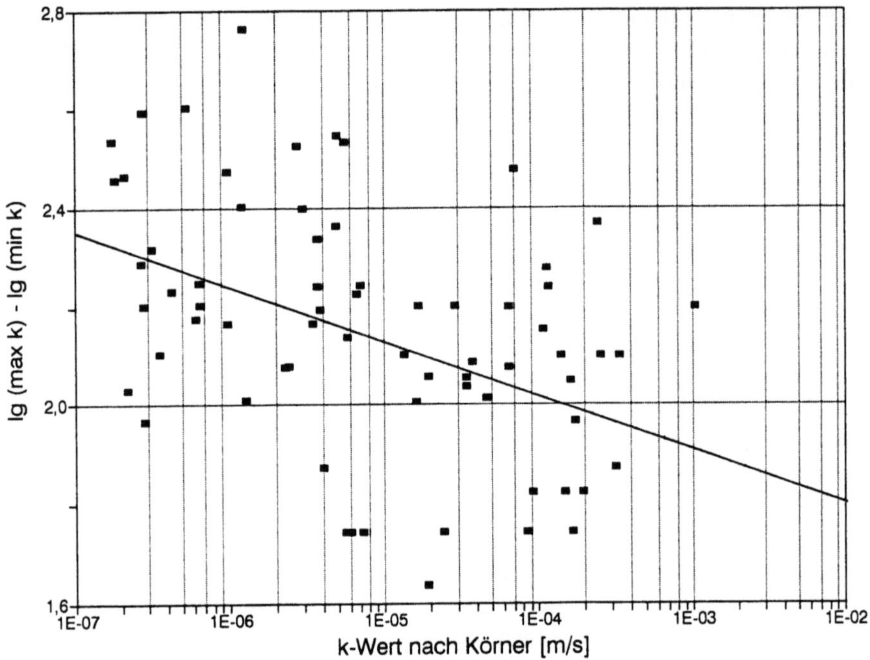

Abb. 72. Auswertung von Pumptests nach verschiedenen Verfahren. Auf der Abszisse ist der k-Wert nach Körner aufgetragen. Die Spannweite der Ergebnisse, die die auf unterschiedlichen Annahmen zur Ausbildung der Sickerlinie beruhenden Auswerteverfahren bilden, ist auf der Ordinate aufgetragen. Das Verfahren nach Körner liefert mittlere Ergebnisse. Die Ausgleichsgerade deutet einen leichten Trend bei größeren k-Werten zu geringeren Abweichungen an.

In den fertig ausgebauten Grundwassermeßstellen können Pumptests im Rahmen der Grundwasserbeprobung ohne großen zusätzlichen Aufwand und somit kostengünstig ausgeführt werden.

Für die Auswertung von Pumptests gibt es eine Vielzahl von Näherungslösungen, die zum größten Teil bei SCHNEIDER (1971) zusammengefaßt sind und auf zwei Grundformeln zurückgeführt werden. Die Abweichungen der Ergebnisse der einzelnen Auswerteverfahren beruhen auf den diesen Verfahren zugrundeliegenden unterschiedlichen Annahmen zum Druckabbau in der Umgebung des Bohrlochs. Die Ergebnisse von verschiedenen Auswerteverfahren sind für eine Auswahl von Versuchen, die bei den Fallbeispielen ausgeführt wurden, in Abb. 72 aufgezeigt. Danach variieren die Ergebnisse der Pumptests bei gleichen Randbedingungen, je nachdem, welche Auswerteformel mit der ihr zugrundeliegenden Annahmen über den Druckabbau in der Umgebung des Bohrlochs oder des Brunnens angewendet wird, in einem Intervall von 1,6 bis 2,8 Zehnerpotenzen. Dabei deutet sich ein leichter Trend zu größeren Abweichungen bei kleineren k-Werten an.

Dagegen sind die Abweichungen, die sich ergeben, wenn man unzutreffende Annahmen über die Form der Zuströmung zum Bohrloch macht, vergleichsweise gering, wie Abb. 73 zeigt. So liegen die Abweichungen bei fehlerhaften

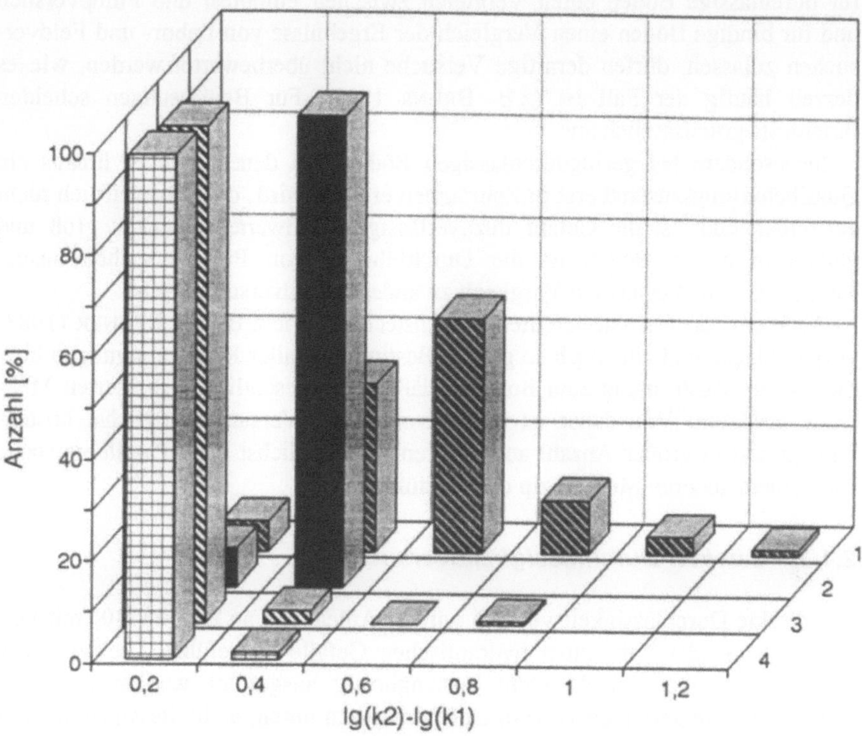

Abb. 73. Auswertung von Pumptests. Abweichungen der Ergebnisse verschiedener Auswerteverfahren für den Fall, daß die Zuströmung zum Brunnen nicht korrekt erfaßt wurde. Die Abszissenwerte beziehen sich auf den jeweiligen rechten Klassenrand

1:      Annahme einer kugelförmigen Zuströmung anstelle einer Zuströmung
        über Zylindermantel und Sohle.

2:      Annahme einer Zuströmung über die Sohle allein anstelle einer Zuströmung
        über Zylindermantel und Sohle.

3:      Annahme einer Zuströmung über Zylindermantel und Sohle anstelle
        einer Zuströmung über den Zylindermantel allein.

4:      Annahme einer Zuströmung über die Sohle allein anstelle einer Zuströmung
        über den Zylindermantel.

Annahmen hinsichtlich der Zuströmung zum Bohrloch überwiegend deutlich unter einer halben Zehnerpotenz, lediglich bei sehr groben Vereinfachungen, wie der Annahme einer kugelförmigen Zuströmung zum Bohrloch, anstelle einer Zuströmung über die Zylindermantelfläche und die Bohrlochsohle, ergeben sich größere Abweichungen.

Zusammenfassend ist daher über die Ergebnisse von Pumptests zu sagen: Aufgrund der Annahmen hinsichtlich des Druckabbaus in der Umgebung des Bohrlochs liefern Pumptests - ähnlich wie Wasserdruckversuche (HEITFELD 1965) - nur Näherungswerte des k-Werts, die z.T. erheblich von den in Pumpversuchen bestimmten Werten abweichen können. Solange nicht Meßreihen an einer Vielzahl von unterschiedlichen, sehr homogenen Böden ausgeführt worden sind, die für durchlässige Böden einen Vergleich zwischen Pumptest und Pumpversuch und für bindige Böden einen Vergleich der Ergebnisse von Labor- und Feldversuchen zulassen, dürfen derartige Versuche nicht überbewertet werden, wie es derzeit häufig der Fall ist (z.B. BRUNS 1990). Für Bemessungen scheiden Pumptests grundsätzlich aus.

Insbesondere bei geringdurchlässigen Böden, bei denen darüber hinaus ein Quasibeharrungszustand erst in Zeiträumen erreicht wird, die wirtschaftlich nicht vertretbar sind, ist die Gefahr unzuverlässiger Meßwerte besonders groß und gerade in diesen Böden ist die Durchführung von Pumpversuchen ausgeschlossen, so daß es keinen Vergleich zu anderen Feldversuchen gibt.

Auch eine noch so ausgefeilte Versuchstechnik, wie z.B. von BENNER (1983) vorgeschlagen und eine noch so genaue Bestimmung aller Randbedingungen über die Art der Zuströmung zum Bohrloch läßt keine wesentlich verbesserten Meßwerte erwarten. Von daher ist es sinnvoll, diese Versuche möglichst kostengünstig und in großer Anzahl auszuführen und möglichst viele Parallelversuche nach einem anderen Meßprinzip durchzuführen.

2.1.3 Direkter Durchlässigkeitsversuch

Der direkte Durchlässigkeitsversuch wird in Anlehnung an DIN 18130 mit veränderlichem oder konstanten hydraulischen Gefälle ausgeführt. Die Versuche können in großer Anzahl recht kostengünstig ausgeführt werden und sind insbesondere in gering durchlässigen Böden auszuführen, da in diesen Böden nur diese Versuche genaue Werte liefern und Grundlage für eine Eichung der Pumptests sein können.

Weiterhin bieten allein sie die Möglichkeit zur Erlangung zuverlässiger k-Werte für grobkörnige Schichten, denen dünne feinkörnige Schichten zwischengelagert sind. Abb. 74 zeigt eine Reihe von Versuchsergebnissen aus dem direkten Durchlässigkeitsversuch an Sanden mit sehr geringmächtigen schluffigen Zwischenschichten oder gradierten Sanden. Ein Vergleich mit den Ergebnissen nach verschiedenen Verfahren zur Abschätzung der Durchlässigkeit nach Kornverteilungen, die im Sandbereich sehr genau die horizontale Durchlässigkeit angeben, zeigt, daß die im Durchlässigkeitsversuch bestimmte vertikale Durchlässigkeit durch die Zwischenschichten oder die Gradierung im Mittel um ein bis zwei, im Extremfall bis zu vier Zehnerpotenzen herabgesetzt ist.

Im Anschluß an die eigentlichen Versuche können zur Bestimmung des effektiven Porenvolumens durch Zugabe von Tracern einfache Durchlaufsäulenversuche (KLOTZ 1986) ausgeführt werden. Für die Bestimmung von Dispersionskoeffizienten oder Retentionsfaktoren liefern sie jedoch wegen der geringen Probengrößen lediglich Anhaltswerte.

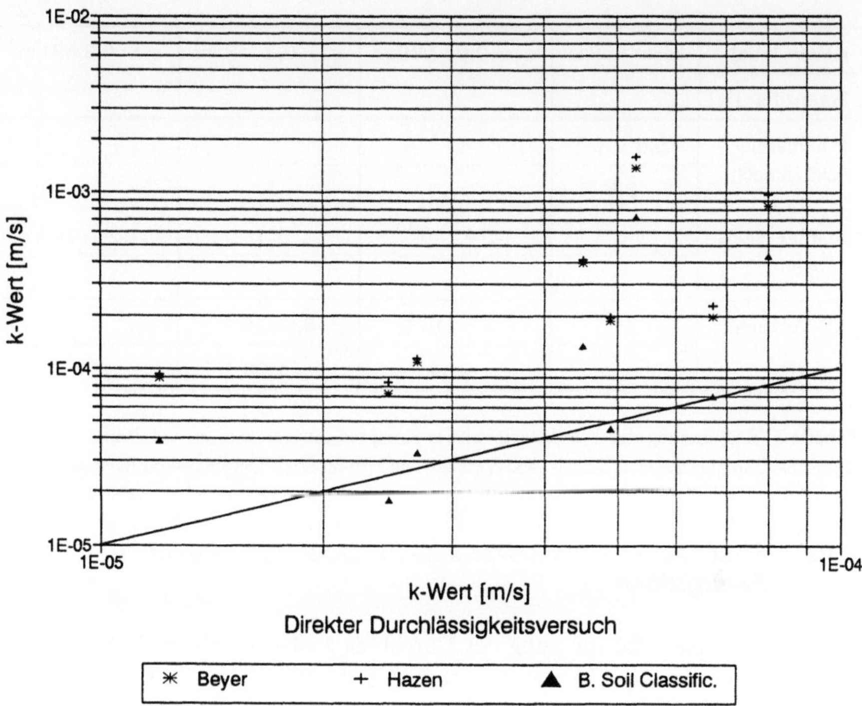

Abb. 74. Ergebnisse von Durchlässigkeitsversuchen an Sanden mit dünnen Schluffzwischenlagen und gradierten Sanden. Die Werte für die vertikale Durchlässigkeit sind um Größenordnungen kleiner als die nach Kornverteilungen abgeschätzten Werte für die horizontale Durchlässigkeit.

2.1.4   Kompressionsversuch

Die mit der Auswertung der Zeit-Setzungs-Linie gewonnenen k-Werte sind erfahrungsgemäß etwas geringer als die des direkten Durchlässigkeitsversuchs. Ob dies an der Probengröße, einer eventuell rückgängig gemachten Auflockerung der Probe, oder aus der aufgebrachten Normalkraft resultiert, ist im Einzelfall zu prüfen.

Der Versuch ist insbesondere für die Fälle geeignet, in denen der Einfluß von Auflast auf die Durchlässigkeit setzungsfähiger Böden untersucht werden soll. Eine zusätzliche Möglichkeit, insbesondere auch zur Kontrolle, bietet ein kombinierter direkter Durchlässigkeitsversuch unter Auflast. Derartige Abschätzungen wurden an der Hausmülldeponie Wesermarsch-Mitte vorgenommen. Dort war festzustellen, wie stark sich die Durchlässigkeit einer unterhalb der Deponie anstehenden Torfschicht durch die Auflast der Deponie verringert. Für einen sehr tonigen, stark zersetzten Torf ergaben sich die in Tab. 3 angegebenen Werte. Danach sind an Hausmülldeponien k-Wert-Verringerungen bis zu zwei Zehnerpotenzen unter der Müllauflast zu erwarten.

k-Wert [m/s] Porenziffer [%]	keine Auflast	$\sigma = 0{,}06$ MN/m^2	$\sigma = 0{,}2$ MN/m^2	$\sigma = 0{,}3$ MN/m^2
Durchlässig-keitsversuch	$6{,}6 \cdot 10^{-9}$ 3,8			
Kompressions-versuch		$1{,}14 \cdot 10^{-10}$		$1{,}94 \cdot 10^{-11}$
KD-Versuch		$3{,}5 \cdot 10^{-9}$ 2,54	$6{,}0 \cdot 10^{-11}$ 1,86	

Tabelle 3. Bestimmung der Durchlässigkeit im Kompressionsversuch, im kombinierten Kompressions-Durchlässigkeitsversuch (KD-Versuch) und im direkten Durchlässigkeitsversuch.

2.1.5 Abschätzung des k-Werts nach bodenmechanischen Kenngrößen

Neben der direkten Bestimmung des Durchlässigkeitsbeiwerts im Labor gibt es eine Fülle von in der Literatur publizierten Methoden zur näherungsweisen Abschätzung des k-Werts nach der Kornverteilung des Sediments oder anderen bodenmechanischen Kenngrößen. All diese Versuche beruhen auf halbquantitativen Formelzusammenhängen und Eichungen an Durchlässigkeitsversuchen.

Für den Einsatz dieser Verfahren bei der hydrogeologischen Untersuchung von Deponien waren in erster Linie folgende Anforderungen maßgeblich:

- eine einfache und kostengünstige Bestimmung der notwendigen Ausgangsparameter, möglichst anhand gestörter Bodenproben um eine große Anzahl von Einzelergebnissen zu erhalten,
- einfache Auswerteverfahren, die ohne großen Aufwand digitalisiert werden können,
- hinreichend genaue und reproduzierbare Ergebnisse.

In Tab. 4 sind in der Literatur beschriebene Verfahren zusammengestellt ohne Anspruch auf Vollständigkeit:

Ein kurzer Überblick über die Tabelle zeigt, daß es für die Abschätzung des k-Werts für Sande zahlreiche Verfahren gibt, für die übrigen Böden deutlich weniger. Zusätzlich muß ausgesagt werden, daß die Verfahren für Böden mit abnehmenden Korngrößen generell immer aufwendiger werden und die Ergebnisse ungenauer, vgl. auch KEZDI (1965).

Der Einsatz der o.a. Verfahren ist daher nur dann sinnvoll, wenn die Kosten für die Ermittlung der Ausgangsgrößen deutlich geringer als die Kosten für Durchlässigkeitsversuche einschließlich der ungestörten Bodenproben sind und insbesondere auf Kenngrößen beruhen, die zur Klassifizierung des Untergrundes ohnehin in größerer Anzahl bestimmt werden müssen, wie z.B. die Kornverteilung. Somit reduziert sich die Vielzahl der in Tab. 4 angegebenen Verfahren

Verfahren nach	Zu bestimmende Ausgangsgrößen	Anwendbarkeit
HAZEN (1892)	d_{10}	Sande
SEELHEIM (1880)	d_{50}	Sande
BEYER (1964)	d_{10}, U	Sande, Kiese
SEILER (1979)	d_{10}, d_{25}, U, n_{eff}	
FAIR & HATCH (1933)	ϵ, d_{mh},	
SLICHTER (1899)	ϵ	Sande
SCHMIDT (1971)	d_{10}, U, d_{mh}, Faktoren	schluffige Sande
LONDON (1952)	n	Sande
KEZDI (1964), LAMPL (1954)	Schluffgehalt	schluffige Sande
ZIESCHANG (1961)	d_{10}, U, Lithologie	tonig-schluffige Sande
ZIESCHANG (1964)	d_{10}, U,	Sande, Kiessande
SCHMIDT & FAHLBUSCH (1977)	e	Sande, kiesige Sande, schluffige Sande
KOZENY (1927)/KÖHLER (1965)	d_w, ϵ, r	Sande, Schluffe, Tone
KOZENY (1927)/CARMAN (1948)	ϵ, KV,I_p	Kiese, Sande; in Erweiterung nach BENNER (1983): Tone, Schluffe
Bureau of soil classification, LEE (1938), MALLET & PACQUANT (1954)	d_{20}	gemischtkörnige Böden
NISHIDA (1961)	ϵ, wf_a	Tone, Schluffe
BURMISTER (1955)/KANE (1948)	$C_r^{\cdot}$ d_{10}, D_R, d_{10}	
YOSHINAG (1950)	wf_a, n, Tonanteil	Tone
TERZAGHI (1925)	ϵ	Tone

$C_r^{\cdot}$: d_{100}-d_0	d_{mh} : harm. Mittel	S : innere Oberfläche
D_R : Lagerungsdichte	n : Porenvolumen	r : Kornrauhigkeit
U : Ungleichförmigkeitsgrad	ϵ : Porenziffer	wf_a : Bildsamkeit
n_{eff} : Durchflußwirksames Poren- volumen		

Tabelle 4. Zusammenstellung von Verfahren zur Bestimmung des k-Werts nach bodenmechanischen Kennziffern.

auf diejenigen, die auf Kenngrößen der Kornverteilung beruhen. Alle übrigen Verfahren verlangen zusätzlich die Kenntnis der Porenziffer, deren Bestimmung nur an ungestörten Bodenproben möglich ist. Sind ungestörte Bodenproben vorhanden, kann jedoch genausogut ein direkter Durchlässigkeitsversuch

Verfahren nach	Formel	Parameter	Böden
HAZEN	$k = 0,0116\ d_{10}^{2}$	d_{10}	Sande
SEELHEIM	$k = 0,0357\ d_{50}^{2}$	d_{50}	Sande
BEYER	$k = c\ d_{10}^{2}$ $c = f(U)$	$d_{10},\ U$	Sande
KEZDI	Diagramm (empirisch)	Schluffgehalt	schluffige Sande
ZIESCHANG	$k = c\ d_{10}^{2}$	$U,\ d_{10},$ Fraktion $< 0,01$mm $c = f$ (Lithologie,U)	tonig-schluffiger Sand - kiesiger Sand
Bureau of Soil Classification	$k = 0,0036\ d_{20}^{2,3}$ [*)]	d_{10}	gemischtkörnige Böden

[*)] formelmäßige Darstellung nach BISCHOFF et al. (1968)

Tabelle 5. Verfahren zur Bestimmung des k-Werts nach der Kornverteilung.
(Legende siehe Tabelle 4).

Verfahren nach	Anwendungsbereich nach Angaben des Autors	Kommentar aus Sekundärliteratur	eigene Erfahrungen
HAZEN	reine Filtersande, lockerste Lagerung		gute Näherung
SEELHEIM	$U \leq 5$ reine Quarzsande		ungenau
BEYER	$U < 20$ $0,06$ mm $< d_{10} < 0,6$ mm Abweichung $+/- 30$ % von Pumpversuchsergebnissen	Für Sande sehr genau, (PEKDEKER & SCHULZ 1975), etwas zu hohe Werte (LANGGUTH & VOIGT 1980), in Sanden Mittelwerte bis etwa 50% der Werte von Pumpversuchen (CHR. MÜLLER 1984)	in den Anwendungsgrenzen sehr genau
KEZDI/LAMPL	Schluffgehalt zwischen 0 und 25 %, kein Ton		gute Näherung, wenn Tongehalt sehr gering
ZIESCHANG (1961)	$U < 25$ $0,06$ mm $< d_{10} < 0,6$ mm	$+/- 50$ % (ZIESCHANG 1962)	in den Anwendungsgrenzen sehr genau
Bureau of Soil Classification	Kornverteilung nicht sehr von der Fullerkurve abweichend		für Geschiebeböden brauchbare Näherung

Tabelle 6. Bewertung der in Tab. 5 zusammengestellten Verfahren zur Abschätzung des k-Werts nach der Kornverteilung.

Verfahren nach	k-Wert-Bereich [m/s]		Bodenarten	Genauigkeit
BEYER	$2 \cdot 10^{-5}$	$4 \cdot 10^{-3}$	fS bis mS,gs,fs',fg'	gut
ZIESCHANG	$1,6 \cdot 10^{-5}$	$5 \cdot 10^{-3}$	fS,u',t' bis S,g	gut
KEZDI/LAMPL	$7 \cdot 10^{-7}$	$1,6 \cdot 10^{-4}$	S,u' bis S,u	grobe Abschätzung
Bureau of Soil Classification	ca. 10^{-6}	ca. 10^{-8}	Mg, Lg	grobe Abschätzung

Tabelle 7. Zusammenfassende Bewertung des Einsatzes von Verfahren zur Abschätzung von k-Werten nach der Kornverteilung.

durchgeführt werden, der - ausgenommen bei sehr durchlässigen Böden - wesentlich bessere Ergebnisse als jegliche Abschätzung liefert.

Bei den beschriebenen Untersuchungen zur Gefährdungsabschätzung sinnvoll anzuwendende Verfahren sind in Tab. 5 zusammengestellt zusammen mit der Angabe, welche Ausgangsparameter notwendig sind und für welche Böden diese Verfahren geeignet sind. In Tab. 6 sind zusätzlich für einige dieser Verfahren die vom jeweiligen Autor gemachten Erfahrungen über Anwendungsbereiche aufgenommen, sowie der Sekundärliteratur entnommene Hinweise und eigene Feststellungen hinsichtlich der Anwendbarkeit.

Insgesamt ist zu erkennen, daß die einfach zu handhabenden, lediglich auf der Bestimmung der Kornverteilung beruhenden Verfahren z.B. nach HAZEN (1892) oder BEYER (1966) auf einen relativ engen Korngrößenbereich (Sande) beschränkt sind, während für feinkörnige Böden nur wenige auf einfach zu bestimmenden Ausgangsparametern basierende Verfahren vorliegen, die zudem weniger genau sind, vgl. auch BENNER et al. (1983).

Die Möglichkeit zum Einsatz von Abschätzungen nach der Kornverteilung ist in Tab. 7 zusammenfassend dargestellt und bewertet.

2.1.6 Grundlegendes zum Einsatz von Durchlässigkeitsversuchen

Der Durchlässigkeitsbeiwert k nimmt für das hier untersuchte geologische Milieu, der norddeutschen pleistozänen und holozänen Böden eine Spannweite von fast zehn Zehnerpotenzen ein. Da die Reichweite eines Feldversuchs zumindest bei größeren Durchlässigkeiten proportional zur Quadratwurzel aus k ist, kann davon ausgegangen werden, daß der vom Durchlässigkeitsversuch in-situ erfaßte Bereich je nach der Durchlässigkeit des Untergrundes in einem Bereich von 5 Zehnerpotenzen variiert.
Wegen der Inhomogenität und der Anisotropie des Untergrundes bedeutet dies, daß die Bestimmung der Durchlässigkeit extrem dimensionsabhängig ist. Wie HEITFELD & OLZEM (1982) ausführen, wirkt sich daher bei Tonen schon eine Feinstschichtung im mm-Bereich auf die k-Wert-Bestimmung aus. Diese Dimensionsabhängigkeit führt dazu, daß bei den Versuchen zur k-Wert-Bestimmung qualitativ zu unterscheiden ist zwischen

- Versuchen mit frei sich einstellendem Gradienten (Sickerlinie). Dazu gehören der Pumpversuch und sämtliche Pumptests. Bei diesen Versuchen ist die Größe des untersuchten Gebirgsausschnitts eine Funktion der Durchlässigkeit.
- Versuchen mit erzwungenem Gradienten. Dazu gehören die Durchlässigkeitsversuche im Labor, bei denen der untersuchte Gebirgsausschnitt frei wählbar ist und dessen Größe lediglich gerätetechnisch begrenzt ist.

Problematisch bei den Versuchen mit frei sich einstellender Sickerlinie ist ferner, daß die Größe des beeinflußten Bereiches zeitabhängig ist und sich der Beharrungszustand bei geringdurchlässigen Böden erst nach sehr langen Zeiten einstellt. Weiterhin sind diese Versuche dadurch in ihrer Aussagekraft eingeschränkt, daß für geringdurchlässige Böden die Sickerlinie nicht bestimmt werden kann, selbst bei so aufwendigen Verfahren wie von Hesse et al. (1991) beschrieben. Daher kann für die Dimensionierung hydraulischer Maßnahmen, wie sie an der Deponie Wesermarsch-Mitte geplant sind, die Ausführung von Großversuchen notwendig sein.

Die Bestimmung der Durchlässigkeit setzt somit die Bestimmung der Inhomogenität des Untergrundes voraus. Das geologische Modell, das Aussagen von der Großstruktur der unterschiedenen hydrogeologischen Einheiten bis zur Mikrostruktur, dem Kornaufbau des Sediments macht, ist somit wesentliche Grundlage für das Ansetzen von Durchlässigkeitsversuchen und die Interpretation der Ergebnisse.

Bei den hier untersuchten stratigraphischen Einheiten sind als Inhomogenitäten im wesentlichen folgende geologischen Elemente zu nennen:

- Der Schichtenaufbau, in einem Beispiel anhand von Wattablagerungen mit intensiver Wechsellagerung von Feinsandschichten und Schlickschichten dargestellt in Abb. 75.
- Fazieswechsel innerhalb einer Schicht,
- übergeordnete Systeme, wie Diskontinuitätsflächen, Risse und Röhren (Wurzeln), in einem Beispiel einer glazialtektonischen Störung dargestellt in Abb. 76.

Diese Inhomogenitäten führen stets auch zu einer Anisotropie des Untergrundes hinsichtlich seiner Durchlässigkeit. Daneben wird eine Anisotropie durch bevorzugte Regelungen, insbesondere der Tonminerale bedingt. Die Inhomogenität bedingenden Strukturen selbst umspannen wiederum einen sehr großen Bereich hinsichtlich ihrer Dimension, der von einigen Zehner Mikrometern bis zu Dekametern reicht und somit bis zu 6 Zehnerpotenzen umfaßt.

Da sowohl der k-Wert als auch die Inhomogenität bedingenden Strukturen zahlenmäßig in einem so großen Interval schwanken, muß bei der Versuchsdurchführung gewährleistet sein, daß das Verfahren zur Bestimmung der Gebirgsdurchlässigkeit den vorliegenden Untergrundverhältnissen angepaßt ist. Dazu muß gefordert werden:

Abb. 75. Intensive Wechsellagerung von Feinsandschichten und Schlicklagen aus dem Bereich der Mischwattfazies, aufgeschlossen in einem Bohrkern von der Deponie Varel-Hohenberge.

Abb. 76. Glazialtektonische Störung, aufgeschlossen im Bohrkern. Dargestellt ist der nur 30 cm mächtige auskeilende Rand (93-110) einer mehrere Hektar großen Scholle aus Lauenburger Ton. An der liegenden Bewegungsbahn (110) wurde die Scholle durch das Gletschereis gegenüber den unterlagernden elstereiszeitlichen Schmelzwassersanden (110-124) mit dem vorrückenden Eis verschoben. Die Schmelzwassersande enthalten aufgearbeiteten Lauenburger Ton (110-118). Im Hangenden der Scholle (72-93) setzen diskordant schluffige Feinsande ein.

- Der vom Versuch erfaßte Gebirgausschnitt muß so groß sein, daß er über vorhandene Inhomogenitäten integriert und dadurch die Ableitung zutreffender Bemessungswerte zuläßt.
- Einzelelemente abweichender Durchlässigkeit müssen vorab durch die geologische Aufnahme erfaßt sein und hinsichtlich ihrer Relevanz bewertet

Boden k-Wert [m/s]	Anisotropie der Einzelschicht	Schichten- aufbau	Zwischen- schichten	Übergeordnetes System
Beckentone, Beckenschluffe 10^{-10} - 10^{-8}	selten meßbar	mm-Bereich bis dm-Bereich	Sandschichten, mm-Bereich bis cm-Bereich	Klüfte, Störun- gen, Abstände im dm-Bereich bis m-Bereich
Klei, Mudden 10^{-10} - 10^{-8}	bei Schwemm- torfanteil und Wattsand- schichten	cm-Bereich bis m-Bereich	Schwemmtorf- lagen, Watt- sandschichten, mm-Bereich bis cm-Bereich	Schilfrhizome, Wurzeln
Geschiebemer- gel, -lehm 10^{-9} - 10^{-7}		dm-Bereich bis m-Bereich	Sandschichten, cm-Bereich bis dm-Bereich	Klüfte, Störun- gen, Abstände im dm-Bereich bis m-Bereich
Beckensande 10^{-7} - 10^{-5}	sehr deutlich	mm-Bereich bis cm-Bereich	Ton-, Schluff- schichten, mm-Bereich bis cm-Bereich	
Schmelzwasser- sande 10^{-5} - 10^{-2}	sehr deutlich	cm-Bereich bis m-Bereich	Schluffschich- ten, Kieslagen, cm-Bereich bis dm-Bereich	

Tabelle 8. Ursachen für die Anisotropie der Durchlässigkeit des geologischen Untergrundes.

sein. Danach richtet sich die Entscheidung, ob diese getrennt untersucht werden müssen.

- Die zumeist überwiegend aus der Schichtung resultierende Anisotropie des Untergrundes hinsichtlich der Durchlässigkeit muß quantifiziert werden. Dies kann üblicherweise durch eine Bestimmung der Durchlässigkeit einzelner Schichten und die Superposition der k-Werte erfolgen. Näheres dazu vgl. Abschnitt 2.1.10.

Die mit den untersuchten Böden gemachten Erfahrungen hinsichtlich der Dimension der Inhomogenitäten sind in Tabelle 8 zusammengefaßt.

Zusammenfassend kann ausgesagt werden, daß die zutreffende Ermittlung der Durchlässigkeit

- vorrangig ein Dimensionsproblem und damit ein Problem der zutreffenden Auswahl geeigneter Versuche ist,
- weiterhin von einer zutreffenden hydrogeologischen Interpretation der Versuchsergebnisse abhängt und
- ferner das Resultat aus einer Vielzahl unterschiedlicher Versuche ist, und
- erst dann eine Frage der Genauigkeit des jeweiligen Versuchsergebnisses ist.

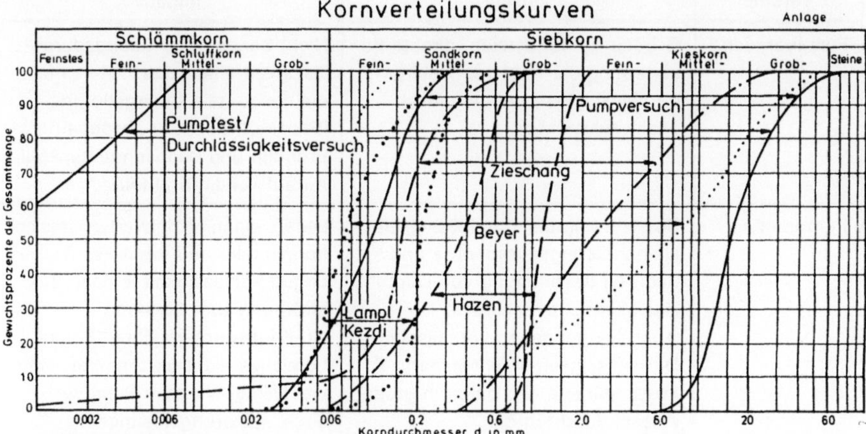

Abb. 77. Zusammenstellung der ungefähren Anwendungsgrenzen einiger Versuche zur Bestimmung der hydraulischen Leitfähigkeit. Die Abbildung zeigt den ungefähren Korngrenzenbereich, in der das jeweilige Verfahren definiert ist bzw. einigermaßen zuverlässige Ergebnisse liefert.

2.1.7 Vergleich der verschiedenen Verfahren, Versuchsprogramm

Für die Durchführung der Gefährdungsabschätzung ist sowohl eine möglichst zutreffende Bestimmung der mittleren horizontalen und vertikalen Durchlässigkeit der verschiedenen hydrogeologischen Einheiten notwendig als auch eine Abschätzung der jeweiligen Durchlässigkeitsunterschiede in den einzelnen Einheiten. Wie in Abschnitt 2.1.6 ausgeführt, ist der Einsatz von Verfahren zur Bestimmung der Durchlässigkeit abhängig von der jeweiligen Fragestellung, d.h. welcher Durchlässigkeitsbeiwert für welchen Gebirgsausschnitt bestimmt werden soll.

Auf der anderen Seite gibt es für die Bestimmung der hydraulischen Leitfähigkeit des Untergrundes eine Vielzahl von ihrer Methodik her sehr verschiedener Verfahren, deren Anwendungsgrenzen und Genauigkeit sehr unterschiedlich sind. Das Versuchsprogramm muß diesen qualitativ zu unterscheidenden Versuchsergebnissen Rechnung tragen. Die ungefähren Anwendungsgrenzen der verschiedenen Verfahren sind - wie in den Abschnitten 2.1.1 bis 2.1.5 im einzelnen dargestellt - in Abb. 77 schematisch zusammengestellt. Zu dieser Darstellung muß jedoch gesagt werden, daß die notwendigen Versuchszeiten zur Erzielung zutreffender Ergebnisse bei den feinkörnigen Böden um ein Vielfaches größer als bei den grobkörnigen sind.

In Tab. 9 sind die kennzeichnenden Eigenschaften der verschiedenen Versuche zusammenfassend dargestellt und bewertet. Weiterhin wird in Tab. 10 eine Abschätzung der Größe des vom jeweiligen Versuch erfaßten Einflußbereiches, seiner Genauigkeit und die mögliche Durchströmungsrichtung angegeben

Tabelle 9 und 10 zufolge ist es für eine umfassende Bewertung der Durchlässigkeitverhältnisse hinsichtlich der oben gestellten Anforderungen an eine

Versuch	positiv	negativ
Pumpversuch	Größter Einflußbereich, direkte Bestimmung der mittleren Gebirgsdurchlässigkeit, mathematisch exakt auswertbar.	Nicht bei geringer Gebirgsdurchlässigkeit einsetzbar, liefert nur die horizontale Gebirgsdurchlässigkeit, benötigt ausgebaute Brunnen und Beobachtungspegel, zeitaufwendig und teuer.
Pumptest	Bestimmung der Durchlässigkeit kleiner Gebirgsausschnitte und dadurch Bestimmung von Durchlässigkeitsunterschieden. Auch bei geringen hydraulischen Durchlässigkeiten einsetzbar, kostengünstig und daher in großer Anzahl durchführbar.	Liefert einen Mittelwert zwischen horizontaler und vertikaler Gebirgsdurchlässigkeit je nach Zuströmung zum Bohrloch. Größe des untersuchten Einflußbereiches nicht bestimmbar, sehr viel kleiner als beim Pumpversuch, Näherungslösungen.
Durchlässigkeitsversuch im Labor	Mathematisch und hydraulisch exakt, horizontale und vertikale Durchlässigkeit aus oberflächennahem Bereich (Schürfe) bestimmbar.	Sehr kleines Probevolumen, Wert gilt nur für die Einzelschicht.
Abschätzung nach der Kornverteilung	Bei großer Beprobungsdichte rechnerische Ermittlung der horizontalen und vertikalen mittleren Durchlässigkeit von geschichteten Sanden und schluffigen Sanden möglich, sehr kostengünstig, da Kornverteilungen ohnehin benötigt werden.	Sehr kleines Probevolumen, Wert gilt nur für die Einzelschicht, nur für Sande und etwas schluffige Sande einigermaßen genau, mit abnehmender Korngröße immer ungenauer.

Tabelle 9. Charakteristika der einzelnen Versuche zur Bestimmung der hydraulischen Leitfähigkeit.

Erfassung der Durchlässigkeitsverhältnisse der einzelnen Einheiten notwendig, die zur Verfügung stehenden Versuche sinnvoll zu kombinieren.

Die Kombination der einzelnen Versuche ist im wesentlichen von den Eigenschaften der zu untersuchenden Schicht und dem Schichtenaufbau abhängig. Für unterschiedlich durchlässige Böden sind die auf der Grundlage der Untersuchung der vier Deponien gemachten Erfahrungen für verschieden durchlässige Bodengruppen in Tabelle 11 zusammengefaßt.

2.1.8 Ergebnisse von Durchlässigkeitsversuchen für pleistozäne und holozäne Böden.

Die Ergebnisse von ca. 500 direkten Durchlässigkeitsversuchen im Labor und Abschätzungen des Durchlässigkeitsbeiwertes nach der Kornverteilung wurden für die folgenden Auswertungen in einem Datenblatt zusammengestellt. Im Anhang 1 ist zur Verdeutlichung des Aufbaus eine kleine Auswahl von

Versuchsart		k klein	k mittel	k groß
Pumpversuch	Einflußbereich		m-Bereich	10 m-Bereich
	Genauigkeit		nach ausreichend langen Zeiten groß	groß
	Durchströmungsrichtung	überwiegend horizontal		
Pumptests	Einflußbereich	dm-Bereich	m-Bereich	10 m-Bereich
	Genauigkeit	mäßig	mäßig	gut
	Durchströmungsrichtung	überwiegend horizontal		
Direkter Durchlässigkeitsversuch	Einflußbereich	10 cm bis 20 cm		
	Genauigkeit	groß	groß	mäßig
	Durchströmungsrichtung	vertikal oder horizontal wählbar, je nach Probengüte; vorzugsweise vertikal		
Kompressionsversuch	Einflußbereich	1 cm	1 cm	
	Genauigkeit	gut	mäßig	
	Durchströmungsrichtung	vertikal		
Abschätzung nach Kornverteilung	Einflußbereich	Werte nur für eine Einzelschicht homogenen Kornaufbaus		
	Genauigkeit	gering	mäßig	gut

Tabelle 10. Bewertung der Durchlässigkeitsversuche hinsichtlich ihrer kennzeichnenden Eigenschaften.

Versuchsergebnissen aus diesem Datenblatt dargestellt. Die Versuche sind nach geologischen Gesichtspunkten untergliedert in:

As   -   holozäne Auesedimente,
h/k   -   holozäner Klei,
h/fB   -   holozäne fossile Böden,
h/H   -   holozäner Torf,
Fs   -   holozäne und spätpleistozäne Flugsande,
Ee   -   eemzeitliche Mudden,
p/Sws   -   pleistozäne Schmelzwassersande,
p/bZ   -   bindige Zwischenschichten zwischen den pleistozänen
            Schmelzwassersanden,
Mg   -   pleistozäne Geschiebemergel,
Ass   -   pleistozäne Abschlämmsande,
Bs   -   pleistozäne Beckensande,
Bt   -   pleistozäne Beckenschluffe und Beckentone,
LT   -   Lauenburger Ton.

Durchlässige Böden	Mäßig durchlässige Böden
z.B. Schmelzwassersande	z.B Beckensande
- Bohrkerne zur Feststellung gering- durchlässiger Zwischenschichten und Gradationen, - vorrangig Abschätzung nach der Korn- verteilung, - direkte Durchlässigkeitsversuche nur bei Vorhandensein geringdurchlässiger Zwi- schenschichten (Schluffschichten), - Pumptests obligatorisch bei der Wasser- probennahme.	- Bohrkerne zur Bestimmung des Anteils verschieden durchlässiger Böden am Profil, - direkte Durchlässigkeitsversuche an den bindigen Schichten, - Pumptests während der Bohrarbeiten, - Pumpversuch, wenn nötig für eine spätere Dimensionierung hydraulischer Maßnahmen.
Gering durchlässige Böden	**Sehr gering durchlässige Böden**
z.B. Geschiebemergel	z.B. Lauenburger Ton
- Bohrkerne zur Abschätzung des Grades der Anisotropie und zur Feststellung von Zwischenschichten und Trennelementen, - direkte Durchlässigkeitsversuche als we- sentlichster Versuch, - Kompressionsversuch nur, wenn die Änderung der Durchlässigkeit bei Auflast eine entscheidende Rolle spielt, - Wiederanstiegsversuche insbesondere, wenn durchlässigere Zwischenschichten vorhanden sind nach Ausführung der Grundwasserbeprobung.	- Bohrkerne zur Abschätzung des Grades der Anisotropie und zur Feststellung von Zwischenschichten und Trennelementen, - direkte Durchlässigkeitsversuche als wesentlichster Versuch, - Kompressionsversuch nur, wenn die Änderung der Durchlässigkeit bei Auflast eine entscheidende Rolle spielt.

Tabelle 11. Anwendung und Kombination der verschiedenen Verfahren zur Bestimmung der Durchlässigkeit in Abhängigkeit von der zu erwartenden Durchlässigkeit der Schichten.

Die Ergebnisse der Durchlässigkeitsversuche wurden jeweils an Einzelschichten der Schichteinheiten ermittelt. Das Datenblatt im Anhang 3 enthält neben der bodenmechanischen Ansprache der jeweiligen Schicht folgende Kenngrößen des Kornhaufwerks:

- die Fraktion < 0,01 mm,
- d_{10}, d_{20}, d_{50}, d_{60},
- den Ungleichförmigkeitsgrad.

Aus diesen Kenngrößen werden die Durchlässigkeitsbeiwerte abgeschätzt nach HAZEN, SEELHEIM BEYER, KEZDI, ZIESCHANG und dem BUREAU OF SOIL CLASSIFICATION angegeben, vgl. Abschnitt 2.1.5. Daneben sind die Ergebnisse von direkten Durchlässigkeitsversuchen angegeben. Die Berechnung dieser Werte kann ohne großen Aufwand mittels EDV erfolgen. Die Auswahl des

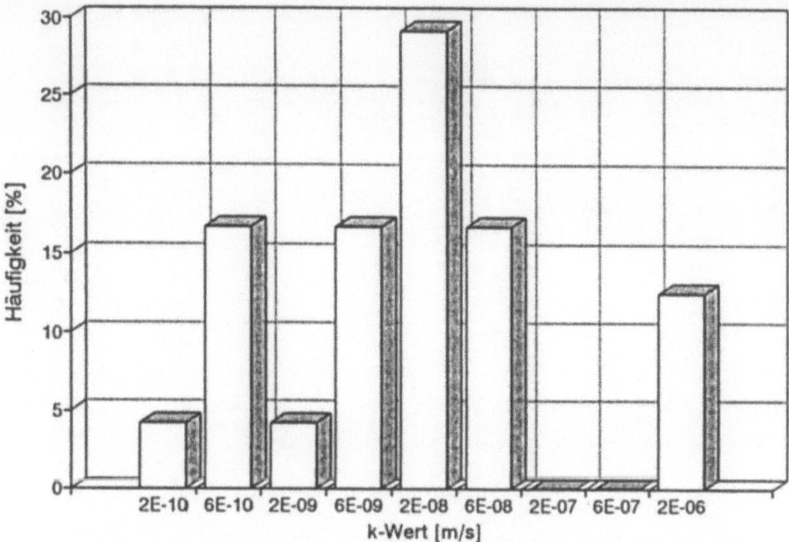

Abb. 78. Verteilung der Durchlässigkeiten eines holozänen Grundwassergeringleiters bestehend aus Klei-, Mudde- und Schwemmtorfschichten. Die Abszissenwerte beziehen sich auf den jeweiligen rechten Klassenrand.

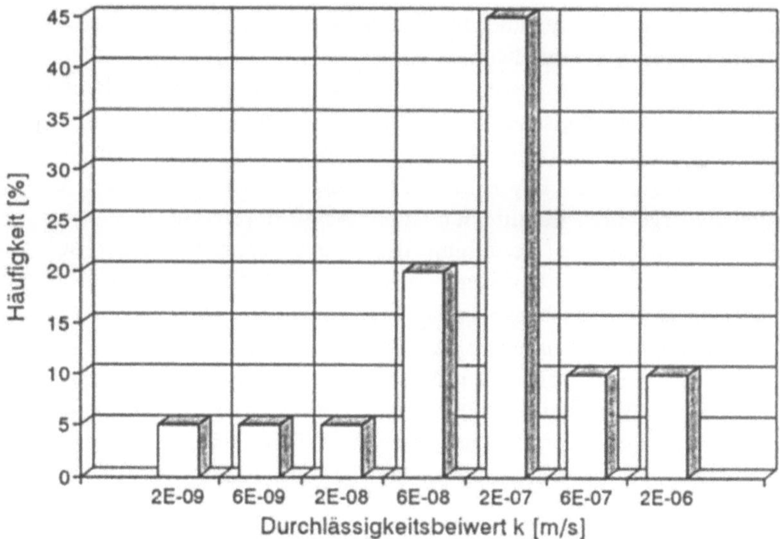

Abb. 79. Verteilung der Durchlässigkeiten eines holozänen Grundwassergeringleiters, bestehend aus Torfen. Die Abszissenwerte beziehen sich auf den jeweiligen rechten Klassenrand.

zutreffenden Ergebnisses dagegen erfordert eingehende Untersuchungen und Bewertungen durch den wissenschaftlichen Bearbeiter. Dazu wird auf den vorigen und den nächsten Abschnitt verwiesen.

Die vorgestellte Vorgehensweise liefert eine Vielzahl von k-Werten für die jeweiligen hydrogeologischen Einheiten. Diese liefern zusammen mit der fein-

Abb. 80. Dünne Schlickzwischenlagen (30-34) in mächtigen holozänen Torfen, abzuleiten von Klapptorfen.

stratigraphischen Profilaufnahme eine über die übliche Zuordnung der Bemessungswerte hinaus kennzeichnende Charakterisierung des jeweiligen Grundwassergeringleiters und Grundwasserleiters.

Zur Verdeutlichung ist dies an einigen Beispielen dargestellt. Für einige der untersuchten hydrogeologischen Einheiten sind in den Abbildungen 78, 79 und 81 Verteilungskurven der Durchlässigkeitsbeiwerte angegeben. Für die Sande wurden die Werte nach Beyer und Zieschang verwendet, für die bindigen Schichten die Ergebnisse der direkten Durchlässigkeitsversuche.

Auf Abb. 78 ist die Verteilung der Durchlässigkeiten eines holozänen Grundwassergeringleiters bestehend aus Klei, Mudde und Schwemmtorflagen, jedoch ohne zwischengelagerte Wattsande angegeben. Die Verteilung zeigt ein Maximum der Durchlässigkeitsbeiwerte zwischen $k = 6 \cdot 10^{-9}$ m/s und $k = 2 \cdot 10^{-8}$ m/s. Ein Vergleich mit den feinstratigraphischen Profilen zeigt, daß es sich bei diesem Maximum um die k-Werte der vorwiegend vorliegenden mittelplastischen tonigen Schluffe und schluffigen Tone der Brackwattfazies handelt, während sich die Durchlässigkeiten der hochplastischen Tone in einem weiteren Maximum zwischen $k = 2 \cdot 10^{-10}$ m/s und $k = 6 \cdot 10^{-10}$ m/s abzeichnen. Zwischengelagerte Torfschichten, die eine deutliche Anisotropie des Grundwassergeringleiters bedingen, zeichnen sich mit k-Werten zwischen $6 \cdot 10^{-7}$ m/s und $2 \cdot 10^{-6}$ m/s ab.

Bei der Bewertung der Versuche würde bei Vorliegen nur einiger weniger Meßergebnisse dem Grundwassergeringleiter ein Bemessungswert in der Größenordnung des Hauptmaximums zugeordnet. Mit der vorliegenden Häufigkeitsverteilung ist jedoch zu fordern, daß der Bemessungswert für die horizontale Durchströmungsrichtung gemäß den Versuchsergebnissen an den zwischenge-

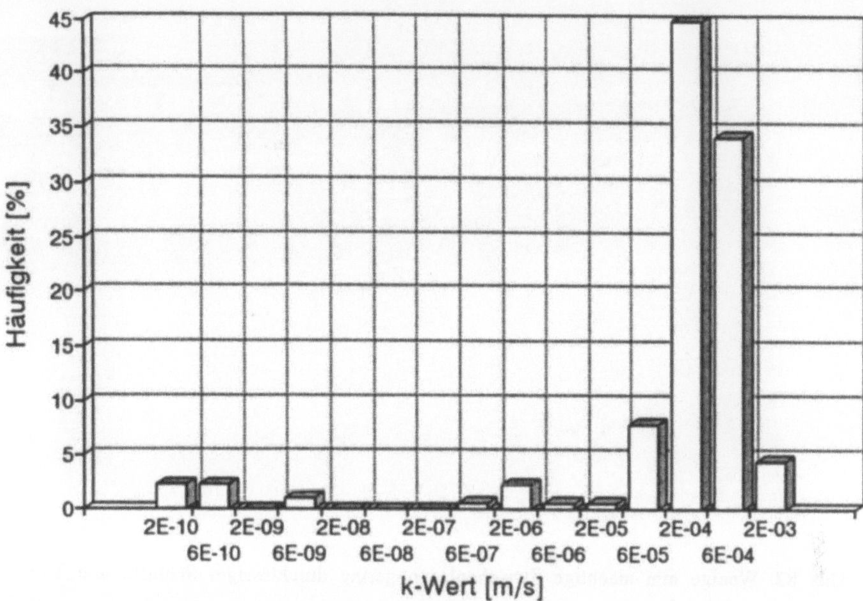

Abb. 81. Verteilung der Durchlässigkeiten eines pleistozänen Grundwasserleiters, bestehend aus Schmelzwassersanden. Die Abszissenwerte beziehen sich auf den jeweiligen rechten Klassenrand.

lagerten Torfen deutlich höher ausfallen muß. Dagegen muß der Bemessungswert für die vertikale Durchströmungsrichtung deutlich geringer ausfallen wegen der zwischengelagerten sehr gering durchlässigen hochplastischen Tone. Eine reine Mittelwertbildung dagegen würde identische Werte für die horizontale und vertikale Durchströmungsrichtung liefern. Bei einer arithmetischen Mittelwertbildung würden die höher durchlässigen Zwischenschichten überproportional eingehen, so daß der Mittelwert in der Größenordnung der horizontalen Durchlässigkeit zu liegen käme. Der Bemessungswert für die vertikale Durchlässigkeit dagegen wäre um Zehnerpotenzen zu groß.

Im nächsten Beispiel auf Abb. 79 ist die k-Wert-Verteilung eines Grundwassergeringleiters, bestehend aus Torfen dargestellt. Die Torfe enthalten lagenweise als Beimengung klastisches Material, vorwiegend der Tonfraktion. In einzelnen Schichten ist der Tonanteil so groß, daß die Schichten als torfige Tone anzusprechen sind. Daneben gibt es noch dünne Schlickzwischenlagen, die von Klapptorfen abzuleiten sind, wie in Abb. 80 gezeigt. Diese tonigen Zwischenschichten zeichnen sich in der k-Wert-Verteilung in sehr geringen Durchlässigkeitsbeiwerten unter $k = 2 \cdot 10^{-8}$ m/s ab. Die Mehrzahl der Torfe hat Durchlässigkeitsbeiwerte zwischen $k = 2 \cdot 10^{-8}$ m/s und $k = 2 \cdot 10^{-7}$ m/s. Dieser Bereich repräsentiert die vorwiegend im Profil auftretenden mäßig zersetzten Torfe.

Die Durchlässigkeit des Torfes ist, abgesehen von dem Gehalt an klastischen Nebengemengteilen abhängig vom Zersetzungsgrad, der in den betrachteten Profilen abschnittsweise sehr unterschiedlich ist. Der Zersetzungsgrad ist nicht

Abb. 82. Wenige mm mächtige Zwischenlagen gering durchlässiger Schluffe und Tone in pleistozänen Schmelzwassersanden, auskeilend.

60-77:   fS,ms' mit U,t-Schichten,
77-85:   mS,gs,fs',fg'.

Abb. 83. Baumwurzel in einem pleistozänen Schmelzwassersand, von der periglazialen Landoberfläche etwa 2 m tiefer reichend. Derartige Wurzeln sind Makroporenkanäle und sorgen für eine erhöhte Durchlässigkeit in vertikaler Richtung.

teufenabhängig. Die Spanne reicht von sehr gering zersetzten Schilftorfen bis zu stark zersetzten Seggen- und Bruchwaldtorfen. Bei den wenig zersetzten Torfen sind Schilfrhizome und Wurzeln noch nahezu in ihrer ursprünglichen Lage erhalten. Wegen des geringen Zersetzungsgrades sind diese Torfe mit ihren groben, locker gelagerten Komponenten deutlich durchlässiger als die stärker zersetzten Torfe. In der Verteilung der Durchlässigkeiten bilden diese Torfschichten einen deutlich repräsentierten Bereich in der Spanne von $k = 2 \cdot 10^{-7}$ m/s bis $k = 2 \cdot 10^{-6}$ m/s.

Einen weiteren Einfluß auf die Durchlässigkeit der einzelnen Torfschichten spielt die Setzung dieser Schichten, wie in Abschnitt 2.1.4 ausgeführt. Je tiefer die Torfschicht ansteht, desto größer ist die Herabsetzung ihrer Durchlässigkeit infolge Kompression durch die Auflast. Daneben bilden die senkrecht stehenden Schilfstengel und Pflanzenwurzeln Makroporen, die die vertikale Durchlässigkeit stark heraufsetzen.

Insgesamt resultiert aus dieser Vielzahl die Durchlässigkeit beeinflussenden Faktoren eine recht gleichmäßige Verteilung der Durchlässigkeitsbeiwerte. Es gelten daher die für die oben beschriebenen Grundwassergeringleiter aus holozänem Klei gemachten Aussagen hinsichtlich der Ableitung von Bemessungswerten für die horizontale und vertikale Durchströmungsrichtung in noch stärkerem Maße.

Ganz anders sind die Schmelzwassersande des nächsten Beispiels zu bewerten. Abb. 81 zeigt die Häufigkeitsverteilung der k-Werte eines Grundwasserleiters, bestehend aus pleistozänen Schmelzwassersanden. Diese enthalten überwiegend nur sehr geringmächtige Zwischenlagen geringdurchlässiger Schluffe und Tone. Abb. 82 zeigt derartige, nur wenige Millimeter mächtige Schlufflagen in Schmelzwassersanden. Diese nur wenige Millimeter bis Zentimeter mächtigen Lagen keilen meist nach wenigen Zentimetern bis Dezimetern aus, die Zentimeter bis Dezimeter mächtigen Schichten nach wenigen Dezimetern, wie großflächige Aufschlüsse zeigen. Die zwischengelagerten Schichten, die gemäß der Häufigkeitsverteilung k-Werte zwischen $2 \cdot 10^{-10}$ m/s und $2 \cdot 10^{-8}$ m/s aufweisen, sind als isolierte Trübeabsätze zu bewerten, die Zwischenschichten mit k-Werten zwischen $6 \cdot 10^{-7}$ m/s und $2 \cdot 10^{-5}$ m/s als schluffreichere Schmelzwassersande.

Trotz ihrer teilweise nur sehr geringen Längserstreckung erreichen die bindigen Zwischenschichten Mächtigkeiten, die über die Probengröße ungestörter Bodenproben deutlich hinausgehen. Daraus erklären sich in Abb. 74 die teilweise sehr geringen im direkten Durchlässigkeitsversuch bestimmten Durchlässigkeitsbeiwerte gegenüber den nach der Kornverteilung abgeschätzten. Dennoch dürfen diese Werte nicht als Bemessungswert für die vertikale Durchströmungsrichtung angesetzt werden aufgrund des Auskeilens der Zwischenschichten. Vielmehr resultieren aus diesen Zwischenschichten Fließwegverlängerungen und Fließwegeinschnürungen in den Sandschichten dadurch, daß das Grundwasser derartige Zwischenschichten umfließt. Derartige Fließwegverlängerungen und -einschürungen wirken sich jedoch deutlich weniger auf die Durchströmungsmenge aus als ein geringerer k-Wert. Insgesamt ist jedoch auch in Schmelzwassersanden aufgrund der generellen Schichtung und der geringer durchlässigen Zwischenschichten ein deutlich geringerer k-Wert für die vertikale Durchströmungsrichtung als Bemessungswert anzugeben.

Lokal kann es jedoch auch in den Schmelzwassersanden zu einer lokalen Erhöhung der vertikalen Durchlässigkeit durch Makroporenkanäle kommen. Abb. 83 zeigt einen Bohrkern mit pleistozänen Schmelzwassersanden, der eine auf einer Erstreckung von 1,5 m erkundete etwa 1 cm dicke Baumwurzel enthält. Diese Wurzel bildet einen durchgängigen, nicht kollabierten Porenkanal, der aufgrund der faserigen Zellstruktur und des mäßigen Zersetzungsgrades erheblich durchlässiger als die umgebenden Sande ist. Derartige Wurzeln sind nicht auf die rezente Landoberfläche beschränkt, sondern auch in größerer Tiefe vorhanden. Die in Abb. 83 gezeigt Wurzel wurde in einer Tiefe von 4,5 m festgestellt. Sie reichte von der periglazialen Landoberfläche bis mindestens 2 m in die unterlagernden Schmelzwassersande. Fossile Bodenhorizonte, die - sofern Interglazial-Schichten auftreten - auch in noch größerer Tiefe sehr häufig auftreten, sind daher sehr genau aufzunehmen. Auch hier gilt, daß diese nur im Bohrkern erkennbar sind.

Die drei Beispiele zeigen, wie sehr sich der feinstratigraphische Profilaufbau auf die Durchlässigkeitsverhältnisse von Grundwasserleitern und Grundwassergeringleitern auswirkt. Einfache lognormale Verteilungen, wie sie SUDICKY (1986) für einen geologisch nicht näher beschriebenen Sandaquifer angibt, und auch von BUSCH & LUCKNER (1974) beschrieben werden, konnten nicht festgestellt werden. Die Variabilität der k-Werte ist bei den meisten der untersuchten Böden in der Größenordnung wie bei den vorgenannten Autoren angegeben. Bei Grundwasserleitern und Grundwassergeringleitern, deren Entstehung durch sehr wechselhafte Sedimentationsverhältnisse gekennzeichnet ist, treten jedoch häufig um Größenordnungen höhere Schwankungsintervalle auf.

Neben den Durchlässigkeitsbeiwerten für Einzelschichten wurden bei den Fallbeispielen auch eine Vielzahl von Pumptests ausgeführt. Die Ergebnisse der Pumptests wurden ebenso in einem Datenblatt zusammengestellt. Im Anhang 5 ist eine kleine Auswahl dieser Pumptests, die bei den Fallbeispielen durchgeführt wurden, dargestellt. Ein Vergleich der nach unterschiedlichen Auswerteverfahren gewonnenen Ergebnisse mit den Ergebnissen der Durchlässigkeitsversuche an Einzelschichten des im Anhang 1 vorgestellten Datenblattes zeigt, daß die gewonnenen k-Werte der Pumptests insgesamt deutlich höher sind, wie auch nach Heitfeld et al. (1982) zu erwarten ist. Auf die Ursachen dieser Abweichungen wird näher im Abschnitt 2.1.10 eingegangen.

2.1.9 *Abschätzung von k-Werten nach geologischen und bodenmechanischen Kriterien anhand der vorliegenden Meßergebnisse*

Für das Hydrogeologische Kartenwerk wurde von BREDDIN (1961) für die fluviatilen Ablagerungen Nordrhein-Westfalens eine auf Korngrößenklassen fußende Einteilung entwickelt, die eine sehr gute erste Abschätzung der Durchlässigkeit von Sedimenten zuläßt. Diese Einteilung läßt sich auf die glazigenen Ablagerungen Norddeutschlands nicht übertragen, da eine einheitliche Abstufung aufgrund der verschiedenen Genese (Geschiebeablagerungen, Schmelzwasserablagerungen, fluviatile Ablagerungen) nicht möglich ist.

Bei der Vielzahl der im Rahmen der Fallbeispiele ermittelten k-Werte für Einzelschichten lassen sich jedoch Werte für ähnlich abgestufte Korngruppen unterschieden nach der bodenmechanischen Klassifikation nach DIN 4022 angegeben. In Tabelle 12 sind Versuchsergebnisse sortiert nach der bodenmechanischen Klassifikation von den Tonen bis zu den sandigen Kiesen angegeben. Diese repräsentieren die bei den Fallbeispielen untersuchten pleistozänen und holozänen klastischen Sedimente. Neben der bodenmechnischen Klassifikation ist auch die geologische Kurzbeschreibung gemäß der im Abschnitt 2.1.8 aufgeführten Liste angegeben. Sofern mehrere Meßergebnisse vorliegen, ist jeweils der kleinste und der größte gemessene k-Wert sowie das arithmetische Mittel angegeben.

Die in Tab. 12 aufgeführte Liste ist als vorläufig anzusehen, da sie lediglich auf etwa 700 Meßergebnissen beruht. Bei der Vielzahl möglicher Kombinationen von Haupt- und Nebengemengteilen nach DIN 4022 ist eine Datenbasis von einigen Tausend Meßwerten anzustreben. Die Ergebnisse für häufig auftretende Böden, wie z.B. U,t',fs' (Klei) oder fS,ms' (Schmelzwassersand) sind jedoch sehr gut abgesichert.

2.1.10 Superposition von Einzelergebnissen zur Erlangung von Bemessungswerten

Wie einleitend erläutert repräsentieren alle vorgestellten Feld- und Laborversuche lediglich einen begrenzten Untergrundbereich. Daher müssen bei der Ableitung von Bemessungswerten die Ergebnisse der Versuche zusammengestellt und zusammen mit den Ergebnissen der Untergrunderkundung, insbesondere der feinstratigraphischen Profile gewertet werden.

Dabei wird folgendermaßen vorgegangen:

- Zusammenstellung der Versuchsergebnisse für die Einzelschichten (direkte Durchlässigkeitsversuche, Abschätzungen aus der Kornverteilung, Kompressionsversuche, in gering durchlässigen Böden auch Feldversuche.
- Superposition der Einzelwerte für jede hydrogeologische Einheit entlang der Profile wie nachfolgend beschrieben.
- Zusammenstellung der Versuchsergebnisse, die für einen Bereich gelten, der größer als eine Einzelschicht ist (Feldversuche).
- Abschätzung der Größe diese Bereichs, Beurteilung der Übertragbarkeit auf die gesamte hydrogeologische Einheit.
- Vergleich der Ergebnisse, Bewertung.
- Bewertung von übergeordneten Makrodurchlässigkeiten (Kluftgefüge und andere Inhomogenitäten).
- Angabe von Bemessungswerten.

Bodenart	Formation	Bodenmechanische Ansprache	Durchlässigkeitsbeiwert k [m/s]		
			Min	Mittel	Max
Sande,	p/SWS	fS,ms',fg',u'		1,08E-05	
schwach	p/SWS	fS,ms*,u'		1,42E-05	
schluffig	ASS	fS,ms*,u'gs'		3,80E-05	
	p/SWS	fS,ms',u'	2,90E-05	4,23E-05	5,63E-05
	ASS	S,u',g'	3,66E-06	1,35E-05	2,33E-05
	p/SWS	mS,fs,gs,u'		2,88E-05	
	AS	mS,gs*,fs',u',fg'		5,12E-05	
	p/SWS	S,g',u'		5,12E-05	
	Ee	mS,fs*,u'	3,24E-05	5,67E-05	8,10E-05
	p/SWS	mS,gs,fs',u'		6,48E-05	
	p/SWS	mS,fs*,gs,u'		7,29E-05	
	p/SWS	mS,gs,u',fg'		8,89E-05	
	p/SWS	S,u',fg'		1,00E-04	
	p/SWS	S,g,u'		1,57E-04	
	BS	S,g*,u'		2,80E-04	
Feinsand	p/SWS	fS,ms'	4,90E-05	8,80E-05	1,10E-04
	p/SWS	fS,ms',gs'		7,58E-05	
	p/SWS	fS,ms	1,22E-06	1,15E-04	1,58E-04
	p/SWS	fS,ms,gs'	8,10E-05	8,50E-05	8,91E-05
	p/SWS	fS,ms*	4,58E-05	1,27E-04	2,16E-04
	p/SWS	fS,ms*,gs'	1,44E-04	1,51E-04	1,58E-04
	p/SWS	fS,ms*,gs',fg'		2,16E-04	
	p/SWS	fS-mS		2,00E-04	
Mittelsand	p/SWS	mS,gs,fs,fg'		1,30E-04	
	p/SWS	mS,fs*,gs,mg'		1,30E-04	
	p/SWS	mS,fs*,gs'	1,00E-04	1,39E-04	1,69E-04
	p/SWS	mS,fs*,gs		1,44E-04	
	p/SWS	mS,fs*	1,00E-04	1,59E-04	2,47E-04
	p/SWS	mS,fs,gs'	1,44E-04	2,07E-04	3,56E-04
	p/SWS	mS,fs,gs	1,30E-04	2,20E-04	3,56E-04
	p/SWS	mS,gs,fs',g		2,30E-04	
	p/SWS	mS,gs,fs	1,30E-04	2,40E-04	4,40E-04
	p/SWS	mS,fs,gs',fg'		2,40E-04	
	p/SWS	mS,fs	1,96E-04	2,61E-04	3,18E-04
	p/SWS	mS,gs*,fs',fg'	2,30E-04	2,78E-04	3,25E-04
	p/SWS	mS,gs,fs',g'	2,02E-04	2,82E-04	3,61E-04
	p/SWS	mS,gs*,fs	2,89E-04	2,98E-04	3,06E-04
	p/SWS	mS,gs',fs'	2,88E-05	3,36E-04	5,32E-04
	p/SWS	mS,gs*,fs'		3,60E-04	
	p/SWS	mS,fs',gs'	1,69E-04	3,76E-04	5,32E-04
	p/SWS	mS,gs		4,00E-04	
	p/SWS	mS,gs,fg,mg,fs'	3,20E-04	4,02E-04	4,84E-04
	p/SWS	mS,gs,fs',fg'	2,02E-04	4,05E-04	5,32E-04
	p/SWS	mS,fs'	4,18E-04	4,35E-04	4,40E-04
	p/SWS	mS,g*,gs,fs'		4,61E-04	
	p/SWS	mS,gs,fg',fs'	3,60E-04	4,97E-04	6,34E-04
	p/SWS	mS,gs,fs'	4,00E-04	5,15E-04	7,44E-04
Grobsand	p/SWS	gS,ms*,fs		1,15E-04	
	p/SWS	gS,fs,ms,fg'		2,05E-04	
	p/SWS	gS,ms*,fs',fg'		4,76E-04	
	p/SWS	gS,ms*,fs'		6,76E-04	
	p/SWS	gS,ms*,fg'		8,41E-04	
	p/SWS	gS,ms*		9,00E-04	
	p/SWS	gS,ms*,fg',mg'		1,09E-03	
	p/SWS	gS,ms,fg',mg'		1,37E-03	
	p/SWS	gS,ms		1,37E-03	
Kiessand	p/SWS	S,g		3,60E-04	
	p/SWS	S,g*	2,80E-04	2,80E-04	2,80E-04
	p/SWS	G,s*		1,96E-04	

Legende:

Spalte 2:	Erläuterungen siehe Text, Abschnitt 2.1.8			
Spalte 3:	Bodenmechanische Ansprache gemäß DIN 4022, Teil 1			
	Nebenanteile:		' schwach	< 15 %
			* stark:	> 30 %

Tabelle 12. Im Rahmen der Fallbeispiele ermittelte k-Werte für Einzelschichten zugeordnet zu ähnlich abgestuften Korngruppen.

Bodenart	Formation	Bodenmechanische Ansprache	Durchlässigkeitsbeiwert k [m/s]		
			Min	Mittel	Max
Tone	LT	T,u		4,84E-11	
	BT	T,u*	9,20E-11	2,47E-10	7,10E-10
Schluffe	h/k	U,t*,fs'	4,52E-10	8,00E-10	1,31E-06
	h/k	U,t	1,20E-10	3,16E-09	8,70E-09
	BT	U,t,fs'	4,60E-10	1,11E-09	2,00E-09
	h/k	U,t,fs'	3,20E-10	1,35E-08	3,26E-08
	p/bZ	U,t',fs'	9,30E-10	1,32E-09	1,70E-09
	Mg	U,t,fs',mg		2,00E-09	
	h/k	U,t,ms',fs'		5,02E-09	
	Ee	U,s,t	5,67E-09	8,33E-09	1,10E-08
	Mg	U,fs,t,ms'	1,40E-09	1,34E-08	2,79E-08
	Ee	U,fs,t,ms		7,06E-09	
	AS	U,s*,t		1,84E-08	
	p/bZ	U,fs*,t,ms'		3,98E-08	
	Ee	U,s,t'		1,84E-08	
	p/SWS	U,s*,t'		1,84E-08	
	Ee	U,fs,ms,t'		1,96E-07	
	p/bZ	U,fs*,t',ms'		1,65E-07	
Sande, tonig, schluffig	Mg	S,t,u	3,58E-10	1,29E-09	2,23E-09
	p/bZ	S,t,u'		1,10E-08	
	Mg	S,u',t		4,84E-09	
	ASS	S,u',t,g'		1,84E-08	
	p/SWS	fS,ms',gs',u,t		5,67E-09	
	p/bZ	S,u,t	5,67E-09	1,34E-08	2,79E-08
	Mg	S,u,t,g'		5,67E-09	
	Mg	S,u*,t	1,10E-09	2,56E-08	9,04E-08
	Mg	fS,ms,t,u,gs'		2,79E-08	
	p/SWS	fS,ms',u',t		2,79E-08	
	BS	fS,u,ms,t		2,79E-08	
Sande, schwach tonig, schluffig	p/SWS	mS-fS,gs',u',t'		4,92E-09	
	Mg	S,u,t',fg'		2,79E-08	
	Mg	S,u',t'		3,73E-08	
	ASS	S,u,t',g*		9,04E-08	
	p/bZ	S,u',t',g'		9,04E-08	
	Mg	S,u,g,t'		9,04E-08	
	p/bZ	fS,u*,ms,t'	2,00E-09	1,54E-07	2,19E-06
	p/bZ	fS,u,ms,t'		2,30E-07	
	Mg	S,u,t',g'	2,79E-08	2,32E-07	8,88E-07
	p/SWS	mS,fs,gs',u',t'		2,99E-07	
	ASS	fS,ms,u',t',gs'		3,49E-07	
	Ee	S,u,t'		4,45E-07	
	p/bZ	fS,t',ms'		7,00E-07	
	p/SWS	G,s,u',t'		1,13E-06	
	p/SWS	fS,u,t'	3,06E-07	2,00E-06	1,80E-06
	BS	fS,u,ms',t'	1,13E-06	2,17E-06	3,20E-06
	Mg	fS,ms,t',u'		2,19E-06	
	h/K	fS,u,t',ms'	2,19E-06	2,53E-06	2,88E-06
	p/SWS	fS,ms,u',t'	3,66E-06	4,62E-06	6,05E-05
	p/bZ	S,g,u',t'	1,13E-06	1,70E-05	9,10E-04
Sande, schluffig	p/bZ	fS,u	2,00E-06	8,91E-05	4,56E-04
	p/SWS	fS,ms,gs',fg',u		2,00E-06	
	BS	fs,ms',u	4,64E-06	5,26E-06	5,57E-06
	FS	fS,ms,u	5,57E-06	3,92E-05	1,00E-04
	FS	fS,ms,u,gs'	5,57E-06	5,54E-05	1,08E-05

Tabelle 12. Fortsetzung.

Mi [m]	ki [m/s]	Mi*ki	Mi/ki
0,20	1,37E-03	2,74E-04	1,46E+02
0,30	1,96E-04	5,88E-05	1,53E+03
0,30	1,37E-03	4,11E-04	2,19E+02
0,30	8,80E-05	2,64E-05	3,41E+03
0,20	1,37E-03	2,74E-04	1,46E+02
1,30	1,09E-03	1,42E-03	1,19E+03
0,40	1,37E-03	5,48E-04	2,92E+02
0,30	2,61E-04	7,83E-05	1,15E+03
0,55	4,97E-04	2,73E-04	1,11E+03
0,02	1,35E-08	2,70E-10	1,48E+06
0,23	8,80E-05	2,02E-05	2,61E+03
0,40	3,60E-04	1,44E-04	1,11E+03
0,26	8,80E-05	2,29E-05	2,95E+03
0,20	4,23E-05	8,46E-06	4,73E+03
0,30	8,80E-05	2,64E-05	3,41E+03
0,10	1,35E-08	1,35E-09	7,41E+06
0,20	8,80E-05	1,76E-05	2,27E+03
1,89	4,23E-05	7,99E-05	4,47E+04
kv:	8,31E-07 m/s		
kh:	4,94E-04 m/s		
Mi:	Schichtmächtigkeiten		
ki:	k-Werte der Einzelschichten		

Tabelle 13. Die Ermittlung der vertikalen und horizontalen Durchlässigkeit aus den k-Werten von Einzelschichten.

Die oben angeführte Ermittlung von k-Werten für größere Schichtfolgen aus k-Werten der Einzelschichten erfolgt in der von DACHLER (1936) beschriebenen Weise den theoretischen Vorarbeiten SLICHTERs (1899) folgend. Danach gilt für die horizontale Durchlässigkeit:

$$k_h = \sum_{i=1}^{n} k_i \cdot M_i$$

Die horizontale Durchlässigkeit wird somit, wie von zahlreichen Autoren angegeben, ganz besonders von den durchlässigsten Schichten bestimmt, selbst wenn diese nur sehr geringmächtig sind. Für die vertikale Durchlässigkeit gilt:

$$k_v = \frac{\sum_{i=1}^{n} M_i}{\sum_{i=1}^{n} \frac{M_i}{k_i}}$$

Geologische Einstufung	kh [m/s]	kv [m/s]	kh/kv [ ]	
Beckenablagerungen, tonig	7,95E-09	3,89E-09	2,0	
Klei	1,02E-08	6,63E-09	1,5	
Klei	1,97E-08	5,97E-09	3,3	
Geschiebemergel	3,54E-05	1,00E-08	3524,0	*)
	3,54E-05	2,03E-07	174,4	**)
Torf	3,50E-08	3,18E-09	11,0	
Torf	2,93E-07	3,39E-09	86,4	
Torf	3,67E-07	4,31E-08	8,5	
Schmelzwassersande	1,48E-04	8,70E-05	1,7	
Schmelzwassersande	1,87E-04	1,46E-04	1,3	
Schmelzwassersande	1,83E-04	7,27E-05	2,5	
Schmelzwassersande	2,21E-04	1,60E-04	1,4	
Schmelzwassersande	2,49E-04	1,26E-04	2,0	
Schmelzwassersande	2,50E-04	2,15E-04	1,2	
Schmelzwassersande	2,61E-04	2,61E-04	1,0	
Schmelzwassersande	2,75E-04	2,18E-04	1,3	
Schmelzwassersande	3,89E-04	3,15E-04	1,2	
Schmelzwasserrinne	4,07E-04	1,50E-07	2713,3	*)
	4,07E-04	4,02E-06	101,2	**)
Schmelzwasserrinne	1,55E-04	6,07E-05	2,6	

*) Unter der Annahme durchgehender bindiger Schichten

**) Unter der Annahme linsenförmiger bindiger Schichten

Tabelle 14. Horizontale und vertikale Durchlässigkeitsbeiwerte von Grundwasserleitern und Grundwassergeringleitern ermittelt durch Superposition von k-Werten von Einzelschichten.

Die vertikale Durchlässigkeit wird somit besonders von den am geringsten durchlässigen Schichten bestimmt, selbst wenn diese nur sehr geringmächtig sind, vgl. u.a. LANGGUTH & VOIGT (1980).

Aus beiden Aussagen ist daher, wie im Abschnitt Untergrunderkundung betont, abzuleiten, daß bei der geologischen Aufnahme ganz besonders in ihrer Durchlässigkeit abweichende Schichten und andere geologische Strukturen zu erfassen sind, auch wenn sie nur sehr geringe Mächtigkeiten aufweisen. Betrachtet man bei der späteren Gefährdungsabschätzung die horizontale Schadstoffausbreitung, so sind insbesondere höher durchlässige waagerechte Schichten und geringdurchlässige vertikale Elemente (z.B. faziell bedingte laterale Wechsel

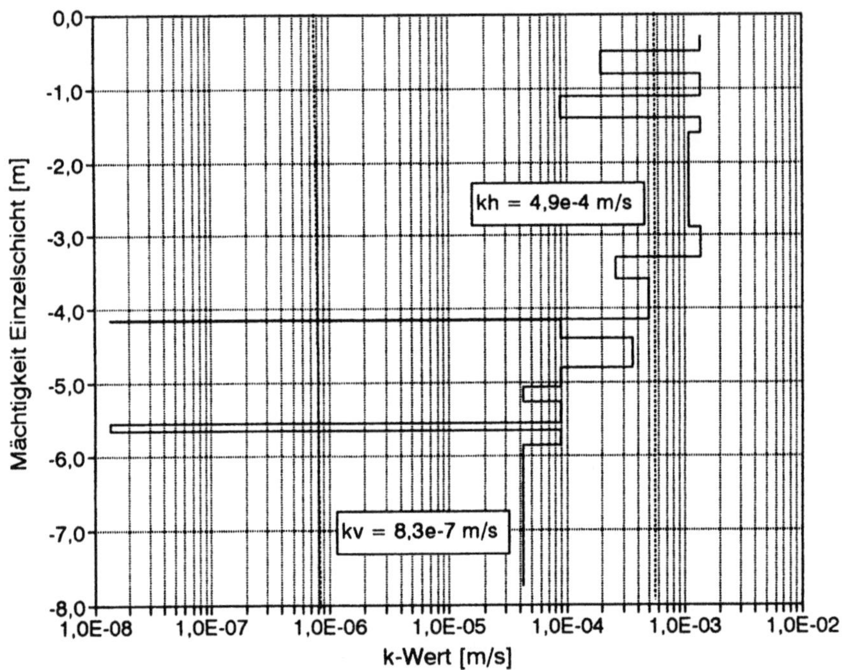

Abb. 84. K-Wert-Verteilung entlang des Bohraufschlusses, mit den durch Superposition ermittelten mittleren k-Werten für die horizontale und vertikale Durchlässigkeit.

im Tonanteil des Sediments) zu berücksichtigen, bei der vertikalen Schadstoffausbreitung waagerechte geringdurchlässige Schichten und senkrechte höher durchlässige Elemente (z.B. Wurzelröhren).

Die Ermittlung der vertikalen und horizontalen Durchlässigkeit aus den k-Werten von Einzelschichten ist beispielhaft in Tab. 13 für einen Grundwasserleiter, bestehend aus pleistozänen Schmelzwassersanden, durchgeführt. Die zugehörige Abb. 84 zeigt die k-Wert-Verteilung entlang des Bohraufschlusses. Die Ergebnisse bestätigen die oben gemachte Aussage, daß für die vertikale Durchlässigkeit insbesondere geringer durchlässige Zwischenschichten bestimmend sind, selbst wenn sie wie hier nur geringe Mächtigkeiten aufweisen. Die horizontale Durchlässigkeit dagegen liegt etwas unterhalb der größten Einzeldurchlässigkeiten.

Als Beispiel für eine Schichteinheit, deren hydraulische Eigenschaften ganz wesentlich von zwischengelagerten sehr durchlässigen Schichten bestimmt werden, wird nachfolgend ein Grundwasserleiter, bestehend aus pleistozänen Schmelzwassersanden vorwiegend der Feinsandfraktion vorgestellt, die zwischengelagert ausgedehnte, geringmächtige Lagen von grobsandigen Feinkiesen ohne feinkörnigere Fraktionen enthalten.

Abb. 85 zeigt die Feinsande und die Feinkieszwischenlagen im Bohrkern. Da die Feinkieslagen neben Grobsand nur einen sehr geringen Anteil feinkörnigerer Komponenten besitzen, ist ihr k-Wert sehr hoch und beträgt nach HAZEN abgeschätzt $k = 1,05 \cdot 10^{-2}$ m/s. Die Feinsande dagegen haben Durchlässigkeiten

Abb. 85. Pleistozäne Feinsande mit zwischengelagerten geringmächtigen grobsandigen Feinkiesschichten.

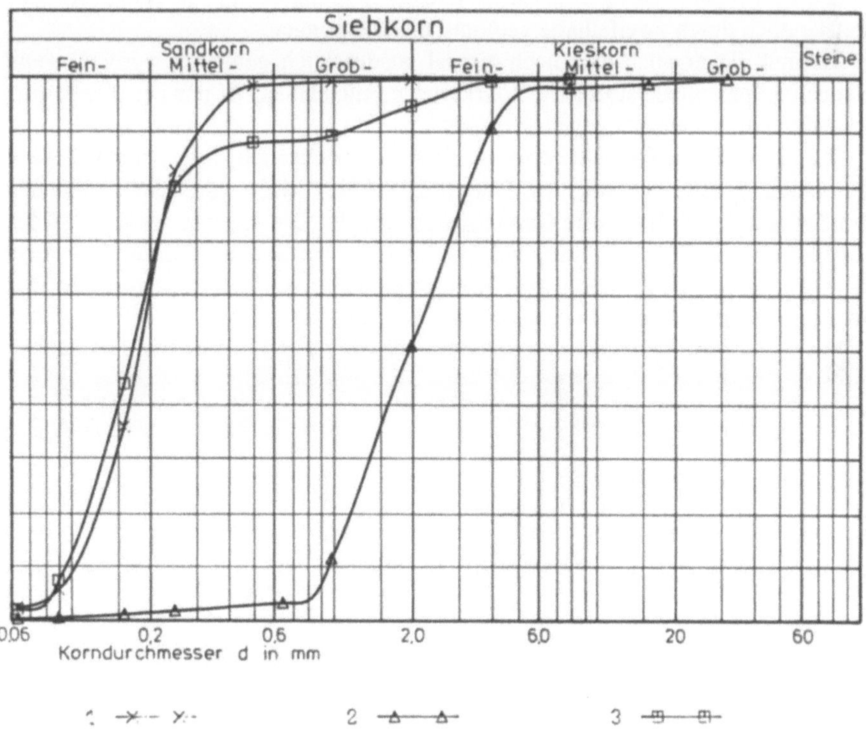

Abb. 86. Kornverteilungskurven der in Abb. 85 gezeigten Feinsande und Feinkiese.

1:      Feinsande, Kornverteilung bestimmt aus Kernprobe.

2:      Grobsandige Feinkiese, Kornverteilung bestimmt aus Kernprobe.

3:      Feinsande mit Grobsand- und Feinkieskomponente, bestimmt aus einer gestörten Bodenprobe, die als Mischprobe einzustufen ist.

von nur k = 1,15 · 10^{-4} m/s. Die Bohrkernaufnahme ergab, daß den insgesamt 10,16 m mächtigen Feinsanden zusammen 1,96 m Feinkieslagen zwischengelagert sind. Die an den Bodenproben aus den Bohrkernen ermittelten Kornverteilungen sind in Abb. 86 dargestellt.

Eine zusätzliche Auswertung der gestörten Bodenproben derselben Bohrung ergab keine einzige dieser Feinkieszwischenlagen, jedoch eine Kieskomponente in den Feinsanden. Die Kornverteilungskurve einer gestörten Bodenprobe ist ebenso in Abb. 86 dargestellt. Da aus den Ergebnissen der Bohrkerne der tatsächliche Untergrundaufbau bekannt ist, kann diese Kornverteilung als Resultat der bohrtechnisch bedingten Vermischung verschiedener Schichten gedeutet werden. Derartige Phänomene sind - insbesondere, wenn sie weniger ausgeprägt als im hier gezeigten Beispiel sind - an der Summenkurve nur undeutlich abzulesen. Die Kornklassenverteilung läßt nicht natürlich bedingte Korngrößenverteilungen sehr viel leichter erkennen, wie Abb. 87 zeigt. Dort tritt die in der Summenkurve angedeutete bimodale Verteilung der Korngrößen deutlich hervor. Derartige Verteilungen werden bei den untersuchten pleistozänen Böden sehr häufig festgestellt. Deren Deutung erfolgt dann oftmals sehr umständlich durch zweifelhafte geologische Erklärungen.

Es muß daher auch hier noch einmal ausdrücklich gefordert werden, wenn derartige Phänomene auftreten, Bohrkerne zu entnehmen, da nur bei diesen eine zuverlässige Probennahme gewährleistet ist.

Im vorliegenden Fall hätte eine auf einem ungenügenden Untergrundaufschluß beruhende Fehlbeurteilung des Grundwasserleiters einen ganz entscheidenden Einfluß auf das hydraulische Gesamtsystem gehabt. Die Interpretation des Bohrergebnisses der Trokenbohrung anhand der gestörten Bodenproben ergäbe einen homogenen, 10,16 m mächtigen Grundwasserleiter mit einer horizontalen und vertikalen Durchlässigkeit von k = 9,9 · 10^{-5} m/s.

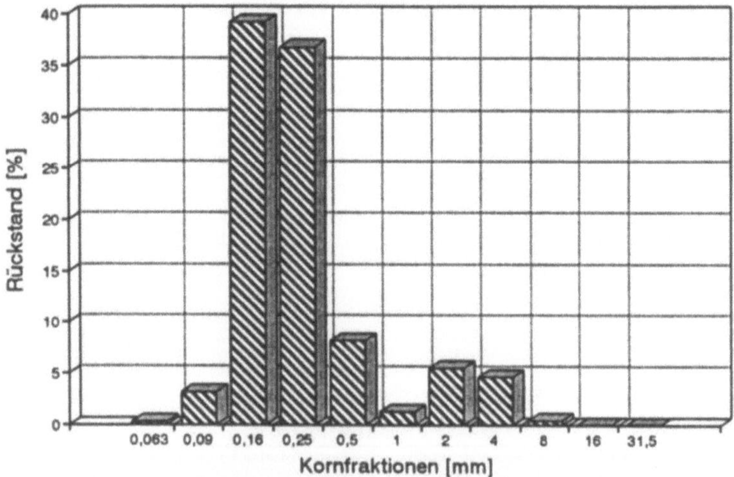

Abb. 87. Kornklassendarstellung von künstlich vermischten Schichten. Die Histogrammdarstellung enthält die in Abb. 86/3 als Kornsummenkurve gezeigte Kornverteilung und zeigt sehr viel deutlicher die Bimodalität.

Der Grundwasserleiter hat der Bohrkernauswertung zufolge jedoch einen mittleren k-Wert von k = 2,1 $\cdot$ 10^{-3} m/s für die horizontale Durchströmungsrichtung von von k = 1,4 $\cdot$ 10^{-4} m/s für die vertikale Durchströmungsrichtung.

Viel entscheidender ist jedoch, daß die Kiesschichten praktisch als Grundwasserleiter im Grundwasserleiter zu bewerten sind, die nahezu die gesamte strömende Wassermenge befördern. Bei einem Gefälle von i = 1,25 $\cdot$ 10^{-3} ergeben sich in den Kiesschichten Abstandsgeschwindigkeiten von v_a = 1400 m/a, in den Feinsandschichten von v_a = 13 m/a für die horizontale Durchströmung. Dagegen würden bei Bewertung ohne Kernaufnahme einheitlich Abstandsgeschwindigkeiten von lediglich v_a = 12 m/a abgeleitet. Dies würde für den Schadstofftransport um den Faktor 120 zu geringe Ausbreitungszeiten bedeuten.

Abgesehen davon wären auch hinsichtlich der Dispersionskoeffizienten völlig veränderte Annahmen zu treffen, vgl. dazu SCHRÖTER (1984).

2.1.11 Vergleich der Ergebnisse der verschiedenen Verfahren

Wie in den Abschnitten 2.1.6 und 2.1.10 dargestellt sind die Ergebnisse der Durchlässigkeitsversuche aufgrund ihrer Dimensionsabhängigkeit nicht ohne weiteres miteinander vergleichbar. Um die einzelnen Versuche hinsichtlich der Genauigkeit ihres Ergebnisses zu bewerten, können lediglich entweder die Werte für eine Einzelschicht oder aber in-situ ermittelte Werte für einen größeren Gebirgsausschnitt jeweils miteinander verglichen werden. Der direkte Vergleich der beiden Arten von Versuchsergebnissen kann lediglich über die Superposition der Werte der Einzelschichten erfolgen nach dem in Abschnitt 2.1.10 beschriebenen Verfahren.

Basierend auf einer vergleichenden Untersuchung der Ergebnisse von etwa 90 Pumptests (Absenkversuche, Wiederanstiegsversuche und Auffüllversuche), etwa 100 direkten Durchlässigkeitsversuchen und etwa 600 Abschätzungen nach Kornverteilungskurven werden nachfolgend erste Ergebnisse einer Bewertung der Genauigkeit der einzelnen Versuchsergebnisse vorgenommen. Diese Untersuchung liefert eine Tendenz, wie die Versuchsergebnisse im einzelnen zu werten sind. Für eine statistische Absicherung reicht die Anzahl der Versuchsergebnisse jedoch bei weitem noch nicht aus insbesondere bei den gering durchlässigen Böden.

Für die Bestimmung der Durchlässigkeit von Einzelschichten gilt:

– Der Kompressionsversuch liefert für sehr gering durchlässige Böden in der Größenordnung bis höchstens k = 10^{-8} m/s zuverlässige Ergebnisse, die mit den Werten für den direkten Durchlässigkeitsversuch bei geringen Auflasten gut übereinstimmen.

– Der direkte Durchlässigkeitsversuch liefert für sehr gering durchlässige Böden bis hin zu gut durchlässigen Böden mit Durchlässigkeiten bis etwa k = 10^{-3} m/s zuverlässige Ergebnisse. Insbesondere bei den gut durchlässigen Böden sind jedoch Korrekturen aufgrund der Reibungsverluste beim Versuch (Filtersteine, Schläuche) vorzunehmen. Für Böden im Durchlässigkeitsbereich

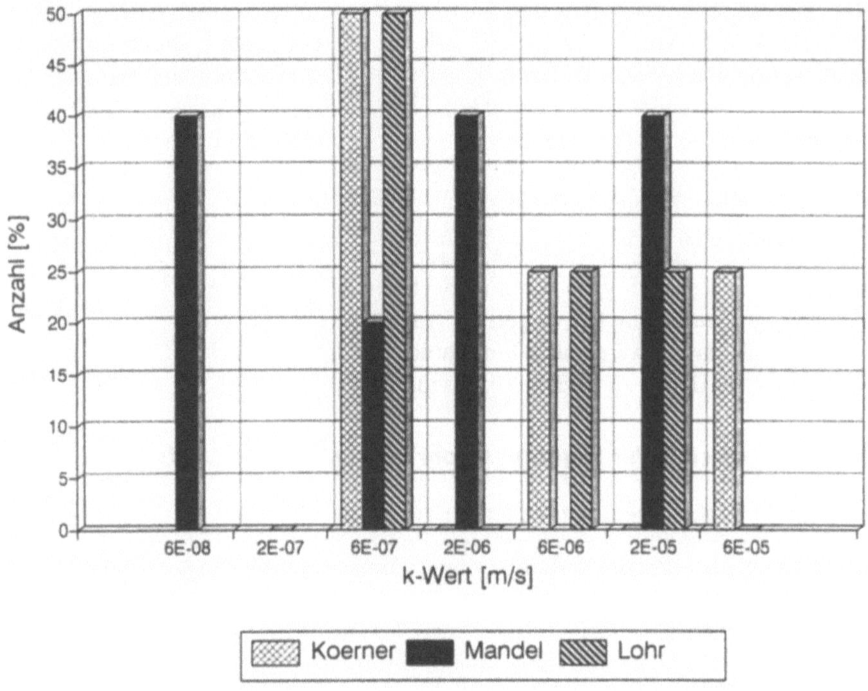

Abb. 88. Häufigkeitsverteilung der Durchlässigkeitsbeiwerte von Pumptests nach verschiedenen Auswerteverfahren. Dargestellt ist die Verteilung der k-Werte eines holozänen Grundwassergeringleiters bestehend aus Kleischichten. Die Abszissenwerte beziehen sich auf den jeweiligen rechten Klassenrand.

- von etwa k = 10^{-5} m/s bis k = 10^{-3} m/s gilt ferner, daß horizontale und vertikale Durchlässigkeit häufig stark differieren und üblicherweise nur vertikal entnommene Bodenproben zur Verfügung stehen. Umgeprägte kleinere Probenkörper liefern unzuverlässige Versuchsergebnisse.
- Die Abschätzungen nach der Kornverteilung liefern im gut durchlässigen Bereich zuverlässige Ergebnisse, wobei die Abschätzung nach BEYER, insbesondere auch wegen des großen Wertebereichs zu bevorzugen ist, vgl. Abb. 77. Wo es auf die horizontale Komponente der Durchlässigkeit ankommt, sind diese Werte dem direkten Durchlässigkeitsversuch vorzuziehen. Für etwas schluffige und tonige Sande ist die Abschätzung nach Zieschang recht zuverlässig. Erstaunlich gute Ergebnisse liefert für schluffige Sande die Abschlätzung nach LAMPL/KEZDI, jedoch sollte bei diesen Böden, sofern ungestörte Bodenproben vorhanden sind, auf den direkten Durchlässigkeitsversuch zurückgegriffen werden.

Insgesamt sind für die Bestimmung der Durchlässigkeiten in der ganzen Spannweite der vorkommenden k-Werte pleistozäner und holozäner Lockergesteine mindestens folgende Versuche erforderlich:

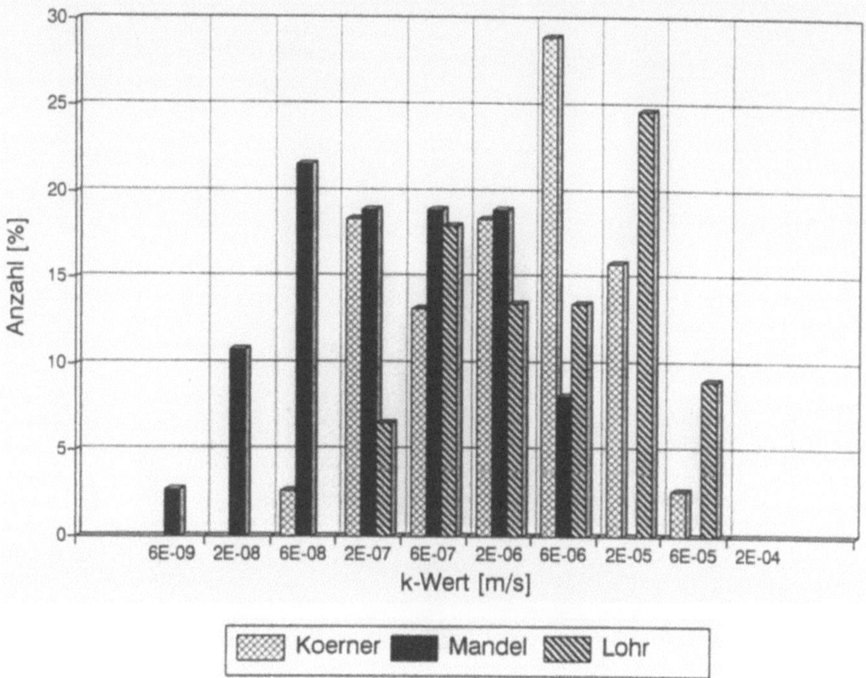

Abb. 89. Häufigkeitsverteilung der Durchlässigkeitsbeiwerte von Pumptests nach verschiedenen Auswerteverfahren. Dargestellt ist die Verteilung der k-Werte eines holozänen Grundwassergeringleiters bestehend aus Torfen, Mudde- und Kleischichten. Die Abszissenwerte beziehen sich auf den jeweiligen rechten Klassenrand.

– der direkte Durchlässigkeitsversuch,
– die Abschätzung nach BEYER.

Die Überprüfung der Genauigkeit von Pumptests bereitet sehr viel größere Schwierigkeiten. Pumpversuchsergebnisse zum Vergleich der Werte für gut durchlässige Böden liegen nicht in ausreichender Menge vor. Im gering durchlässigen Bereich gibt es gar keine vergleichbaren Versuchsergebnisse.

Geht man davon aus, daß mit dem Pumptest in etwa die horizontale Durchlässigkeit einer Einheit erhalten wird, so wäre bei einer statistischen Auswertung zu erwarten, daß die Pumptestergebnisse im oberen Bereich der Ergebnisse der Versuche an Einzelschichten anzusiedeln wären. Dies ist jedoch nicht durchgängig der Fall, sondern lediglich bei den gering durchlässigen Böden. Dies zeigt ein Vergleich der Häufigkeitsverteilungen von k-Werten an Klei, die durch Pumptests ermittelt wurden auf Abb. 88 mit der in Abb. 78 angegebenen Häufigkeitsverteilung beruhend auf direkten Durchlässigkeitsversuchen der Einzelschichten. Je nachdem welches Auswerteverfahren zugrunde gelegt wird, streuen die Ergebnisse der Pumptests zwischen $k = 2 \cdot 10^{-8}$ m/s und $k = 2 \cdot 10^{-6}$ m/s, während das Maximum der Ergebnisse der Durchlässigkeitsversuche zwischen $k = 6 \cdot 10^{-9}$ m/s und $k = 2 \cdot 10^{-8}$ m/s

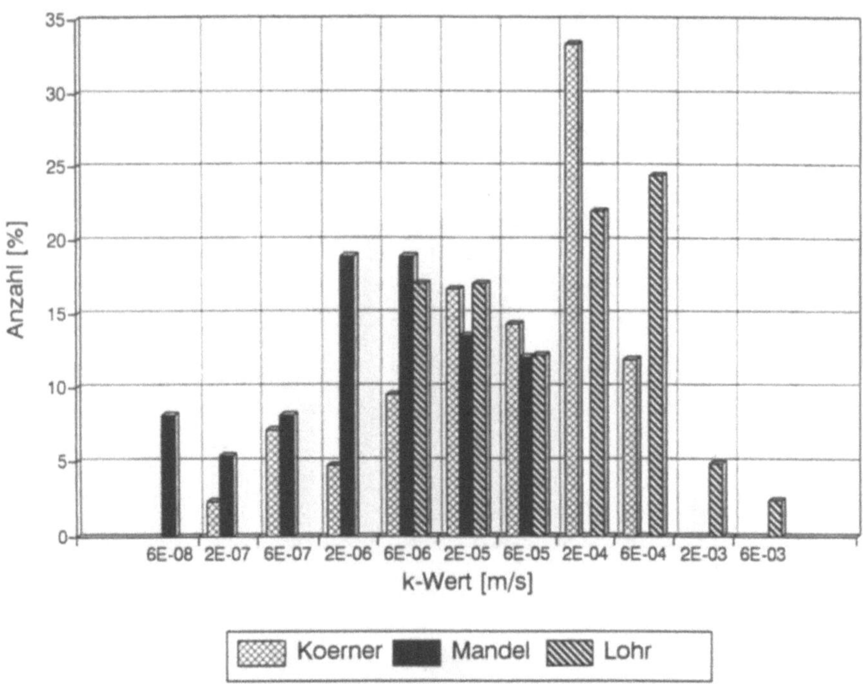

Abb. 90. Häufigkeitsverteilung der Durchlässigkeitsbeiwerte von Pumptests nach verschiedenen Auswerteverfahren. Dargestellt ist die Verteilung der k-Werte eines holozänen Grundwasserleiters bestehend aus Torfen, Schmelzwassersanden. Die Abszissenwerte beziehen sich auf den jeweiligen rechten Klassenrand.

liegt. Dies dürfte vorwiegend darauf zurückzuführen sein, daß mit den Pumptests kein stationärer Zustand erreicht wurde. Weiterhin hat das jeweilige Auswerteverfahren der Pumptests erheblichen Einfluß auf die Größe der Meßwertabweichungen. Für gering durchlässige Böden ergeben sich den durchgeführten Versuchen zufolge nach MANDEL die besten Näherungen. Solange jedoch nicht sehr lange Versuchszeiten in Kauf genommen werden, ist die Durchführung mehrerer direkter Durchlässigkeitsversuche und eine detaillierte geologische Aufnahme zur Erfassung höher durchlässiger Zwischenschichten den Pumptests vorzuziehen.

Bei den Böden im mittleren Durchlässigkeitsbereich - hier überwiegend Torfen - ist die Abweichung der Ergebnisse geringer. Wie ein Vergleich der Häufigkeitsverteilungen der Ergebnisse der Pumptests auf Abb. 89 mit der Häufigkeitsverteilung der Ergebnisse der direkten Durchlässigkeitsversuche an Einzelschichten auf Abb. 79 zeigt, stimmen dort die Maxima bei einer Auswertung der Pumptests nach MANDEL, die vergleichbar geringe k-Werte liefert, sogar nahezu überein. Setzt man voraus, daß sich hier die Einzelschichten mit Durchlässigkeiten von $k = 2 \cdot 10^{-7}$ m/s bis $k = 6 \cdot 10^{-6}$ m/s auf die horizontale Durchlässigkeit deutlich auswirken, so wäre davon auszugehen, daß die Näherungslösung nach KÖRNER, die im Vergleich mittlere k-Werte liefert, im mittleren Durchlässigkeitsbereich vorzuziehen ist.

Ein gegensätzliches Verhalten zeigen die höher durchlässigen Böden, hier Schmelzwassersande. Wie ein Vergleich der Häufigkeitsverteilungen der Ergebnisse der Pumptests auf Abb. 90 mit der Häufigkeitsverteilung der direkten Durchlässigkeitsversuche an Einzelschichten auf Abb. 81 zeigt, liegt das Maximum der Ergebnisse der Pumptests stets unter dem Maximum der Durchlässigkeiten der Einzelschichten. Da bei diesen Böden der Beharrungszustand im Versuch stets in guter Näherung erreicht war, sind die Ergebnisse vergleichbar. Die Mehrzahl der durchgeführten Pumptests wurde im ungespannten Grundwasser in anisotropen Grundwasserleitern ausgeführt. Es ist daher davon auszugehen, daß in diesem Fall die Pumptestergebnisse nicht die horizontale Komponente der Durchlässigkeit ergeben, sondern auch eine beträchtliche vertikale Durchlässigkeitskomponente enthalten. Daher sind die Ergebnisse der Pumptests hier eher im Mittelfeld der Ergebnisse der Einzelversuche anzunehmen.

Die geringsten Abweichungen der Maxima von etwa einer halben Zehnerpotenz ergeben sich bei der Auswertung der Pumptests nach LOHR oder BOGOMOLOW, die im Vergleich große k-Werte liefern.

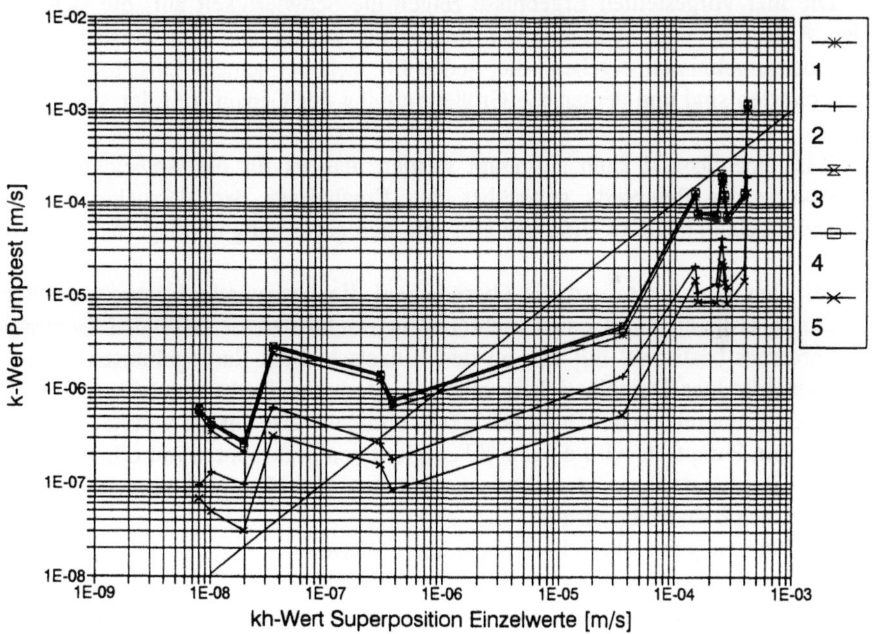

Abb. 91. Vergleich der durch Superposition der k-Werte von Einzelschichten gewonnenen horizontalen Durchlässigkeitsbeiwerte für die gesamte Einheit mit den Ergebnissen der Pumptests nach verschiedenen Auswerteverfahren.

1:    Auswertung der Pumptests nach Körner,
2:    Auswertung der Pumptests nach Gilg-Gavard,
3:    Auswertung der Pumptests nach Lohr,
4:    Auswertung der Pumptests nach Bogomolow,
5:    Auswertung der Pumptests nach Mandel.

Zur weiteren Abstützung der oben beschriebenen Ergebnisse wurden die Ergebnisse von Pumptests in Bohrungen, aus denen eine Vielzahl von Durchlässigkeitsversuchen an Einzelschichten vorliegen, verglichen mit den Ergebnissen der Superposition der k-Werte nach dem in Abschnitt 2.1.10 beschriebenen Verfahren. Tab. 14 zeigt die Ergebnisse dieser Superposition für verschiedene Meßstellen in Grundwasserleitern und Grundwassergeringleitern. Der Grad der Anisotropie spiegelt sich in den Verhältniswerten k_h/k_v wieder, die überwiegend in einem Bereich von 1 bis 3 liegen, vereinzelt jedoch deutlich höhere Werte bis in den dreistelligen Bereich annehmen.

In Abb. 91 sind die so durch Superposition gewonnenen k_h-Werte den Ergebnissen der Pumptests gegenübergestellt. Es zeigt sich dasselbe Verhalten: Bei gering durchlässigen Böden haben die Pumptests größere Werte, bei gut durchlässigen Böden geringere Werte, im Mittelfeld stimmen die Werte etwa überein. Sehr deutlich wird der große Unterschied der Ergebnisse der verschiedenen Auswerteverfahren deutlich, der auf der unterschiedlichen Annahme der sich im Pumptest ausbildenden Sickerlinie bedingt ist. Der nahezu parallele Verlauf der Kurven ist durch die Auswahl der in dieser Abbildung dargestellten Verfahren bedingt, die sich lediglich in Konstanten unterscheiden.

Die hier vorgestellten Ergebnisse zeigen die Schwierigkeit auf, die sich bei der Ableitung von hydraulischen Bemessungswerten aus den verschiedenen Versuchsergebnissen ergeben, die, jedes für sich betrachtet, Einschränkungen unterworfen sind und deuten die Größenordnung der Genauigkeit der Verfahren an.

Zusammenfassend kann ausgesagt werden, daß es für die Abweichung der Meßwerte der Pumptests gegenüber den Ergebnissen der Versuche an den Einzelschichten mehrere Ursachen gibt, die sich gegenseitig überlagern:

- Mit den Pumptests wird die überwiegend die horizontale Komponente der Durchlässigkeit eines einen mehrere Einzelschichten umfassenden Gebirgsbereiches bestimmt, mit den an den Einzelschichten durchgeführten Versuchen (direkter Durchlässigkeitsversuch) alternativ die horizontale oder vertikale Komponente der Durchlässigkeit, üblicherweise nur die vertikale.
- Mit den Pumptests wird die Durchlässigkeit von Makroporen mit erfaßt.
- Die Pumptests erreichten insbesondere bei den Grundwassergeringleitern nicht den Beharrungszustand.
- Die Näherungsverfahren liefern ungenaue Werte.

Eine Entscheidung darüber, welcher Art die jeweiligen Abweichungen des Ergebnisses im einzelnen sind und welcher der oben beschriebenen Effekte welchen Beitrag zur Abweichung der Ergebnisse liefert, kann zum jetzigen Zeitpunkt der Untersuchungen nicht gefällt werden.

2.2 Bestimmung der effektiven Porosität

Die Bestimmung der effektiven Porosität der untersuchten Böden ist notwendig zur Ermittlung von Abstandsgeschwindigkeiten, deren Kenntnis wiederum wesentlich für die Gefährdungsabschätzung ist.

Die effektive Porosität läßt sich versuchstechnisch mittels Säulendurchlaufversuchen (KLOTZ 1986) bestimmen oder im Feld mit dem hydrologischen Pumpversuch unter Zugabe von Tracern (HALEVY & NIR 1962). Dabei geht man den umgekehrten Weg, den man bei der Gefährdungsabschätzung später beschreitet. Man bestimmt die Abstandsgeschwindigkeit im Versuch, und aus dem Quotienten von Filter- und Abstandsgeschwindigkeit ergibt sich die effektive Porosität.

Daneben gibt es noch die Möglichkeit, die effektive Porosität aus der Kornverteilung oder nach anderen Parametern abzuschätzen. Eine Zusammenstellung dieser Verfahren geben BEYER & SCHWEIGER (1969). Von JOHNSON (1967) wurde eine Vielzahl von Korrelationen anhand von Versuchsergebnissen durchgeführt. Mit diesen Ergebnissen können Porositäten nach der Kornverteilung sehr genau abgeschätzt werden. Für den überwiegenden Anteil an Böden ist für Gefährdungsabschätzungen eine derartige Abschätzung der effektiven Porosität völlig ausreichend.

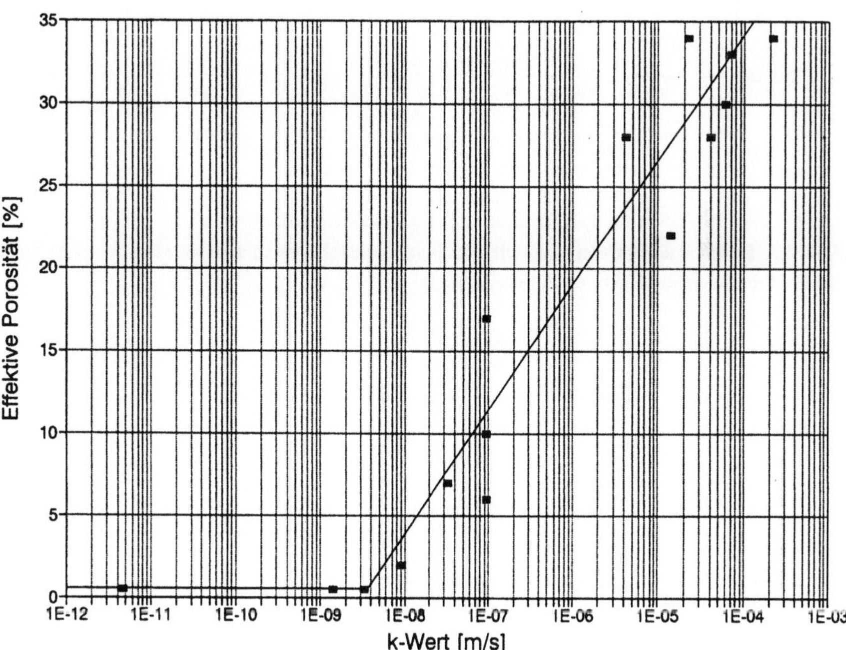

Abb. 92. Semiempirischer Zusammenhang zwischen k-Wert und effektivem Porenvolumen. Die Darstellung enthält die von JOHNSON (1967) und KLEIN (1954) angegebenen Werte in einer vereinfachenden Darstellung zur näherungsweisen Ermittlung in Abhängigkeit vom k-Wert.

Zur Vereinfachung wird hier ein semiempirischer Zusammenhang zwischen k-Wert und effektivem Porenvolumen angenommen in Anlehnung an KLEIN (1954) und JOHNSON (1967). Deren Ergebnisse sind in Abb. 99 zusammen mit einer Ausgleichskurve angegeben. Zur Verbesserung der Abschätzungen bei ungleichförmigen Sanden können die Ergebnisse nach dem Ungleichförmigkeitsgrad von Hand korrigiert werden. Dazu sind die Originaldaten der o.a. Arbeiten heranzuziehen.

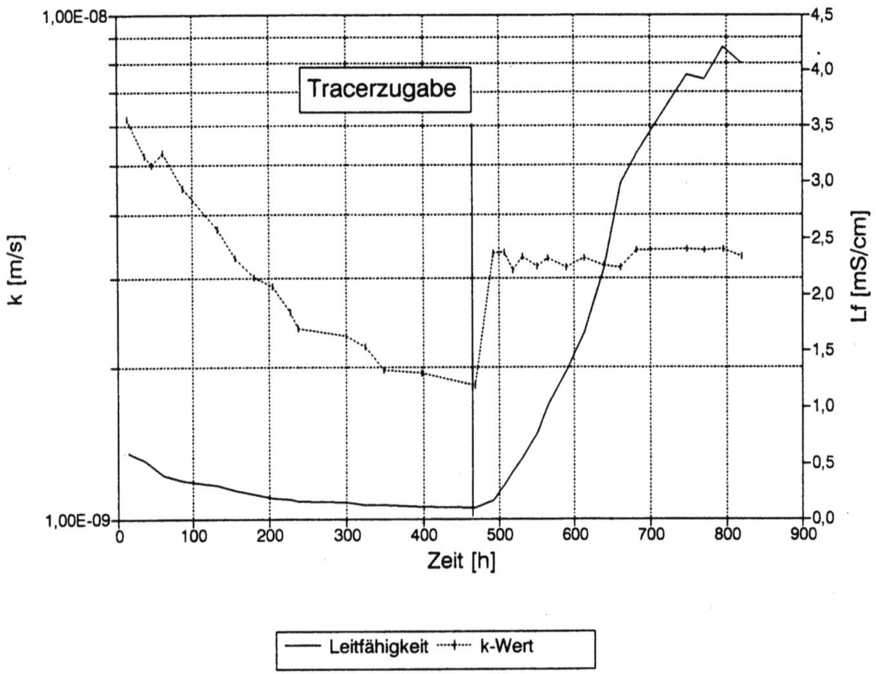

Abb. 93. Durchbruchskurven ermittelt mit Durchlaufsäulenversuchen an stark tonigen Torfen zur Bestimmung des effektiven Porenvolumens.

Boden	Richtung	k-Wert [m/s]	n_{eff} [%]
Torf, stark zersetzt - mäßig zersetzt	vertikal	$2,4 \cdot 10^{-8}$	3,5
	horizontal	$1,0 \cdot 10^{-7}$	20,0
Torf, schwach zersetzt mit Klei-Zwischenlage	vertikal	$3,3 \cdot 10^{-9}$	3,8
Mudde	vertikal	$1,1 \cdot 10^{-9}$	2,7

Tabelle 15. Untersuchung stark organischer Böden: Durchlässigkeit und effektives Porenvolumen von Torfen und Mudden an der Deponie Wesermarsch.

Nur bei

- ausgesprochen inhomogenen Böden,
- ausgesprochen anisotropen Böden und bei
- Böden, die nicht aus kugeligen Partikeln bestehen

sind in Ausnahmefällen Labor- und Feldversuche angebracht. So waren bei den Untersuchungen an der Deponie Wesermarsch-Mitte einige Versuche zur Bestimmung des effektiven Porenvolumens von Torfen und Mudden notwendig. Die Ergebnisse werden nachfolgend kurz mitgeteilt.

Zur Ermittlung des effektiven Porenvolumens wurden einfache Durchlaufsäulenversuche mit NaCl als Tracer durchgeführt. Die Durchbruchskurven sowie die zeitliche Veränderung des k-Werts sind für zwei ausgewählte Versuche in Abb. 93 dargestellt. Die Auswertung der Versuche ergab die in Tabelle 15 dargestellten Meßwerte.

Die Ergebnisse zeigen, daß der Torf nicht nur hinsichtlich seines k-Wertes sondern auch hinsichtlich seines effektiven Porenvolumens stark anisotrop ist. Ferner sind die Werte des effektiven Porenvolumens für diese organischen Böden deutlich höher, als sie bei gleichen Durchlässigkeitsbeiwerten für mineralische Böden zu erwarten sind.

Die Sickerwassermeßstellen sollten so tief wie möglich abgeteuft werden; ein Durchteufen der Deponiesohle ist jedoch aus Gründen des Grundwasserschutzes zu vermeiden. Da meist die genaue Höhenlage der Deponiebasis unbekannt ist, müssen die Meßstellen zur Sicherheit etwas höher angeordnet werden.

Teil IV

Besondere Anforderungen an hydraulische Verfahren zur Ermittlung des Gefährdungspotentials von Altlasten

1 Einleitung

Aufbauend auf der Ermittlung der Datengrundlage, die im Teil III beschrieben ist, werden hier Berechnungsverfahren und Abschätzungen durchgeführt, die im Zusammenhang mit der Gefährdungsabschätzung und der Aufstellung des Beweissicherungsplanes häufig vorkommen. Vorrangig wird dabei untersucht, wie und in welchen Mengen die im Sickerwasser von Deponien und Altlasten enthaltenen Schadstoffe in den Untergrund gelangen und dann in die Umgebung verfrachtet werden.

In einem ersten Schritt werden die Transportmechanismen für den Schadstofftransport im Untergrund umrissen, publizierte Berechnungsverfahren für Strömungs- und Transportvorgänge im Grundwasser vorgestellt und daraufhin untersucht, wie diese auf Deponien und Altlasten angewandt werden können.

Darauf aufbauend werden das Emissionsverhalten von Deponien aufgezeigt und die einzelnen daran beteiligten Vorgänge beschrieben. Es wird untergliedert in Emission, Transport und Immission. Einzelne Vorgänge erhalten dabei eine besonders ausführliche Darstellung: So werden die im Deponiekörper sich ausbildende Sickerwasserstandslinie ausführlich behandelt und aus ihrer meßtechnischen Erfassung mögliche Ableitungen aufgezeigt. Ferner werden die Tiefenverlagerung der Schadstoffahne und Ansätze für Wasser- und Stoffbilanzierungen erörtert.

2 Berechnungsverfahren für Transportvorgänge im Grundwasser

Die Emission von Schadstoffen über das Grundwasser stellt bei Altlasten den wesentlichen Emissionspfad dar. Daher ist die Bestimmung des Stofftransports im Grundwasser die Voraussetzung für eine zutreffende Abschätzung der Gefahren, die von diesen Deponien für die Umwelt ausgehen.

Als notwendige Grundlage zur Bestimmung des Emissionsverhaltens sind auszuarbeiten:

- ein hydrogeologisches Modell des Untergrundes, das die Struktur des Untergrundes sowie die hydraulischen Eigenschaften der unterschiedenen Einheiten wiedergibt und mögliche Emissionswege aufzeigt, vergleiche dazu Abschnitte I 2.1.2 ff,
- die raum-zeitliche Druckhöhenverteilung,
- der raum-zeitliche Chemismus des Grundwassers.

2.1 Bestimmung der Schadstoffausbreitung - Stofftransport

Als Grundlage der Gefährdungsabschätzung ist stets die Frage nach in der Vergangenheit stattgefundenen Stofftransportprozessen zu stellen und, aufbauend auf diesen, nach den voraussichtlich in der Zukunft ablaufenden Stofftransportprozessen.

Dabei geht es vorrangig um die Migration der im Deponiesickerwasser vorhandenen Schadstoffe im Grundwasserleiter und Grundwassergeringleiter. Der Stofftransport in der ungesättigten Bodenzone ist von untergeordneter Bedeutung, da der Abstand der Deponiesohle zum Grundwasser meist um Größenordnungen kleiner als die schon stattgefundene Ausbreitung der Schadstoffahne im Grundwasser ist. Die Behandlung von Stofftransportprozessen in der ungesättigten Bodenzone erhält erst im Stadium der Sanierung oder Sicherung - z. B. durch eine Oberflächenabdeckung - entscheidende Bedeutung.

Um Schadstofftransportprozesse aufzuschlüsseln, sind stets zwei Ansätze zu wählen:

- ein hydraulisch-mathematischer Ansatz, zur Abschätzung, wie und in welcher Menge Emissionen möglich sind,
- ein hydrochemischer Ansatz, zur Überprüfung, welche Emissionen tatsächlich schon stattgefunden haben.

Der hydraulisch-mathematische Ansatz besteht streng genommen aus der
Aufstellung einer Stofftransportgleichung und deren Lösung, die üblicherweise
eine numerische ist. Eine Vielzahl solcher Modelle und deren Lösungen werden
u.a. bei LUCKNER & SCHESTAKOW (1985), MULL et al. (1979) und DVWK
(1987) beschrieben. Derartige Transportmodelle sind jedoch zur Bestimmung des
Emissionsverhaltens von Deponien und Altlasten aus folgenden Gründen
üblicherweise nicht sinnvoll einsetzbar :

- die Randbedingungen der Differentialgleichungen sind meist nicht bekannt
  oder nur mit hohem Aufwand zu ermitteln.
- das Deponiesickerwasser enthält eine Vielzahl unterschiedlicher Schadstoffe,
  deren Konzentration räumlich und zeitlich unterschiedlich ist. Jeder dieser
  Stoffe hat ein unterschiedliches Diffusions- und Retentionsverhalten.
- die Durchführung derartiger numerischer Modellrechnungen ist zu kostenintensiv, wenn die Randbedingungen ermittelt und nicht so lange variiert
  werden, bis stimmige Ergebnisse vorliegen. Zur Sensitivität hinsichtlich der
  Eingangsparameter derartiger Modelle - selbst wenn sie nur den konvektiven
  Term enthalten - vgl. HEIDERMANN (1989).

Grundsätzlich ist jedoch das Wissen um die Art der am Stofftransport beteiligten
Teilprozesse, deren Zusammenwirken und deren mathematische Beschreibung
wesentlich für durchzuführende Abschätzungen.
Der hydrochemische Ansatz besteht aus einer Auswertung des räumlich-zeitlichen Zustandes des Grundwasserchemismus im Abstrombereich der Deponie
verglichen mit dem unbeeinflußten Grundwasser. Er besteht im einfachsten Fall
eindeutiger hydrochemischer Verhältnisse aus einem qualitativen Vergleich von
Analysenprotokollen, in schwierigen Fällen aus einer Lösung mehrdimensionaler
statistischer Probleme.

2.2 Abschätzung von Stofftransportprozessen

Da wie oben angeführt zur Ermittlung des Stofftransportes im Abstrom von
Altlasten die Aufstellung einer Stofftransportgleichung nicht zum Ziel führt, sind
für eine Abschätzung der Transportzeiten und transportierten Stoffmengen,
jeweils bezogen auf den Einzelfall einer untersuchten Deponie, Vereinfachungen
hinsichtlich der Betrachtung der einzelnen Teilprozesse vorzunehmen.
Nach LUCKNER & SCHESTAKOW (1985), HOFFMANN (1986) u.a. sind folgende
Teilprozesse am Transport der im Sickerwasser gelösten Stoffe in der gesättigten
Zone beteiligt:

- der **konvektive Stofftransport**, d.h. die Bewegung von im Wasser gelösten
  Stoffen, dem hydraulischen Gradienten mit dem Grundwasser folgend,
- der **dispersive Stofftransport**, d.h. der longitudinale oder transversale
  Transport infolge hydrodynamischer Makrodispergierung der gelösten Stoffe

aufgrund der Aquifereigenschaften. Er läuft nur ab bei stattfindender Konvektion.

– der **diffusive Stofftransport** infolge eines vorhandenen Konzentrationsgradienten der gelösten Stoffe.

Alle anderen Prozesse wie Speicherung, Phasenaustausch und Umwandlungsprozesse, z.B. Assoziation, Sorption etc. tragen zur Retention, d.h. zu einem Schadstoffrückhalt bei. Da diese Prozesse jedoch nur endliche Zeiten lang stattfinden und überwiegend reversibel sind, ist es in den meisten Fällen geboten, sie bei der Bewertung der Gefahrenlage auf der sicheren Seite liegend zu vernachlässigen.

In der klassischen Hydrogeologie ist es gängige Praxis, den Stofftransport auf eine ausschließliche Betrachtung der Konvektion zu reduzieren mit der Begründung, daß Diffusion und Dispersion hinlänglich klein gegenüber der Konvektion seien. Diese undifferenzierte Einstellung bedarf bei der Untersuchung von Deponien einer Überprüfung am Einzelfall. Da Diffusions- und Dispersionskoeffizienten in der Praxis kaum zuverlässig bestimmt werden können und die wenigen publizierten Werte selten auf den Anwendungsfall direkt übertragbar sind, sollten in der Praxis Abschätzungen durchgeführt werden. Eine Reihe erster Abschätzungen für die an den untersuchten Deponien auftretenden Rahmenbedingungen werden in den Abschnitten 2.2.2 und 2.2.3 vorgestellt. Damit soll vorrangig überprüft werden, ob die üblicherweise vorgenommene Vernachlässigung von Diffusion und Dispersion zulässig ist. Vergleichbare Untersuchungen haben SCHNEIDER & GÖTTNER (1991) für Tone durchgeführt, die zu ähnlichen Ergebnissen ihrer Abschätzungen kommen.

2.2.1 *Konvektiver Stofftransport*

Die Bewegung des Grundwassers in der gesättigten Zone eines Porengrundwasserleiters erfolgt gemäß den Gesetzen der Filterströmung, auf die hier im einzelnen nicht eingegangen, sondern auf BUSCH & LUCKNER (1974, 172ff) und LANGGUTH & VOIGT (1980, 34ff) verwiesen wird. Einen geschichtlichen Überblick geben LOHMANN et al. (1946).

In Tabelle 16 sind die mathematischen Grundformeln zur Grundwasserströmung mit den Originalzitaten und einer kurzen Kommentierung angegeben. Für Strömungsprobleme, die in der Praxis selten Anwendung finden, beziehungsweise vernachlässigbar sind, sind der Vollständigkeit halber lediglich die Zitate angegeben. Auf die in der Tabelle 16 angegebenen Grundformeln lassen sich die im Abschnitt 3.2 angegebenen Formeln zurückführen.

Der mit den Arbeiten von SEELHEIM (1880) und HAZEN (1892) beschrittene zweite Weg zur Lösung von Strömungsproblemen, der in einer Anwendung der Regeln der Rohrdurchströmung nach NAVIER (1823) & STOKES (1845) und HAGEN (1839) / POISEUILLE (1842) auf Böden besteht und von SLICHTER (1899), TERZAGHI (1925), KOZENY (1927) und FAIR & HATCH (1933) fortgeführt wurde, findet hier keine Anwendung. Es wird auf die Abschätzung von k-Werten von Böden im Abschnitt III 2.1 verwiesen.

Mathematische Formel	Zitat	
$$q = C \cdot D^4 \cdot \frac{\Delta h}{L}$$	NAVIER (1823) STOKES (1845)	Strömung durch Röhren
$$q = k \cdot A \cdot \frac{\Delta h}{L}$$	DARCY (1856)	Darcys Gesetz der Filterströmung in der ursprünglichen Notierung
$$q = -\nabla h$$	SLICHTER (1899)	Verallgemeinerung von Darcys Gesetz in der Laplace'schen Form
$$aq + bq^2 = -\nabla h$$	FORCHHEIMER (1901)	Nicht-lineare Form für Strömung bei hohen Reynoldszahlen

Weitere Anwendungen:

Nicht-homogene Böden:	BOUSSINESQ (1904), IRMAY (1953)
Anisotrope Böden:	SCHNEEBELI (1953), FERRANDON (1954)
Kompressible Flüssigkeiten:	MUSKAT (1937)
Instationäre Strömung:	BOUSSINESQ (1904), POLUBARINOVA-KOCHINA (1952)

Tabelle 16. Grundlegende Formeln der Grundwasserströmung

Abkürzungen:

q	:	Durchflußrate	h	:	Druckhöhe
a,b,c	:	Konstanten	L	:	Länge
D	:	Rohrdurchmesser	k	:	Durchlässigkeitsbeiwert

Die zahlreichen, aus den Grundgleichungen der Filterströmung abgeleiteten und in der Literatur veröffentlichten Berechnungsverfahren sind vorwiegend veranlaßt durch:

- die Entwicklung möglichst effizienter Wassergewinnung (vgl. u.a. MATTHESS & ULBELL (1983), TEN CHOW (1964), WALTON (1970),
- die Lösung grundbautechnischer Probleme (vgl. DACHLER 1936, KYRIELEIS & SICHARDT 1930).

Fragen des Grundwasserschutzes sind erst in neuerer Zeit Ursache für vertiefte Forschungsarbeiten, beginnend mit eingehenden Untersuchungen zur Ausweisung von Wasserschutzgebieten (MATTHESS et al. 1984) bis hin zur Altlastenproblematik (FRANZIUS et al. 1988) und der Entwicklung sicherer atomarer Endlager (THURY & ZUIDEMA 1988).

Die Frage nach dem Grundwasserschutz verlangt einen veränderten Ansatz in den Berechnungsverfahren. Die Bestimmung des räumlich-zeitlichen Ausbreitungsverhaltens auch kleiner Wassermengen hat Vorrang vor einer möglichst genauen Berechnung von strömenden Wassermengen, wie es z.B. bei der Dimensionierung von Entnahmebrunnen notwendig ist. Von daher reicht oftmals die Ermittlung der Ausbreitungsgeschwindigkeit, d.h. der Abstandsgeschwindigkeit v_a aus den ermittelten hydraulischen Parametern für die Beschreibung des Emissionsverhaltens im Vordergrund. Anzustreben ist vorerst ein möglichst großer Detaillierungsgrad bei den stattfindenden Teilströmungen hinsichtlich der unterschiedlichen hydrogeologischen Einheiten und hinsichtlich anisotroper und inhomogener Eigenschaften von geologischen Einheiten. Erst in der weiteren Bearbeitung sollten dann unterschiedene geologische Einheiten sinnvoll zusammengefaßt werden.

Eine Quantifizierung strömender Wassermengen im Grundwasserleiter und Grundwassergeringleiter ist von nachgeordneter Bedeutung für die Gefährdungsabschätzung, sie erhält nur dort größere Bedeutung, wo eine Infiltration von Grundwasser in Oberflächengewässer stattfindet. Dann nämlich ist der Grad der Gewässerverschmutzung zu bestimmen. Eine exakte Bestimmung strömender Wassermengen bleibt der Sanierungsplanung vorbehalten. Sie ist insbesondere dann mit besonderer Sorgfalt durchzuführen, wenn hydraulische Maßnahmen zur Sicherung von Deponien vorgesehen sind.

Zur Bewertung des Emissionsverhaltens von Deponien ist jedoch die Gesamtmenge im Untergrund verbleibenden emittierten Sickerwassers von Interesse. Daher sollte eine Wasserbilanz der Deponie aufgestellt werden, die jedoch in vielen Fällen aufgrund einer unzureichenden Datengrundlage scheitert. Häufig liefern jedoch auch grobe Abschätzungen einen Beitrag zur Bewertung des Emissionsverhaltens.

Aus diesen Ausführungen folgt, daß für die Gefährdungsabschätzung von Hausmülldeponien, bei denen keine akute Gefährdung, z.B. bei Trinkwassergewinnungsanlagen im Abstrom, stattfindet, Strömungprobleme hinsichtlich ihrer mathematischen Beschreibung möglichst auf einfache analytische Verfahren zu reduzieren sind. Erst im weiteren Vorgehen, bei eventuellen hydraulischen Sanierungs- bzw. Sicherungsmaßnahmen, wie z.B. von HEIL et al. (1989) an einer Industrieschlammdeponie geplant und ausgeführt, sind mathematisch anspruchsvolle, teilweise dreidimensionale Berechnungen, basierend auf einer Lösung der Laplace-Gleichung notwendig.

Unabhängig davon ist als Grundlage für beide Fälle - Gefährdungsabschätzung und spätere Sanierung - die möglichst differenzierte Bestimmung der hydraulischen Parameter notwendig, vgl. ENTENMANN et al. (1989).

Neben zahlreichen anderen Autoren geben BEAR & VERRUIJT (1987) einen guten Überblick über Grundwasserströmungsprobleme und denen numerische Lösung. Die meisten dieser Verfahren, insbesondere die dreidimensionalen, sind für eine Gefährdungsabschätzung bei weitem zu aufwendig. Weiterhin sind die für deren Anwendung zu fordernden Randbedingungen wie Homogenität, Isotropie etc. bei den überwiegend festgestellten kleinräumigen hydrogeologischen Einheiten im geologischen Umfeld der untersuchten Hausmülldeponien in den seltensten Fällen verwirklicht.

Daher wurde hier für die der Gefährdungabschätzung zugrundeliegenden hydraulischen Berechnungen ausschließlich einfache analytische Verfahren angewandt, die vorwiegend in der älteren Literatur (z.B. DACHLER 1936) beschrieben sind.

Als nachteilig bei all diesen Verfahren könnte bewertet werden, daß keine in sich geschlossene Lösung wie bei numerisch bearbeiteten Grundwassermodellen erhalten wird, z.B. in Form eines simulierten Grundwassergleichenplanes, mit dem durch Variation der Randbedingungen das hydraulische Verhalten in der Zukunft abgeschätzt werden kann. Dieser Nachteil wird aber von der Möglichkeit einer auf einer differenzierten Zuordnung verschiedener, tatsächlich gemessener hydraulischer Parameter abgestimmten Betrachtung kleiner, hydrogeologisch unterschiedener Einheiten bei weitem wettgemacht.

Die Anwendung analytischer Rechenverfahren auf Strömungsprobleme im Umfeld von Deponien ist in Abschnitt 3.2 beschrieben.

2.2.2 *Stofftransport aufgrund hydrodynamischer Dispersion*

Die hydrodynamische Dispersion ist stets an die Konvektion gebunden (SCHEIDEGGER 1961). Sie stellt daher keinen eigenständigen Mechanismus der Schadstoffausbreitung dar, sondern führt lediglich zu einem "Verschmieren" der Schadstofffront. Abb. 94, oben zeigt nach DVWK (1989) die Konzentrationsverhältnisse einer über einen kurzen Zeitraum emittierenden Deponie, d.h. eine Kurve wie sie üblicherweise auch beim Einsatz von Tracern erhalten wird (vgl. DVWK 1987). Daran läßt sich am deutlichsten der Effekt des Verschmierens ablesen. Für eine kontinuierlich emittierende Deponie ergibt sich ein Bild wie auf Abb. 94, Mitte nach MULL et al. (1979) dargestellt. Dieser Fall ist üblicherweise an Deponien verwirklicht, d.h. der Effekt des Verschmierens durch die longitudinale Dispersion ist auf den Bereich der Schadstofffront beschränkt. Für Abschätzungen zur Breite dieses Bereiches ist dieser Fall der maßgebliche. Die tatsächlich auftretenden Verhältnisse, die in Profilen abstromseitig parallel zur Grundwasserfließrichtung gemessen werden, weisen allerdings stets veminderte Konzentrationen aufgrund von Adsorptions- und Abbauprozessen auf, vgl. Abschnitt 3.1. Wie diese Prozesse auf das Konzentrationsprofil einwirken, ist für den Fall einer kurzzeitig emittierenden Deponie nach DVWK (1989) in Abb. 94 unten dargestellt.

Eine eingehende mathematische Behandlung der Dispersion erfolgt analog zu dem im Abschnitt 2.2.3.2 beschriebenen Verfahren für instationäre Diffusionsvorgänge, auf das hier nicht näher eingegangen wird, sondern auf SCHEIDEGGER (1958) und SIMMONS (1982) verwiesen wird. Zur Abschätzung des Dispersionseinflusses auf das Emissionsverhalten von Deponien ist die einfache Bestimmung der Halbwertsbreite des Gauss'schen Integrals ausreichend. Nach DE JOSSELIN DE JONG (1958) und ERIKSSON (1958) gilt:

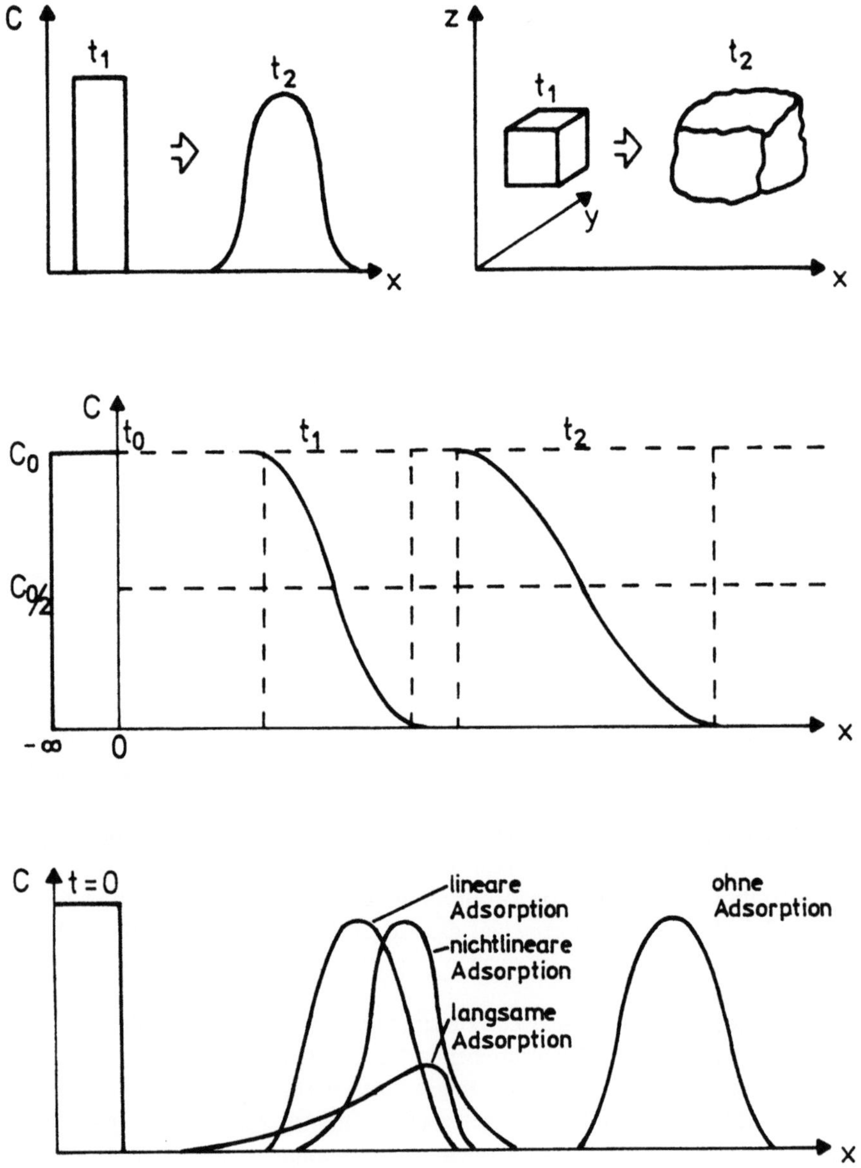

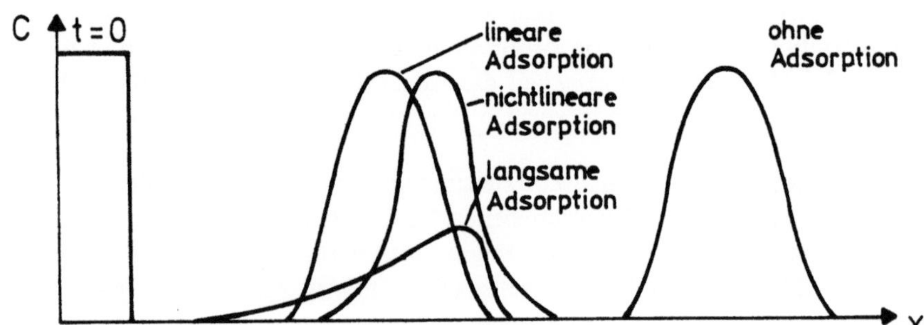

Abb. 94. Hydrodynamische Dispersion

Oben: Kurzzeitig emittierende Deponie (DVWK 1989)
Mitte: Kontinuierlich emittierende Deponie (Mull et al. 1979)
Unten: Konzentrationsprofil mit Adsorptions- und Abbauprozessen (DVWK 1989)

$$\sigma = \sqrt{2 \cdot D_L \cdot t_{50}}$$

mit:

σ : Halbwertsbreite

t_{50} : Durchgangszeit für 50 % der Stoffmenge

D_L : Longitudinaler Dispersionskoeffizient

Eine direkte Bestimmung der Dispersionskoeffizienten ist bei den geschilderten Anwendungsfällen wirtschaftlich nicht durchführbar, insbesondere aufgrund des bei LUCKNER & SCHESTAKOW (1985) geschilderten Dimensionsproblems. Von daher ist das Arbeiten mit in der Literatur veröffentlichten Werten notwendig. Tabelle 17 enthält eine Zusammenstellung verschiedener publizierter Werte für sehr unterschiedliche Böden mit dem Schwerpunkt ihrer Übertragbarkeit auf die norddeutschen pleistozänen Böden.

Auf der Grundlage dieser Werte wurden Abschätzungen durchgeführt, in welchen Fällen die hydrodynamische Dispersion bei der Gefährdungsabschätzung nicht mehr vernachlässigt werden darf. Die Bestimmung der in Tabelle 17 zusammengefaßten Werte erfolgte im Labor und in-situ. Da die Dispersivitäten sehr stark vom Maßstab (vgl. MATTHESS et al. 1984) und von der Anisotropie (BERTSCH et al. 1972) abhängig sind, wurden für die nachfolgenden Abschätzungen jeweils die großen, z.B. von MATTHESS et al. (1984) und SCHMOCKER (1980) angegebenen Werte verwendet, aufgrund der an Deponien zu erwartenden großen Fließstrecken und der in den Fallbeispielen nachgewiesenen großen Anisotropien des Untergrundes.

Trotz der Tatsache, daß die Dispersion lediglich den oben angeführten Schmiereffekt bewirkt, ist hinsichtlich der Gefährdungsabschätzung qualitativ zu differenzieren zwischen longitudinaler und transversaler (BERTSCH 1978) Dispersion, wie im folgenden ausgeführt.

Die longitudinale Dispersion bewirkt bei einer Betrachtung hinsichtlich der Gefährdungsabschätzung lediglich, daß sich Schadstoffe gegenüber ihrer mittleren Ausbreitungsgeschwindigkeit sowohl beschleunigt als auch verzögert fortbewegen, anders als es aufgrund der Konvektion alleine möglich wäre. Inwiefern dieser Mechanismus für die Bewertung des Emissionsverhaltens maßgeblich ist, ist am Einzelfall zu prüfen. Für eine grobe Abschätzung des Einflußes der Dispersion ist, wie oben angedeutet, eine Betrachtung der Halbwertsbreite (vgl. KLOTZ 1990), d.h. der Standardabweichung der Gauß'schen Verteilung ausreichend. In Abb. 95 sind für üblicherweise vorkommende Werte der Dispersivität die Halbwertsbreiten in Abhängigkeit von der Ausbreitungsstrecke angegeben. Daraus wird ersichtlich, daß die Dispersion bei groben Sanden und Kiesen (Dispersivität > 10^{-1} m) schon bei geringen Ausbreitungsstrecken durchaus mehrere Meter groß werden kann. Auf Abb. 96 ist der Verhältniswert von Halbwertsbreite zu zurückgelegter Ausbreitungsstrecke in Abhängigkeit von der Dispersivität zur Verdeutlichung des Verschmierens der Konzentrationsmaxima mit zunehmender Ausbreitung dargestellt.

Bodenart	weitere Angaben zum Boden/Versuchs- technik	k-Wert	longitundi- nale Disper- sivität a_l	transver- sale Disper- sivität a_t	Autor
		[m/s]	[m]	[m]	
Halterner Sande		$3 \cdot 10^{-4}$ bis $5 \cdot 10^{-4}$	$3 \cdot 10^{-1}$ bis $4 \cdot 10^{0}$		SCHRÖTER (1984)
Halterner Sande	in-situ	$5 \cdot 10^{-4}$ $5 \cdot 10^{-4}$ $8 \cdot 10^{-4}$	$1 \cdot 10^{-2}$ $4 \cdot 10^{0}$ $4 \cdot 10^{1}$ $1 \cdot 10^{-3}$	$a_l \approx 10 \, a_t$	MATTHESS, et al. (1984)
Schluff. Sand Ton bindige Sed.	Labor	$1 \cdot 10^{-5}$ $3,5 \cdot 10^{-9}$	$3 \cdot 10^{-2}$ $1 \cdot 10^{-2}$ mehrere cm		KLOTZ (1990)
Kies Sand	Labor		mehrere dm mehrere cm bis dm		LENDA & ZUBER (1970)
mS,fs,gs' mS,fs,gs	Por: 40,0% Por: 36,6% Labor		$9 \cdot 10^{-2}$ $8 \cdot 10^{-3}$		LUCKNER & REISZIG (1979)
Linsen- geschichteter Sandaquifer	mS,fs fS,u U,t -Lagen in-situ	$1 \cdot 10^{-5}$ bis $3 \cdot 10^{-4}$	0,6		SUDICKY (1986)
				$a_l \approx 5 \, a_t$ bis $10 \, a_t$	LUCKNER & SCHESTAKOW (1985)
Sand, Kies	Labor		$6 \cdot 10^{-4}$	$4 \cdot 10^{-5}$	BERTSCH (1978)

Tabelle 17. Zusammenstellung von in der Literatur publizierten Werten für die longitudinale und transversale Dispersivität.

Die transversale Dispersion bewirkt dagegen, daß Schadstoffe im Abstrom- bereich unter Umständen an Stellen anzutreffen sind, an denen sie bei aus- schließlicher Betrachtung der Konvektion überhaupt nicht vorhanden sein können. Insbesondere wenn dies dazu führt, daß Schadstoffe dadurch auch in andere hydrogeologische Einheiten oder sogar über Grundwasserscheiden gelangen können, ist dies für eine Gefährdungsabschätzung auch bei kleinen Stoffmengen relevant.

Der Einfluß der Dispersion auf den Schadstofftransport ist somit eine Frage der Dimension, nicht nur, wie LUCKNER & SCHESTAKOW (1985) darstellen, der räumlichen, sondern auch der zeitlichen. Von daher gilt die von HOFFMANN (1986) gemachte Aussage, daß die Dispersion bei großen Abstandsgeschwindig- keiten, d.h. im betrachteten Bereich geringer Beobachtungszeiten vernachlässigt werden kann.

Bodenart	weitere Angaben zum Boden/Versuchs-technik	k-Wert	longitundi-nale Disper-sivität a_l	transver-sale Disper-sivität a_t	Autor
		[m/s]	[m]	[m]	
Kiessande G,s,u'	Labor n_{eff}: 0,18	$1 \cdot 10^{-5}$	0,051		REICHERT (1991)
	0,22	$2 \cdot 10^{-5}$	0,025		
	0,14	$4 \cdot 10^{-4}$	0,030		
	0,24	$4 \cdot 10^{-4}$	0,042		
	0,11	$2 \cdot 10^{-5}$	0,064		
	0,22	$8 \cdot 10^{-4}$	0,096		
	in-situ v_a: $3,1 \cdot 10^{-4}$		0,15		
	$1,3 \cdot 10^{-4}$		0,22		
	$2,6 \cdot 10^{-4}$		2,39		
	$2,5 \cdot 10^{-4}$		5,54		
	$1,1 \cdot 10^{-3}$		5,11		
	$4,8 \cdot 10^{-4}$		4,69		
	$3,5 \cdot 10^{-4}$		6,30		
	$4,5 \cdot 10^{-4}$		10,20		
	$6,1 \cdot 10^{-4}$		16,10		
Ton	Bemessungswert		$1 \cdot 10^{-3}$ bis $3 \cdot 10^{1}$ Mittel: 0,2	$3 \cdot 10^{-4}$ bis $1 \cdot 10^{1}$ Mittel: 0,07	SCHMOCKER (1980)
Ton	Feldversuch	$2 \cdot 10^{-9}$ m/s	0,07		SCHNEIDER & GÖTTNER (1980)
fs,u'	Feldversuch	$4 \cdot 10^{-5}$ bis $2,3 \cdot 10^{-4}$	$a_l = 0,1\,L$ L: Ausbrei-tungs-weg		PICKENS & GRISAK (1981)

Tabelle 17. Fortsetzung

Der Einfluß der Dispersion auf die Schadstoffausbreitung ist exemplarisch am Fallbeispiel Deponie Vechta (Abschnitt II 2.4) dargestellt. Unter der Annahme einer longitudinalen Dispersivität von 3,0 m für die dort anstehenden geschich-teten Schmelzwassersande ergibt sich rechnerisch im Abstand von etwa 200 m von der Deponie eine Breite der "Verschmierungszone" von 55 m, wie Abb. 97 darstellt. Da der Einfluß der Deponie auf den Grundwasserchemismus schon in deutlich geringerem Abstand von der Deponie nur wenig größer als die Hintergrundbelastung ist, sind diese ohnehin kleinen Werte nicht von Belang.

Unter der Annahme einer transversalen Dispersivität von 0,3 m ergibt sich aufgrund der Dispersion im Abstrombereich eine nur unwesentlich vergrößerte, durch die Deponie beeinflußte Zone, wie Abb. 97 zeigt. Die Verbreiterung der Schadstoffahne im signifikant beeinflußten Bereich von 50 % der Konzentration

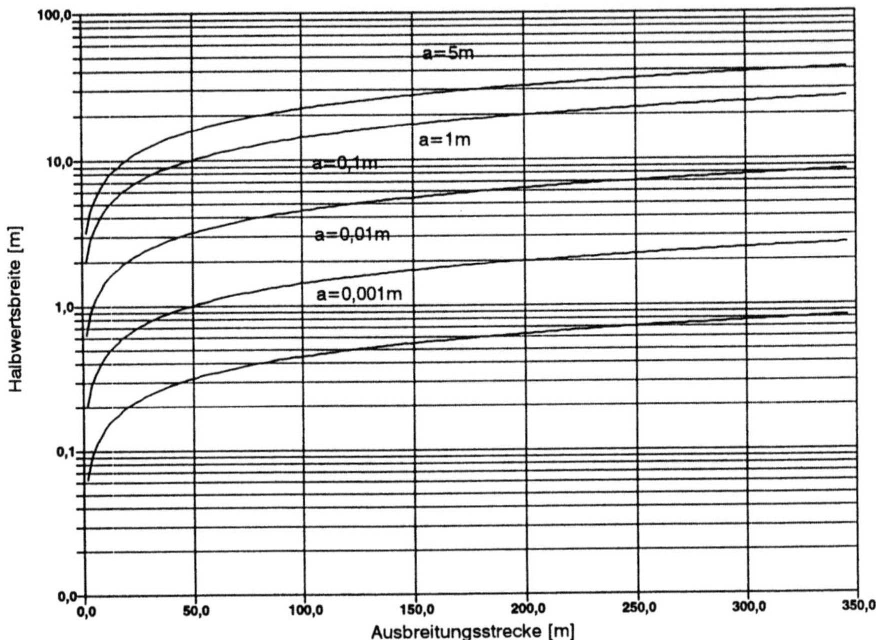

Abb. 95. Halbwertsbreite des Dispersionsintervalls in Abhängigkeit von der Ausbreitungsstrecke und von der Dispersivität a.

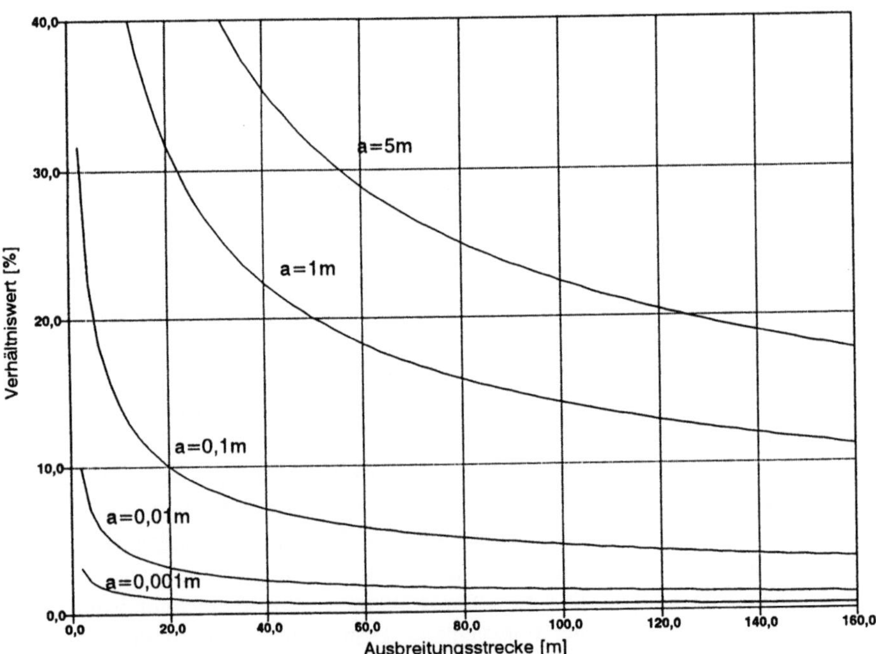

Abb. 96: Verhältniswert der Halbwertsbreite des Dispersionsintervalls zur zurückgelegten Ausbreitungsstrecke in Abhängigkeit von der Ausbreitungsstrecke und der Dispersivität a.

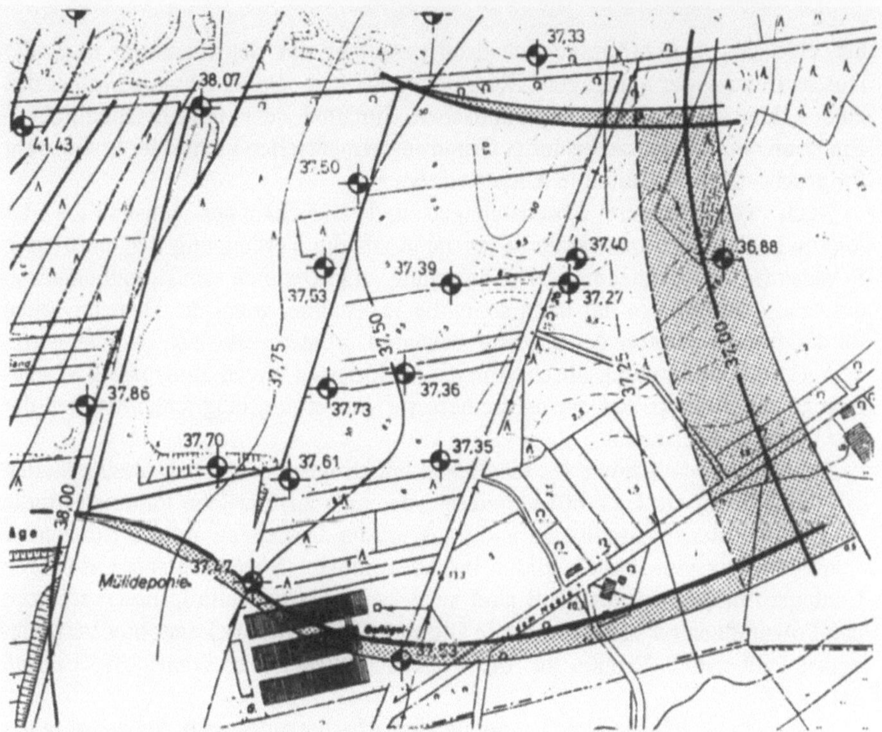

Abb. 97. Breite der durch Dispersion beeinflußten Zone.

Longitudinale Dispersion:	Parallel zur Isohypse
Transversale Dispersion:	Parallel zur Randstromlinie.

Der Gleichenplan stellt die Verhältnisse im Sandaquifer an der Deponie Vechta dar.

von Schadstoffen beträgt lediglich 11 m in einem Abstand von 200 m von der Deponie. Damit kann unter Wertung der geringeren Dispersivitäten an den übrigen Deponien ausgesagt werden, daß im Normalfall auch bei relativ hohen Dispersivitäten der Dispersion für die Gefährdungsabschätzung keine große Rolle zukommt.

Man muß jedoch die Tatsache, daß die transversale Dispersion auch zu einer vertikalen Tieferverlagerung von Schadstoffen führt, unter Umständen berücksichtigen, wenn in der Vertikalen aufgrund des geologischen Schichtenaufbaus von einer höheren transversalen Dispersivität ausgegangen werden sollte. An der Deponie Vechta konnte diese Verlagerung der Schadstoffahne in die Tiefe mit zunehmendem Abstand von der Deponie hydrochemisch sehr genau nachgewiesen werden. Die Ergebnisse dieser hydrochemischen Untersuchungen sind im Abschnitt 3.4.5. dargestellt. Die Tiefenverlagerung ist jedoch weit mehr durch Überschichtung mit neu gebildetem Grundwasser als durch die Dispersion bedingt.

Einen Sonderfall, bei dem die Dispersion einen ganz wesentlichen Beitrag zur Art der Schadstoffausbreitung liefern kann, stellen Deponien dar, bei denen das Grundwasser zeitlich in unterschiedlichen Richtungen fließt oder oszilliert. So würde an der Deponie Wesermarsch-Mitte (Abschnitt II. 2.1) die Dispersion im tidebeeinflußten pleistozänen Grundwasserleiter aufgrund des stetigen hin und her eine sehr gleichförmige Schadstoffverteilung für den Zeitraum nach der Durchströmung der mächtigen Kleischicht bewirken. Daher ist zu erwarten, daß eine - hier aufgrund der hydraulischen Situation sehr unwahrscheinliche - Emission von Sickerwasser durch Grundwassermeßstellen nicht oder erst in sehr fortgeschrittenem Stadium gemessen würde.

Noch weitergehende Abschätzungen und Berechnungen hinsichtlich der longitudinalen und transveralen Dispersion auf die Verdünnung der emittierten Schadstoffe mit zunehmender Entfernung zur Deponie sind mathematisch aufwendig und liefern nur dann sinnvolle Ergebnisse, wenn die Dispersivitäten im Feldversuch hinreichend genau bestimmt werden. Dies ist, wie eingangs bemerkt, für Gefährdungsabschätzungen an Altlasten unverhältnismäßig kostenintensiv und liefert nur wenig verbesserte Bewertungsmöglichkeiten bei der Gefährdungsabschätzung.

Zur Veranschaulichung des möglichen Spektrums von Lösungsmöglichkeiten wird auf SCHMOCKER (1980) verwiesen, der eine ausführliche Parameterstudie zum Einfluß der longitudinalen und transversalen Dispersion auf die Konzentrationsverteilung von Radionukliden im Abstrombereich von geplanten atomaren Endlagern untersucht hat. Dort sind auch 2- und 3-Schichtfälle untersucht mit den Folgerungen für die transversale Dispersion, was, wie bei dem hier beschriebenen Fallbeispiel Vechta, auf die Tiefenausbreitung der Schadstoffe Einfluß hat.

Von ganz entscheidender Bedeutung sind Abschätzungen der Auswirkung der Dispersion, wenn es darum geht, die Abstände von Grundwassermeßstellen im Abstrombereich von Deponien festzulegen. Anders als bei den überwiegend flächenhaft emittierenden Altdeponien sind mit den Beweissicherungsmeßstellen im Abstrombereich von basisgedichteten Neuanlagen gerade auch punktförmige Emissionsquellen an eventuellen Fehlstellen der Basisdichtung zu überwachen. Mit welcher Wahrscheinlichkeit solche Fehlstellen durch Grundwassermeßstellen entdeckt werden können, ist im wesentlichen eine Frage, wie groß der transversale dispersive Stofftransport ist. Auf die daraus resultierenden Abstände von Grundwassermeßstellen wird in einer späteren Veröffentlichung eingegangen.

2.2.3 *Schadstofftransport aufgrund Diffusion*

Der diffusive Stofftransport ist unabhängig vom konvektiven. Ursache für die Diffusion ist ein Konzentrationsgefälle, das durchaus auch entgegengesetzt dem hydraulischen Gefälle sein kann. Der diffusive Stofftransport wird mathematisch beschrieben durch das 1. Fick'sche Gesetz für den stationären Zustand, durch das 2. Fick'sche Gesetz für den instationären Zustand.

Die in der Hydrogeologie üblicherweise vorgenommene Vernachlässigung diffusiver Stofftransportprozesse wird damit begründet, daß in den meisten Fällen die durch Diffusion bedingte Stoffdurchflußmenge sehr viel kleiner als die durch Konvektion bedingte ist. Von den meisten Autoren wird angenommen, daß lediglich bei Tonen die Diffusion einen nennenswerten Beitrag zum

Stofftransport leistet. Nach BEINE (1991) spielt die Diffusion bei Böden erst mit Durchlässigkeiten kleiner als $k = 10^{-9}$ m/s eine Rolle.

Abschätzung des für die Betrachtung der Diffusion relevanten Bereichs

Zur Abschätzung, unter welchen Verhältnissen Diffusionsvorgänge für eine Gefährdungsabschätzung von Altdeponien nicht zu vernachlässigen sind, wurden die nachfolgenden Abschätzungen gemacht und mit den an den vier Deponien ermittelten Wertebereichen verglichen. Dies geschieht durch einen Vergleich der transportierten Stoffmengen je Zeiteinheit durch Diffusion und Konvektion.

Für die Gefährdungsabschätzung ist es zweckmäßig, von stationären Zuständen auszugehen, selbst wenn diese zum gegenwärtigen Zeitpunkt noch nicht erreicht sind, da sie sich irgendwann in der Zukunft einstellen werden und dieser stationäre Zustand dann der maßgebliche ist. Nur in den Fällen, in denen zweifelsfrei feststeht, daß die Diffusion einen wesentlichen Beitrag zum Schadstofftransport leistet, ist das mathematisch aufwendigere Verfahren für instationäre Fälle anzuwenden, z.B. wenn bei der Erweiterungsplanung einer Deponie die Barrierewirkung eines Grundwassergeringleiters abgeschätzt werden soll.

Die nachfolgenden Ableitungen gelten für stationäre Verhältnisse und für den eindimensionalen Fall der Ausbreitung. Diese Betrachtungsweise ist in den meisten Fällen für Abschätzungen ausreichend. Dieser einfache Berechnungsansatz ist immer dann gerechtfertigt, wenn der diffusive Stofftransport durch eine geringdurchlässige Einheit abgeschätzt werden soll, die von einer deutlich höher durchlässigen Einheit unterlagert wird. Aufgrund eines im Vergleich zum diffusiven Stofftransport schnellen Abtransports der Schadstoffe in der unterlagernden Einheit gilt dort als Randbedingung:

$$c_{Schadstoff} \approx const$$

Es ist weiterhin in erster Näherung davon auszugehen, daß die Diffusion im hydrogeologischen Umfeld von Deponien sich auf eine Volumendiffusion im Porenwasser von vollständig gesättigten Böden reduzieren läßt.

Nach dem 1. Fick'schen Gesetz gilt:

$$I_D = D_c \cdot A \cdot i_c = D_c \cdot A \cdot \frac{c_1 - c_2}{z}$$

dabei sind:

I_D:	Durchflußmenge	[kg/s]
D_C:	Diffusionskoeffizient	[m^2/s]
i_c:	Konzentrationsgradient	[kg/m^3/m]
A:	Durchflußfläche	[m^2]
z:	Abstand der betrachteten Meßpunkte	[m]
c_1:	Ausgangskonzentration (Sickerwasser)	[mg/l]
c_2:	Endkonzentration (Grundwasser)	[mg/l]
mit:	$c_2 = f(x,y,z,t)$	

Nach Darcy gilt für die Konvektion:

$$Q = k \cdot A \cdot i_h$$

mit:

Q:	Durchströmte Wassermenge pro Zeiteinheit	$[m^3/s]$
i_h:	hydraulischer Gradient	$[\ ]$
k:	Durchlässigkeitsbeiwert	$[m/s]$

Die Durchflußmenge an gelösten Stoffen beträgt somit

$$J_K = k \cdot A \cdot i_h \cdot c_1$$

Es ist klar erkennbar, daß für einen Vergleich der beiden Transportprozesse Konvektion und Diffusion nicht nur der k-Wert des Bodens betrachtet werden darf, sondern folgende Parameter zusammen:

- Diffusionskoeffizient des gelösten Stoffes D_c
- Diffusionsgradient i_c
- Durchlässigkeitsbeiwert des Bodens   k
- hydraulischer Gradient i_h
- Ausgangskonzentration des gelösten Stoffes c_1

Vergleich der Wertebereichsfelder für Diffusion und Konvektion

Zur Abschätzung, bei welchen Randbedingungen die Diffusion als für den Schadstofftransport relevant betrachtet werden muß, werden auf den Diagrammen der Abbildungen 98, 99 und 100 die o.g. Parameter variiert und der durch Diffusion und Konvektion bedingte Stofftransport verglichen.

Tabelle 18 enthält eine Zusammenstellung aus der Literatur entnommener Werte der Diffusionskoeffizienten für im Wasser gelöste Stoffe. Die Tabelle zeigt, daß, gemessen an allen anzunehmenden Sickerwasserinhaltsstoffen, deren möglicher Konzentrationen und Verdünnungen, nur eine verschwindend kleine Menge an Versuchsergebnissen im Labormaßstab vorliegt. Berücksichtigt man weiterhin die Anzahl möglicher Böden mit unterschiedlichem Porenvolumen und Sättigungsgrad, so können Abschätzungen des diffusen Stofftransport immer nur grobe Näherungen liefern.

Auf Abb. 98 ist der Massenstrom bezogen auf 1 m^2 durchströmte Fläche, hervorgerufen durch die Diffusion, für Diffusionskoeffizienten zwischen $1 \cdot 10^{-12}$ m^2/s und $1 \cdot 10^{-8}$ m^2/s angegeben. Dabei ist der Diffusionsgradient vornehmlich von der Ausgangskonzentration der Stoffe im Sikkerwasser abhängig, da die Endkonzentration im Grundwasser klein gegenüber der Ausgangskonzentration im Deponiesickerwasser ist. Die Diffusionskoeffizienten einiger ausgewählter Stoffe sind auf der Abszisse angegeben. Diese versuchstechnisch bestimmten Diffusionskoeffizienten liegen im angegebenen, markierten Bereich. Der jeweilige Massenstrom ist in der Grafik, bezogen auf einige ausgewählte

Stoff	Diffusionskoeffizient in Wasser [m^2/s]	Zitat
Chlorid Natrium	$3{,}0 \cdot 10^{-10}$ $6{,}0 \cdot 10^{-10}$	CROOKS & QUIGLEY (1984)
Jodid Kalium Strontium Caesium UO_2	$3{,}0 \cdot 10^{-10}$ $3{,}0 \cdot 10^{-11}$ $1{,}0 \cdot 10^{-11}$ $6{,}0 \cdot 10^{-12}$ $< 10^{-13}$	KAHR, et al. (1985)
Diammoniumdodekan (Detergentium)	$5{,}3 \cdot 10^{-12}$	HASENPATT, et al (1987)
CoEDA	$1{,}0 \cdot 10^{-11}$	HASENPATT (1988)
Caesium Tritium	$1{,}3 \cdot 10^{-10}$ $2{,}0 \cdot 10^{-10}$	KLOTZ (1988)
Sauerstoff Natrium Chlorid Natriumchlorid Ammonium HCOOH CH_3OOH CH_3OH	$2{,}0 \cdot 10^{-9}$ $1{,}3 \cdot 10^{-9}$ $2{,}0 \cdot 10^{-9}$ $1{,}2 \cdot 10^{-9}$ $1{,}8 \cdot 10^{-9}$ $1{,}1 \cdot 10^{-9}$ $9{,}0 \cdot 10^{-10}$ $1{,}3 \cdot 10^{-9}$	LUCKNER & SCHESTAKOW (1985)
Trichlorethen Tetrachlorethen Trichlormethan Toluol	$8{,}8 \cdot 10^{-10}$ $8{,}1 \cdot 10^{-10}$ $8{,}0 \cdot 10^{-10}$ $8{,}2 \cdot 10^{-10}$	WÜSTENHAGEN, et al. (1990)
Chlorid	$1{,}5 \cdot 10^{-9}$	FALCK, et al. (1990)
Ammonium Sauerstoff Chlorgas Harnstoff Glycerin Na-Fluoreszein	$1{,}8 \cdot 10^{-9}$ $1{,}9 \cdot 10^{-9}$ $1{,}4 \cdot 10^{-9}$ $1{,}4 \cdot 10^{-9}$ $7{,}8 \cdot 10^{-10}$ $3{,}7 \cdot 10^{-10}$	BUSCH & LUCKNER (1994)
Bromid	$4{,}8 \cdot 10^{-10}$	SCHNEIDER & GÖTTNER (1991)
Zink Blei Cadmium	$6 \cdot 10^{-12}$ bis $2 \cdot 10^{-11}$ $4 \cdot 10^{-12}$ bis $4 \cdot 10^{-11}$ $2{,}0 \cdot 10^{-11}$	CZURDA & WAGNER (1988)

Tabelle 18. Zusammenstellung von in der Literatur publizierten Werten für Diffusionskoeffizienten in Wasser gelöster Stoffe.

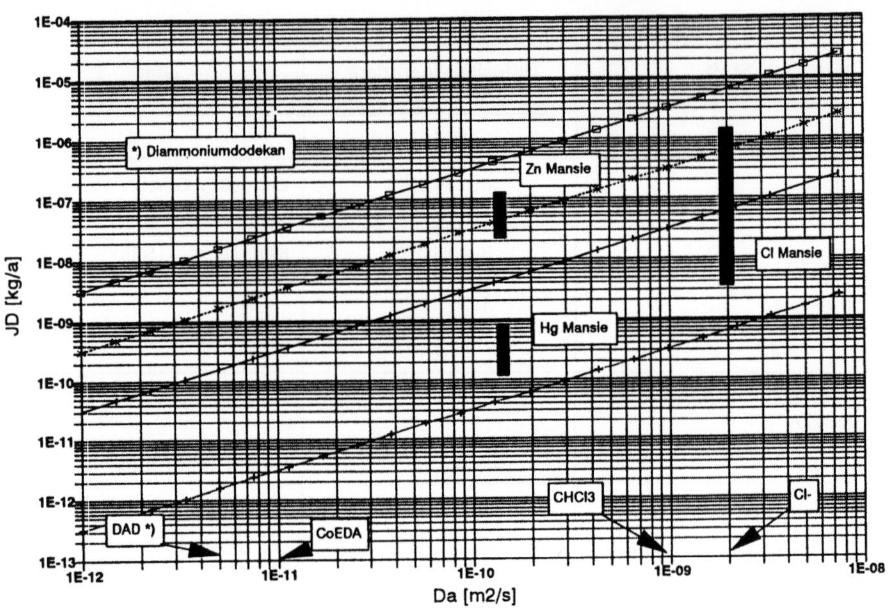

Abb. 98. Stofftransport J_D durch Diffusion.

Massenstrom J_D bezogen auf 1 m^2 durchströmte Fläche in Abhängigkeit vom Diffusionskoeffizienten D_a und vom Diffusionsgradienten grad c.
Die angegebenen Balken spannen das im Bereich der vier Deponien gemessene Wertebereichsfeld auf.

Diffusionsgradienten dargestellt, die den üblicherweise an Hausmülldeponien im aufgezeigten geologischen Bereich der Norddeutschen Tiefebene auftretenden Wertebereich abdecken. Die in den vier Fallbeispielen auftretenden Gradienten liegen überwiegend in einem Bereich von $5 \cdot 10^{-3}$ kg/m^4 bis $1 \cdot 10^{-8}$ kg/m^4. Der relevante Bereich liegt daher in dem markierten Ausschnitt des Diagramms. Zur Verdeutlichung sind für einige Stoffe an der Deponie Mansie gemessene Wertebereiche als Balken aufgetragen. Für das angegebene Wertebereichsfeld ergeben sich Massenströme von $2 \cdot 10^{-11}$ kg/a bis $1 \cdot 10^{-4}$ kg/a bezogen auf 1 m^2 durchströmte Fläche. Für die Aufstandsfläche einer 12 ha großen Deponie, wie die Deponie Wesermarsch-Mitte, können das im ungünstigsten Fall bis zu 120 kg/a emittierter Menge eines Einzelstoffs sein. Bei den besonders grundwassergefährdenden Stoffen, wie Schwermetallen oder chlorierten Kohlenwasserstoffen (CKW) sind diese Werte jedoch deutlich geringer in der Größenordnung von einigen Hundert Gramm bis zu einigen Kilogramm.

Auf den Abbildungen 99 und 100 ist im Vergleich zum Massenstrom durch Diffusion der Massenstrom, hervorgerufen durch Konvektion - ohne Ansatz der

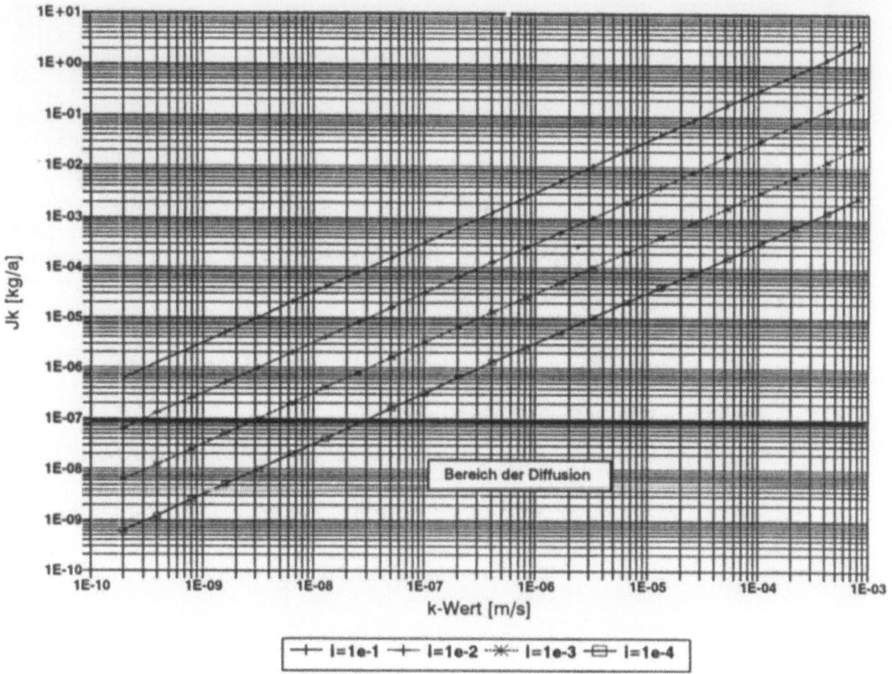

Abb. 99. Stofftransport J_K durch Konvektion.

Massenstrom bezogen auf 1 m^2 durchströmt Fläche in Abhängigkeit vom k-Wert und vom hydraulischen Gradienten i. Die Werte gelten für eine Ausgangskonzentration c_0 = 1.000 mg/l. Zum Vergleich ist die ungefähre obere Begrenzung des im Bereich der Deponien ermittelten signifikanten diffusiven Stofftransportes angegeben.

Dispersion - für k-Werte zwischen $1 \cdot 10^{-10}$ m/s und $1 \cdot 10^{-3}$ m/s und für hydraulische Gradienten zwischen $1 \cdot 10^{-4}$ und $1 \cdot 10^{-1}$ dargestellt. Das Diagramm der Abb. 99 zeigt Werte für sehr hohe Ausgangskonzentrationen des untersuchten Einzelstoffes im Sickerwasser von 1000 mg/l, wie sie als Extremwerte z.B. für Chlorid gemessen wurden. Das Diagramm der Abb. 100 zeigt Werte von 1 mg/l, wie sie als außergewöhnlich hohe Werte für generell in sehr geringer Konzentration im Sickerwasser vorliegende Stoffe, wie Schwermetalle und chlorierte Kohlenwasserstoffe, gemessen wurden. Auch hier sind zur Verdeutlichung der Spanne von Ausgangsparametern die an den verschiedenen Deponien bestimmten Wertebereichsfelder angegeben. Das Wertebereichsfeld der aus Abb. 98 abgeleiteten Massenströme durch Diffusion ist zum Vergleich jeweils mit ins Diagramm aufgenommen.

Ein qualitativer Vergleich der in Abb. 98 einerseits und den Abbildungen 99 und 100 andererseits angegebenen Kurvenscharen zeigt, daß der Massenstrom durch Diffusion insgesamt um Größenordnungen kleiner als der durch Konvektion ist. Vergleicht man die Werte für einen mittleren hydraulischen Gradienten von $5 \cdot 10^{-3}$ und einen mittleren Konzentrationsgradienten von $5 \cdot 10^{-6}$ kg/m^4 so

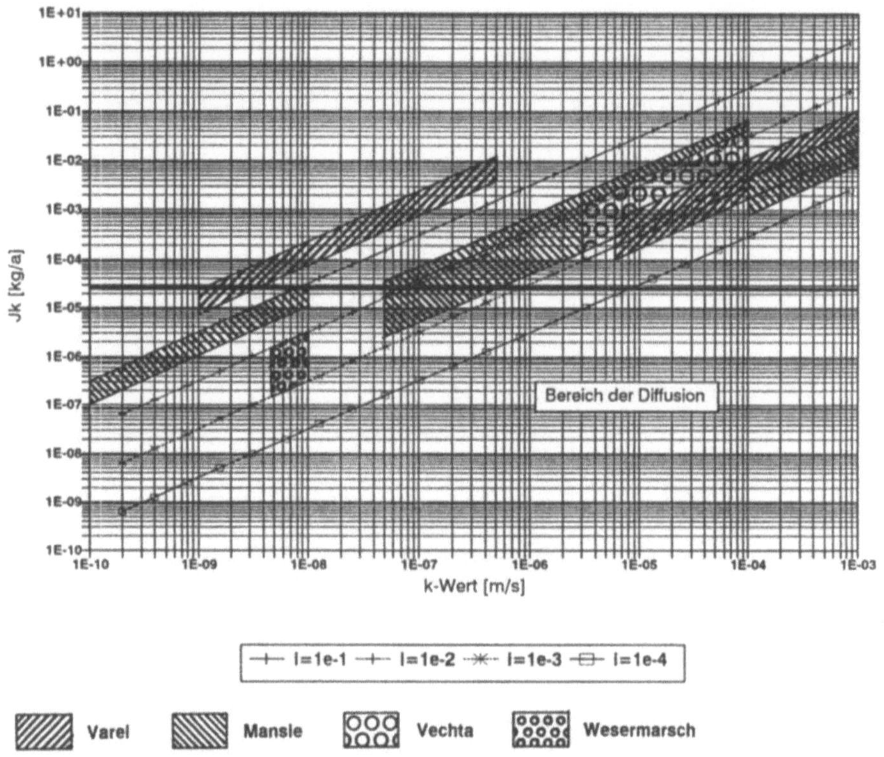

Abb. 100. Stofftransport J_K durch Konvektion.

Massenstrom J_K bezogen auf 1 m^2 durchströmt Fläche in Abhängigkeit vom k-Wert und vom hydraulischen Gradienten. Die Werte gelten für eine Ausgangskonzentration c_0 = 1 mg/l.
Zum Vergleich ist die ungefähre obere Begrenzung des im Bereich der Deponien ermittelten signifikanten diffusiven Stofftransportes angegeben. Die an den Deponien Wesermarsch-Mitte, Varel, Mansie und Vechta ermittelten Wertebereichsfelder sind im Diagramm angegeben.

ergibt sich z.B. für Chlorid bei einem k-Wert von $1 \cdot 10^{-7}$ m/s ein Verhältnis der Massenströme von etwa 1 : 6 $\cdot 10^{4}$, bei einem k-Wert von $1 \cdot 10^{-4}$ m/s sogar von 1 : 3 $\cdot 10^{7}$. Für die in sehr viel geringerer Ausgangskonzentration vorhandenen chlorierten Kohlenwasserstoffe und Schwermetalle ergeben sich Verhältnisse von etwa 1 : 10^{6} bei einem k-Wert von $1 \cdot 10^{-7}$ m/s und etwa 1 : 10^{9} bei einem k-Wert von $1 \cdot 10^{-4}$ m/s. In all diesen vorgestellten Fällen, die die überwiegend im Bereich der untersuchten Hausmülldeponien vorliegenden hydraulischen und hydrochemischen Verhältnisse repräsentieren, ist die Diffusion in den für die Emission relevanten Schichten somit sehr klein gegenüber der Konvektion und damit vernachlässigbar. Die eingangs gemachte Einschränkung, daß jeder Stoff aufgrund seines unterschiedlichen Diffusionskoeffizienten für sich zu betrachten ist, kann bei derartigen Bedingungen relativiert werden.

Postuliert man, daß der Schadstofftransport durch Diffusion dann nicht mehr vernachlässigt werden darf, wenn er eine Größenordnung von 10 % des Schadstofftransports durch Konvektion erreicht, so sind diese Verhältnisse in den auf den Abbildungen 99 und 100 markierten Bereichen gegeben. Es gilt demnach, daß die Diffusion generell nur bei geringen Ausgangskonzentrationen der betrachteten Stoffe, wie es zumeist für Schwermetalle oder CKW der Fall ist, im Vergleich zur Konvektion nicht vernachlässigbar ist und zwar:

für kleine k-Werte (etwa kleiner als $1 \cdot 10^{-8}$ m/s), wenn
– mittlere bis geringe hydraulische Gradienten und
– mittlere bis hohe Diffusionsgradienten vorherrschen

für mittlere k-Werte (etwa zwischen $1 \cdot 10^{-8}$ m/s und $1 \cdot 10^{-7}$ m/s), wenn
– sehr kleine hydraulische Gradienten vorherrschen und
– sehr hohe Diffusionsgradienten vorherrschen.

Für die an den vier Deponien bestimmten Wertebereiche ergibt sich für einzelne geringdurchlässige Schichten:

An den Deponien Vechta und Varel-Hohenberge ist der diffusive Stofftransport vernachlässigbar klein gegenüber dem konvektiven Stofftransport. An der Deponie Mansie dagegen liegt der Stofftransport durch die - allerdings durchgängig deutlich über 10 m mächtige - Schicht aus Lauenburger Ton in der Größenordnung des konvektiven Stofftransports, für einige Stoffe, z.B. Chlorid oder Zink, örtlich sogar darüber. Insgesamt sind die Massenströme jedoch sehr klein. Da zudem Konvektion und Diffusion einander entgegengerichtet sind, ist die Emissionsrate nahezu Null. Auch für die Deponie Wesermarsch - Mitte gilt in ähnlicher Weise, daß Diffusion und Konvektion im tieferen Holozän in etwa derselben Größenordnung auftreten. Auch dort sind die Massenströme jedoch sehr gering.

Hinsichtlich weiterer Abschätzungen zum diffusiven Stofftransport durch Tone sei auf SCHNEIDER & GÖTTNER (1991) verwiesen. Diese geben Permeationsraten für hypothetische Fälle an, deren Randbedingungen mit denen in der vorliegenden Arbeit bestimmten gut übereinstimmen.

Bestimmung sich aufhebender Massenströme

Eine weiterere Methode zum Vergleich der beiden Vorgänge Konvektion und Diffusion, die häufig vor Ort auftretenden Verhältnissen Rechnung trägt, ist das Gleichsetzen der Massenströme von diffusivem und konvektivem Stofftransport. Die Gleichung wird aufgelöst nach der Filtergeschwindigkeit v_f. Sie beschreibt diejenige Filtergeschwindigkeit, die notwendig ist, die Massenströme durch entgegengerichtete Diffusion und Konvektion auszugleichen. Diese Ausgleichs-Filtergeschwindigkeit ist auf Abb. 101 für verschiedene Gradienten und für verschiedene Diffusionskoeffizienten angegeben. Im Vergleich dazu ist auf Abb. 102 dargestellt, bei welchen k-Werten und bei welchen hydraulischen Gradienten derartige Filtergeschwindigkeiten auftreten. Hinsichtlich der Abstandsgeschwindigkeiten wird auf den unterschiedlichen Ansatz von effektivem Porenvolumen bei der Konvektion und Gesamtporenvolumen bei der Diffusion hingewiesen, ausführlich dargestellt bei FRIEDRICH & MÜLLER-KIRCHENBAUER (1988).

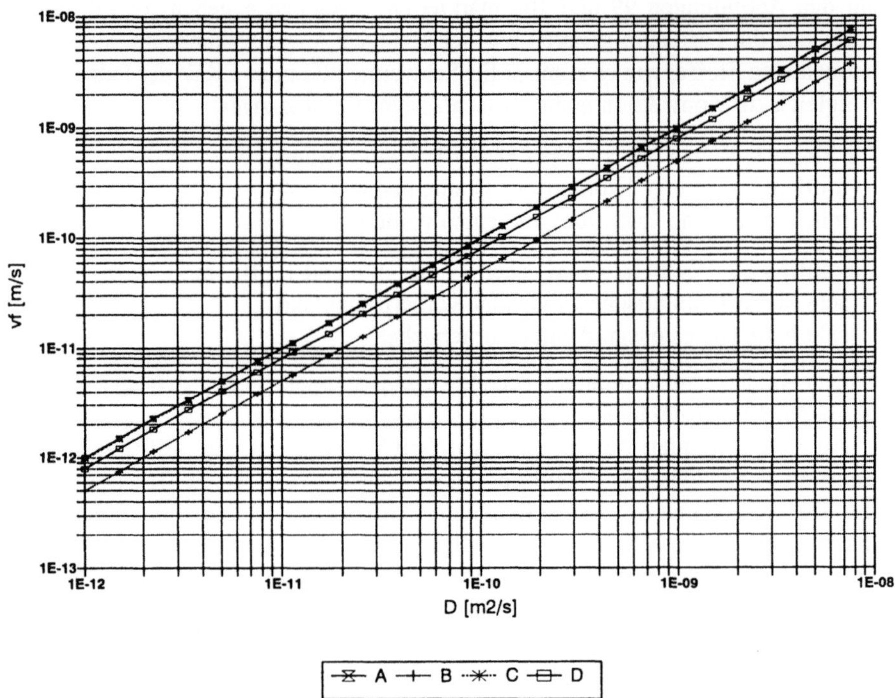

Legende	A	B	C	D
Beispiel	Chlorid	Chlorid	AOX	AOX
$c_{Sickerwasser}$ [mg/l]	10.000	1.000	1	1
$c_{Grundwasser}$ [mg/l]	50	500	0,02	0,2
Mächtigkeit der unterlagernden, geringdurchlässigen Schicht: 1 m				

Abb. 101. Entgegengesetzt gerichtete Diffusion und Konvektion für verschiedene Diffusionskoeffizienten D_a und Durchlässigkeitsbeiwerte k. Auf der Ordinate sind diejenigen Filtergeschwindigkeiten v_f (konvektiver Stofftransport) angegeben, die notwendig sind, den jeweiligen diffusiven Stofftransport in entgegengesetzter Richtung auszugleichen.

Die maximalen Wertebereiche der zum Ausgleich der Porengeschwindigkeit durch Diffusion notwendigen Filtergeschwindigkeit durch Konvektion sind in Abb. 101 jeweils unter realistischen Bedingungen maximalen Wertebereichen aufgetragen. Es zeigt sich eine nur geringe Abhängigkeit vom Diffusionsgradienten, umso mehr jedoch vom Diffusionskoeffizienten. Im Vergleich dazu ist der unter realistischen Bedingungen auftretende Wertebereich von Filtergeschwindigkeiten in Abb. 102 angegeben. Die beiden Wertebereichsfelder überlappen, wie der in Abb. 102 hinterlegte, aus Abb. 101 ermittelte Wertebereich für die resultierende Filtergeschwindigkeit aus der Diffusion zeigt.

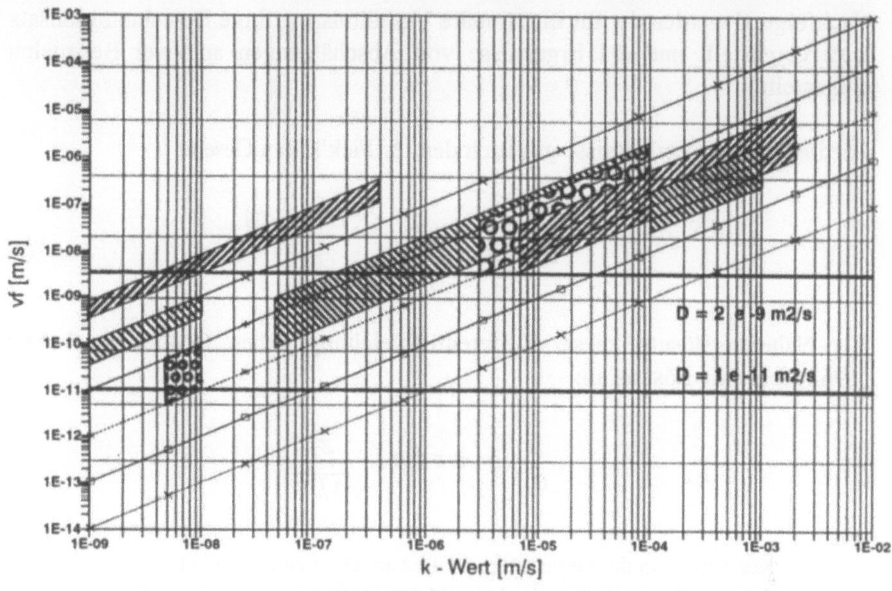

Abb. 102. Vergleich der Wertebereichsfelder des konvektiven Stofftransportes an den untersuchten Deponien: K-Wert gegen Filtergeschwindigkeit v_f. Dieses Feld wird verglichen mit dem Wertebereichsfeld, das üblicherweise den diffusiven Stofftransport im Bereich der untersuchten Deponien beschreibt. Das Wertebereichsfeld wird begrenzt durch die Diffusionskoeffizienten $D = 1 \cdot 10^{-11}$ m^2/s und $D = 2 \cdot 10^{-9}$ m^2/s, vgl. Abb. 101.

Danach treten an den Deponien Wesermarsch - Mitte, Mansie und Varel-Hohenberge örtlich Ausbreitungsgeschwindigkeiten von im Sickerwasser gelösten Stoffen in den Größenordnungen auf, wie die umgekehrt gerichteten Filtergeschwindigkeiten auch tatsächlich vorkommen.

Abschätzungen für instationäre Verhältnisse

Sofern die nach dem 1. Fick'schen Gesetz vorgenommenen Abschätzungen ergeben, daß der diffusive Stofftransport gegenüber dem konvektiven nicht mehr vernachlässigbar ist, insbesondere jedoch bei der Bewertung natürlicher geologischer Barrieren für die Neuanlage von Deponien, kann in einigen Sonderfällen eine Abschätzung der Ausbreitungsgeschwindigkeit durch Diffusion notwendig sein. Dafür ist der instationäre Zustand zu betrachten, d.h. der Zustand, in dem das Konzentrationsprofil innerhalb des Grundwassergeringleiters noch nicht stabil ist, sondern sich noch verschiebt.

Nachfolgend werden der für instationäre Verhältnisse gültige Berechnungsansatz kurz vorgestellt und die Ergebnisse von Abschätzungen an zwei Beispielen dargestellt.

Für instationäre Verhältnisse gilt nach dem 2. Fick'schen Gesetz:

$$\frac{dc(z,t)}{dt} = D\,\frac{d^2c(z,t)}{dz^2}$$

Als Näherungslösung dieser Differentialgleichung geben OGATA & BANKS (1961) folgende Lösung an:

$$\frac{c}{c_0} = erfc\left(\frac{z}{\sqrt{4Dt}}\right)$$

mit :

c: Konzentration des betrachteten Stoffes am Ort z zum Zeitpunkt t
c_0:   Ausgangskonzentration des betrachteten Stoffes im Deponiesickerwasser
D: Diffusionskoeffizient
z: betrachtete Schichtmächtigkeit
t: Ausbreitungszeit
erfc: Komplementäre Errorfunktion:

$$erfc(z) = 1 - erf(z)$$

$$erf(w) = \frac{2}{\sqrt{\pi}}\int e^{-u^2}du$$

Diese Lösung gilt für folgende Randbedingungen.

– Die Ausgangskonzentration des Sickerwassers wird zum Zeitpunkt $t = 0$ plötzlich aufgebracht und ist in der gesamten betrachteten Zeit konstant.
– Die Anfangskonzentration an der Basis des Grundwassergeringleiters ist gleich Null.

Zur Überprüfung der Näherungslösung für Grundwasserprobleme vgl. GRAY et al. (1989).

In Abb. 103 ist der zeitliche Verlauf des Konzentrationsprofils, die Durchbruchskurve für unterschiedliche Schichtmächtigkeiten, wie sie im untersuchten geologischen Rahmen vorkommen, sowie für unterschiedliche Diffusionskoeffizienten für die im Deponiesickerwasser vorkommenden Stoffe angegeben. Danach treten Stoffmigrationen in signifikanter Konzentration bei Stoffen mit großem Diffusionskoeffizienten, wie dem häufig als Leitparameter für das

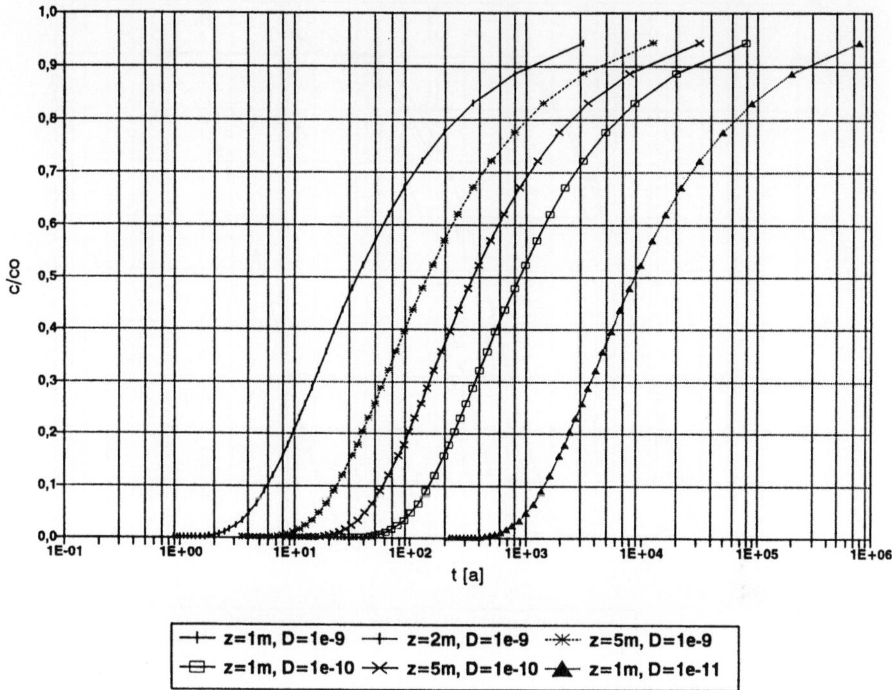

Abb. 103. Diffusiver Stofftransport: Durchbruchskurven für unterschiedliche Schichtmächtigkeiten z und Dispersionskoeffizienten D.

Deponiesickerwasser angesetzten Chlorid und Ammonium schon nach wenigen Jahren auf. Für diese Stoffe, die kaum durch Reaktionen mit dem Boden (Adsorption etc.) verzögert werden, gelten die Konzentrationsprofile mit hinreichender Genauigkeit. Für die als besonders umweltrelevant einzustufenden Stoffe, wie Schwermetalle und CKW sind die Zeiten bis zur Migration in signifikanter Konzentration mit einigen hundert Jahren deutlich höher. Zusätzlich erfahren diese Stoffe eine deutliche Retention, die jedoch für Gefährdungsabschätzungen auf lange Sicht nicht angesetzt werden sollte, da die Kapazität des Bodens, Schadstoffe festzulegen, begrenzt ist und diese Prozesse reversibel sind.

In Abb. 104 sind Wertebereichsspannen von Durchbruchskurven für die an den Deponien Mansie, Wesermarsch-Mitte und Varel-Hohenberge erkundeten Grundwassergeringleiter und für einige der im Sickerwasser vorkommenden Stoffe angegeben. Wie ein Vergleich der Wertebereichsfelder zeigt, treten an den Deponien Wesermarsch-Mitte und Varel schon nach wenigen Jahren Stoffmigrationen auf, die an der Deponie Wesermarsch-Mitte nach einigen weiteren Jahren zu einem vollständigen Durchwandern der oberen Kleischicht führen, an der Deponie Varel-Hohenberge örtlich sogar nach etwas geringerer Zeit durch die die Deponie unterlagernde Kleischicht hindurch ins Pleistozän. Die Transportzeiten für den konvektiven Stofftransport sind jedoch für den Fall Wesermarsch-Mitte größer, für den Fall der Deponie Varel sogar um

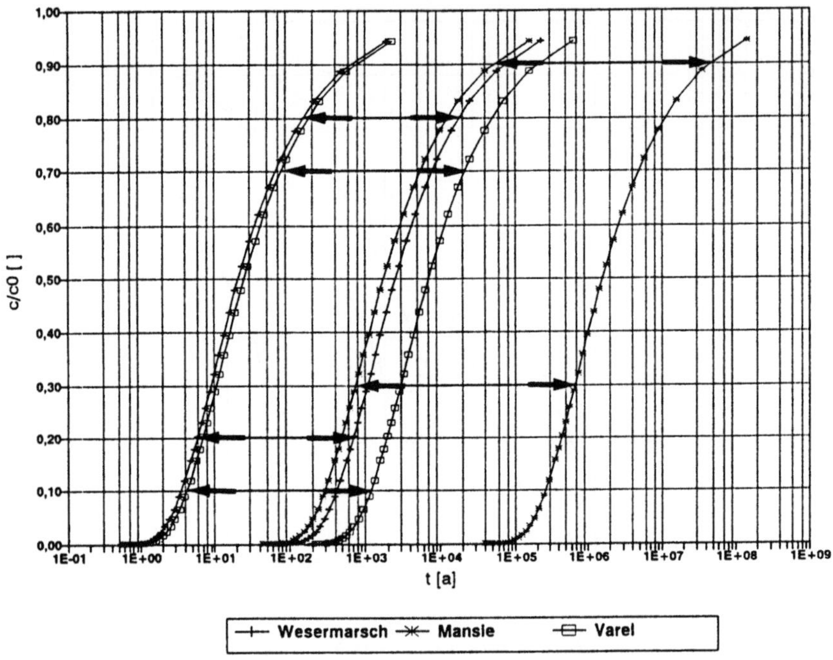

Abb. 104. Diffusiver Stofftransport: Wertebereichsspannen von Durchbruchskurven für die an den Deponien Mansie, Wesermarsch-Mitte und Varel erkundeten Grundwassergeringleiter. Die Wertebereichsspannen repräsentieren die wesentlichen, im Sickerwasser vorkommenden Stoffe.

Größenordnungen und damit, wie schon mit den Abschätzungen nach dem 1. Fick'schen Gesetz abgeleitet, zu vernachlässigen.

In Abb. 105 sind ergänzend Durchbruchszeiten jeweils für Konzentrationsverhältnisse c/c_0 von 5 %, 20% und 50 % angegeben. Aus diesen Kurven ist die Zeitdauer ablesbar, ab wann der untersuchte Stoff in der jeweiligen Konzentration den Grundwassergeringleiter vollständig durchwandert hat.

2.2.4 Auswirkungen stattgefundenen Schadstofftransports in Grundwassergeringleitern

Sobald in einem Grundwassergeringleiter in nennenswertem Umfang ein Transport von Schadstoffen aus dem Deponiesickerwasser durch Diffusion oder Konvektion stattgefunden hat, ist mit einer Beeinflussung seiner Eigenschaften zu rechnen, wenn im Boden Partikel vorhanden sind, die durch die eingetragenen Fremdstoffe verändert oder gelöst werden können. In den letzten Jahren wurden insbesondere Untersuchungen zu Tonmineralumwandlungen durchgeführt. Da Deponien jedoch häufig auf kalkhaltigen Böden (z.B. Geschiebemergel) stehen, ist der Lösung von Mineralen besondere Aufmerksamkeit zu widmen.

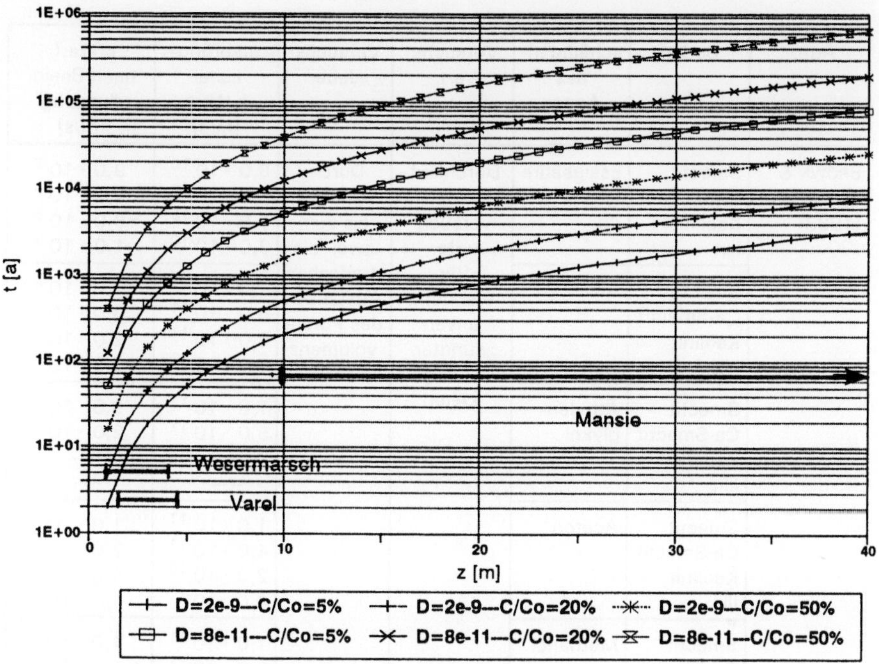

Abb. 105. Diffusiver Stofftransport: Durchbruchszeiten t für Konzentrationsverhältnisse c/c_0 von 5 %, 20 % und 50 % bei Diffusionskoeffizienten von $2 \cdot 10^{-9}$ m/s (max) und $8 \cdot 10^{-11}$ m/s (min) und vorgegebenen Schichtmächtigkeiten M.

Mineralumbildungen und Mineralneubildungen

Hinsichtlich Mineralumbildungen und Mineralneubildungen sind im wesentlichen die Tonminerale (USTRICH 1991) zu betrachten. Da diese Prozesse insbesondere für die Bewertung von Grundwassergeringleitern als Barrieren gegenüber einem Schadstoffaustrag aus Deponien entscheidend sind, wird darauf nachfolgend etwas ausführlicher eingegangen.

Versuche zur Simulation der Beeinflussung der Tonminerale wurden von zahlreichen Autoren im Zusammenhang mit der Problematik der Bewertung der Langzeitbeständigkeit von Deponiebasisdichtungen ausgeführt, vgl. BROWN & ANDERSON (1983), HASENPATT et al. (1987), USTRICH (1991), FRANK (1991). Die Art und Weise, in der die Tonminerale und deren Gefüge beeinflußt werden, ist bei USTRICH (1991) dargestellt. In all diesen Fällen handelt es sich um Versuche im Labormaßstab. Die Übertragbarkeit auf die Verhältnisse in-situ muß erst noch überprüft werden.

Eigene Untersuchungen an der Deponie Wesermarsch - Mitte haben gezeigt, daß die Konzentrationen von Sickerwasserinhaltstoffen in mehrere Jahre mit Sickerwasser durchströmten geringdurchlässigen bindigen Schichten schon in geringem Abstand zur Deponiebasis sehr gering sind. Diese liegen um Größenordnungen unter den Konzentrationen der im Labor eingesetzten Prüfflüssigkeiten. Dennoch sollten hinsichtlich der Langzeitbeständigkeit derartige

Autor	Boden	schädigen-des Agenz	Versuchs-art	Versuchs-dauer	ursprüng-licher k-Wert [m/s]	k-Wert nach Beein-flussung [m/s]
BROWN & ANDERSON (1983)	Smectit Ca-Smectit Kaolinit Illit	Essigsäure	Durchlauf-säulen-versuch unter Ver-wendung unver-dünnter Flüssig-keiten	Durch-strömung bis zum zwei- bis dreifachen Austausch des Poren-volumens	$8{,}0 \cdot 10^{-10}$ $5{,}0 \cdot 10^{-10}$ $1{,}0 \cdot 10^{-10}$ $7{,}0 \cdot 10^{-10}$	$9{,}0 \cdot 10^{-9}$ $7{,}0 \cdot 10^{-9}$ $>8{,}0 \cdot 10^{-8}$ $>1{,}0 \cdot 10^{-9}$
	Smectit Ca-Smectit Kaolinit Illit	Anilin			$2{,}0 \cdot 10^{-11}$ $6{,}0 \cdot 10^{-11}$ $6{,}0 \cdot 10^{-11}$ $1{,}0 \cdot 10^{-10}$	$2{,}0 \cdot 10^{-9}$ $3{,}0 \cdot 10^{-10}$ $2{,}0 \cdot 10^{-9}$ $2{,}0 \cdot 10^{-9}$
	Smectit Ca-Smectit Kaolinit Illit	Äthylen-glykol			$1{,}0 \cdot 10^{-11}$ $5{,}0 \cdot 10^{-11}$ ----- -----	$2{,}0 \cdot 10^{-9}$ $2{,}0 \cdot 10^{-10}$ ----- -----
	Smectit Ca-Smectit Kaolinit Illit	Aceton			$1{,}0 \cdot 10^{-11}$ $4{,}0 \cdot 10^{-11}$ $2{,}0 \cdot 10^{-10}$ $4{,}0 \cdot 10^{-11}$	$1{,}0 \cdot 10^{-8}$ $2{,}0 \cdot 10^{-9}$ $4{,}0 \cdot 10^{-7}$ $>1{,}0 \cdot 10^{-8}$
	Smectit Ca-Smectit Kaolinit Illit	Methanol			$1{,}0 \cdot 10^{-11}$ $5{,}0 \cdot 10^{-11}$ $1{,}0 \cdot 10^{-10}$ $5{,}0 \cdot 10^{-10}$	$4{,}0 \cdot 10^{-9}$ $>1{,}0 \cdot 10^{-8}$ $4{,}0 \cdot 10^{-9}$ $4{,}0 \cdot 10^{-9}$
	Smectit Ca-Smectit Kaolinit Illit	Xylol			$1{,}0 \cdot 10^{-11}$ $5{,}0 \cdot 10^{-11}$ $2{,}0 \cdot 10^{-10}$ $3{,}0 \cdot 10^{-9}$	$2{,}0 \cdot 10^{-9}$ $>5{,}0 \cdot 10^{-8}$ $2{,}0 \cdot 10^{-8}$ $2{,}0 \cdot 10^{-8}$
	Smectit Ca-Smectit Kaolinit Illit	Heptan			$1{,}0 \cdot 10^{-10}$ $3{,}0 \cdot 10^{-11}$ $2{,}0 \cdot 10^{-10}$ $4{,}0 \cdot 10^{-11}$	$3{,}0 \cdot 10^{-9}$ $1{,}0 \cdot 10^{-9}$ $3{,}0 \cdot 10^{-8}$ $4{,}0 \cdot 10^{-8}$

Tabelle 19. Beeinflussung der Durchlässigkeit von Böden durch stattgefundene Migration von Schadstoffen nach Literaturangaben.

Überlegungen schon im Ansatz bei Gefährdungsabschätzungen angestellt werden und in der Wahl der Bemessungswerte berücksichtigt werden. Wie BRACKE et al. (1991) zeigen, sind an Deponiebasisdichtungen schon nach wenigen Jahren deutliche Umwandlungen an den Tonmineralen zu erkennen. Umgekehrt haben eigene Untersuchungen (ENTENMANN 1996a) gezeigt, daß Tonminerale bei Durchströmung mit Sickerwasser einer Hausmülldeponie in-situ unter Umständen verhältnismäßig beständig sein können.

Eine mögliche Veränderung der bodenmechanischen Eigenschaften von Böden durch Kationenaustausch an Tonmineralen wird am deutlichsten an der Beeinflussung der Plastizität sichtbar. Inwiefern der entscheidende hydraulische Parameter - die Durchlässigkeit - beeinflußt wird, ist in Tabelle 19 dargestellt. Dort sind in der Literatur publizierte Ergebnisse zusammengestellt.

Autor	Boden	schädigendes Agenz	Versuchsart	Versuchsdauer	ursprünglicher k-Wert [m/s]	k-Wert nach Beeinflussung [m/s]
KOMODROMOS & GÖTTNER (1986)	Unterkreidetone 1. Qu,Kao, Mu	wässrige Lösungen von $FeCl_3$, EDTA, CdB, LiB, Phenol, Methanol Methanol Diäthyläther Hexan	Durchströmungsversuch in der KD-Zelle unter zusätzlichem Druck	bis 30 Tage	$2,0 \cdot 10^{-11}$	keine Beeinflussung
	2. Sm,Qu,Ca, Mu				$9,8 \cdot 10^{-11}$	keine Beeinflussung
HASENPATT, et al. (1987)	Bentonit	Diammoniumdodekan	kombinierter Batch- und Durchlaufsäulenversuch	Langzeitwirkung vorweggenommen im Batch-Versuch	$2,8 \cdot 10^{-11}$	$1,5 \cdot 10^{-8}$
USTRICH (1991)	Bentonit	0,9 mol/l Essigsäure + 0,5 mol/l Diäthylamin + 0,9 mol/l Äthylenglykol	Durchlaufsäulenversuch	3 Tage	$1,7 \cdot 10^{-10}$	$1,2 \cdot 10^{-10}$
	Mont-Ill.-Ton				$1,7 \cdot 10^{-10}$	$1,2 \cdot 10^{-10}$
	Ill-Kao-Ton				$1,3 \cdot 10^{-9}$	$1,0 \cdot 10^{-9}$
	Mergel, tonig				$1,7 \cdot 10^{-8}$	$3,3 \cdot 10^{-11}$
ECHLE, et al. (1991)	Qu-Ill-Ser-Sm-Ton	künstliches Deponiesickerwasser	Langzeitdurchlaufsäulenversuch	19 Monate	$1,0 \cdot 10^{-11}$	keine Veränderung
	Qu-Ill-Ser-Kao-Ton				$1,0 \cdot 10^{-11}$	
	Qu-Ill-Kao-Ton				$1,0 \cdot 10^{-11}$	
	Kao-Ill-Qu-Ton				$1,0 \cdot 10^{-11}$	

Tabelle 19. Fortsetzung

Generell ist die Beeinflussung der Durchlässigkeit aufgrund der Migration von Deponiesickerwasser ein sehr langandauernder Prozess, der nur mit Einschränkungen im Labor simuliert werden kann. Dennoch zeigen selbst Durchlaufsäulenversuche von 3 Tagen Dauer (USTRICH 1991), daß die Durchlässigkeit nach der Reaktion des Sickerwassers mit den Tonmineralen bei allen Versuchen etwas erhöht ist. Insgesamt ist das Maß der Durchlässigkeitserhöhung jedoch nach den Versuchsergebnissen sehr unterschiedlich. Wird die eigentlich notwendige sehr lange Versuchsdauer durch Batchversuche vorweggenommen (HASENPATT et al. 1987) so ergeben sich k-Wert Steigerungen um etwa 1 bis 2 Zehnerpotenzen bis max. 4 Zehnerpotenzen. Diese Werte dürften in-situ jedoch aufgrund der unterschiedlichen Konzentrationen, Größenverhältnisse und Gradienten bei weitem nicht erreicht werden. Ebenso dürften die k-Wert-Erhöhungen um 1 bis 3 Zehnerpontenzen, die BROWN & ANDERSON (1983) bei ihren Durchlaufsäulenversuchen beobachteten, in-situ nicht erreicht werden, da diese die Tonproben mit unverdünnten Reinsubstanzen durchströmten. Das Deponiesickerwasser enthält diese Stoffe jedoch in sehr verdünnter wässriger Lösung. Andererseits besteht das Deponiesickerwasser aus einem Stoffgemisch, das sich unter Umständen ganz anders verhalten kann als die Einzelstoffe.

Generell gilt, daß die wesentlichste Veränderung des tonmineralhaltigen Bodens infolge stattgefundener Migration durch eine Schädigung des Mikrogefüges (KOMODROMOS & GÖTTNER 1988) und durch Mikrorißbildung (HASENPATT et al. 1987) stattfindet. Diese äußert sich in einer deutlichen Änderung der Plastizität (BROWN & ANDERSON 1983), die von allen Autoren im Labor beobachtet wurde. Die quantitative Auswertung des Einflußes dieser Strukturveränderungen auf den k-Wert und insbesondere die Übertragbarkeit auf die Verhältnisse auf natürliche Böden in-situ steckt jedoch noch in den Anfängen. Für zuverlässige Abschätzungen zur Beurteilung natürlicher Böden ist der Stand des Wissens noch zu gering. Die von den o.a. Autoren durchgeführten Versuche legen jedoch nahe, zur Abschätzung des Langzeitverhaltens von geologischen Barrieren den Bemessungs-k-Wert bindiger Böden, die in Kontakt zum Deponiesickerwasser stehen bzw. von diesem konvektiv oder diffusiv durchströmt werden, gegenüber den Versuchsergebnissen auf die sichere Seite hin zu erhöhen.

Inwieweit der k-Wert erhöht werden sollte, hängt vom Grad der zu erwartenden Schädigung ab. Dafür wurden nachfolgend die Literaturangaben gesichtet und mit den Untersuchungsergebnissen der Fallbeispiele verglichen.

- Die Schädigung eines Bodens durch Deponiesickerwasser ist um so größer, je höher die Quellfähigkeit und Kationenaustauschkapazität der im Boden vorhandenen Tonminerale ist (Ustrich 1991). In derselben Weise ist die Steigerung der Durchlässigkeit nach der Durchströmung mit den schädigenden Agenzien zu beurteilen (Brown & Anderson 1983).
- Die Schädigung ist abhängig von der Mineralisation des Deponiesickerwassers, sowohl von der Stoffart, den Stoffkonzentrationen und der Stoffverteilung (Zusammenwirken einer Vielzahl von Stoffen).

Somit ist die k-Wert-Erhöhung insbesondere abhängig

- vom Tonmineralgehalt
- von der Art der Tonminerale

Mineral	Grad der Schädigung
Smectit (Na, K)	große Schädigung
Smectit (Ca)	
Illit	
Kaolinit	geringe Schädigung
Quarz	inert

Tabelle 20. Grad der Schädigung von Böden durch Schadstoffe aus dem Deponiesickerwasser in Abhängigkeit von der Art des Feinstkorns.

Bodenart	Ort	Feinstkorn-gehalt (< 2 μm)	Mineralverteilung im Feinstkorn					
			Qu	Kao	Chl	Ill	Sm	Ka rb
Holozän								
Klei (qhKO)	Weser-marsch-Mitte	48	8	5	--	18	67	2
	Emsland	35	10	22	--	22	46	--
		40	8	5	--	28	67	2
Auesediment	Oldenburger Geest	50	9	15	9	52	--	15
Pleistozän								
Drenthe-Geschiebe-lehm	Oldenburger Geest	18	14	8	5	63	10	--
Beckenton	Dammer Berge	30	5	8	2	38	47	--
Lauenburger Ton Randfazies	Ostfriesische Geest	7	10	8	25	16	33	8
Lauenburger Ton	Deponie Mansie	67	4	37	9	47		
	Oldenburger Geest		1	7		27	64	1
	Oldenburger Geest	51	6	15	< 5	15	58	3
Tertiär								
Septarienton	Vechta	51	6	15	< 5	15	58	3
Oligozänton	Vechta	24	--	25	--	65	35	--

Tabelle 21. Ergebnisse der mineralogischen Untersuchung des Feinstkorngehaltes von bindigen Böden im Bereich Weser-Ems.

Der Grad der Schädigung von Böden kann nach Brown & Anderson (1983) wie auf Tabelle 20 dargestellt werden.

Für einige der in den Fallbeispielen im Untergrund der Deponien anstehenden bindigen Böden wurden in Tabelle 21 die mittels Röntgendiffraktometrie (RDA) ermittelten halbquantitativen Versuchsergebnisse zusammengestellt. Es ist darauf hinzuweisen, daß der mit in die Tabelle aufgenommene Geschiebemergel von den Harburger Bergen südlich Hamburg nach zehnjähriger Durchströmung in einer Deponiebasisdichtung keine tonmineralogischen Veränderungen aufwies (Entenmann 1995a). Dafür könnte unter Umständen eine Abpufferung des Sickerwassers durch den Kalkgehalt des Geschiebemergels oder der insgesamt sehr geringe Anteil an Tonmineralen im stabilen Gerüst aus nicht-reaktiven Mineralen eine Rolle gespielt haben.

Den Ergebnissen der Tabelle 21 zufolge ist zu erwarten, daß die Langzeitdurchlässigkeit des Kleis und des Lauenburger Tons nach der Durchströmung durch Deponiesickerwasser deutlich gegenüber den momentan im Versuch gemessenen Werten ansteigen wird. Der Bemessungswert für diese Schichten sollte daher, um auch in Zukunft auf der sicheren Seite zu liegen, gegenüber den Versuchwerten erhöht werden.

Zusammenfassend läßt sich für die Zuteilung von Bemessungswerten für Schichten mit nennenswertem Tonmineralanteil folgendes aussagen: Die Durchlässigkeit solcher Schichten läßt sich nur in Versuchen bestimmen, die vom Maßstab her einen sehr geringen Einflußbereich haben (direkter Durchlässigkeitsversuch im Labor, Einbohrlochversuche in-situ). Von daher können durchlässigkeitserhöhende Inhomogenitäten kaum erfaßt werden. Beispielsweise liegen die Ergebnisse von Versuchen an fetten Tonen, wie dem Lauenburger Ton, häufig unter $k = 1,0 \cdot 10^{-11}$ m/s. Derartige Werte müssen, selbst bei makroskopisch homogen erscheinenden Tonen für die Bemessung heraufgesetzt werden, wie die feinstratigraphischen Aufnahmen zeigen und wie auch SCHNEIDER & GÖTTNER (1991) betonen. Darüber hinaus ist aufgrund der oben beschriebenen zu erwartenden Langzeitschädigungen eine weitere Erhöhung geboten. Insgesamt liegen daher realistische Bemessungswerte für natürliche Böden, selbst von fetten Tonen nicht unter $5,0 \cdot 10^{-10}$ m/s.

Lösung von Mineralen

Wesentlich gravierender als eine Schädigung der Tonminerale ist jedoch ein Herauslösen von löslichen Mineralen aus dem Kornverband. In der Praxis trifft dies fast ausschließlich auf den Kalk zu. Die TA SIEDLUNGSABFALL (1993) trägt diesem Umstand Rechnung und verlangt daher, daß Basisdichtungen von Deponien weniger als 15 % Kalk besitzen.

Eigene Untersuchungen an der 10 Jahre lang mit Sickerwasser durchströmten mineralischen Basisdichtung der Deponie Neu Wulmsdorf, bestehend aus Geschiebemergel, haben ergeben, daß eine Kalklösung bei großen hydraulischen Gradienten tatsächlich in großem Maßstab stattfindet (ENTENMANN 1995a). Abb. 106 zeigt, daß die Durchlässigkeit des Geschiebemergels durch vollständige Lösung des Kalkes zu einer Durchlässigkeitserhöhung von etwa zwei

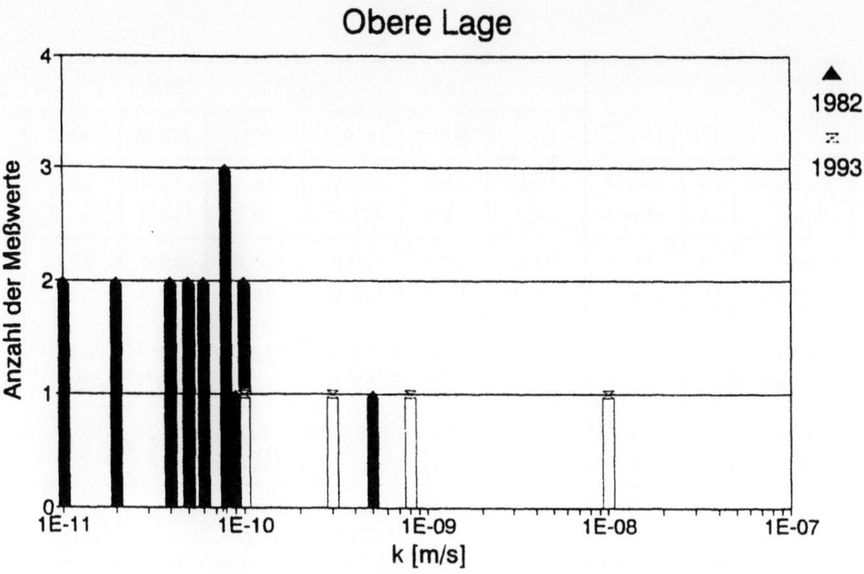

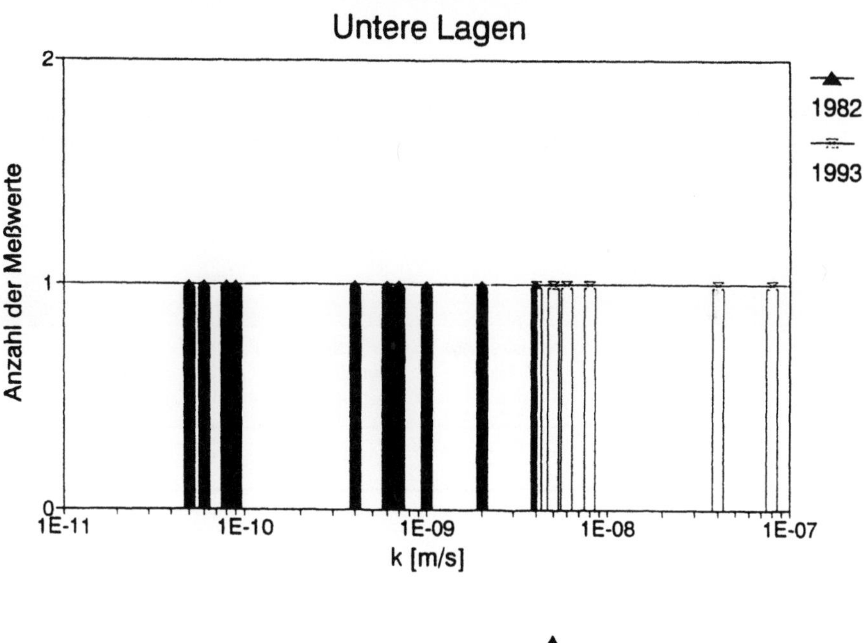

Abb. 106. Deponie Neu Wulmstorf: Schädigung der Deponiebasisdichtung aus Geschiebemergel durch Sickerwassereinstau.

			1982			1993		
			min.	Mittel	max.	min.	Mittel	max.
Trocken- wichte	OL UL	kN/m^3 kN/m^3	18,6 18,7	19,5 19,7	20,2 21,0	19,1 18,2	19,0 18,6	20,3 18,9
Poren- volumen	OL UL	Vol.-% Vol.-%	24,0 22,0	27,0 26,3	30,0 30,0	24,0 29,0	26,6 30,2	28,0 32,0
Luftporen- volumen	OL UL	Vol.-% Vol.-%	0,0 0,0	3,8 3,9	11,0 11,0	1,0[*)] 4,0[*)]	3,8[*)] 6,7[*)]	6,0[*)] 10,0[*)]
Kalk- gehalt	OL UL	Gew.-% Gew.-%	1,4	4,0 $\geq$ 3,0	8,4	0,1 0,7	0,3 0,8	0,6 0,9
Durch- lässigkeit	OL UL	m/s m/s	$3 \cdot 10^{-11}$ $5 \cdot 10^{-11}$		$3 \cdot 10^{-9}$ $3 \cdot 10^{-9}$	$8 \cdot 10^{-10}$ $4 \cdot 10^{-9}$		$1 \cdot 10^{-8}$ $8 \cdot 10^{-8}$

[*)]   nach mehrmonatiger Entwässerung des Probenkörpers in-situ

OL: obere Lage   UL: untere Lage

Tabelle 22. Deponie Neu Wulmstorf, Veränderung geotechnischer Eigenschaften des Geschiebemergels der Deponiebasisdichtung infolge eines zehnjährigen Sickerwassereinstaus.

		Funktionsfähige Dränage	Schaden an der Dränage	Schädigung der Basisdichtung
Zeitpunkt		t = 0	→	t = 10a
hydraulischer Gradient i	[ ]	1	1 → 4,3	4,3
k-Wert	[m/s]	$1,7 \cdot 10^{-10}$	$1,7 \cdot 10^{-10}$	$1,7 \cdot 10^{-10} \rightarrow 1,2 \cdot 10^{-8}$
Abstands- geschwindigkeit v_a	[m/s]	$3,4 \cdot 10^{-9}$	$3,4 \cdot 10^{-9} \rightarrow 1,5 \cdot 10^{-8}$	$1,5 \cdot 10^{-8} \rightarrow 2,3 \cdot 10^{-7}$
Durchströmungs- zeit t		5,6a	5,6a → 1,25a	1,25A → 30d
durchströmte Wassermenge	[l/m²·a]	5,4	5,4 → 23,1	23,1 → 366
hydraulische Wirksamkeit	[%]	98,5	98,5 → 94	94 → 8

Tabelle 23. Deponie Neu Wulmstorf, Schädigung der Basisdichtung infolge Entkalkung.

Zehnerpotenzen geführt hat. Dabei ist das Gefüge des Geschiebemergels, da es sich um fein verteilten Kalk, überwiegend der Schluff- und Tonfraktion handelt, im wesentlichen erhalten geblieben. Neben der Durchlässigkeit haben sich auch andere geotechnische Eigenschaften deutlich verändert, wie Tabelle 22 zeigt. Die Erhöhung der Durchlässigkeit geht einher mit einer Erniedrigung des Trockenraumgewichtes in der Größenordnung, in der Kalk herausgelöst wurde. Welche erheblichen Auswirkungen dies auf die Wirksamkeit der Basisdichtung hat verdeutlicht Tabelle 23 aus ENTENMANN (1996a).

Wie Tabelle 21 zeigt, weisen zahlreiche Grundwassergeringleiter im norddeutschen Raum Kalkgehalte auf. Dies muß bei der Gefährdungsabschätzung berücksichtigt werden.

3 Anwendung von Berechnungsverfahren für Strömungsvorgänge im Grundwasser

Im vorliegenden Abschnitt werden die an Deponien auftretenden hydraulischen Verhältnisse klassifiziert und die Methodik für hydraulische Abschätzungen bzw. Berechnungen zur Gefährdungsabschätzung beschrieben. Die in den Fallbeispielen ermittelten Daten werden im Hinblick darauf zusammengestellt, darzustellen, welche hydraulischen Verhältnisse und in welcher Größenordnung die Randbedingungen im untersuchten geologischen Umfeld tatsächlich vor Ort vorkommen.

3.1 Untersuchung des Emissionsverhaltens von Deponien im Hinblick auf dabei auftretende Strömungsprobleme

Im folgenden wird das hydraulische System, bestehend aus Deponie, Deponieuntergrund und eventuell Vorfluter, im Hinblick darauf untersucht, welche Strömungsprobleme bei der Emission von Deponiesickerwasser und dessen Ausbreitung mit dem Grundwasser auftreten. Ausgangspunkt ist eine nicht oder nur unzulänglich oberflächengedichtete Hügeldeponie ohne künstliche Deponiebasisdichtung.

Es kann davon ausgegangen werden, daß zumindest an der Basis der Deponie Sickerwasser als Deponiestauwasser vorliegt. Weiterhin kann davon ausgegangen werden, daß der Untergrund zwischen Grundwasseroberfläche und Deponiebasis wassergesättigt ist. Sollte dies nicht erwiesen sein, so wäre dahingehend, auf der sicheren Seite liegend, eine Annahme zu machen.

Unter diesen Ausgangsbedingungen müssen aus theoretischen Überlegungen zwei Fälle von Emissionen unterschieden werden, die nachfolgend mit aktiver und passiver Emission bezeichnet werden.

Mit **aktiver Emission** sei der Übergang von Deponiesickerwasser in den Untergrund bezeichnet, der aus einem hydraulischen Gradienten zwischen Deponiestauwasser und Grundwasser im Untergrund der Deponie resultiert.

Mit **passiver Emission** sei der Übergang von Deponiesickerwasser in den Untergrund bezeichnet, der aus der Überschichtung von Deponiesickerwasser und Grundwasser durch die stattfindende Grundwasser- bzw. Sickerwasserneubildung resultiert, dadurch daß überschichtetes Sickerwasser durch einen vorhandenen Grundwasserstrom mitbewegt wird.

Mit dem Eintritt des Deponiesickerwassers in das Grundwasser wird es selbst zu Grundwasser. Der weitere passive, konvektive Transport der im Deponiesickerwasser enthaltenen, jedoch im Grundwasser nicht oder in geringerer Konzentration enthaltenen Wasserinhaltsstoffe wird als **Ausbreitung** bezeichnet.

Dieser Ausbreitung sind nur dort Grenzen gesetzt, wo aus Grundwasser Oberflächenwasser wird, also beim Eintritt in einen Vorfluter. Dieser Vorgang muß konsequenterweise als **Immission** bezeichnet werden.

Die bei diesen Vorgängen - Emission, Ausbreitung und Immission - üblicherweise auftretenden Strömungsprobleme werden nachfolgend kurz skizziert. Es sei darauf hingewiesen, daß hier hinsichtlich der Ausbreitung im Sickerwasser gelöster Stoffe nur der konvektive Stofftransport behandelt ist. Hinsichtlich Dispersion und Diffusion wird auf die Abschnitte 2.2.2 und 2.2.3 verwiesen. Weiterhin wird von gelösten Stoffen oder feinpartikularem Transport ausgegangen. Auf Entmischungen und Schweredifferentiation wird - da es sich um ein Randproblem handelt - nicht näher eingegangen.

3.1.1 Emission aus der Deponie

Bei der Emission aus der Deponie sind im wesentlichen folgende drei Fragestellungen von Interesse:

- Wie geht die Emission vonstatten?
   Dies ist im wesentlichen ein geometrisches und hydraulisches Problem. Die Antwort auf diese Fragestellung ist die wesentliche Grundlage für die Gefährdungsabschätzung.
- Wie schnell geht die Emission vonstatten?
   Dies ist ein rein hydraulisches Problem. Die abgeleiteten Abstandsgeschwindigkeiten geben Auskunft über den zu erwartenden zeitlichen Verlauf der Gefährdung.
- Welche Menge an Sickerwasser gelangt ins Grundwasser?
   Dies ist ein Bilanzierungsproblem. Die Antwort auf diese Fragestellung ist weniger für die Gefährdungsabschätzung relevant als für die Planung von Sicherungsmaßnahmen wie z. B. eine Oberflächenabdichtung, deren Wirksamkeit abzuschätzen ist.

Nachfolgend wird vorrangig auf diese generellen Mechanismen der Emission eingegangen sowie auf die hydraulischen Ausgangswerte, Einflußgrößen und die daraus resultierenden Ausbreitungsgeschwindigkeiten. Auf Fragen der Bilanzierung wird im Abschnitt 4 eingegangen.

Generelle Mechanismen

Ginge man als Ausgangspunkt für die folgenden Überlegungen - wie auf Abb. 107 schematisch dargestellt - im Untergrund einer Deponie von einer völlig ebenen Grundwasseroberfläche und von einer völlig identischen Grundwasserneubildung ($Q_{neu,GW}$) und Sickerwasserneubildung ($Q_{neu,S}$) aus, so würde die Neubildung zu einer absoluten Erhöhung der Grundwasseroberfläche und der Sickerwasseroberfläche führen. Wären wiederum die hydraulischen Eigenschaften, wie Durchlässigkeit und speicherwirksames Porenvolumen von Deponie und Deponieuntergrund völlig gleich, so würde keine Emission

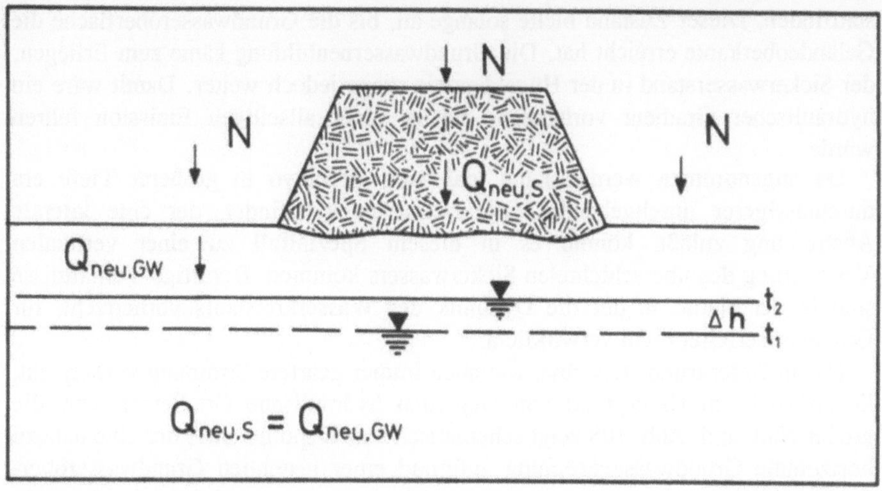

Abb. 107. Modellvorstellung einer Deponie ohne Emission von Sickerwasser, Erläuterungen im Text.

$Q_{neu\,Gw}$	:	Grundwasserneubildung
N	:	Niederschlag
$Q_{neu\,S}$	:	Sickerwasserneubildung
Δh	:	Anstieg der Grundwasseroberfläche zwischen den Zeiten t_1 und t_2.

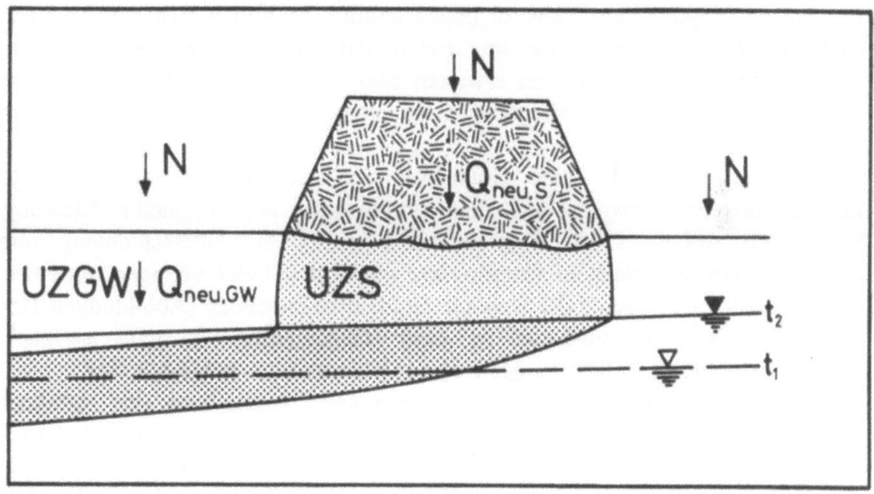

Abb. 108. Sickerwasser emittierende Deponie über einem Grundwasserleiter, in dem eine horizontale Grundwasserströmung vorliegt, bei vorhandener ungesättigter Zone.

N	:	Niederschlag
$Q_{neu\,Gw}$	:	Grundwasserneubildung
$Q_{neu\,S}$	:	Sickerwasserneubildung
Δh	:	Anstieg der Grundwasseroberfläche zwischen den Zeiten t_1 und t_2
UZGW	:	ungesättigte Zone im Grundwasserbereich
UZS	:	ungesättigte Zone im Sickerwasserbereich.

stattfinden. Dieser Zustand hielte solange an, bis die Grundwasseroberfläche die Geländeoberkante erreicht hat. Die Grundwasserneubildung käme zum Erliegen, der Sickerwasserstand in der Hügeldeponie stiege jedoch weiter. Damit wäre ein hydraulischer Gradient vorhanden, der zu einer allseitigen Emission führen würde.

Da angenommen werden kann, daß sich irgendwo in größerer Tiefe ein durchlässigerer durchgehender Grundwasserleiter befindet, der eine laterale Abströmung zuläßt, könnte es in diesem Spezialfall zu einer vertikalen Verlagerung des überschichteten Sickerwassers kommen. Derartige Verhältnisse sind in der Natur, in der die Dynamik des Wasserkreislaufs vorherrscht, für Grundwasserleiter nicht verwirklicht.

Da im Untergrund stets eine, wie auch immer geartete Strömung vorherrscht, liegen auch im Untergrund von Deponien hydraulische Gradienten vor, die größer Null sind. Abb. 108 zeigt schematisch eine Deponie unter der eine nahezu horizontale Grundwasserströmung aufgrund einer geneigten Grundwasseroberfläche stattfindet. Unter der oben ausgeführten Annahme, daß in der Deponie und in der Umgebung der Deponie die Grund- bzw. Sickerwasserneubildung gleich groß sind, käme es zu einer einfachen Überschichtung des Grundwasserkörpers außerhalb der Deponie durch neugebildetes Grundwasser, im Bereich der Deponie durch Sickerwasser. Dieser Fall ist jedoch nur dann verwirklicht, wenn die Grundwasseroberfläche ausreichend tief unterhalb der Deponie gelegen ist. Steigt die Grundwasseroberfläche zumindest zeitweilig so weit an, daß sie in den Bereich des deponierten Mülls zu liegen kommt, so bilden sich aufgrund der anzunehmenden Unterschiede im speicherwirksamen Porenvolumen, bzw. - sofern dynamische Effekte zu erwarten sind - der Durchlässigkeit zwischen Müll und natürlichem Untergrund Gradienten aus, vgl. Abbildungen 109 und 110.

Im Falle, daß sich keine Gradienten ausbilden (Abb. 108) wird das überschichtete Sickerwasser mit dem Grundwasser in horizontaler Richtung fortbewegt, wobei es im Abstrombereich durch die Überschichtung mit neugebildetem unbelastetem Grundwasser allmählich tiefer verlagert wird. Im Falle, daß sich im Bereich der Deponie Gradienten ausbilden (Abbildungen 109 und 110) kommt es zusätzlich zu einer Überlagerung von teilweise auch entgegengerichteten Teilströmungen, die unten (Abb. 112) behandelt sind.

Derartige Verhältnisse einer nahezu horizontalen Ausbreitung sind üblicherweise nur an Deponien ausgebildet, die von Grundwasserleitern unterlagert sind (Typ Vechta, Abb. 30). Wird die Deponie von einem Grundwassergeringleiter unterlagert, so ist zwischen zwei Fällen zu unterscheiden: Im Falle, daß unterhalb des Grundwassergeringleiters ein Grundwasserleiter folgt, dessen Grundwasser geringere Druckhöhen als die Druckhöhen des Grundwassers im Grundwassergeringleiter aufweist (Abb. 111), so ist im Grundwassergeringleiter eine nahezu senkrechte Strömung von oben nach unten ausgebildet (Typ Varel-Hohenberge, vgl. Abb. 18). Diese nahezu senkrechte Strömung resultiert daher, daß die Druckhöhendifferenzen zwischen zwei durch einen geringmächtigen Grundwassergeringleiter getrennten Grundwasserleitern meist einen steilen

hydraulischen Gradienten aufbauen, gegenüber sehr flachen Gradienten im
Grundwassergeringleiter. Nur wenn der Grundwassergeringleiter deutlich
anisotrop ist, ist die horizontale Strömungskomponente stärker ausgebildet, vgl.
Abb. 112. Dann kommt dem Grundwassergeringleiter eine ganz wesentliche
Funktion bei der Bewertung des Emissionsverhaltens der Deponie zu, da Grundwassergeringleiter meist eine gegenüber Grundwasserleitern sehr geringe durchflußwirksame Porosität besitzen und daher trotz geringer Filtergeschwindigkeiten verhältnismäßig hohe Abstandsgeschwindigkeiten resultieren können.

Handelt es sich jedoch um einen sehr mächtigen Grundwassergeringleiter oder
einen Grundwassergeringleiter, unter dem ein Grundwasserleiter mit gespanntem
Grundwasser folgt, so treten im Bereich Deponie/Deponieuntergrund nahezu
dieselben Strömungsverhältnisse wie bei einem ausgedehnten Grundwasserleiter
unter einer Deponie auf, mit dem Unterschied, daß die strömenden Wassermengen bedeutend kleiner sind und in der Deponie von einem höheren
Sickerwassereinstau ausgegangen werden kann. Diese Situation ist auf den
Abbildungen 108, 109 und 110 skizziert.

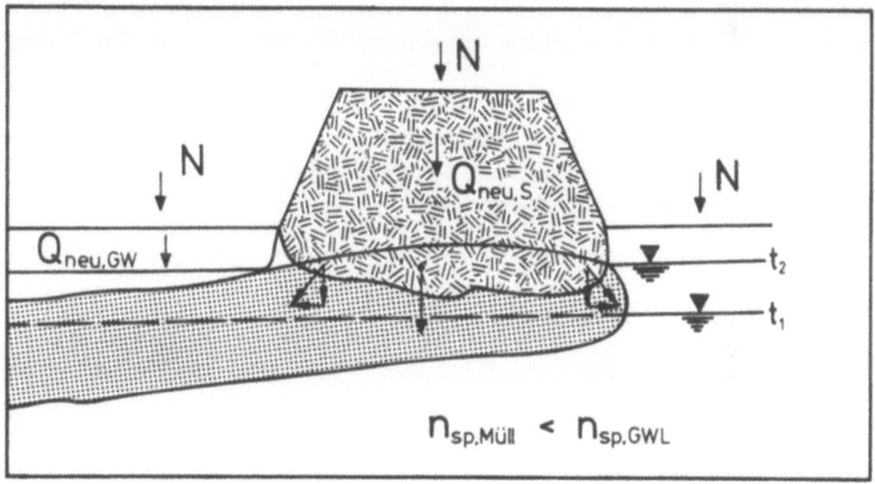

Abb. 109. Sickerwasser emittierende Deponie über einem Grundwasserleiter, in dem eine
horizontale Grundwasserströmung vorliegt, bei Eintauchen des Deponiefußes ins Grundwasser.

Fall 1	:	Das speicherwirksame Porenvolumen des Untergrundes ist größer als das des Hausmülls.
N	:	Niederschlag
$Q_{neu\ Gw}$	:	Grundwasserneubindung
$Q_{neu\ S}$	:	Sickerwasserneubildung
Δh	:	Anstieg der Grundwasseroberfläche zwischen den Zeiten t_1 und t_2
UZGW	:	ungesättigte Zone im Grundwasserbereich
UZS	:	ungesättigte Zone im Sickerwasserbereich
$n_{sp,\ Müll}$	:	speicherwirksames Porenvolumen des Hausmülls
$n_{sp,\ GWL}$	:	speicherwirksames Porenvolumen des Untergrundes.

Abb. 110. Sickerwasser emittierende Deponie über einem Grundwasserleiter, in dem eine horizontale Grundwasserströmung vorliegt, bei Eintauchen des Deponiefußes ins Grundwasser.

Fall 2	:	Das speicherwirksame Porenvolumen des Untergrundes ist kleiner als das des Hausmülls.
N	:	Niederschlag
$Q_{neu\,Gw}$	:	Grundwasserneubildung
$Q_{neu\,S}$	:	Sickerwasserneubildung
Δh	:	Anstieg der Grundwasseroberfläche zwischen den Zeiten t_1 und t_2
UZGW	:	ungesättigte Zone im Grundwasserbereich
UZS	:	ungesättigte Zone im Sickerwasserbereich
$n_{sp,\,Müll}$	:	speicherwirksames Porenvolumen des Hausmülls
$n_{sp,\,GWL}$	:	speicherwirksames Porenvolumen des Untergrundes.

Abb. 111. Sickerwasser emittierende Deponie, die von einem Grundwassergeringleiter unterlagert wird, der wiederum von einem Grundwasserleiter unterlagert wird. Das Grundwasser im tieferen Grundwasserleiter hat geringere Druckhöhen als im Grundwassergeringleiter.

$i_v \gg i_h$	:	Der vertikale hydraulische Gradient ist um ein Vielfaches größer als der horizontale.
$k_{1,h} > k_{1,v}$	:	Die horizontale Komponente der Durchlässigkeit ist deutlich größer als die vertikale.

Abb. 112. Sickerwasser emittierende Deponie, die von einem Grundwassergeringleiter unterlagert wird, der wiederum von einem Grundwasserleiter unterlagert wird. Die Druckhöhen im tieferen Grundwasserleiter sind geringer als im Grundwassergeringleiter.

$i_v > i_h$	:	Der vertikale hydraulische Gradient ist deutlich größer als der horizontale.
$k_{1,v} \ll k_{1,h}$	:	Die horizontale Komponente der Durchlässigkeit der Durchlässigkeit übersteigt die vertikale um ein Vielfaches.

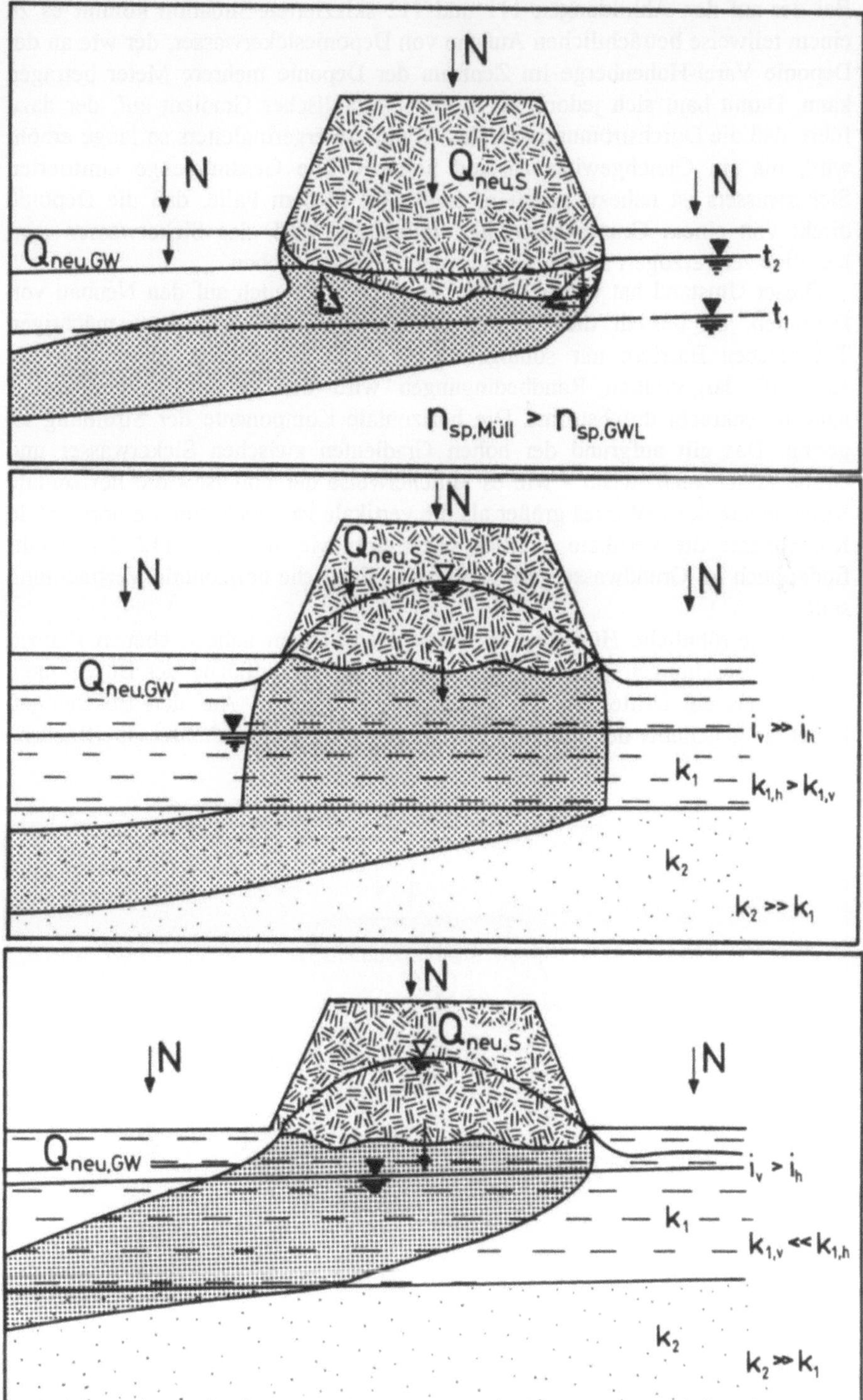
N
Q_neu,S
N
N
Q_neu,GW
t_2
t_1
n_sp,Müll > n_sp,GWL
N
Q_neu,S
N
N
Q_neu,GW
i_v >> i_h
k_1
k_1,h > k_1,v
k_2
k_2 >> k_1
N
Q_neu,S
N
N
Q_neu,GW
i_v > i_h
k_1
k_1,v << k_1,h
k_2
k_2 >> k_1

Bei der auf den Abbildungen 111 und 112 skizzierten Situation kommt es zu einem teilweise beträchtlichen Aufstau von Deponiesickerwasser, der wie an der Deponie Varel-Hohenberge im Zentrum der Deponie mehrere Meter betragen kann. Damit baut sich jedoch ein steiler hydraulischer Gradient auf, der dazu führt, daß die Durchströmungsrate des Grundwassergeringleiters so lange erhöht wird, bis ein Gleichgewichtszustand herrscht. Die Gesamtmenge emittierten Sickerwassers ist nahezu genau so groß, wie in dem Falle, daß die Deponie direkt von einem Grundwasserleiter unterlagert wird, das Sickerwasser wird lediglich zeitverzögert an den Grundwasserleiter abgegeben.

Dieser Umstand hat weitreichende Auswirkungen auch auf den Neubau von Deponien. So besteht die hydraulische Wirksamkeit einer 3 m mächtigen Technischen Barriere nur solange die Dränage funktioniert. Unter den auf Abb. 110 dargestellten Randbedingungen wird der Grundwassergeringleiter nahezu senkrecht durchströmt. Die horizontale Komponente der Strömung ist gering. Das gilt aufgrund der hohen Gradienten zwischen Sickerwasser und Grundwasser auch, wenn - wie es üblicherweise der Fall ist - die horizontale Komponente des k-Wertes größer als die vertikale ist. Nur wenn die horizontale Komponente die vertikale deutlich übersteigt, wie auf Abb. 112 dargestellt, findet auch im Grundwassergeringleiter eine deutliche horizontale Verfrachtung statt.

Eine gewöhnliche Hügeldeponie besteht aus einem nahezu ebenen Plateau und den Böschungen. Üblicherweise beträgt die Grundfläche der Böschungen weniger als ein Drittel der Gesamtfläche der Deponie. Auf den Böschungen findet ein gegenüber der üblicherweise flachen Umgebung erhöhter Oberflächen-

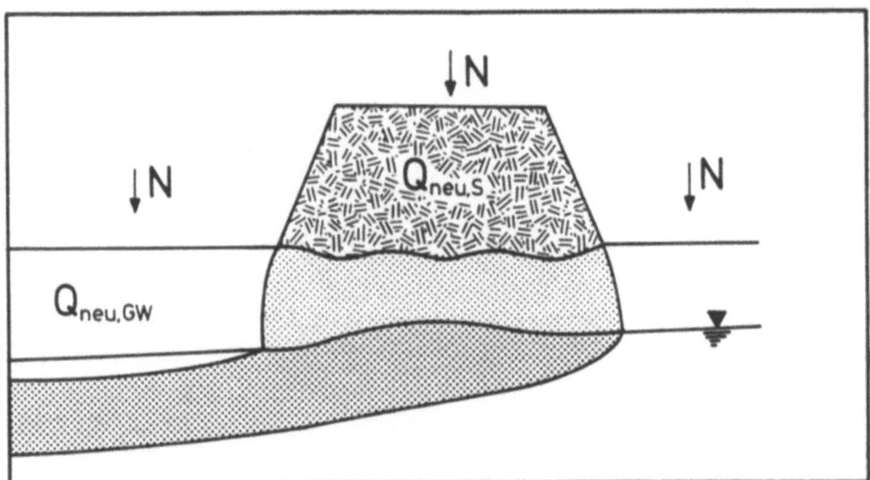

Abb. 113. Sickerwasser emittierende Deponie. Dem parallelen Strömungsfeld des Grundwassers wird ein radialsymmetrisches Strömungsfeld, resultierend aus einer gegenüber der Umgebung erhöhten Sickerwasserneubildungsrate überlagert.
Die Kulminationslinie liegt innerhalb der Deponiefläche.

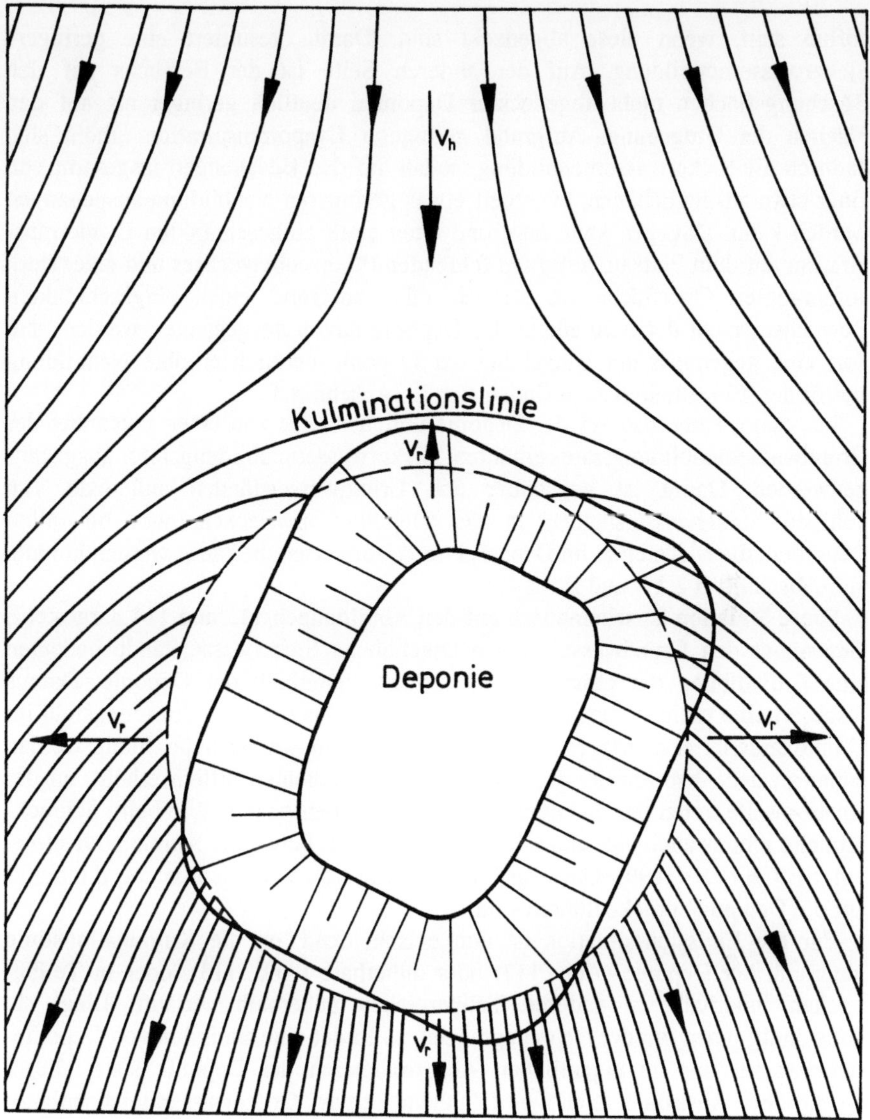

Abb. 114. Sickerwasser emittierende Deponie. Dem parallelen Strömungsfeld des Grundwassers wird ein radialsymmetrisches Strömungsfeld, resultierend aus einer gegenüber der Umgebung erhöhten Sickerwasserneubildungsrate überlagert. Die Kulminationslinie verläuft außerhalb der Deponie, es entsteht im Anstrombereich der Deponie eine sickerwasserbeeinflußte Zone. Die Darstellung basiert auf Zeichnungen SLICHTERs (1899).

v_h :   horizontales Geschwindigkeitsfeld

v_r :   radiales Geschwindigkeitsfeld.

abfluß statt, wenn diese abgedeckt sind. Daraus resultiert eine geringere Sickerwasserneubildung. Auf der anderen Seite ist der Bewuchs auf den Böschungsflächen nicht abgedeckter Deponien deutlich geringer als auf den Flächen der Umgebung. Aufgrund geringerer Evapotranspiration erhöht sich dadurch die Sickerwasserneubildung, sodaß auf den Böschungen insgesamt von einer etwa ausgeglichenen, eventuell etwas geringeren Neubildung ausgegangen werden kann. Dagegen kann aufgrund einer stark eingeschränkten Evapotranspiration auf dem Plateau, aufgrund fehlenden Pflanzenbewuchses und einer stark aufgerauhten Oberfläche im Betrieb oder aufgrund eines eingeschränkten Bewuchses nach der Schließung der Deponie davon ausgegangen werden, daß dort eine gegenüber der Umgebung der Deponie deutlich erhöhte Neubildung stattfindet. Einzelheiten dazu finden sich im Abschnitt 4.

Insgesamt kann also auf der Deponie üblicherweise von einer gegenüber der Grundwasserneubildungsrate erhöhten Sickerwasserneubildungsrate ausgegangenwerden. Damit ist gegenüber den Grundwasserständen außerhalb von höheren Sickerwasserständen in der Deponie auszugehen, was bei allen Deponien, die Meßstellen im Deponiekörper vorweisen, bestätigt werden konnte, vgl. Abschnitt II 2.1.4 und II 2.2.4.

Diese Situation ist schematisch auf den Abbildungen 113 und 114 dargestellt. Gegenüber den Grundwasserständen angehobene Sickerwasserstände bedeuten eine Aufwölbung der Grundwasseroberfläche unterhalb der Deponie. Daraus resultiert eine radialsymmetrische Strömung, die das parallele Strömungsfeld im Grundwasserleiter überlagert. In Richtung der Grundwasserfließrichtung werden daher an der Abstromseite die hydraulischen Gradienten örtlich erhöht, an der Anstromseite treten örtlich entgegengesetzte Gradienten auf. Wie beim Schluckbrunnen gibt es auch hier einen Kulminationspunkt bzw. eine Kulminationslinie, vgl. SLICHTER (1899). Quer zur Fließrichtung treten Gradienten auf, die direkt auf die Deponie zurückzuführen sind.

Für die Emissionssituation ist nun entscheidend, ob die Kulminationslinie innerhalb der Deponie (Abb. 112) oder außerhalb (Abb. 113), oder in Teilbereichen innerhalb, in anderen Teilbereichen außerhalb verläuft. Liegt sie vollständig innerhalb der Deponiegrenzen, so findet eine Emission von Deponiesickerwasser nur im eigentlichen Abstrombereich der Deponie statt. Dieser eigentliche Abstrombereich wird anhand eines Grundwassergleichenplanes ermittelt. Zu dessen Konstruktion dürfen nur Meßstellen verwendet werden, die hydraulisch von der Deponie unbeeinflußt sind.

Liegt die Kulminationslinie außerhalb der Deponiegrenzen so muß differenziert werden. Tritt sie im Anstrombereich über die Deponiegrenze hinaus, wie z.B. an der Deponie Tonnenmoor (vgl. Abschnitt II 2.4.4), so herrschen dort oberlächennah lokal der Grundwasserfließrichtung entgegengesetzte Strömungen vor. Es entsteht ein durch die Kulminationslinie begrenzter deponiebeeinflußter Bereich, jedoch kein Abstrombereich, vgl. die Schemazeichnung auf Abb. 114. Kontaminiertes Grundwasser wird dort in tieferen Schichten des Grundwasserleiters wieder in entgegengesetzter Richtung zur Deponie hin transportiert.

Tritt die Kulminationslinie jedoch seitlich, d.h. in Richtung der Grundwassergleichen über die Deponiegrenze hinaus, wie dies z.B. an der Deponie Mansie

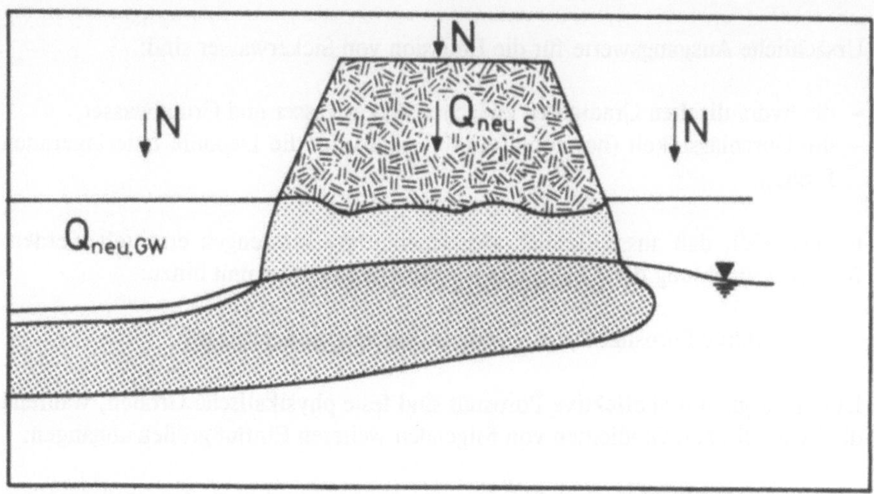

Abb. 115. Schematische Darstellung der durch Sickerwasser beeinflußten Zone im Anstrombereich einer Sickerwasser emittierenden Deponie. Darstellung der auf Abb. 114 aufgezeigten Situation im Schnitt.
Die Kulminationslinie liegt außerhalb der Deponiefläche.

(vgl. Abschnitt II 2.3.4) der Fall ist, so ergibt sich eine echte Verbreiterung des Abstrombereiches über die Deponiegrenzen hinaus, vgl. Schemazeichnung auf Abb. 115.

Die Bestimmung der Kulminationslinie durch Wasserstandsmessungen ist üblicherweise nicht möglich, da dazu ein wesentlich verdichtetes Meßstellennetz im Deponiekörper und am Deponierand notwendig wäre. Ihre ungefähre mittlere Lage ist jedoch aufgrund von hydrochemischen Messungen bestimmbar.

Ihre Lage ist von folgenden Faktoren abhängig:

– Durchlässigkeit des Untergrundes,
– Durchlässigkeit der Deponie; dabei ist insbesondere eine eventuelle Anisotropie zu berücksichtigen,
– Hydraulischer Gradient des unbeeinflußten Grundwassers,
– Höhe des Sickerwassereinstaus in der Deponie.

Einen Sonderfall stellen Deponien dar, die von einem geringmächtigen Grundwasserleiter mit geringdurchlässiger Basis unterlagert werden (Typ Mansie). Bei diesen Deponien dringt Deponiesickerwasser in den Grundwasserleiter ein und breitet sich dann im Verlauf des Grundwasserleiters horizontal aus, wobei es aufgrund der geringen Mächtigkeit infolge der Dispersion zu einer zügigen Vermischung kommt, so daß in diesen Fällen nicht mit einem Konzentrationsprofil zu rechnen ist.

Ausgangswerte und Einflußgrößen

Ursächliche Ausgangswerte für die Emission von Sickerwasser sind:

- die hydraulischen Gradienten zwischen Sickerwasser und Grundwasser,
- die Durchlässigkeit (horizontal und vertikal) der die Deponie unterlagernden Einheit,

für den Fall, daß ausschließlich abströmende Wassermengen ermittelt werden. Bei der Betrachtung der Ausbreitungsgeschwindigkeit kommt hinzu:

- die effektive Porosität der die Deponie unterlagernden Einheit.

Durchlässigkeit und effektive Porosität sind feste physikalische Größen, während die hydraulischen Gradienten von folgenden weiteren Einflußgrößen abhängen:

- der Druckhöhe des Grundwassers in Abhängigkeit von der großräumigen hydrogeologischen Situation,
- der Druckhöhe des Sickerwassers in Abhängigkeit von der Struktur und der Porosität des Müllkörpers und der Durchlässigkeit der unterlagernden Einheit.

An den Fallbeispielen ermittelte Werte werden nachfolgend dargestellt. Die Ermittlung der Durchlässigkeit ist im ersten Band ausführlich dargestellt. Hinsichtlich der Abschätzung der effektiven Porosität wird auf Abschnitt III 2.2 verwiesen.

3.1.2   Weitertransport von Sickerwasser im Untergrund: Schadtoffausbreitung

Der Weitertransport von Schadstoffen, die über das Sickerwasser ins Grundwasser gelangt sind, ist jeweils abhängig vom hydrogeologischen Umfeld. Für die hier untersuchten Deponien auf mächtigen pleistozänen Lockergesteinen unterschiedlicher Formung werden nachfolgend einige wesentliche Fälle beschrieben.

Generelle Mechanismen

Einmal ins Grundwasser gelangt, ist für die Ausbreitung der Schadstoffe im wesentlichen die erste durchlässige Schicht entscheidend, unabhängig davon, wie mächtig diese ist, vorausgesetzt, daß sie durchgängig vorhanden ist. In Abhängigkeit von den Lagerungsverhältnissen sind für den Weitertransport des mit Sickerwasser kontaminierten Grundwassers im Untergrund folgende grundlegende Fälle zu unterscheiden:

– Innerhalb der mächtigen pleistozänen Schichtserien sind die horizontalen hydraulischen Gradienten deutlich größer als die vertikalen. Daher erfolgt innerhalb des Grundwasserleiters ein nahezu ausschließlicher horizontaler Transport, vgl. Abb. 116. Bei ausgedehnten Grundwasserleitern im Untergrund breitet sich daher das belastete Grundwasser entsprechend dem hydraulischen Gefälle in nahezu horizontaler Richtung aus.

– Ist ein hydraulischer Gradient zwischen zwei verschiedenen, durch einen Grundwassergeringleiter getrennten Grundwasserleitern ausgebildet, so kommt es zu einer Druchströmung des Grundwassergeringleiters. Diese ist umso größer, je größer dessen Durchlässigkeit ist, je geringer seine Mächtigkeit und je stärker die Druckhöhen im über- und unterlagernden Grundwasserleiter differieren, vgl. Abb. 117.

Aufgrund der sehr viel größeren Verhältniswerte zwischen vertikalen und horizontalen Gradienten in Grundwassergeringleitern als in Grundwasserleitern ist ein vertikaler Transport im wesentlichen bei den Grundwassergeringleitern zu berücksichtigen. In diesen, verschiedene Grundwasserleiter mit unterschiedlichen hydraulischen Druckhöhen (gespanntes Grundwasser) trennenden Schichteinheiten wirkt oftmals ein erheblicher vertikaler Gradient, der den horizontalen überwiegt, so daß es trotz deutlich geringerer Durchlässigkeit in vertikaler als in horizontaler Richtung zu einer überwiegenden Verfrachtung von Schadstoffen in der Vertikalen kommt, wobei beide Möglichkeiten, ein Transport nach unten oder oben oder auch zeitlich wechselnde Richtungen beobachtet werden.

Liegt der Grundwassergeringleiter direkt an der Geländeoberfläche, so bestimmt der vertikale Gradient die weitere Schadstoffverfrachtung. Es kommt zu einer erheblichen vertikalen Verfrachtung von Schadstoffen. Anders sieht es aus, wenn oberhalb des Grundwassergeringleiters ein Grundwasserleiter liegt, wie auf Abb. 117 dargestellt. Wenn auch zwischen den beiden Grundwasserleitern, im Grundwassergeringleiter ein erheblicher hydraulischer Gradient in vertikaler Richtung wirkt, findet ein Schadstofftransport nur an den Stellen statt, an denen diese Schadstoffe im oberflächennahen Grundwasserleiter bis auf die Basis des oberflächennahen Grundwasserleiters gelangt sind. Ob an der Basis dieses oberflächennahen Grundwasserleiters Schadstoffe angelangt sind, hängt im wesentlichen von der Dispersion ab, da davon ausgegangen werden kann, daß sich innerhalb des oberflächennahen Grundwasserleiters nur geringe vertikale Gradienten aufbauen. Dort erfolgt somit aufgrund des konvektiven Transportes überwiegend eine horizontale Schadstoffausbreitung. Diese Schadstoffausbreitung wäre auf den oberen Teil des Grundwasserleiters beschränkt, wenn nicht infolge der transversalen Dispersion eine wesentlich schnellere Tiefenverlagerung stattfinden würde als es allein durch die Überschichtung von neugebildetem Grundwasser der Fall wäre.

Damit ist jedoch für diesen Fall die Frage, ob Schadstoffe in erheblichem Maße in vertikaler Richtung verfrachtet werden, nicht so sehr abhängig von der Größe des vertikalen hydraulischen Gradienten im Grundwassergeringleiter, sondern vielmehr von der Frage, wie schnell Schadstoffe innerhalb des

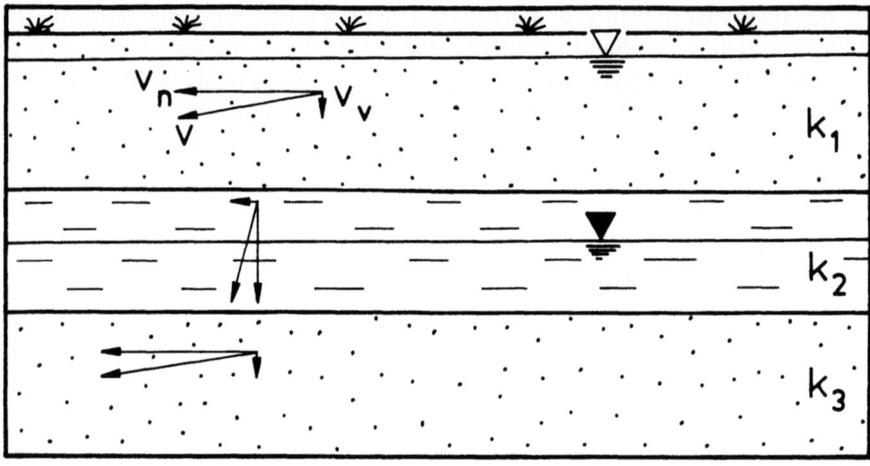

Abb. 116. Ausbreitung von Schadstoffen im Untergrund. Passiver Transport durch den Grundwasserstrom innerhalb von Grundwasserleitern (nahezu horizontale Strömungsrichtung).

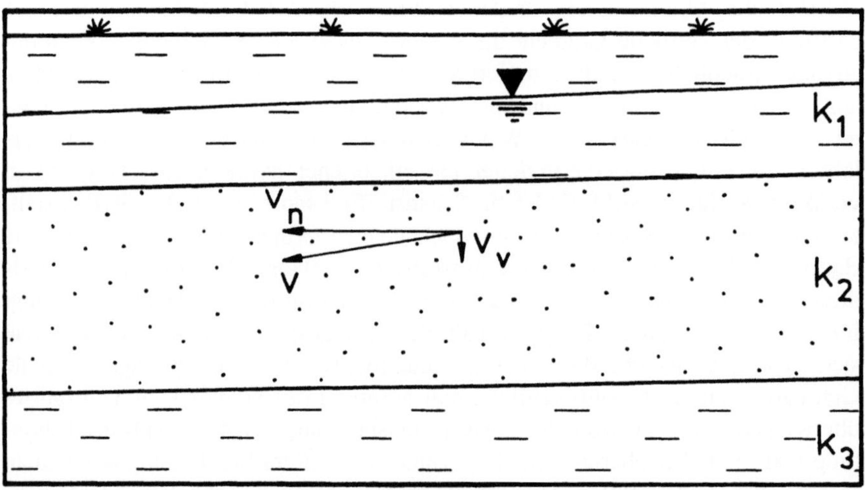

Abb. 117. Ausbreitung von Schadstoffen im Untergrund. Passiver Transport durch den Grundwasserstrom durch Grundwassergeringleiter (nahezu vertikale Strömungsrichtung).

oberflächennahen Grundwasserleiters zu dessen Basis gelangen. Diese Zeit ist vorwiegend abhängig von:

- der wassererfüllten Mächtigkeit des oberflächennahen Grundwasserleiters
- der transversalen Dispersivität des oberflächennahen Grundwasserleiters und daher im wesentlichen der Heterogenität, vgl. Abschnitt 2.2.2.

Ein Ergebnis dieser Betrachtungsweise ist, daß eine erhebliche Tieferverfrachtung von Schadstoffen erst in einem gewissen Abstand von der Deponie erfolgen wird. Wenn die Schadstoffe die Basis des oberflächennahen Grundwasserleiters erreicht haben, erfolgt im wesentlichen ein vertikaler Transport durch den Grundwassergeringleiter. Deshalb ist damit zu rechnen, daß die Schadstoffbelastung des tieferen, 2. Grundwasserleiters erst in einiger Entfernung zur Deponie stattfindet. Es ist dann mit einem ziemlich abrupten Einsetzen zu rechnen.

Neben diesen grundlegenden Fällen treten folgende hydraulische Situationen im betrachteten hydrogeologischen Umfeld auf:

- Besondere Beachtung ist geologischen Strukturen, wie Schmelzwasserrinnen, zu widmen, die Grundwasserleiter über Grundwassergeringleiter hinweg miteinander verbinden. Dort ist ein direkter Zustrom von belastetem Grundwasser möglich, vgl. Abb. 118.
- Ein Behinderung in der Ausbreitung findet an vertikalen Barrieren in Grundwasserleitern statt. Diese werden häufig von faziellen Änderungen im petrographischen Aufbau des Grundwasserleiters gebildet.

Grundwasserleiter, Grundwassergeringleiter

Die Schadstoffausbreitung im Untergrund ist, wie oben skizziert, im wesentlichen abhängig von

- der Anordnung von Grundwasserleitern und Grundwassergeringleitern, deren Mächtigkeiten und Lagerungsverhältnisse,
- der an der Geländeoberkante liegenden geologischen Einheit,
- den hydraulischen Gradienten in und zwischen den verschiedenen Einheiten.

Der Schutz des tieferen Grundwasserleiters vor einem Schadstoffeintrag ist nicht nur von der geringen Durchlässigkeit der Grundwassergeringleiter abhängig, sondern äußert sich insbesondere in den oben erwähnten unterschiedlichen Gradienten, die dazu führen, daß es innerhalb eines Grundwasserleiters zu einem raschen horizontalen Abtransport der eingedrungenen Schadstoffe kommt und das Eindringen in unterlagernde Grundwassergeringleiter aufgrund der geringen Verweilzeit nur eingeschränkt möglich ist.

Von erheblicher Bedeutung für den Schadstofftransport ist, ob der oberste Grundwasserleiter, wie in Abb. 117 dargestellt, gespanntes Grundwasser enthält und abgedeckt ist oder nicht abgedeckt ist und einen freien Grundwasserspiegel vorweist (Abb. 116). Bei einer freien Grundwasseroberfläche findet eine erhebliche Tieferverlagerung durch überschichtetes neugebildetes Grundwasser statt, was bei einer Abdeckung mit einem Grundwassergeringleiter aufgrund der geringen Grundwasserneubildung in geringerem Maße nur möglich ist.

Ganz entscheidend für die Konzentrationsverhältnisse im Abstrombereich von Deponien ist die Geometrie und der innere Aufbau von Grundwasserleitern. Hier machen sich die Effekte der Dispersion ganz deutlich auf die gemessenen Gehalte in den Grundwassermeßstellen bemerkbar.

Folgende Eigenschaften wirken sich dahingehend aus, daß trotz großem Schadstoffeintrag schon in kurzer Entfernung zur Deponie die Gehalte stark zurückgehen:

- Eine große Mächtigkeit des Grundwasserleiters. Je größer die Mächtigkeit des Grundwasserleiters ist, desto größer ist das Maß der Verdünnung von kontaminiertem Wasser und nicht kontaminiertem Wasser, z. B. durch eine Unterströmung der Deponie oder Zustrom von den Rändern.
- Auch im Zusammenhang mit der Dispersion führt eine große Mächtigkeit zu einer raschen Konzentrationsabnahme. Umgekehrt ist die dispersiv bewirkte Verbreiterung der Schadstoffahne sowohl in horizontaler als auch in vertikaler Richtung bei geringmächtigen oder seitlich begrenzten Grundwasserleitern durch die Ränder des Grundwasserleiters im wesentlichen eingeschränkt und festgelegt.
- Die Anisotropie und Inhomogenität des Grundwasserleiters. Je größer diese beiden Eigenschaften des Grundwasserleiters sind, desto höher ist das Maß der Dispersion im Grundwasserleiter.

Umgekehrt ist in Wasserleitern mit einer geringeren Abnahme der Konzentrationen mit zunehmendem Abstand von der Deponie zu rechnen, wenn die Mächtigkeit des Grundwasserleiters gering ist, die Schicht inhomogen und anisotrop aufgebaut ist und aufgrund geometrischer Randbedingungen der Zustrom und die Vermischung mit unbelastetem Grundwasser eingeschränkt ist.

Extreme Beispiele sind unter den Fallbeispielen die Deponie Tonnenmoor. Dort erfolgt ein hundertprozentiger Eintrag des Deponiesickerwassers in den nicht abgedeckten Grundwasserleiter, der eine Mächtigkeit von etwa 70 m besitzt und eine große Anisotropie aufweist. Zwar werden direkt am Deponierand im Grundwasserleiter sehr hohe Konzentrationen an Sickerwasserinhaltsstoffen gemessen, doch schon 25 m im Abstrom gehen die Konzentrationen auf geringe Werte zurück. Die Schadstoffe aus dem Sickerwasser sind jedoch noch in einem Abstand von etwa 200 m von der Deponie meßtechnisch im Grundwasser nachzuweisen.

Das gegenteilige Beispiel dazu stellt die Deponie Wesermarsch-Mitte dar. Dort werden in der nur etwa 75 cm mächtigen Torfschicht trotz ihrer vergleichs-

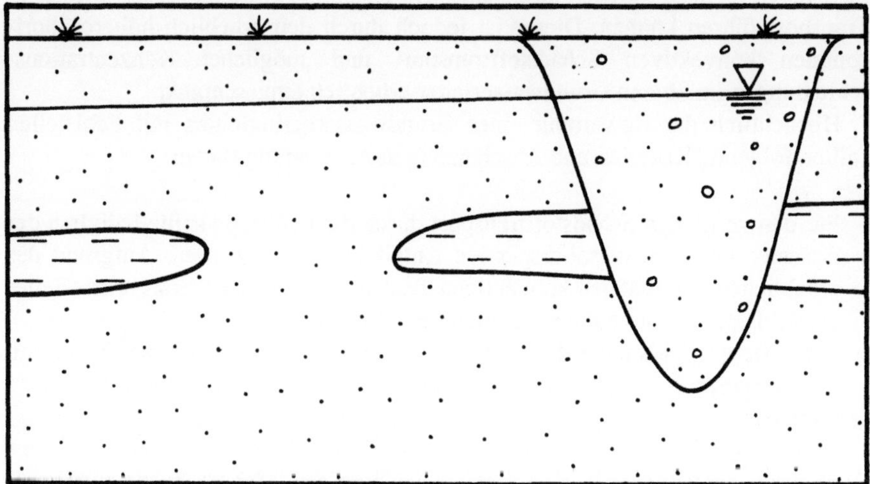

Abb. 118. Schadstoffausbreitung über hydrogeologische Einheiten hinweg. Die schematische Darstellung zeigt eine Schmelzwasserrinne, durch deren Anlage eine geringdurchlässige Schichteinheit entfernt wurde und eine auskeilende geringdurchlässige Schichteinheit.

weise geringen Durchlässigkeit und ihres hohen Schadstoffadsorptionsvermögens bis in eine Entfernung von etwa 25 m von der Deponie durchgängig vergleichsweise hohe Schadstoffgehalte gemessen, die dann abrupt auf sehr geringe Werte zurückgehen, was damit zusammenhängt, daß in größerer Entfernung noch kein Durchbruch erfolgte.

Rinnen, Fehlstellen, Barrieren

"Fehlstellen" in Grundwassergeringleitern erfahren in der Hydrogeologie häufig eine zu ungünstige Bewertung hinsichtlich der vermuteten vertikalen Schadstoffausbreitung :

Fehlstellen in Grundwassergeringleitern sind meistens durch örtliches Schichtauskeilen oder durch Erosionsrinnen bedingt, vgl. Abb. 118. Charakteristisch für sie ist, daß sich in diesen Bereichen die Druckhöhen der den Geringleiter unterlagernden und überlagernden Grundwasserleiter ausgleichen. Der hydraulische Gradient in vertikaler Richtung ist daher in diesen Bereichen nahezu gleich Null. Zumindest was größere Fehlstellen angeht, treten Quellen und Senken in derartigen Bereichen erfahrungsgemäß nicht auf.

Ob es diese bei kleineren Fehlstellen, wie z. B. nicht abgedichteten Brunnen gibt, läßt sich meßtechnisch nur schwer erfassen. Wie oben schon erläutert, ist innerhalb der verschiedenen Grundwasserleiter der hydraulische Gradient in horizontaler Richtung bei der Mehrzahl der Fälle bei weitem größer als der vertikale Gradient. Damit werden Schadstoffe im oberen Grundwasserleiter über Fehlstellen hinweg transportiert, ohne daß ein konvektiver Transport in vertikaler Richtung stattfindet. Da Hausmülldeponien ohne Basisdichtung jedoch eine kontinuierliche Emission aufweisen, ist damit zu rechnen, daß sich über den

Fehlstellen Konzentrationen an Schadstoffen ausbilden, die zu einem diffusiven Transport führen können. Dieser ist jedoch durch den erheblich höheren horizontalen konvektiven Schadstofftransport und möglicher Konzentrationsschichtungen im oberen Grundwasserleiter erheblich eingeschränkt.

Hinsichtlich der Bewertung eines Grundwassergeringleiters mit Fehlstellen sollten folgende Kriterien und Abschätzungen Anwendung finden:

- Für den vertikalen Schadstofftransport durch die Fehlstelle sollte lediglich der diffusive und transversal-dispersive Anteil betrachtet werden. Aufgrund des erheblichen horizontalen konvektiven Transports im oberen Grundwasserleiter dürfte dieser Ansatz auf der sicheren Seite liegen.
- Festgestellte Fehlstellen dürfen für die Bemessung nicht in einer Reduktion der insgesamt festgestellten Mächtigkeit des Grundwassergeringleiters münden.

Auch der gegenteilige Fall, eine Barriere aus bindigem Material in einem Grundwasserleiter, z. B. in Form einer tiefeingeschnittenen Rinne ist im Pleistozän häufig zu beobachten. Ein Beispiel dafür liefert die Deponie Varel-Hohenberge, wo der Lauenburger Ton rinnenartig in den pleistozänen Grundwasserleiter eingeschnitten ist, vgl. Abschnitt II.2.2.2.

Derartige Situationen lassen sich häufig schon im Grundwassergleichenplan erkennen. Dieser Fall ist hydraulisch sehr viel einfacher als die Fehlstellen zu behandeln. Sofern sich die "Barriere" in ihrem k-Wert deutlich vom Grundwasserleiter unterscheidet, kann sie in guter Näherung als Einschnürung der durchströmten Fläche angesehen werden. Je nach Geometrie resultieren unter Umständen erhebliche Fließwegverlängerungen im Grundwasserleiter, vgl. Abb. 21.

Ausgangswerte und Einflußgrößen

Ursache für die Schadstoffausbreitung im Grundwasser ist der Weitertransport des Sickerwassers im Grundwasserleiter oder Grundwassergeringleiter. Ausgangswerte für diesen Weitertransport sind

- der hydraulische Gradient im Grundwasserleiter oder Grundwassergeringleiter,
- die Durchlässigkeit der durchströmten Einheit,

für den Fall, daß ausschließlich abströmende Wassermengen ermittelt werden. Bei der Betrachtung der Ausbreitungsgeschwindigkeit kommt hinzu:

- die effektive Porosität der durchströmten Einheit.

Dies gilt für die Betrachtung der horizontalen Schadstoffverfrachtung. Für die vertikale Verfrachtung sind zusätzlich die Überschichtung von neugebildetem

Grundwasser infolge von Niederschlägen oder bei tiefer liegenden Grundwasserleitern Leakage-Effekte überlagernder Grundwassergeringleiter zu berücksichtigen.

3.1.3 Begrenzung der Schadstoffausbreitung im Grundwasser durch die Vorflut

Vorfluter stellen für oberflächennahe Grundwasserleiter linienhafte Quellen oder Senken dar. In den meisten untersuchten Fällen gibt es irgendwo im Abstrombereich eine natürliche Begrenzung der Ausbreitung von Schadstoffen durch einen Vorfluter.

Genereller Mechanismus

Im Bereich eines Vorfluters findet eine Exfiltration statt, d.h. aus dem Grundwasser wird wieder Oberflächenwasser, sofern der Vorfluter nicht selbst exfiltert. Im Bereich der Norddeutschen Tiefebene erfordert eine Untersuchung des Verhaltens des Vorfluters jedoch unter Umständen eingehende und langzeitige Untersuchungen aus folgenden Gründen:

- Aufgrund der geringen morphologischen Unterschiede im Gelände sind die auftretenden Gradienten häufig gering.
- Insbesondere im Küstenbereich wird die Vorflut durch Kunstbauwerke reguliert (z.B. Sielwerke).
- Die Wasserstände in den Vorflutern werden häufig von weit entfernt liegenden Einzugsbereichen bestimmt. Es wird hierbei insbesondere auf die Wasserstände z.B. der Weser hingewiesen, die im wesentlichen von den Einzugsgebieten in den Mittelgebirgen gesteuert werden.
- Die Wasserstände in den Vorflutern setzen sich aus verschiedenen Komponenten zusammen. So liefert häufig die Tide einen wesentlichen Beitrag.
- Flüsse und Bäche sind häufig abschnittweise exfiltrierend und abschnittsweise infiltrierend.
- Es gibt zahlreiche Flüsse und Bäche, die zeitlich verschieden exfiltrieren und infiltrieren (z. B. die Weser).

Ein Oberflächengewässer als Senke in einem Grundwasserströmungsfeld erfordert ein unverhältnismäßig dichtes Meßstellennetz im Uferbereich, wenn die hydraulische Wirksamkeit dieses Vorfluters zutreffend bestimmt werden soll. Schon aufgrund der Probleme beim Abteufen von Meßstellen im Uferbereich sollte darauf verzichtet werden.

Wesentlich ist die Abschätzung, bis zu welcher Tiefe belastetes Grundwasser durch das Oberflächengewässer gefaßt wird. In vielen Fällen stellt schon der erste kleine Vorfluter im Abstrombereich einer Deponie die Begrenzung für die Schadstoffausbreitung im Grundwasser dar. Rechnerische Abschätzungen für häufig vorkommende Fälle sind dem Abschnitt 3.2 zu entnehmen.

Ausgangswerte und Einflußgrößen

Ursächlich für eine Begrenzung des Schadstofftransportes im Grundwasserleiter ist die Abströmung von Grundwasser in den Vorfluter. Sie ist eine Folge des hydraulischen Gradienten zwischen Grundwasser und Oberflächenwasser.

Wie wirkungsvoll die Begrenzung der Schadstoffausbreitung im Grundwasserleiter durch den Vorfluter ist, hängt von folgenden Einflußgrößen ab:

– der Druckhöhendifferenz zwischen Oberflächenwasser und Grundwasser,
– der stattgefundenen Tiefenverlagerung von Schadstoffen,
– der Tiefe des Gewässers,
– der Breite des Gewässers.

Sie hängt nicht von der Größe der strömenden Wassermenge im Gewässer ab.

3.2 Zusammenstellung von Berechnungsverfahren

Um einen Überblick über einfach zu handhabende und praktisch bewährte Berechnungsverfahren zur Beschreibung der in Abschnitt 3.1 aufgezeigten Strömungsprozesse zu erhalten, wurde die vorliegende Literatur auf analytische Verfahren und Näherungslösungen hin gesichtet. Tab. 24 gibt einen Überblick über eine Auswahl grundlegender Arbeiten, die sich mit analytischen Verfahren beschäftigen.

Dabei handelt es sich nur zum Teil um Originalarbeiten. Die meisten der vorgestellten Verfahren sind mehrfach beschrieben oder unterscheiden sich nur wenig.

Einer Sichtung dieser Literatur zufolge gibt es für die üblicherweise im Umfeld von Deponien auftretenden Strömungsprobleme, wie sie im Abschnitt 3.1 aufgezeigt sind, eine Reihe von analytischen Verfahren, die in den Tabellen 25 bis 27 aufgelistet sind. Es wird auch hier unterschieden zwischen Emission (Tabelle 25), Transport (Tabelle 26) und Immission (Tabelle 27).

Nur eine Auswahl dieser Verfahren kann für die einfachen Abschätzungen, wie sie im Rahmen der Erstellung der Gefährdungsabschätzung Anwendung finden, eingesetzt werden. Die rechentechnisch aufwendigen Verfahren sind nicht sinnvoll einsetzbar, da ihre Anwendung aufgrund der Verfügbarkeit einfach zu bedienender Finite-Element-Programme unwirtschaftlich ist. Auf Tabelle 28 sind die am einfachsten zu handhabenden, häufig anzuwendenen Verfahren aufgelistet, auf die nachfolgend näher eingegangen wird.

Mit Hilfe dieser Verfahren können die pro Zeiteinheit fließenden Wassermengen im Untergrund abgeschätzt werden. Abschätzungen sind es deshalb, weil die den Rechenverfahren zugrundeliegenden Randbedingungen nur in etwa ermittelt werden können.

Für die Ermittlung der Filter-, Abstandsgeschwindigkeiten und Fließzeiten ist der Einsatz von Rechenverfahren nicht erforderlich, da aus den Untersuchungen bei Gefährdungsabschätzungen in aller Regel ein sehr dichtes Meßstellennetz

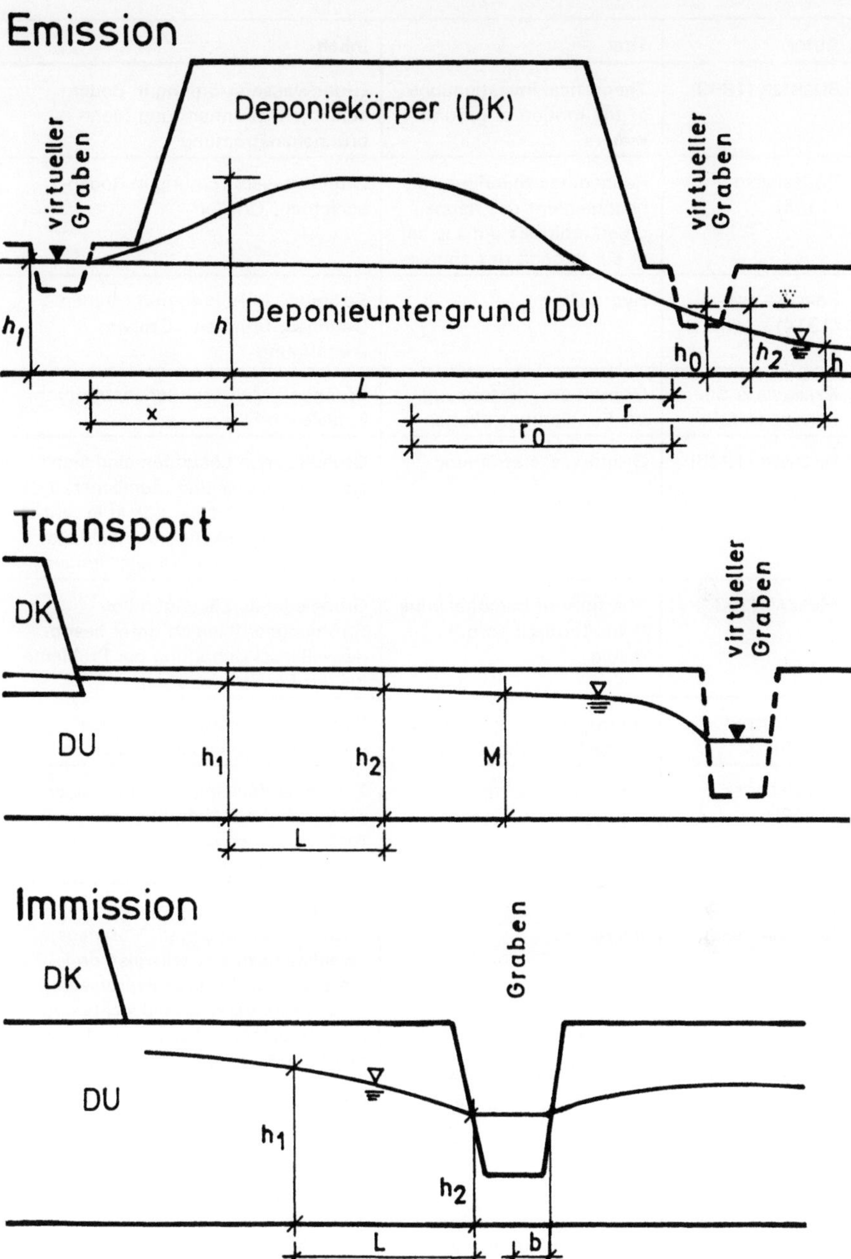

Abb. 119. Systemschnitte zur Darstellung der in Tabelle 28 zusammengestellten Berechnungsverfahren für die mathematische Beschreibung der Emission von Sickerwasser aus der Deponie, des Transportes und der Emission in ein Oberflächengewässer.

Autor	Titel	Inhalt
SLICHTER (1899)	Theoretical investigations of the motion of ground waters	Grundwasserströmung in Bodenschichten, Brunnen- und Mehrbrunnenanströmung
BOUSSINESQ (1904)	Recherches théoriques sur l'ecoulement des nappes d'eau infiltrées dans le sol et sur le débit des sources	Grundwasserströmung in Bodenschichten, Quellen
FORCHHEIMER (1914)	Hydraulik	Strömung in Röhren und offenen Gerinnen, Brunnen-, Grabenanströmung
KYRIELEIS & SICHARDT (1930)	Grundwasserabsenkung bei Fundierungsarbeiten	Brunnen-, Mehrbrunnenanströmung, Exfiltration Flüsse
DACHLER (1936)	Grundwasserströmung	Grundlegende Lösungen eindimensionaler, ebener und räumlicher Strömungsprobleme; ebene Potentialströmung insbesondere angewandt auf bautechnische Fragestellungen
MUSKAT (1937)	The flow of homogeneous fluids through porous media	Grundlegende Lösungen von Strömungsproblemen unter besonderer Berücksichtigung der Probleme bei der Erdölexploitation
BOGOMOLOW (1955)	Hydrogéologie et notions de géologie d'ingénieur	Einfache Verfahren für häufige hydrogeologische Anwendungen
SCHEIDEGGER (1960)	The physics of flow through porous media	Zusammenfassende Arbeiten über Methoden und Analysen der Strömungsmechanik unter Berücksichtigung der Dispersion
POLUBARINOWA-KOCHINA (1962)	Theory of groundwater movement	Umfangreiche Zusammenstellung analytischer Lösungen. Vorwiegend zweidimensionale, teilweise dreidimensionale Strömungsprobleme unter besonderer Berücksichtigung grundbautechnischer Anwendungen; nichtstationäre Strömungen
HARR (1962)	Groundwater and seepage	Grundwasserströmung gespannt und ungespannt, Strömung in Schichten unterschiedlicher Geometrie, Abströmung von Gräben, Anwendung im Grundbau
CASTANY (1963)	Traité pratique des eaux souterraines	Einfache Herleitung grundlegender Formeln für ingenieurgeologische und hydrogeologische Fragestellungen
DE WIEST (1965)	Geohydrology	Zusammenstellung der Grundlagen der Strömungsmechanik unter Berücksichtigung der Dispersion

Tabelle 24. Einige grundlegende Arbeiten zu Strömungsproblemen.

Autor	Titel	Inhalt
WALTON (1970)	Theory of groundwater resource evaluation	Zusammenstellung der grundlegenden Methoden für die Bewirtschaftung von Aquiferen
BUSCH & LUCKNER (1974)	Geohydraulik	Detaillierte Darstellung von Grabenanströmung, Strömungen in Aquiferen, Brunnenanströmung, unter Berücksichtigung von Infiltration, Leakage etc.
BEAR (1978)	Hydraulics of groundwater	Universale Formeln zur Grundwasserströmung in Grundwasserleitern, Leakage
HÁLEK & SVEC (1979)	Groundwater hydraulics	Universale Formeln zur Grundwasserströmung in Grundwasserleitern, Infiltration
LANGGUTH & VOIGT (1980)	Hydrogeologische Methoden	Beschreibung einfacher elementarer Verfahren
VERRUIJT & BARENDS (1981)	Flow and transport in porous media	Ausgewählte komplizierte Strömungsprobleme insbesondere instationär

Tabelle 24. Fortsetzung

im Abstrombereich der Deponien resultiert. Mit der Messung der Spiegelhöhen sind daher die hydraulischen Gradienten sehr genau bekannt, so daß sich die oben angeführten Größen für jeden Ort linear ableiten lassen. Hinsichtlich der Methoden zur Ermittlung von Filter-, Poren-, Bahn- und Abstandsgeschwindigkeit vgl. LANGGUTH & VOIGT (1980). Bei den an Deponien vorliegenden Verhältnissen kann ohne wesentliche Beeinträchtigung der Ergebnisse zumeist auf die Berücksichtigung der Problematik der Vertikalkomponente, wie bei FORCHHEIMER (1930) und eingehend bei DACHLER (1936) dargestellt, verzichtet werden.

Die Anwendung der in Tabelle 28 zusammengestellten Berechnungsverfahren auf die im Umfeld von Deponien auftretenden Strömungen ist nachfolgend dargestellt. Die Eingangswerte sind in den nicht maßstäblichen Systemschnitten der Abb. 119 erläutert.

Strömungsproblem **Emission** Abb. im Text	Vorgeschlagene einfache Lösung	Literaturangabe
Überschichtung von Grundwasser mit Sickerwasser Abb. 107	Ansetzen der speicherwirksamen Porosität, Bilanzierung	DACHLER (1936), S. 22f
Deponie auf Grundwasserleiter mit horizontalem Strömungsfeld Abb. 108	Eindimensionales Strömungsproblem	BEAR (1978), S. 152ff WALTON (1979), S. 368ff
Deponie mit gegenüber dem Grundwasserspiegel angehobenem Sickerwasserspiegel Kulminationslinie am Deponierand Abb. 109/110	Überlagerung eines radialsymmetrischen und eines eindimensionalen Strömungsfeldes	DACHLER (1936), S. 23f KYRIELEIS & SICHARDT (1930), S. 20f KYRIELEIS & SICHARDT (1930), S. 23f SLICHTER (1899), S. 368ff
Deponie auf einem Grundwassergeringleiter geringer Mächtigkeit, der von einem Grundwasserleiter unterlagert wird, bei überwiegend vertikaler Durchströmung Abb. 111	eindimensionales Strömungsproblem	DACHLER (1936), S. 22f SLICHTER (1899), S. 351ff

Tabelle 25. Im Umfeld von Deponien auftretende Strömungsprobleme: Emission aus der Deponie.

Für die im Rahmen der Gefährdungsabschätzung durchzuführenden Abschätzungen wird eine einfache Lösung vorgeschlagen sowie auf Literatur verwiesen, in der auch kompliziertere analytische Lösungen beschrieben sind. Zur Verdeutlichung wird auf die Abbildungen im Text verwiesen.

Emission:

Die Deponie kann als großer Schluckbrunnen mit einem entsprechenden Ersatzradius r' angesehen werden.

Die Deponie kann jedoch auch als ein Gebiet einer erhöhten Infiltrationsrate angesetzt werden. Sieht man die Infiltrationsrate in der Umgebung der Deponie als konstant an, so ist die zusätzliche Infiltrationsrate aufgrund der verminderten Evapotranspiration im Bereich der Deponie als konstanter Zufluß anzusetzen, vgl. Abschnitt 3.4.4.

Strömungsproblem Transport Abb. im Text	Vorgeschlagene einfache Lösung	Literaturangabe
Horizontale Durchströmung eines Grundwasserleiters oder Grundwassergeringleiters, gespannt Abb. 116/117	Eindimensionales Strömungsproblem	BEAR (1978), S. 176ff HARR (1962), S. 159ff
Horizontale Durchströmung eines Grundwasserleiters oder Grundwassergeringleiters, frei Abb. 116/117	Näherungsweise Berechnung als ebenes Strömungsproblem	BEAR (1978), S. 75ff BEAR (1978), S. 112f HARR (1962), S. 42f HARR (1962), S. 44ff DACHLER (1936), S. 27 DACHLER (1936), S. 31 DACHLER (1936), S. 89 DACHLER (1936), S. 93 KYRIELEIS & SICHARDT (1930), S. 55ff
Zuströmung zu einem Grundwasserleiter aus einem anderen Grundwasserleiter über eine pleistozäne Rinne Abb. 118	Analytische Lösung unzuverlässig: FE-Programme	
Durchströmung einer vertikalen Barriere (Faziesgrenzen) in einem Grundwasserleiter Abb. 119	Lösung in Anlehnung an die Dammdurchströmung	HARR (1962), S. 163ff POLUBARINOVA-KOCHINA (1962), S. 135f

Tabelle 26. Im Umfeld von Deponien auftretende Strömungsprobleme: Transport im Grundwasserleiter oder Grundwassergeringleiter.

Für die im Rahmen der Gefährdungsabschätzung durchzuführenden Abschätzungen wird eine einfache Lösung vorgeschlagen sowie auf Literatur verwiesen, in der auch kompliziertere analytische Lösungen beschrieben sind. Zur Verdeutlichung wird auf die Abbildungen im Text verwiesen.

Transport:

Für den Transport zwischen der Deponie und einem in einiger Entfernung gelegenen Oberflächengewässer ist zu unterscheiden zwischen gespannten und ungespannten Verhältnissen. Für einige Fälle lassen sich Abschätzungen mit ausreichender Genauigkeit durchführen, vgl. Abschnitt 3.5.

Strömungsproblem **Immission** Abb. im Text	Vorgeschlagene einfache Lösung	Literaturangabe
Zuströmung aus einem Grundwasserleiter in einen Vorfluter Abb. 110	Berechnung als ebene/räumliche Strömung oder näherungsweise Berechnung der krummlinigen Strömung	FORCHHEIMER (1914), S. 444ff DACHLER (1936), S. 25 BUSCH & LUCKNER (1974), S. 204ff HALEK & SVEK (1979), S. 248
Abströmung aus einem Oberflächengewässer (z.B. Deponierandgraben)	Näherungsweise Berechnung als ebenes Strömungsproblem	DACHLER (1936), S. 101f HARR (1962), S. 231ff HALEK & SVEK (1979), S. 195ff

Tabelle 27. Im Umfeld von Deponien auftretende Strömungsprobleme: Immission in Oberflächengewässer oder aus Oberflächengewässern ins Grundwasser.

Für die im Rahmen der Gefährdungsabschätzung durchzuführenden Abschätzungen wird eine einfache Lösung vorgeschlagen sowie auf Literatur verwiesen, in der auch kompliziertere analytische Lösungen beschrieben sind. Zur Verdeutlichung wird auf die Abbildungen im Text verwiesen.

Immission:

Eine ähnliche mathematische Behandlung wie für den Transport erfährt der anschließende Zustrom zu einem Oberflächengewässer. Auch hier ist zu unterscheiden zwischen gespannten und ungespannten Verhältnissen.

Wesentliche Fragen bei der Abschätzung von Strömungsprozessen sind:

Emission:

- Wie groß ist die von der Deponie emittierte Sickerwassermenge im Verhältnis zu der die Deponie unterströmenden Grundwassermenge?

Transport:

- Mit welcher Geschwindigkeit breitet sich das belastete Grundwasser aus?
- Welche Verdünnungen treten auf?

Immission:

- Welche Mengen belasteten Grundwassers werden vom Oberflächengewässer aufgenommen?
- Findet eine Unterströmung des Oberflächengewässers statt?

Strömungsproblem	Mathematische Formel	- Anwendung - Graphische Darstellung - Literatur
Ebene Strömung radialsymmetrisch gespannt	$$Q=\frac{(h-h_0)*2\pi*k*M}{\ln r-\ln r_0}$$	- Emission - Nomogramm 1 - DACHLER (1936), S. 23
Ebene Strömung, Überlagerung eines radialsymmetrischen Strömungsfeldes frei	$$Q=\frac{1}{\ln r-\ln r_0}*\pi*(h^2-h_0{}^2)*k-2q_x x$$ $$q_x=k*i*M$$	- Emission --- - DACHLER (1936), S. 35
Lineare Strömung gespannt	$$q=k*i*M$$	- Transport - Nomogramm 2,3 - DACHLER (1936), S. 23
Ebene Strömung gespannt	$$q=\frac{(h-h_0)*\pi*k}{(\ln r-\ln r_0)}$$	- Transport/Immission - Nomogramm 4 - DACHLER (1936), S. 23
Nahezu ebene Strömung frei Näherungslösung	$$q=k*\frac{h_1^2-h_2^2}{2L}$$	- Transport - Nomogramm 5,6 - HARR (1962), S. 42
Nahezu ebene Strömung frei mit GW-Neubildung Näherungslösung	$$q_x=k*\frac{h_1^2-h_2^2}{2L}-e*(\frac{L}{2}-x)$$	- Transport - Nomogramm 7 - HARR (1962), S. 43
Räumliche Strömung frei	$$q=k*\frac{h_1^2-h_2^2}{x-b}$$	- Immission --- - DACHLER (1936), S. 29

Legende:

Q :	Durchfluß	h_0:	Druckhöhe an x_0 oder r_0	M :	GW-erfüllte Mächtigkeit
q :	Durchflußrate	h_1:	Druckhöhe an x_1 oder r_1		
q_x:	Durchflußrate	h_2:	Druckhöhe an x_1 oder r_1	L :	Abstand
	parallel zu x	r_0:	Ersatzradius Deponie		x_2-x_1; r-r_0
x :	Ausbreitung	r_1:	Meßpunkt 1	e :	Infiltration
		r_2:	Meßpunkt 2	b :	halbe Schlitzbreite

Tabelle 28. Einfach handhabbare Berechnungsverfahren für Abschätzungen des Durchflusses bzw. der Durchflußrate.

Es wird auf die Nomogramme der Abbildungen 121 bis 127 verwiesen.

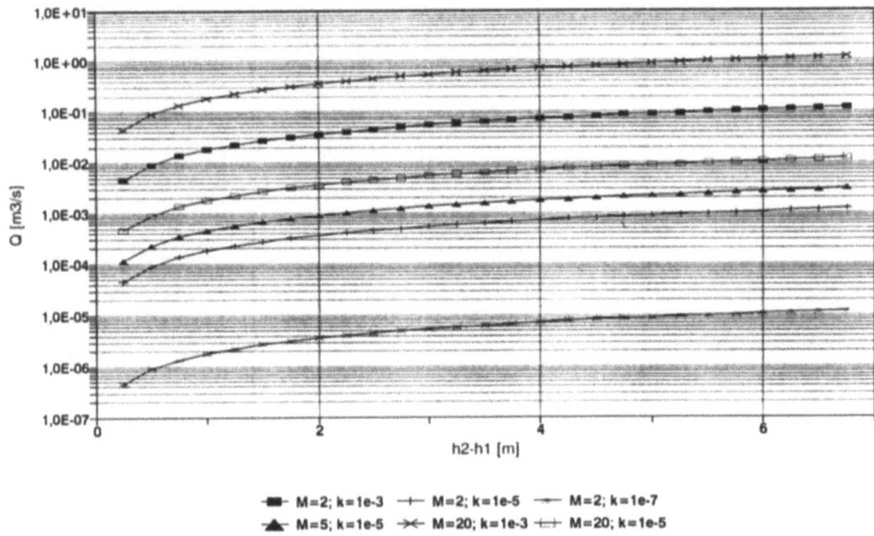

Abb. 120. Nomogramm 1: Emission

Durchfluß Q in Abhängigkeit von der Wasserspiegeldifferenz, $h_2 - h_1$ im Abstand L.
gespannte Grundwasserverhältnisse, ebene, radialsymmetrische Strömung
wassererfüllte Mächtigkeit des Grundwasserleiters M = 2 m, 5 m, 20 m
Durchlässigkeitsbeiwert $k = 1 \cdot 10^{-3}$ m/s, $1 \cdot 10^{-5}$ m/s.

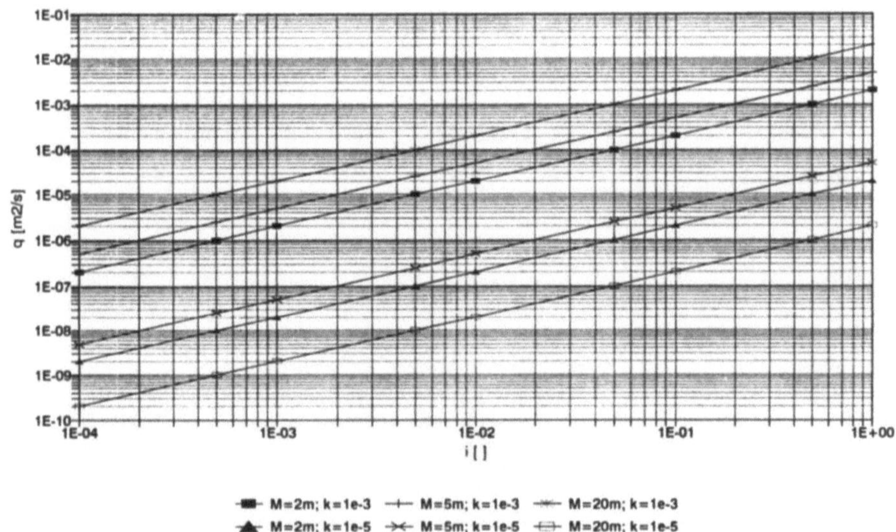

Abb. 121. Nomogramm 2: Transport

Durchflußrate q in Abhängigkeit vom hydraulischen Gradienten i,
gespannte Grundwasserverhältnisse, lineare Strömung, wassererfüllte Mächtigkeit des
Grundwasserleiters M = 2 m, 5 m, 20 m
Durchlässigkeitsbeiwert $k = 1 \cdot 10^{-3}$ m/s, $1 \cdot 10^{-5}$ m/s.

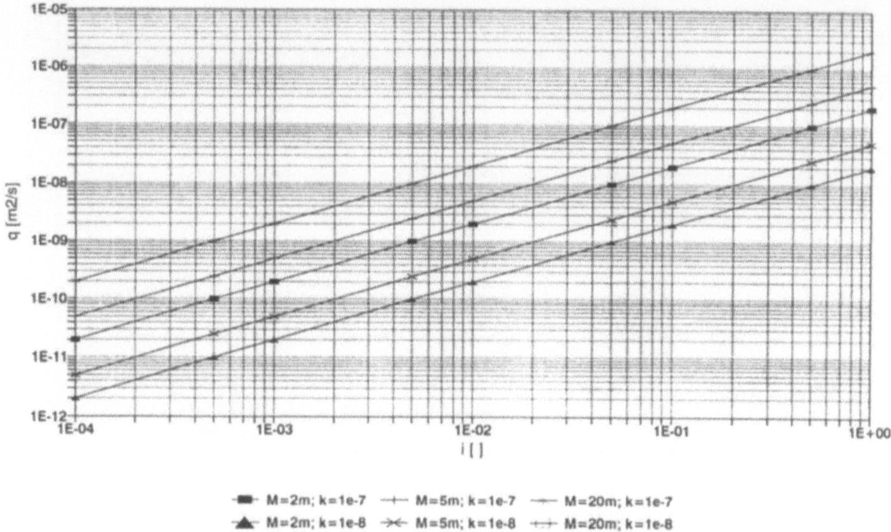

Abb. 122. Nomogramm 3: Transport

Durchflußrate q in Abhängigkeit vom hydraulischen Gradienten i, gespannte Grundwasserverhältnisse, lineare Strömung, wassererfüllte Mächtigkeit des Grundwasserleiters und Grundwassergeringleiters M = 2 m, 5 m, 20 m

Durchlässigkeitsbeiwert k = $1 \cdot 10^{-7}$ m/s, $1 \cdot 10^{-8}$ m/s.

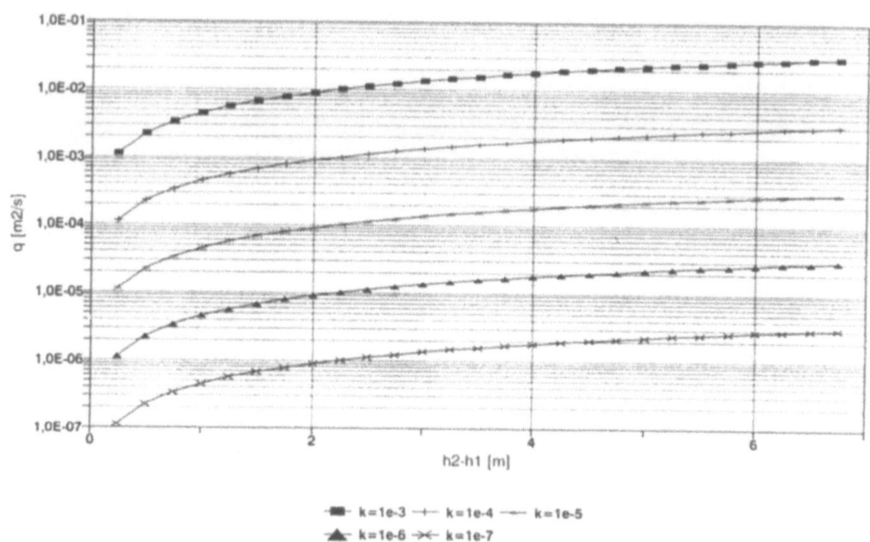

Abb. 123. Nomogramm 4: Transport/Emission

Durchflußrate q in Abhängigkeit von der Wasserspiegeldifferenz $h_2 - h_1$ im Abstand L. gespannte Grundwasserverhältnisse, ebene Grundwasserströmung

Durchlässigkeitsbeiwert k = $1 \cdot 10^{-2}$ m/s, $1 \cdot 10^{-4}$ m/s, $1 \cdot 10^{-5}$ m/s, $1 \cdot 10^{-6}$ m/s, $1 \cdot 10^{-7}$ m/s.

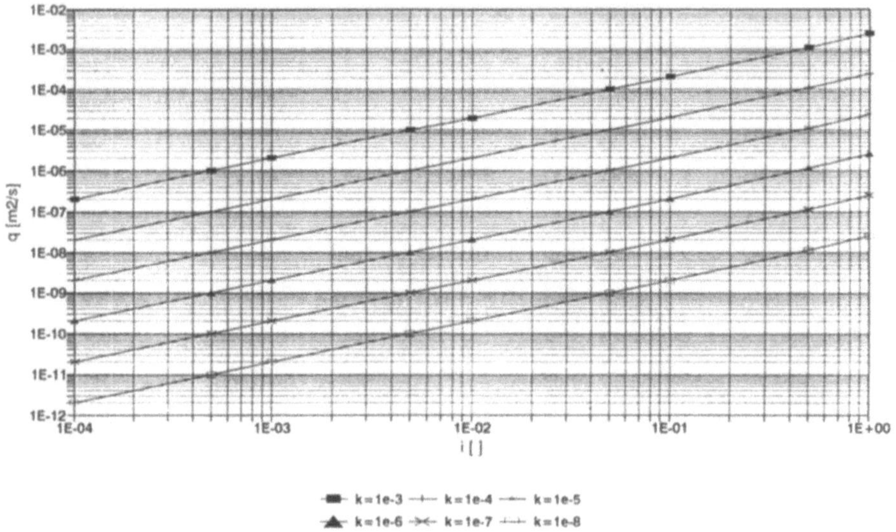

Abb. 124. Nomogramm 5: Transport

Durchflußrate q in Abhängigkeit vom hydraulischen Gradienten i, ungespannte Strömungsverhältnisse, nahezu ebene Strömung, Näherungslösung, wassererfüllte Mächtigkeit des Grundwasserleiters M = 2 m

Durchlässigkeitsbeiwert $k = 1 \cdot 10^{-3}$ m/s, $1 \cdot 10^{-4}$ m/s, $1 \cdot 10^{-5}$ m/s, $1 \cdot 10^{-6}$ m/s, $1 \cdot 10^{-7}$ m/s, $1 \cdot 10^{-8}$ m/s.

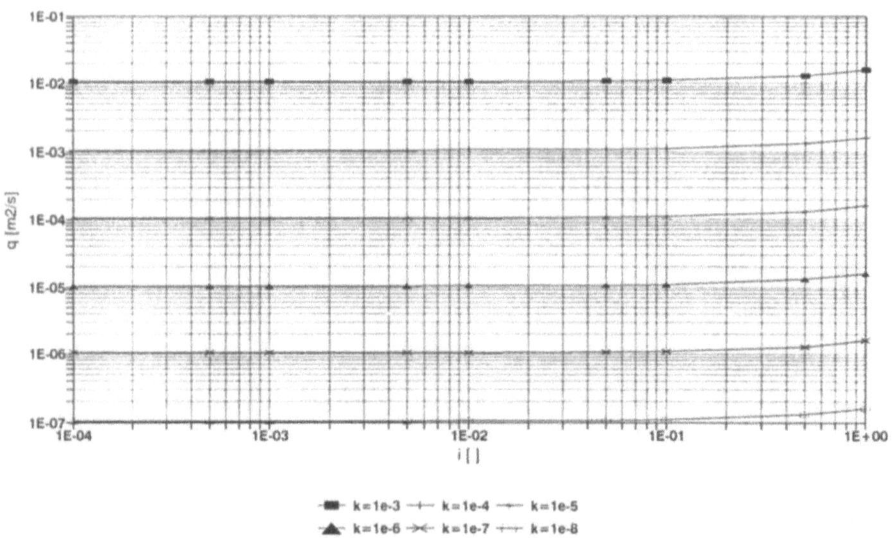

Abb. 125. Nomogramm 6: Transport

Durchflußrate q in Abhängigkeit vom hydraulischen Gradienten i, ungespannte Strömungsverhältnisse, nahezu ebene Strömung, Näherungslösung, wassererfüllte Mächtigkeit des Grundwasserleiters M = 5 m

Durchlässigkeitsbeiwert $k = 1 \cdot 10^{-3}$ m/s, $1 \cdot 10^{-4}$ m/s, $1 \cdot 10^{-5}$ m/s, $1 \cdot 10^{-6}$ m/s, $1 \cdot 10^{-7}$ m/s, $1 \cdot 10^{-8}$ m/s.

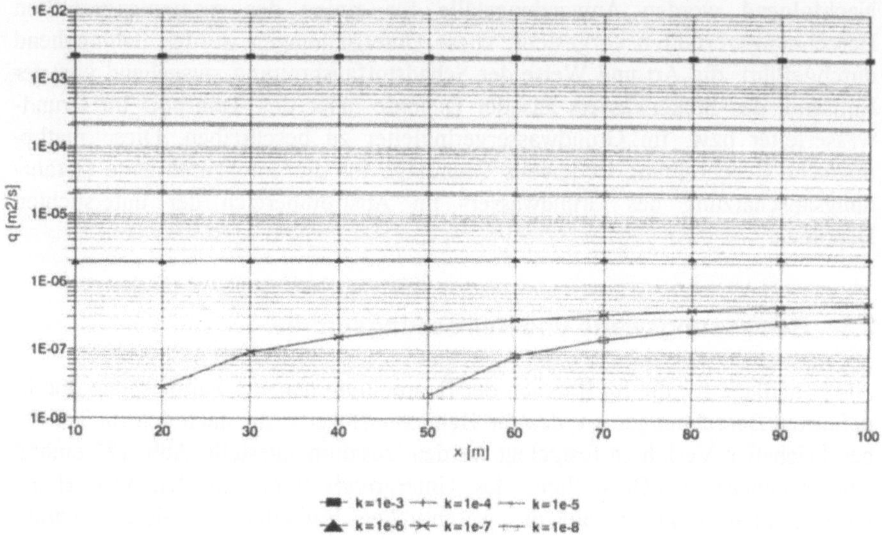

Abb126. Nomogramm 7: Transport

Durchflußrate q in Abhängigkeit von k bei konstanter Grundwasserneubildung e = 200 mm/a
Annahme eines Deponiedurchmessers von L = 100 m., Darstellung von q in Abhängigkeit von x
$0 \leq x \leq L$, Mittlerer hydraulischer Gradient i = 0,01. wassererfüllte Mächtigkeit des Grund-
wasserleiters M = 20 m
Durchlässigkeitsbeiwert $k = 1 \cdot 10^{-3}$ m/s, $1 \cdot 10^{-4}$ m/s, $1 \cdot 10^{-5}$ m/s, $1 \cdot 10^{-6}$ m/s, $1 \cdot 10^{-7}$ m/s,
$1 \cdot 10^{-8}$ m/s.

Diese Fragestellungen lassen sich mit den in Tabelle 28 angegebenen Berechnungsverfahren abschätzen. Für die einzelnen Abschätzungen wurden - soweit
das im Untersuchungsgebiet auftretende Wertebereichsfeld sinnvoll abgedeckt
werden kann - die in den Abbildungen 120 bis 126 dargestellten Nomogramme
entwickelt. Diese umfassen die Wertebereichsspannen an Ausgangsparametern,
wie wassererfüllte Mächtigkeit, Infiltrationsrate, k-Wert und hydraulischer
Gradient oder Druckhöhendifferenz, die im Bereich der vier Hausmülldeponien
auf pleistozänem Untergrund der norddeutschen Tiefebene bestimmt wurden.
Für die übrigen Fälle sind Einzelberechnungen vorteilhafter als Nomogramm-
ablesungen.

Auf der Ordinate dieser Nomogramme ist jeweils der Durchfluß Q, d. h. die
strömende Wassermenge je Zeiteinheit bzw. die Durchflußrate q, d. h. die strömende je Zeiteinheit und Durchflußbreite angegeben. Auf der Abszisse ist entweder der hydraulische Gradient i angegeben, der näherungsweise aus dem
Grundwassergleichenplan entnommen werden kann oder die Wasserspiegeldifferenz $h - h_0$ bezogen auf zwei Punkte im betrachteten Strömungsfeld.

Es sind Kurvenscharen für verschiedene k-Werte bzw. für verschiedene
durchflußwirksame Mächtigkeiten des Grundwasserleiters bzw. Grundwassergeringleiters und der k-Werte angegeben.

Die jeweiligen Randbedingungen sind den Abbildungsunterschriften der
entsprechenden Nomogramme zu entnehmen.

Nachfolgend werden Anwendungsfälle für einige der zusammengestellten Berechnungsverfahren vorgestellt. Diese Untersuchungen wurden dahingehend durchgeführt, die Art und Weise der Schadstoffausbreitung, ausgehend von der Emission des Sickerwassers aus der Deponie, über den Transport im Grundwasserleiter bzw. im Grundwassergeringleiter zu beschreiben. Diese mathematische Beschreibung ist jeweils Grundlage für die durchzuführende Gefährdungsabschätzung des Grundwassers im Abstrombereich der untersuchten Deponien.

3.3 Bemessungswerte und Bemessungsprofile

Als Grundlage für die im Rahmen der Bearbeitung der vier Fallbeispiele durchgeführten Berechnungen wurden die Bemessungswerte, die nach den im Teil III beschriebenen Verfahren festgelegt wurden, zusammengestellt. Abb. 127 enthält eine schematische Darstellung des Untergrundaufbaus an den vier Hausmülldeponien, reduziert auf die wesentlichen Einheiten und deren hydraulischen Bemessungswerte, zusammenfassend beschrieben durch die Kennzeichnungen $k_1 \ldots k_n$. Die Abbildungen skizzieren grob das im Teil II beschriebene Emissionsverhalten der Deponien.

Bei den schematischen Darstellungen handelt es sich jeweils um die kennzeichnenden Systemschnitte durch die Deponie. Die einzelnen mit den Index-Werten $k_1 \ldots k_n$ beschriebenen Schichteinheiten sind in Tab. 29 genauer klassifiziert und in ihrem Kornaufbau, ihrem Rohton- und Schluffgehalt beschrieben. Darauf aufbauend unter Auswertung sämtlicher im Bereich der Deponien gemessenen hydraulischen Daten, wie Durchlässigkeitsbeiwerte, und Druckhöhendifferenzen sowie unter Auswertung der geometrischen Situation sind die auf Tab. 30 zusammengestellten kennzeichnenden hydraulischen Bemessungswerte für die einzelnen Profile und jeweils für die unterschiedenen Strömungspfade zusammengestellt. Auf die Bemessungswerte dieser Tabelle wird im folgenden immer wieder zurückgegriffen.

3.4 Sickerwasseremission

Ausgangspunkt für die Gefährdungsabschätzung ist die Bildung von Sickerwasser in der Deponie. Wie auf den Abbildungen 127 und 128 erkennbar ist, erfolgte in allen Deponien ein Sickerwassereinstau, selbst in der ausschließlich von Sanden unterlagerten Deponie Vechta-Tonnenmoor. Wesentlich ist daher aufzuschlüsseln, wann und weshalb ein Sickerwassereinstau stattfindet.

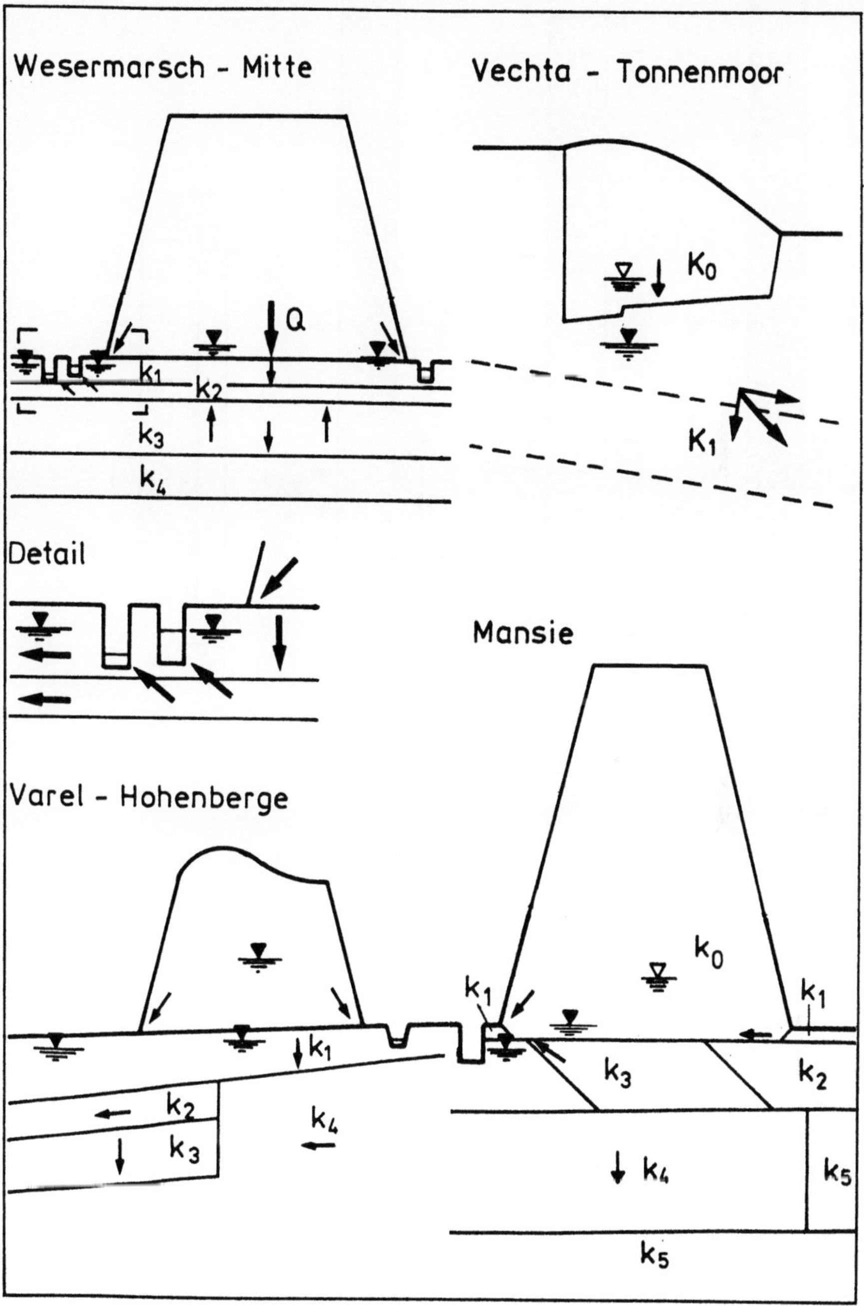

Abb. 127. Schematisierte hydraulische Situation an den untersuchten Deponien, gegenüber ENTENMANN (1993) aktualisiert.

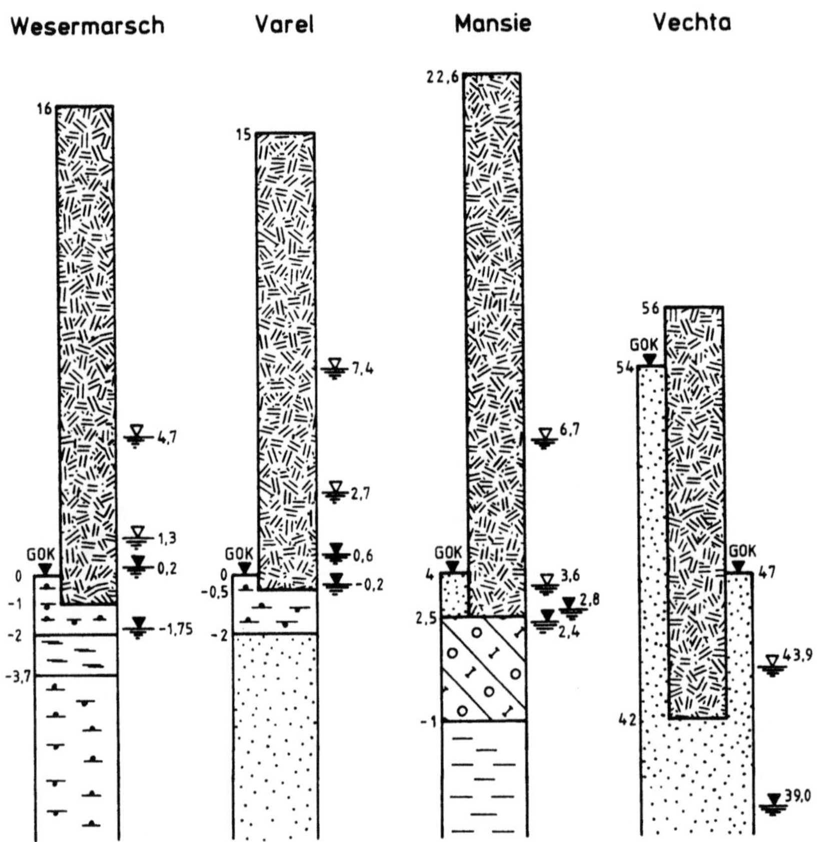

Abb. 128. Bemessungsprofile für die vier untersuchten Hausmülldeponien.
Hügeldeponien: Wesermarsch, Varel, Mansie
Gruben-Hügeldeponie: Vechta

3.4.1 Sickerwasserdruckhöhe

Der Frage des Sickerwassereinstaus wird zuerst mittels einer theoretischen
Überlegung nachgegangen. Ausgehend von einer die Deponie unterlagernden
gering durchlässigen Schicht wird untersucht, bei welchen hydraulischen
Parametern die Durchströmung so behindert ist, daß ein Sickerwassereinstau
stattfindet. Diese hydraulische Fragestellung wird in guter Näherung als
eindimensionales Problem beschrieben unter der Annahme, daß das Sickerwasser

Deponie		Geologische Bezeichnung	Kornaufbau[*]	Rohtongehalt [%]	Ton- und Schluffgehalt [%]
Weser-marsch	k_1	oberer Klei	U,t bis U,t,fs	20 bis 38	80 bis 97
	k_2	Torf	-	-	-
	k_3	unterer Klei	T,$\overline{u}$ bis U,t,fs	27 bis 58	70 bis 100
Varel	k_1	Klei	T,$\overline{u}$ bis U,t,fs′	29 bis 58	92 bis 100
	k_2	Torf, Mudde Rinnen-sedimente	H; H,u U,t,fs bis S,g	0 bis 38	6 bis 90
	k_3	Lauenburger Ton	U,t,fs′ bis U,t′s	2 bis 28	67 bis 95
	k_4	Schmelz-wassersand	fS,u,t′ bis S,g	0 bis 10	0 bis 26
Mansie	k_0	Hausmüll	-	-	-
	k_1	Flugsand-decke	fS,u′,t′ bis fS,ms	0 bis 3	0 bis 20
	k_4	Lauenburger Ton	T,u bis U,fs,t′	14 bis 74	70 bis 100
Vechta	k_0	Hausmüll	-	-	-
	k_1	Schmelz-wassersand	S,u′,t′ bis S,g	0 bis 5	0 bis 16

[*] Bezeichnungen gemäß DIN 4023

Tabelle 29. Geologische und bodenmechanische Charakterisierung der in den Fallbeispielen durchströmten Schichten.

diese unterlagernde Schicht vollständig vertikal durchströmt. Gemäß den Gesetzen der eindimensionalen Filterströmung gilt:

$$Q_S = k \cdot A \cdot \frac{\Delta h}{L}$$

$$\Delta h = \frac{Q_S}{A} \cdot \frac{L}{k}$$

Deponie			k [m/s]	$h_2 - h_1$ [m]	L [m]	i [ ]	v_a [m/a]	R_0 [m]
Weser-marsch	k_1	E	v	$1 \cdot 10^{-8}$	1,33 5,7	1,9	0,7 3,0	3,2 18,9	196,0
	k_2	T	h	$2 \cdot 10^{-7}$	0,7 4,0	76 110	0,009 0,04	0,15 0,6	
	k_3	T	v	$1 \cdot 10^{-9}$	0 3,0	6,0	0 0,5	- 0,6 0,95	
Varel	k_1	E	v	$1 \cdot 10^{-8}$	0,75 6,0	1,5	0,5 4,0	- 1,3 31,5	202,5
	k_2	T	h	$1 \cdot 10^{-6}$	0,6	10	0,06	9,5	
	k_3	T	v	$1 \cdot 10^{-9}$	0,22	11	0,02	0,01	
	k_4	T	h	$2 \cdot 10^{-4}$	0,05 0,4	100	0,0005 0,004	3,1 94,6	
Mansie	k_0	E	h	$3 \cdot 10^{-6}$	1,2 3,0	100 85	0,01 0,035	1,05 3,7	182,5
	k_1	T	h	$1 \cdot 10^{-4}$	0,5	100	0,005	63,1	
	k_4	T	v	$1 \cdot 10^{-9}$	0 5,9	25	0 0,24	0 0,25	
Vechta	k_0	E	v	$1 \cdot 10^{-6}$	4,87	2,5	1,95	205	185,0
			h	$2 \cdot 10^{-4}$	4,83	12	0,40	7200	
	k_1	T	v	$2 \cdot 10^{-6}$	0 0,4	10	0 0,04	0 0,63	
			h	$2 \cdot 10^{-4}$	0,1 0,3	100	0,001 0,003	18,9 63,1	

Tabelle 30. Hydraulische Daten aufgenommen an den Deponien Wesermarsch-Mitte, Varel-Hohenberge, Mansie und Vechta.

Die Symbole k_n beziehen sich auf die in Abb. 130 schematisch aufgezeigten durchströmten Schichteinheiten. Diese sind in Tabelle 29 näher beschrieben.

h	:	horizontale Durchströmung	i	:	hydraulischer Gradient
v	:	vertikale Durchströmung	v_a	:	Abstandsgeschwindigkeit
k	:	Durchlässigkeitsbeiwert	R_0	:	Ersatzradius der Deponie
$h_2\text{-}h_1$	:	Druckhöhendifferenz			
L	:	Meßpunktabstand oder Mächtigkeit der durchströmten Schicht			

Einzelwerte bedeuten Mittelwerte, zwei übereinander angegebene Werte bedeuten die jeweiligen Extremwerte.

mit

Q_s :   Sickerwasserneubildungsrate

Δh: Aufstau

L :   Schichtmächtigkeit

Ein Aufstau erfolgt, wenn:

$$\Delta h - L = \frac{Q_S}{A} \cdot \frac{L}{k} - L > 0$$

$$\frac{Q_S}{A} > L \cdot \frac{k}{L}$$

d.h., wenn gilt:

$$\frac{Q_S}{A} > k$$

Dies bedeutet, daß die Tatsache des Sickerwasseraufstaus nur vom Durchlässigkeitsbeiwert k und von der Sickerwasserneubildungsrate Q_s abhängig ist. Sie ist unabhängig von der Schichtmächtigkeit L. Aus diesem Grunde müssen im folgenden nicht nur eine eventuell vorhandene, an der Basis liegende geringdurchlässige natürliche Schicht untersucht werden, sondern auch dünne im Müllkörper zwischenliegende geringdurchlässige Schichten.

Über die Sickerwasserneubildung gibt es zahlreiche veröffentlichte Mittelwerte, die aus Bilanzierungen abgeleitet wurden. Sie sind u. a. dargestellt und zusammengestellt in den Arbeiten EHRIG's, bei FRANZIUS (1977), DOEDENS (1989), ROTH (1995) und BORTZ & SOKOLLEK (1990). Ich beziehe mich hier aufgrund der Vergleichbarkeit ausschließlich auf die zusammenfassende Darstellung bei EHRIG (1989). Danach ist bei Hausmülldeponien von Sickerwasserneubildungsraten in der Größenordnung von 90 bis 170 mm pro Jahr, im Mittel 140 mm auszugehen. Legt man diese Werte von Q_s zugrunde, so ergibt sich für die oben beschriebene eindimensionale Strömung durch eine geringdurchlässige Schicht das in Abb. 36 beschriebene Bild:

Dargestellt ist zum einen der Bereich in Abhängigkeit vom k-Wert und von Q_s, in dem auf lange Sicht gesehen kein Sickerwassereinstau erfolgt, sondern lediglich zeitlich befristeter Sickerwassereinstau und zum anderen der Bereich, in dem auf Dauer gesehen ein Sickerwassereinstau stattfinden kann.

Die Grenzgeraden des Wertebereiches von Q_s, der in Hausmülldeponien verwirklicht ist, wurden nach den Angaben von EHRIG (1989) übernommen.

Aus der Abb. 129 läßt sich damit ableiten, daß ein Sickerwassereinstau üblicherweise nur bei Vorhandensein von Schichten mit einer Durchlässigkeit $k < 1 \cdot 10^{-8}$ m/s stattfindet. Dabei ist jedoch darauf hinzuweisen, daß dieser geringe k-Wert nicht durchgängig in der geringdurchlässigen Schicht vorhanden sein muß, sondern daß eine einzelne, millimeterdicke Zwischenschicht, die diesen k-Wert unterschreitet, ausreicht, um den Sickerwassereinstau zu bewir-

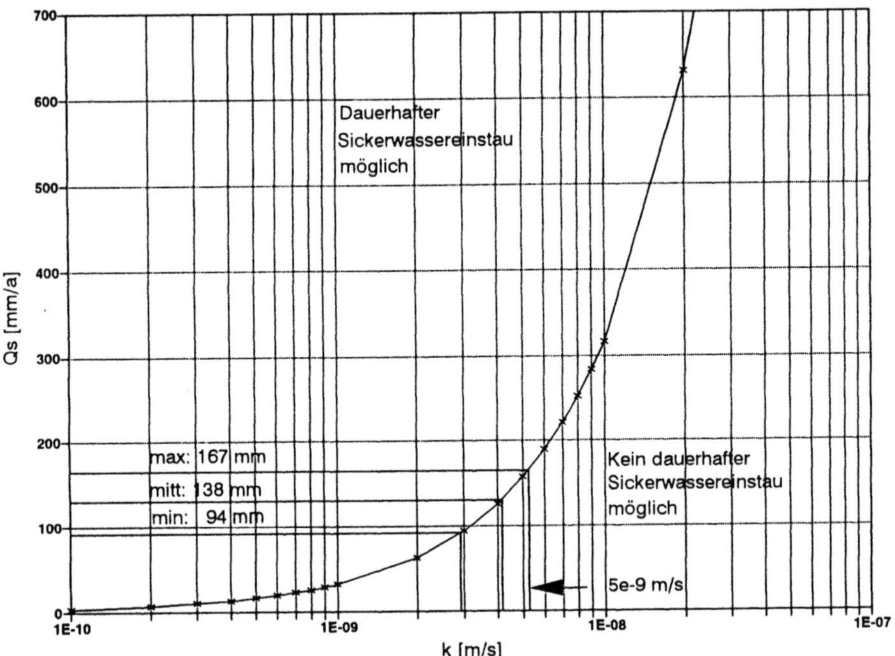

Abb. 129. Sickerwassereinstau in Deponien als Funktion vom k_v-Wert der unterlagernden Schicht oder einer Zwischenschicht im Müllkörper und von der jährlichen Sickerwasserneubildungsrate Q_S.

Im Diagramm sind die maximalen, mittleren und minimalen Werte nach EHRIG (1989) angegeben.

ken. Eigene Untersuchungen zur Größe der Sickerwasserneubildungsrate, auf die an dieser Stelle nicht eingegangen wird, sind in Abschnitt 4.2 dargestellt.

Sofern das Kriterium der Durchlässigkeit und der Sickerwasserneubildungsrate erfüllt ist, erfolgt der Sickerwassereinstau. Damit erhöht sich der hydraulische Gradient, der auf dieser Zwischenschicht lastet: Aus einem hydraulischen Gradienten i = 1 wird i > 1. Damit stiegt jedoch die Durchströmung der geringdurchlässigen Schicht, da Q direkt proportional zu i ist. Im Gegensatz zum Sickerwassereinstau, d. h. der Tatsache, daß sich über der geringdurchlässigen Schicht Wasser aufstaut oder nicht, ist Q nicht unabhängig von der Mächtigkeit L der geringdurchlässigen Schicht, da i um so kleiner ist, je größer L ist. Die Höhe des Aufstaus ist daher begrenzt.

Geringdurchlässige Zwischenschichten in Hausmülldeponien können daher, wie an der Deponie Varel-Hohenberge besonders deutlich erkennbar, ein problematisches Sickerwasseremissionsverhalten verursachen. In der Deponie Varel-Hohenberge wurden schichtweise geringdurchlässige Spuckstoffe aus der Zellstoffindustrie eingebracht, die ein erhebliches aufstauendes Verhalten bewirken.

Solange der Sickerwasseraufstau zu kleinen isolierten, d. h. schwebenden Sickerwasserstockwerken führt, ist dies für das Emissionsverhalten weniger

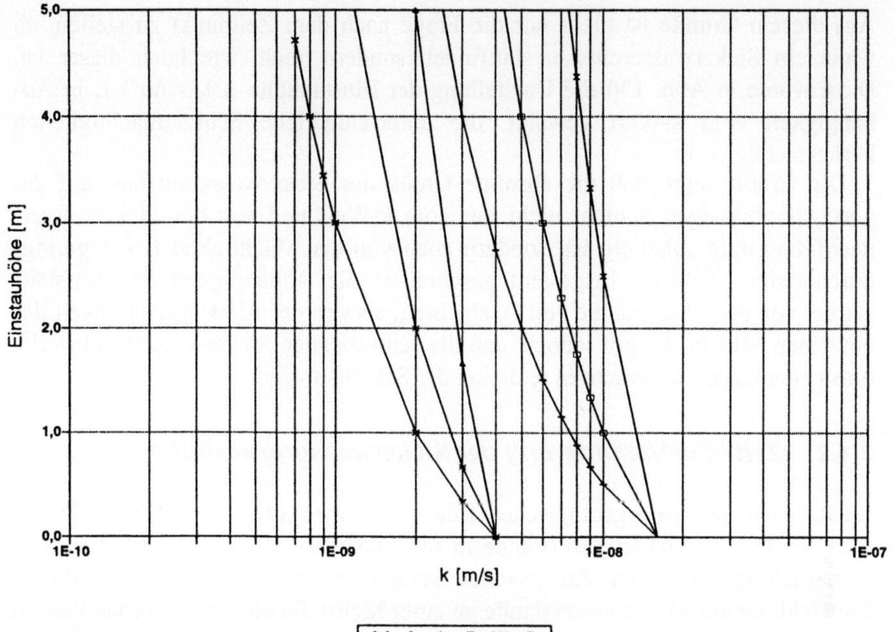

		A	B	C	D	E	F
Mächtigkeit	[m]	1,0	1,0	2,0	2,0	5,0	5,0
Sickerwasserneubildungsrate	[mm]	126	470	126	470	126	470

Abb. 130. Höhe des Sickerwassereinstaus über einer bindigen Schicht in Abhängigkeit von deren Mächtigkeit L, von der Sickerwasserneubildungsrate Q_s und vom Durchlässigkeitsbeiwert k.

problematisch als die Tatsache, daß das Sickerwasser aus den Böschungen ausbluten kann und daß Standsicherheitsprobleme resultieren können. Bei zunehmendem Aufstau über der geringdurchlässigen Schicht kann es jedoch dazu kommen, daß die vollgesättigte Zone über der geringdurchlässigen Schicht mit der nächst höheren vollgesättigten Zone zusammenwächst und die dazwischenliegende teilgesättigte Zone verschwindet. Wenn dies geschieht, steht irgendwann der komplette Wasserdruck bis zur höchsten geringdurchlässigen Schicht auf der Basis der Deponie und führt dadurch zu einer erheblichen Emission von Sickerwasser. Dieses Verhalten konnte vor Beginn der zur Absenkung des Stauwasserspiegels unternommenen Abpumparbeiten an der Deponie Varel-Hohenberge beobachtet werden, vgl. auch Abb. 128. Die dort gemessenen extremen Wasserstände von + 7,4 m NN bedeuteten keinen kurzfristigen Einstau, wie die an der Deponie Wesermarsch in besonders niederschlagsreichen Zeiten gemessenen Maximalwerte von + 4,7 m NN, sondern langfristig stabile Sickerwasserstände in dieser Größenordnung.

Aus diesem Grunde ist nicht nur die Frage nach dem Zeitpunkt zu stellen, ab wann ein Sickerwassereinstau stattfindet, sondern auch, wie hoch dieser ist. Dazu wurde in Abb. 130 die Darstellung der Einstauhöhe $\Delta H = \Delta h - L$ in Abhängigkeit vom k-Wert gewählt, die unterschiedliche Schichtmächtigkeiten berücksichtigt.

Die Grafik zeigt, daß die absolute Größe des Sickerwasseraufstaus auf der geringdurchlässigen Schicht nicht nur vom k-Wert und von der Sickerwasserneubildungsrate abhängig ist, sondern auch von der Mächtigkeit L der geringdurchlässigen Schicht. Insgesamt gesehen ist die Abhängigkeit des Aufstaus stärker von der Absoluthöhe von Q_s abhängig als von der Absolutmächtigkeit der einzelnen Schicht. Es gilt jedoch, daß die schwebenden Sickerwasserstockwerke umso eher zusammenwachsen je dicker die Schichten sind.

3.4.2   Zeitliche Veränderung der Sickerwasserdruckhöhe

Im Rahmen des hydrogeologischen Beweissicherungsverfahrens für die Deponien werden die Sickerwasserstände in regelmäßigen Abständen, üblicherweise monatlich aufgezeichnet. Ausgewertet werden können zum einen die zeitliche Entwicklung der Sickerwasserstände an einer Meßstelle oder, bei Vorhandensein von mehreren Sickerwassermeßstellen, die geometrische Form der Sickerwasserdrucklinie in der Deponie.

Während, wie im nächsten Abschnitt dargestellt, die Form der Sickerwasseroberfläche im wesentlichen von der Durchlässigkeit des Müllkörpers abhängt, ist der zeitliche Verlauf der Sickerwasserstände im wesentlichen vom baulichen Zustand der Deponie und von der Speicherkapazität des Hausmülls abhängig.

Hinsichtlich des Betriebszustandes der Deponie ist eine Unterscheidung in vier Phasen zu treffen:

(1)   Die offene Deponie in der Phase der Beschickung,
(2)   die offene Deponie nach der Beschickung,
(3)   die provisorisch abgedeckte und begrünte Deponie,
(4)   die an der Oberfläche abgedichtete Deponie.

Bei den vier untersuchten Deponien liegen Daten aus den Phasen (1) bis (3) vor. Langjährige Meßwertreihen liegen von den Deponien Wesermarsch-Mitte und Varel-Hohenberge vor, wobei Phase 3 zur Sickerwasserminimierung und damit zur Reduzierung der Klärkosten heutzutage möglichst kurz gehalten wird. Die Ergebnisse dieser Messungen sind im Anhang 3 zusammen mit den täglichen Niederschlagsmengen dargestellt. Einen Überblick über den jeweiligen gesamten Beobachtungszeitraum und über den Betrieb der Deponien geben die Abbildungen 131 und 132.

Zum Verlauf der Sickerwasserstandsganglinien läßt sich aussagen:

- In Zeiten, in denen keine Beschickung der Deponie stattfindet oder nur kleinräumig und in Bereichen weit oberhalb des Sickerwasserstandes, sind die Sickerwasserstandsschwankungen gering. Einzelne Niederschlagsereignisse, auch größere, lassen sich nicht an den Ganglinien ablesen. Die Ganglinien folgen dem jahreszeitlichen Niederschlagsgeschehen z. T. jedoch phasenverschoben.
- Die jahreszeitlichen Wasserstandsschwankungen sind gering. Sie liegen an der Deponie Wesermarsch-Mitte im Bereich von einigen Dezimetern. Dasselbe gilt an der Deponie Varel-Hohenberge für die Mehrzahl der Meßstellen. Lediglich im Osten der Deponie liegen örtlich sehr viel höhere Sickerwasserstände vor (Meßstellen GA 9, D). Diese zeigen sehr viel größere jahreszeitliche Schwankungen im Meter-Bereich.
- In Zeiten, in denen in großen Mengen Müll eingebaut wird, schwanken die Wasserstände teilweise beträchtlich, es gibt auch Sprünge in den Wasserständen, vgl. Anhang 3 Seite 6 und 7.
- Eine aktive Wasserentnahme aus dem Müllkörper, wie er im Bereich der Deponie Varel-Hohenberge betrieben wird, zeichnet sich nur in der näheren Umgebung des Entnahmebrunnens ab, auf den Gesamt-Sickerwasserstand in der Deponie hat sie kaum Einfluß.

Nachfolgend werden Erklärungen für das oben beschriebene zeitliche Verhalten der Wasserstände gegeben. Diese Ausführungen haben vorläufigen Charakter, da zum einen Daten nur von zwei Deponien vorliegen und der Beobachtungszeitraum mit 5 Jahren für die einzelnen oben beschriebenen Phasen nur relativ kurze Intervalle liefert, zum anderen, weil vergleichbare Daten in der Literatur fehlen.

Unbeeinflußte Wasserstandsganglinie

Bei der Deponie Wesermarsch-Mitte ergaben sich für die Jahre 1994 und 1995, in denen lediglich die Böschungen, d. h. ca. zwei Drittel der Gesamtfläche, abgedichtet und rekultiviert waren, das Plateau jedoch noch offenstand und in geringem Umfang noch Müll eingebaut wurde, folgende Abhängigkeiten:
Die Sickerwasserstände schwanken entsprechend dem jahreszeitlichen Verlauf der Niederschläge in einem Bereich von einigen Dezimetern. Die Maxima und Minima der Sickerwasserstände treten 4 bis 6 Monate phasenverschoben zu den maximalen bzw. minimalen monatlichen Niederschlagssummen auf. Ungewöhnlich niederschlagsreiche Monate im Sommerhalbjahr scheinen sich in einer Vergrößerung der Phasenverschiebung, ungewöhnlich niederschlagsarme Monate im Winterhalbjahr in einer Verkürzung der Phasenverschiebung niederzuschlagen, so daß von einer mittleren Phasenverschiebung von 5 Monaten ausgegangen werden sollte. Diese Ergebnisse benötigen jedoch einer Überprüfung durch langjährige Meßreihen.

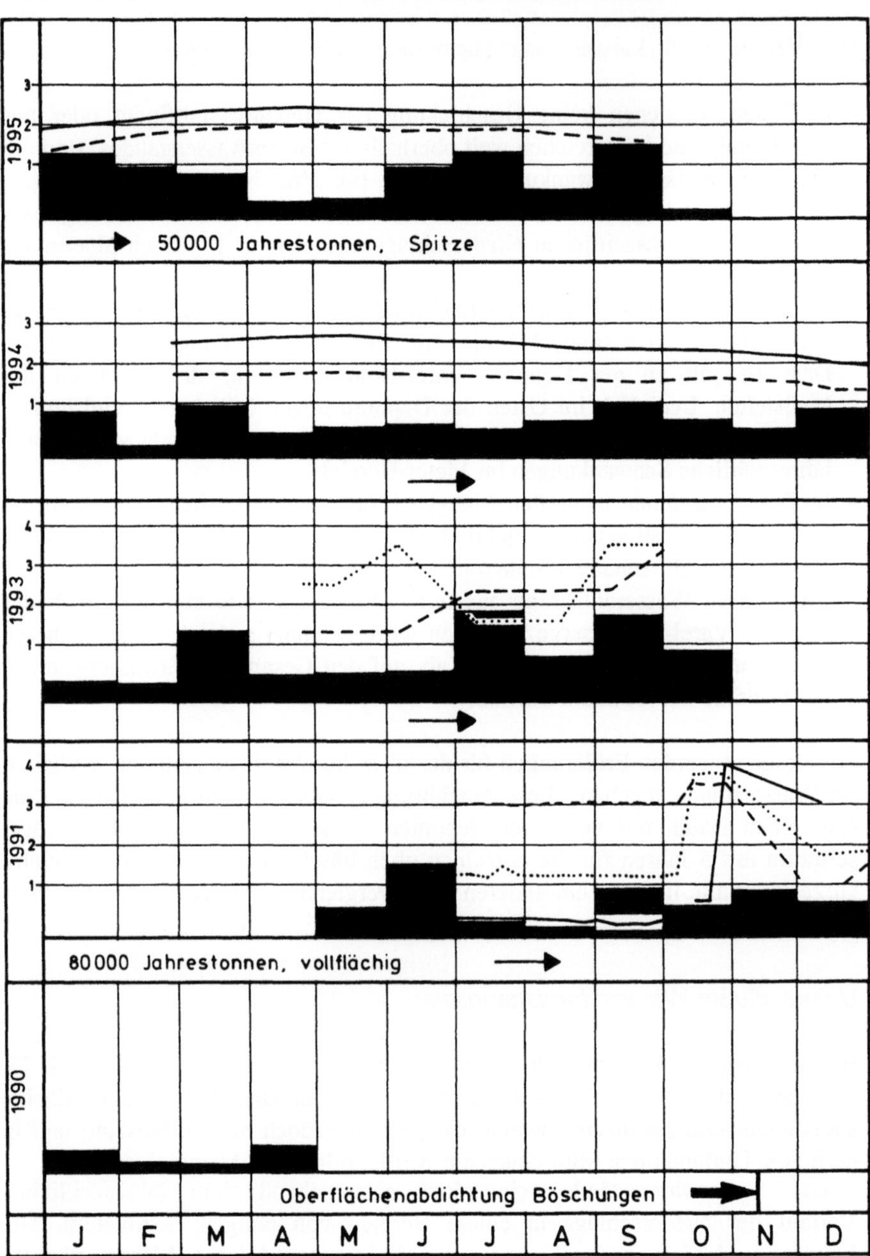

Abb. 131. Exemplarische Darstellung von Sickerwasserganglinien an einer Deponie mit mittlerem Sickerwassereinstau. Fallbeispiel Wesermarsch-Mitte. Dargestellt ist die Abhängigkeit der Sickerwasserstände von den Niederschlägen, vom Betrieb und von baulichen Einrichtungen der Deponie.Grundwasserstandshöhen in m NN; Monatssummen der Niederschläge: M: 1:10.

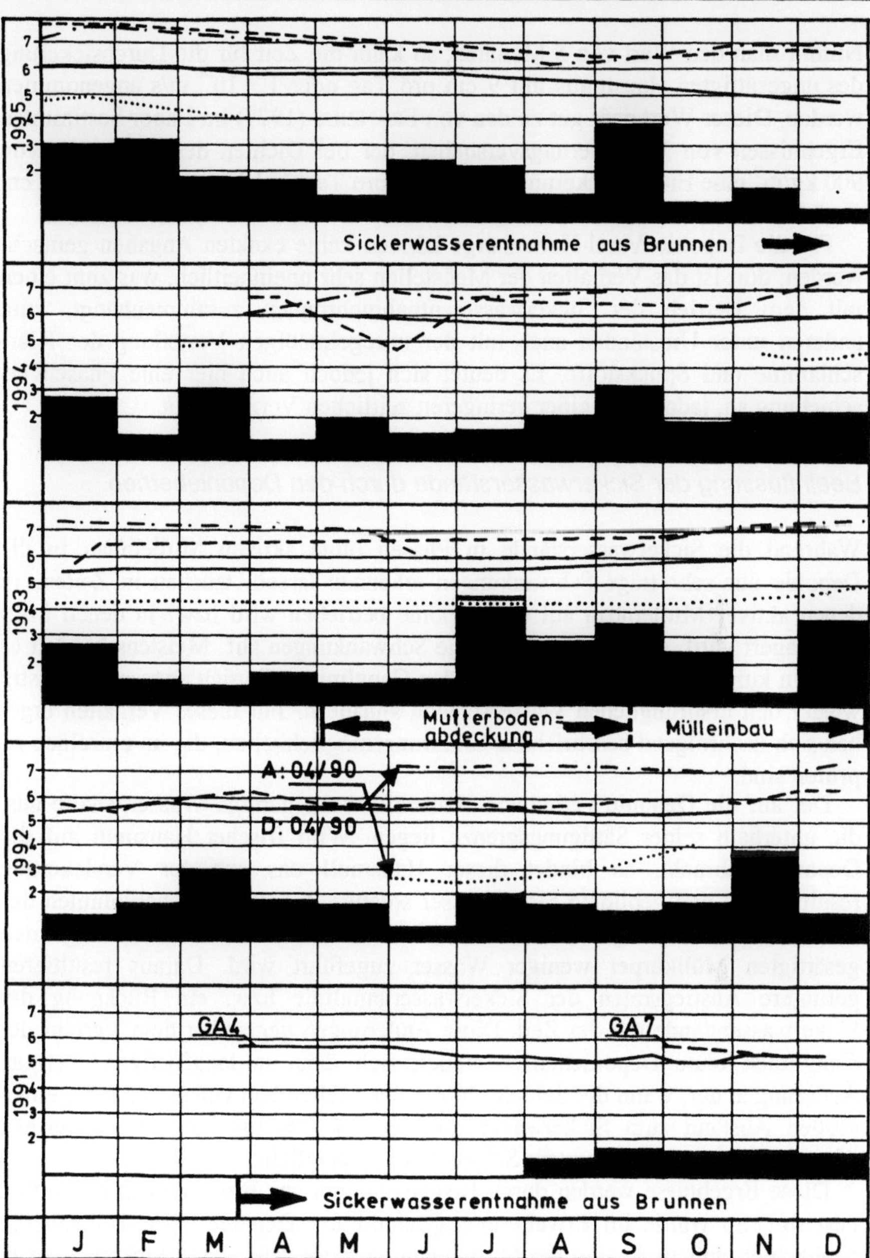

Abb. 132. Exemplarische Darstellung von Sickerwasserganglinien an einer Deponie mit hohem Sickerwassereinstau. Fallbeispiel Varel-Hohenberge. Dargestellt ist die Abhängigkeit der Sickerwasserstände von den Niederschlägen, vom Betrieb und von baulichen Einrichtungen der Deponie.

Grundwasserstandshöhen in m NN; Monatssummen der Niederschläge: M: 1:10.

Nimmt man den Wert von 5 Monaten, so kann die Zeit für die Durchsickerung des ungesättigten Hausmülls mit 9 cm pro Tag oder $1 \cdot 10^{-4}$ m/s angenommen werden. Dieser Wert paßt gut zu den von FRANZIUS (1977) im Labor bestimmten Ergebnissen von Versickerungsversuchen, der bei Dichten des Hausmülls von 900 kg/m^3 eine Endversickerung von 12 cm pro Tag, bei 1000 kg/m^3 von 4,8 cm angibt.

Für die Deponie Varel-Hohenberge können keine exakten Angaben gemacht werden, dort ist das Verhalten der Meßstellen sehr uneinheitlich, was zum einen mit dem Betrieb der Sickerwasserentnahmebrunnen zusammenhängt, zum anderen unter Umständen auch mit der unregelmäßigen Verteilung der Klärschlämme und Spuckstoffe. Es deutet sich jedoch auch hier eine Phasenverschiebung an, jedoch mit einer geringeren zeitlichen Verzögerung.

Beeinflussung der Sickerwasserstände durch den Deponiebetrieb

Während die Sickerwasserstände in Phasen ohne aktiven Mülleinbau in die Deponie nur sehr träge Schwankungen erkennen lassen, tauchen in Zeiten, in denen aktiver Mülleinbau auf der Deponie betrieben wird bzw. in denen Müll umgelagert wird, erhebliche kurzzeitige Schwankungen auf. Meistens handelt es sich um kurzfristig starke Anstiege in den Ganglinien, die sich ebenso kurzfristig wieder den ursprünglichen Wasserständen annähern. Für dieses Verhalten ergeben sich nachfolgend beschriebene Erklärungsmöglichkeiten, die im einzelnen zu prüfen sind:

Der auf die Deponie verbrachte Hausmüll weist geringe Wassergehalte aus, die unterhalb seiner Sättigungsgrenze liegen. Wird frischer Hausmüll auf die Deponie gebracht, so bindet dieser Hausmüll das aus der Versickerung resultierende neu gebildete Sickerwasser solange, bis das Speichervolumen des neuen Hausmülls aufgefüllt ist. Dies führt dazu, daß dem darunter liegenden gesättigten Müllkörper weniger Wasser zugeführt wird. Daraus resultieren geringere Anstiegsraten der Sickerwasserganglinie bzw. ein Rückgang der Sickerwasserstände mit der Zeit. Diese Änderungen gegenüber dem Verlauf der Ganglinien ohne Deponiebetrieb stellen sich dann in langfristigen, stetigen Änderungen dar, wenn die Schicht, in der der Mülleinbau vonstatten geht, einen großen Abstand zum Sickerwasserstand in der Deponie hat. Treten geringe Abstände auf, so sind abruptere Schwankungen möglich.

Diese Ergebnisse werden durch Beobachtungen aus Erweiterungsabschnitten bestätigt. So wurde im Erweiterungsabschnitt der Deponie Varel-Hohenberge beobachtet, daß zu Beginn der Mülleinlagerung nur sehr wenig Sickerwasser in der Flächendränage an der Basis festgestellt werden kann (frdl. mündl. Mitt. Herr Arlinghaus, Landkreis Friesland). Dies deckt sich mit den Aussagen EHRIG's (1980).

Abrupte Sprünge in den Sickerwasserständen hin zu höheren Werten lassen sich folgendermaßen erklären: Durch den Kompaktorbetrieb werden an der Mülloberfläche aufgrund der in den obersten Zentimetern sehr großen Verdichtungsleistungen der Kompaktoren geringdurchlässige Schichten geschaffen. Auch dies läßt sich an den Erweiterungsabschnitten der Deponien zeigen. So stauten sich im Erweiterungsabschnitt der Deponie Varel-Hohenberge auf der Oberfläche Niederschläge in einem solchen Maße auf, daß die Befahrbarkeit der Oberfläche litt (frdl. mündl. Mitt. Herr Arlinghaus, Landkreis Friesland). Nach Herstellung von Schürfen wurde festgestellt, daß der Hausmüll unterhalb der Oberfläche nur geringe Wassergehalte und im Makroporenraum kein ausströmendes Sickerwasser vorwies.

Im Betrieb der Deponien werden derartige dünne, geringdurchlässige Lagen in großer Zahl erzeugt. Gemäß dem Einbau auf den Deponien sind diese Schichten nicht eben, sondern müssen ein Gefälle aufweisen. Ferner ist die Oberfläche teilweise unregelmäßig. Es kommt daher später auch im Müllkörper zum Abströmen von Sickerwasser auf diesen geneigten Zwischenschichten. Je nach dem Einbaubetrieb an der Oberfläche sind diese Fließvorgänge im Müllkörper sehr unregelmäßig verteilt. Da die Sickerwassermeßstellen im Müllkörper nicht abgedichtet werden können und im Laufe der Beschickung immer höher geführt werden, ist immer wieder von einem unregelmäßigen Eintritt dieser strömenden Wassermengen in die Filterstrecke der Sickerwassermeßstelle auszugehen, da diese als Vertikaldränagen wirken. Aus diesem Grunde ist mit abrupten Sprüngen in den Sickerwasserständen, wie an der Deponie Wesermarsch-Mitte (Anhang 3), im gesamten Zeitraum der Beschickung der Deponie zu rechnen.

Beeinflussung der Sickerwasserstände durch Abdeckungen, Begrünungen und Abdichtungen

Zwischenabdeckungen, provisorische Abdeckungen und Begrünungen wirken sich positiv auf den Wasserhaushalt von Deponien aus, vgl. Abschnitt 4. An den Sickerwasserständen in der Deponie Varel-Hohenberge läßt sich dieser Effekt jedoch kaum durch ein Absinken der Wasserstände beobachten, wie die Abb. 131, sowie im Detail die Diagramme des Anhangs 3 zeigen. Den Ausführungen im Abschnitt 3.4.1 zufolge müßte jedoch die tatsächlich beobachtete erhebliche Reduktion der Sickerwasserneubildungsrate (vgl. Abschnitt 4) auch zu einem Absinken der Sickerwasserstände führen. Aufgrund der insgesamt geringen Durchlässigkeit des Müllkörpers und der großen Anzahl von gering durchlässigen Zwischenschichten aus Klärschlamm und Spuckstoffen, die sehr schlecht entwässern, ist davon auszugehen, daß die Absenkung der Sickerwasserstände in der Deponie Varel-Hohenberge nur sehr langsam voranschreitet. Von den anderen Deponien liegen noch keine auswertbaren Daten vor.

Beeinflussung der Sickerwasserstände durch eine aktive Wasserentnahme aus dem Müllkörper

Auf der Deponie Varel-Hohenberge wird seit 5 Jahren Deponiesickerwasser aktiv aus den Gasbrunnen entnommen. Diese Maßnahme wurde zur Absenkung der hohen Sickerwasserstände in der Deponie ergriffen, um die Standsicherheit der Böschungen, die bei einem höheren Einstau weiter verringert würde, durch eine Begrenzung des Sickerwassereinstaus zu gewährleisten.

Wie die Abb. 132 und der Anhang 3, Seite 14 zeigen, führte der Einsatz der Sickerwasserentnahmebrunnen im März 1991 zu einem unmittelbaren Abfallen des Sickerwasserspiegels in allen Meßstellen in der Größenordnung von 0,5 m bis maximal 2 m. Die letztmalig im April 1990 und dann erst wieder im Juni 1992 gemessenen Meßstellen A bis D zeigen jedoch, daß die Effizienz der Maßnahme lokal beschränkt ist, wie später auch noch im Abschnitt 3.4.3 gezeigt wird. So sind die oben beschriebenen, wechselweise als Entnahmebrunnen, dann wieder als Meßstellen betriebenen Meßstellen mit der Bezeichnung „GA" in einer Linie aufgereiht, vgl. Abb. 21. Die Meßstellen A und B, die in geringem Abstand zu dieser Brunnenreihe stehen, weisen erhebliche Absenkbeträge auf. Dies sind für die Meßstelle A zwischen 04/90 und 06/92 4,1 m und für die Meßstelle B zwischen 04/90 und 11/92 4,6 m.

Dagegen zeigen die im Abstand von etwa 75 m von der Brunnenreihe entfernten Meßstellen C und D ein abweichendes Verhalten. Der Sickerwasserstand in der Meßstelle C fiel nach Beginn des Abpumpens von 04/90 bis 11/92 nur 0,6 m während der Wasserstand der Meßstelle D zwischen 04/90 und 06/92 sogar um 1,6 m anstieg.

Die Reichweite der Entnahmebrunnen ist somit gering. Dies zeigen nicht nur diese Ergebnisse, sondern auch die geringe gegenseitige Beeinflussung in der Brunnenreihe und die Tatsache des geringen Wasserzustroms zum jeweiligen Brunnen, der ein diskontinuierliches Pumpen mit langen Stillstandsphasen erforderlich macht.

Das Verhalten der Meßstellen macht jedoch deutlich, daß die Entnahme von Sickerwasser zwar nicht durchgängig zu einer Absenkung der Sickerwasserstände geführt hat, jedoch in einem großen Teil der Deponie einen weiteren Anstieg der Sickerwasserstände wirksam verhindert hat.

3.4.3 *Räumliche Ausbildung der Sickerwasserdruckfläche in der Deponie*

Das Maß des Sickerwassereinstaus in der Deponie ist, wie im Abschnitt 3.4.1 hergeleitet, im wesentlichen nicht nur abhängig vom mittleren k-Wert des Deponiekörpers, sondern von der Anzahl und der Anordnung von geringdurchlässigen Zwischenschichten. Die räumliche Ausbildung der Sickerwasserdruckfläche in der Deponie ist daher stark abhängig vom Grad der Inhomogenität und der Anisotropie des Deponiekörpers. Ursache für einen hohen Sickerwassereinstau in einer Deponie sind jedoch stets geringdurchlässige Schichteinheiten an der Basis der Deponie. Die Ausbildung der Sickerwasserdruckfläche an drei Fallbeispielen ist an ausgewählten Schnitten der Deponien Wesermarsch-Mitte, Varel-Hohenberge und Mansie in Abb. 133 dargestellt. All diese Deponien haben geringdurchlässige Schichteinheiten an ihrer Basis.

Aus geometrischen Gründen muß die Sickerwasserdruckfläche in der Deponie unterhalb der Böschungsfußpunkte liegen. In Ausnahmefällen, wie z. B. an der Deponie Varel-Hohenberge im südlichen Bereich bei hohen Sickerwasserständen zu beoachten ist, tritt die Sickerwasserlinie an der Böschung aus. Dies führte zu Vegetationsschäden an der provisorischen Oberflächenabdichtung und zu Problemen mit der Standsicherheit der Böschung. Ein Austreten der Sickerwasserdruckfläche findet jedoch nur in Ausnahmefällen statt, wenn ein sehr hoher Sickerwassereinstau in der Deponie vorliegt und steile Böschungen angelegt sind.

Generell steigt die Sickerwasserdruckfläche zur Deponiemitte hin an. Üblicherweise sind die höchsten Werte im Zentrum zu messen. Aus Gründen der Inhomogenität und der Anisotropie gibt es jedoch auch häufig Abweichungen in diesem Verlauf. Auf Abb. 133 sind daher einige ausgewählte Schnitte der vorgestellten Deponien dargestellt. Die Deponie Mansie und die Deponie Wesermarsch-Mitte zeigen das für Hausmülldeponien typische Bild eines allmählichen Anstiegs der Sickerwasserdruckfläche von den Deponierändern zur Deponiemitte hin. Bei extremalen Verhältnissen, d. h. in Zeiten stark erhöhter Sickerwasserneubildungsraten verschieben sich die Maxima unter Umständen erheblich, wie an der Deponie Wesermarsch-Mitte dargestellt. Beide Deponien haben einen vergleichbaren, geringdurchlässigen Deponieuntergrund. Die Entwässerung der Deponien erfolgt durch Deponierandgräben, wobei die Wasserfassung aus geometrischen Gründen an der Deponie Wesermarsch-Mitte sehr viel vollständiger als an der Deponie Mansie ist, vgl. Abschnitt II 2.1.4.

Ganz andere Verhältnisse liegen an der Deponie Varel-Hohenberge vor. Obwohl die unterlagernde geringdurchlässige Einheit an der Deponie Varel-Hohenberge sehr viel geringmächtiger ausgebildet ist als an den beiden oben beschriebenen Deponien und damit viel stärker durchströmt wird, ist der Sickerwassereinstau sehr viel höher. Insbesondere die Ausbildung der Sickerwasserdruckfläche unterscheidet sich. Dies ist auf den unterschiedlichen Aufbau des Deponiekörpers zurückzuführen. An der Deponie Varel-Hohenberge wurden in großer Menge geringdurchlässige Spuckstoffe aus der Zellstoffindustrie lagenweise eingearbeitet. Dies führt zu einer ausgesprochenen Anisotropie der Deponie. Die vertikale Durchlässigkeit des Deponiekörpers ist erheblich geringer als die horizontale. Aus diesem Grunde steigt die Sickerwasserdruckfläche von den Deponierändern ausgehend steil an und bildet im Deponiezentrum ein großflächiges Plateau auf hohem Niveau aus. Die Sickerwasserdruckfläche ist sehr unregelmäßig ausgebildet, wie der W-E-Schnitt zeigt. Dort läßt sich auch erkennen, daß die Druckhöhe eine deutliche Beziehung zur Gesamthöhe der Deponie hat, wie die von West nach Ost generell ansteigenden Sickerwasserdruckhöhen zeigen.

Aufgrund der ungünstigen hydraulischen Verhältnisse, die aus dieser Situation des hohen Sickerwassereinstaus der Deponie resultieren, wurde entschieden, aus der Deponie Varel-Hohenberge über die in Längserstreckung (W-E) etwa zentral angeordneten Gasbrunnen Sickerwasser abzupumpen. Der N-S-Schnitt zeigt, daß diese Maßnahme nur eine lokale Auswirkung auf die Sickerwasseroberfläche hat. Lediglich in der direkten Umgebung der Gasbrunnen kann der Sickerwasserspiegel der Momentaufnahme zufolge abgesenkt werden. Es bilden sich steile Absenktrichter aus. Ein kontinuierliches Pumpen ist nicht gewährleistet. Wie später gezeigt wird, ist jedoch die gefaßte Sickerwassermenge deutlich geringer als die Emissionen. Die Bilanzierung weist nach, daß die Emissionen aus der Deponie über dieses Sickerwasserabpumpen etwas verringert werden konnten.

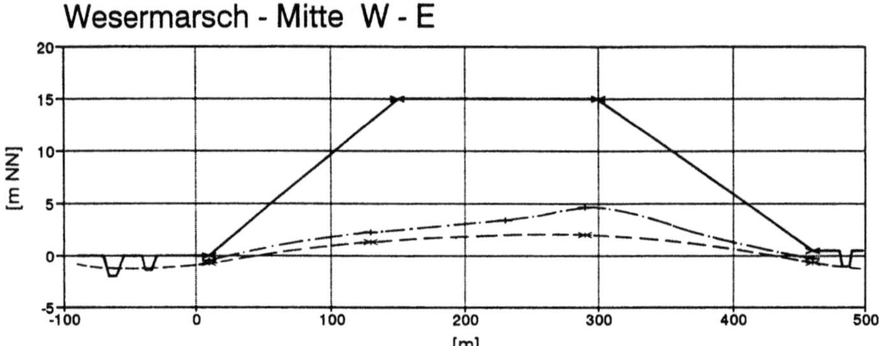

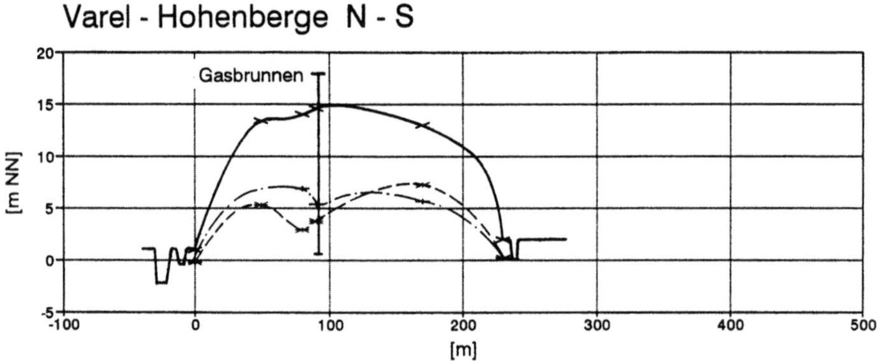

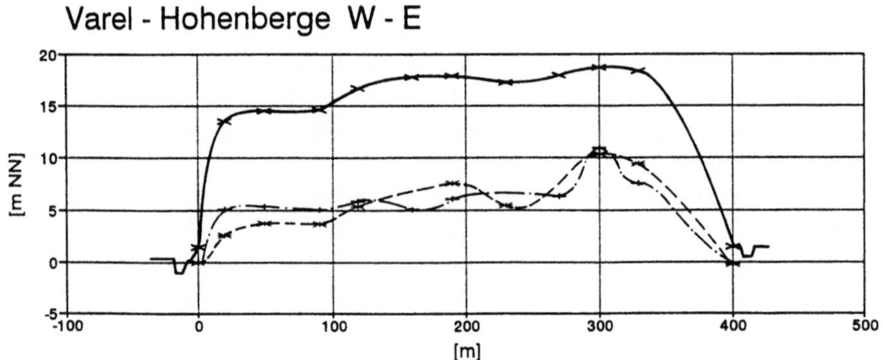

Abb. 133. Darstellung der Sickerwasserdruckfläche im Müllkörper, dargestellt an ausgewählten Schnitten der Deponien Wesermarsch-Mitte, Varel und Mansie.

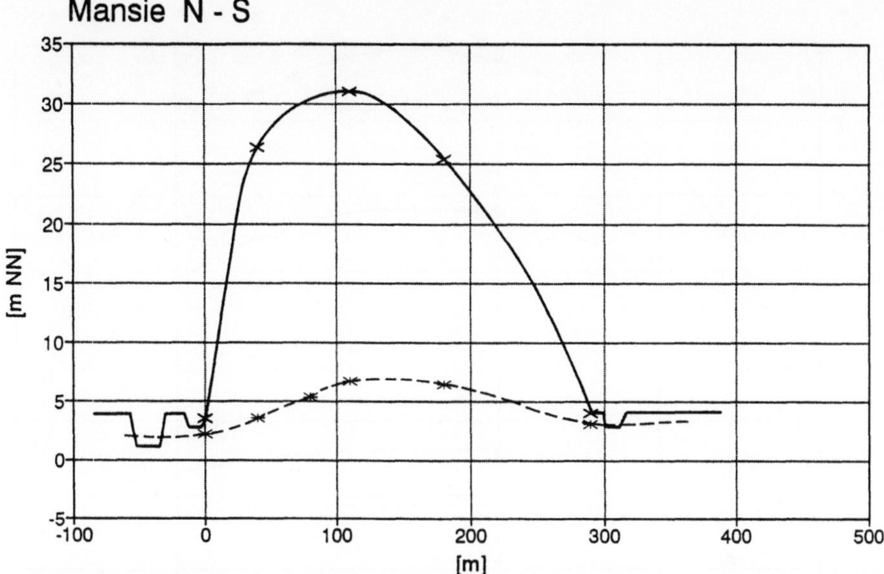

Abb. 133. Fortsetzung

Auf Dauer gesehen hat dadurch kein generelles Absinken der Sickerwasserdruckfläche stattgefunden, sondern lediglich eine Begrenzung eines weiteren Anstiegs.

In Anlehnung an die Untersuchungen zur Strömung zwischen zwei Vorflutern
unter Berücksichtigung der Grundwasserneubildungsrate, dargestellt bei HARR
(1972), kann für einen Deponiekörper nach folgender Formel die Sickerwasserdrucklinie näherungsweise dargestellt werden, unter Annahme einer konstanten
Sickerwasserinfiltration über einer geneigten Grundwasseroberfläche:

$$h = \sqrt{h_1^2 - \frac{\left(h_1^2 - h_2^2\right) x}{L} + \frac{e}{k}\left(L - x\right) x}$$

mit:

h: Wasserdruckhöhe über der geringdurchlässigen Schicht in Abhängigkeit
            von x

x: Ortskoordinate

L: Abstand zweier gedachter Gräben im An- und Abstrombereich der Deponie

h_1, h_2:   Wasserdruckhöhe in den gedachten Gräben

e: Infiltrationsrate

k: Durchlässigkeitsbeiwert

Es ist dabei von 2 gedachten Gräben im Anstrombereich und im Abstrombereich
der Deponie auszugehen. Abb. 119 verdeutlicht diese Situation.

Der theoretische Verlauf der Sickerwasserdruckfläche in Abhängigkeit
von der Sickerwasserneubildung und vom k-Wert ist für eine gering geneigte

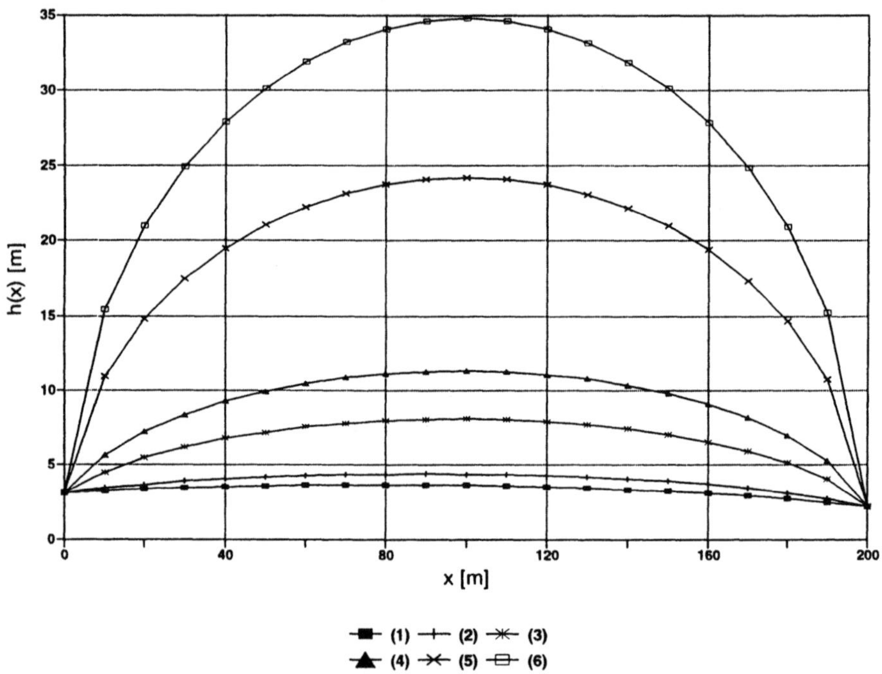

		(1)	(2)	(3)	(4)	(5)	(6)
L	[m]	460	460	460	460	460	460
h_1	[m]	2,92	2,92	2,92	2,92	2,92	2,92
h_2	[m]	2,92	2,92	2,92	2,92	2,92	2,92
k	[m/s]	0,0001	$1 \cdot 10^{-5}$	$1 \cdot 10^{-6}$	$1 \cdot 10^{-5}$	$5 \cdot 10^{-6}$	$2 \cdot 10^{-9}$
e	[m²/s]	$4,44 \cdot 10^{-9}$	$4,44 \cdot 10^{-9}$	$4,44 \cdot 10^{-9}$	$5,4 \cdot 10^{-9}$	$5,4 \cdot 10^{-9}$	$5,4 \cdot 10^{-9}$

L: Abstand zwischen h_1 und h_2

h_1, h_2: Druckhöhe über geringdurchlässiger Sohle

e: Infiltration

Abb. 134. Theoretischer Verlauf der Sickerwasserdruckfläche in Abhängigkeit von der Sickerwasserneubildung und vom k-Wert. Die Darstellung der Drucklinien erfolgt in Anlehnung an
HARR (1972). Näherungsweise Darstellung einer konstanten Sickerwasserinfiltration über einer
geneigten Grundwasseroberfläche.

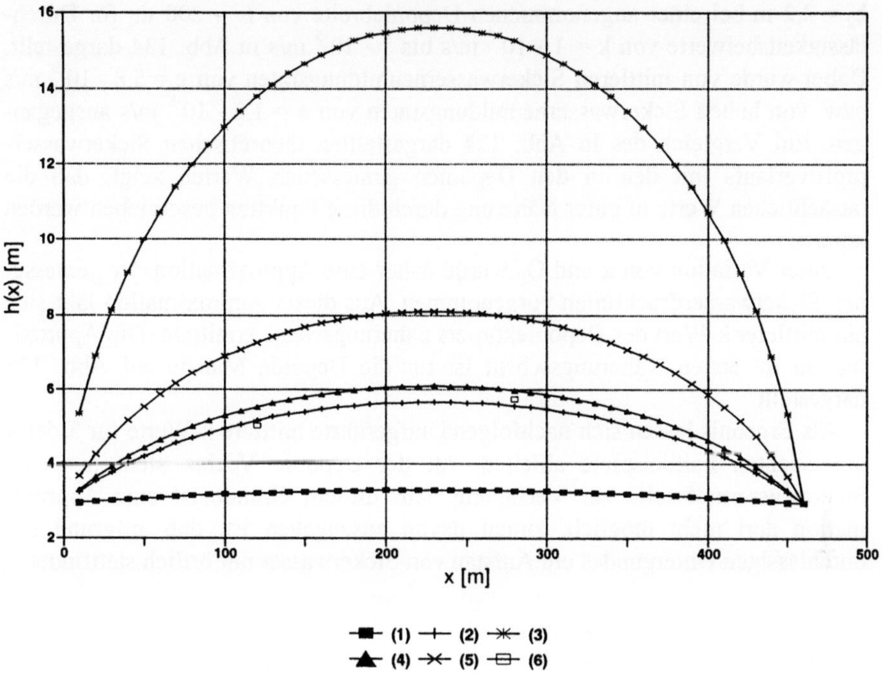

		(1)	(2)	(3)	(4)	(5)	(6)
L	[m]	460	460	460	460	460	
h_1	[m]	2,92	2,92	2,92	2,92	2,92	
h_2	[m]	2,92	2,92	2,92	2,92	2,92	ge-
k	[m/s]	$1 \cdot 10^{-4}$	$1 \cdot 10^{-5}$	$1 \cdot 10^{-6}$	$1 \cdot 10^{-5}$	$5 \cdot 10^{-6}$	messene
e	[m²/s]	$4,44 \cdot 10^{-9}$	$4,44 \cdot 10^{-9}$	$4,44 \cdot 10^{-9}$	$5,4 \cdot 10^{-9}$	$5,4 \cdot 10^{-9}$	Druck-
	[mm/a]	138	138	138	167	167	höhen

L: Abstand zwischen h_1 und h_2

h_1, h_2: Druckhöhe über geringdurchlässiger Sohle

e: Infiltration

Abb. 135. Vergleich des in einem Profil an der Deponie Wesermarsch-Mitte gemessenen Druckhöhenverlaufs (nicht ausgefüllte Rechtecke) mit einer Anzahl theoretischer Sicker-wasserlinien, die, wie in Abb. 134 gezeigt, unter Variation von k und Q_s ermittelt wurden. Der oberflächennahe Grundwasserspiegel weist hier kein nennenswertes Gefälle auf.

Grundwasseroberfläche, dargestellt mit den Druckhöhenwerten $h_1 = 3,1$ m und $h_2 = 2,2$ m bei einer angenommenen Deponiebreite von $L = 200$ m, für Durchlässigkeitsbeiwerte von $k = 1 \cdot 10^{-7}$ m/s bis $1 \cdot 10^{-5}$ m/s in Abb. 134 dargestellt. Dabei wurde von mittleren Sickerwasserneubildungsraten von $e = 5,8 \cdot 10^{-9}$ m/s bzw. von hohen Sickerwasserneubildungsraten von $e = 1,2 \cdot 10^{-8}$ m/s ausgegangen. Ein Vergleich des in Abb. 134 dargestellten theoretischen Sickerwasserprofilverlaufs mit den in den Deponien gemessenen Werten zeigt, daß die tatsächlichen Werte in guter Näherung durch diese Funktion beschrieben werden können.

Unter Variation von k und Q_S wurde daher eine Approximation der gemessenen Sickerwasserdrucklinien vorgenommen. Aus dieser Approximation läßt sich ein mittlerer k-Wert des Deponiekörpers näherungsweise ermitteln. Die Approximation im ersten Näherungsschritt ist für die Deponie Mansie auf Abb. 135 dargestellt.

Als Ergebnis lassen sich nachfolgend aufgeführte mittlere k-Werte für 3 der 4 untersuchten Fallbeispiele ableiten. An der Deponie Vechta steht nur eine Sickerwassermeßstelle zur Verfügung. Aus diesem Grunde ist eine Approximation dort nicht möglich, zumal davon auszugehen ist, daß aufgrund des durchlässigen Untergundes ein Aufstau von Sickerwasser nur örtlich stattfindet.

Es ergaben sich folgende k-Werte:

Deponie Wesermarsch-Mitte:	$k = 1 \cdot 10^{-5}$ m/s,
Deponie Mansie:	$k = 3 \cdot 10^{-6}$ m/s,
Deponie Varel-Hohenberge :	$k = 8 \cdot 10^{-7}$ m/s.

Diese Werte müssen aufgrund der oben beschriebenen Inhomogenität und Anisotropie und aufgrund des mathematischen Ansatzes als Abschätzungen gelten. Die so ermittelten k-Werte sind jedoch qualitativ als realistisch einzustufen, wie die Unterschiede des mittleren k-Wertes zwischen der Deponie Varel-Hohenberge und der Deponie Wesermarsch-Mitte zeigen. Der gegenüber dem k-Wert der Deponie Wesermarsch-Mitte etwas geringere k-Wert an der Deponie Mansie ist unter Umständen auf den geringen Fließquerschnitt im Abstrombereich der Deponie zurückzuführen. Dagegen spricht jedoch, daß die Sickerwasserdruckfläche von den Rändern zur Deponiemitte einen erheblichen Anstieg verzeichnet.

Daß die ermittelten k-Werte realistisch sind, zeigen auch die Ergebnisse von Absenkversuchen an der Deponie Varel-Hohenberge sowie Beobachtungen beim Aufgraben der Deponie Neu Wulmstorf (ENTENMANN 1995). Sie liegen jedoch überwiegend unterhalb der von FRANZIUS (1977) dargestellten Werte. Dies dürfte mit der besseren Verdichtung der hier vorgestellten Deponien begründet sein.

3.4.4 Abströmung

Die Deponie kann aufgrund ihrer gegenüber der Umgebung erhöhten Grundwasserneubildungsrate wie ein großer Schluckbrunnen behandelt werden. Dem natürlichen, in etwa parallelen Strömungsfeld des Grundwassers wird damit ein radialstrahliges Strömungsfeld überlagert. Die Nachrechnung nach der Brunnenformel zeigt jedoch sowohl für den gespannten als auch den ungespannten Fall in Übereinstimmung mit den Grundwassergleichenplänen, daß der Einfluß der Deponie auf die Grundwasseroberfläche über die Deponiegrenze hinaus nur sehr gering ist.

Entscheidend für das Emissionsverhalten ist daher nicht die potentielle Veränderung der Fließrichtungen im Deponieumfeld, sondern

– die stattfindende Verdünnung des Sickerwassers im Grundwasser
– die vertikale Ausbreitung der Schadstoffahne.

Verdünnung des Sickerwassers im Grundwasser

Wesentlich für die Bewertung des Sickerwasserchemismus, der in der 1. Reihe von Grundwassermeßstellen (B-Meßstellen nach NLfB/NLWA 1991) im Abstrombereich bestimmt wird, ist das Verdünnungsverhältnis Sickerwasser/Grundwasser am Deponierand in einem angenommenen Beharrungszustand. Nachfolgend wird der Fall untersucht, daß die Deponie von einem Grundwasserleiter unterlagert wird. Wird die Deponie von einem Grundwassergeringleiter unterlagert, so ist diese Untersuchung nicht sinnvoll. Sie kann jedoch für die darunter gelegene Schichtfläche Grundwassergeringleiter/Grundwasserleiter durchgeführt werden .

Bei geringmächtigen Grundwasserleitern ist davon auszugehen, daß aufgrund der Dispersion keine Grundwasserschichtung ausgebildet ist. Das Verdünnungsverhältnis bestimmt sich am einfachsten aus der abströmenden Grundwassermenge und der Sickerwasserneubildung.

Als erste grobe Näherung, mit welchen Konzentrationen im Abstrombereich zu rechnen ist, kann nachfolgende Abschätzung durchgeführt werden. Da es sich bei der beschriebenen Emission um ein ebenes Strömungsproblem handelt, kann mit den Durchflußraten gerechnet werden.

Es gilt:

$$q_S = L \cdot SWN$$

mit:

q_S :   vertikale Durchflußrate Sickerwasser [m^2/s]
SWN: Sickerwasserneubildungsrate [m^3/m$^2 \cdot$ s]
L   :   Deponielänge senkrecht zu den Grundwassergleichen [m]

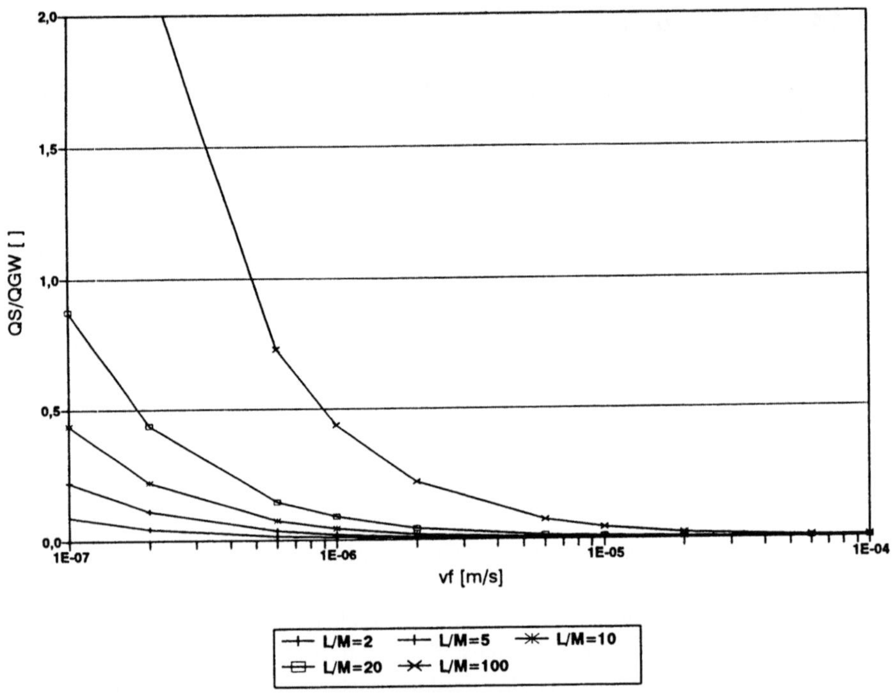

Abb. 136. Darstellung der Verdünnungsverhältnisse am Deponierand im Abstrombereich einer Deponie. Die Ausgangskonzentration c_0 im Deponiesickerwasser ist ins Verhältnis gesetzt zur gemittelten Konzentration c. Die Mittelung erfolgte über die gesamte Mächtigkeit des Grundwasserleiters.

Weiterhin gilt:

$$q_{GW} = k_h \cdot i \cdot M = v_{f,h} \cdot M$$

mit:

q_{GW}:   horizontale Durchflußrate Grundwasser unter der Deponie [m²/s]

k_h: Durchlässigkeitsbeiwert [m/s]

i: hydraulischer Gradient [ ]

$v_{f,h}$ horizontale Filtergeschwindigkeit

M: Mächtigkeit der hydrogeologischen Einheit unter der Deponie [m]

Für das Verhältnis gilt daher

$$\frac{q_S}{q_{GW}} = \frac{L}{M} \cdot \frac{SWN}{v_{f,h}}$$

Das sich im Beharrungszustand am Deponierand einstellende Verhältnis von Sickerwasserinhaltsstoffen ist - unter der stark vereinfachenden Annahme einer einheitlichen Verteilung über den gesamten Grundwasserleiter - nur bestimmt von einem geometrischen Faktor, der sich aus dem Quotienten von Deponielänge senkrecht zu den Grundwassergleichen L und Mächtigkeit des unterlagernden Grundwasserleiters M zusammensetzt und einem hydraulischen Faktor, der sich aus dem Quotienten von Sickerwasserneubildungsrate SWN und Filtergeschwindigkeit v_f im Grundwasserleiter zusammensetzt.

Abb. 136 zeigt in einem Nomogramm Werte für verschiedene Filtergeschwindigkeiten für mittlere Sickerwasserneubildungsraten von 0,138 $m^3/m^{2\cdot}a$. Der tatsächlich relevante Bereich an Hausmülldeponien ist auf das schraffiert angelegte Feld beschränkt. Die Tabellen 31 und 32 zeigen dieses relevante Meßwertefeld für mittlere Werte von 0,138 $m^3/m^{2\cdot}a$ und für große Sickerwasserneubildungsraten von 0,378 $m^3/m^{2\cdot}a$.

Der Verhältniswert L : M wurde entsprechend den üblicherweise auftretenden Verhältnissen variiert und gemäß den Vorgaben von L und M, vgl. die dazugehörige Tabelle 33. Die Filtergeschwindigkeit ergibt sich aus dem in Tabelle 34 angegebenen Meßwertebereichsfeld für realistische k-Werte und hydraulische Gradienten.

Neben dieser groben Abschätzung wurden für die Fallbeispiele anhand der vorliegenden hydrochemischen Daten verbesserte Abschätzungen durchgeführt. Unter Berücksichtigung realistischer sickerwasserbelasteter Zonen im Untergrund werden nachfolgend Werte für die untersuchten Deponien angegeben:

Für die Deponie Mansie ergibt sich bei einer Mächtigkeit des oberflächennahen Grundwasserleiters von nur 1,5 m (Abb. 128) ein Verhältniswert Q_S/Q_{GW} von 1:0,57. Das bedeutet, daß am Deponierand maximal 65 % der Konzentrationen der im Deponiekörper bestimmten Sickerwasserinhaltsstoffe bestimmt werden können.

An der Deponie Wesermarsch-Mitte überwiegt in der für die Emission wesentlichen 1,7 m mächtigen Torfschicht das radialstrahlige Strömungsfeld völlig. In der weiteren Umgebung der Deponie läßt sich keine eindeutige Fließrichtung des Grundwassers bestimmen, weil kleinräumig sehr unterschiedliche Strömungsverhältnisse vorliegen. In der Torfschicht am Rande der Deponie wären daher im Beharrungszustand, der aufgrund der erheblichen Schadstoffretention noch nicht erreicht ist, zukünftig, ohne Sicherung der Deponie mit Konzentrationen von Schadstoffen in derselben Größenordnung wie im Sickerwasser zu rechnen.

An den Deponien Varel-Hohenberge und Vechta sind die Grundwasserleiter so mächtig, daß eine Schichtung des Grundwassers anzunehmen ist. Diese wurde an der Deponie Vechta auch meßtechnisch festgestellt.

Am Deponierand im Abstrombereich der Deponie Vechta kann basierend auf den Messungen im belasteten Tiefenbereich des Grundwasserleiters von einem Verhältniswert Q_S/Q_{GW} von 1:2,3 ausgegangen werden. Bei der Deponie Varel-Hohenberge ergibt sich bei einer geschätzten belasteten Zone von 15 m ein Verhältniswert Q_S/Q_{GW} von 1:4,2.

QS/QGW [ ]	L/M [ ]				
vf [m/s]	2	5	10	20	100
1E-07	0,088	0,219	0,438	0,875	4,376
2E-07	0,044	0,109	0,219	0,438	2,188
6E-07	0,015	0,036	0,073	0,146	0,729
1E-06	0,009	0,022	0,044	0,088	0,438
2E-06	0,004	0,011	0,022	0,044	0,219
6E-06	0,001	0,004	0,007	0,015	0,073
1E-05	0,001	0,002	0,004	0,009	0,044
2E-05	0,000	0,001	0,002	0,004	0,022
6E-05	0,000	0,000	0,001	0,001	0,007
1E-04	0,000	0,000	0,000	0,001	0,004

Tabelle 31: Meßbereichsfeld der Verdünnungsverhältnisse q_S/q_{GW} für den relevanten Bereich an Hausmülldeponien unter Annahme einer mittleren Sickerwasserneubildungsrate von $0{,}14 \text{ m}^3/\text{m}^2 \cdot \text{a}$.

QS/QGW [ ]	L/M [ ]				
vf [m/s]	2	5	10	20	100
1E-07	0,240	0,599	1,199	2,397	11,986
2E-07	0,120	0,300	0,599	1,199	5,993
6E-07	0,040	0,100	0,200	0,400	1,998
1E-06	0,024	0,060	0,120	0,240	1,199
2E-06	0,012	0,030	0,060	0,120	0,599
6E-06	0,004	0,010	0,020	0,040	0,200
1E-05	0,002	0,006	0,012	0,024	0,120
2E-05	0,001	0,003	0,006	0,012	0,060
6E-05	0,000	0,001	0,002	0,004	0,020
1E-04	0,000	0,001	0,001	0,002	0,012

Tabelle 32. Meßbereichsfeld der Verdünnungsverhältnisse qS/qGW für den relevanten Bereich an Hausmülldeponien unter Annahme einer maximalen Sickerwasserneubildungsrate von $0{,}38 \text{ m}^3/\text{m}^2 \cdot \text{a}$.

Vertikale Ausbreitung der Schadstoffahne unter der Deponie

Hier ist wiederum nur der Fall zu untersuchen, daß die Deponie von einem Grundwasserleiter unterlagert wird. In diesem Fall ist es für der Planung des Meßstellennetzes wesentlich, in welcher Tiefe das Maximum der Schadstoffgehalte zu erwarten ist.

Ausgehend von Schadstoffen, die in Lösung vorliegen, ist die vertikale Ausbreitung der Schadstoffahne durch vertikale Teilgradienten bedingt. Diese resultieren aus der Anhebung der Grundwasseroberfläche infolge einer erhöhten Sickerwasserneubildungsrate. Die Dispersion erbringt nur einen geringen Beitrag aufgrund der direkt unterhalb der Deponie noch kurzen Ausbreitungswege.

L/M [ ]	Länge der Deponie in Fließrichtung L [m]					
	50	100	200	300	400	500
Mächtigkeit Deponie unterlagernde Einheit M [m]						
2	25	50	$\boxed{100}$	150	200	250
5	$\boxed{10}$	$\boxed{20}$	40	60	80	$\boxed{100}$
10	$\boxed{5}$	$\boxed{10}$	$\boxed{20}$	30	40	50
20	2,5	$\boxed{5}$	$\boxed{10}$	15	$\boxed{20}$	25
50	1	$\boxed{2}$	4	6	8	$\boxed{10}$
100	0,5	1	$\boxed{2}$	3	4	$\boxed{5}$

Tabelle 33. Verhältniswerte zwischen der Deponielänge L und der Mächtigkeit der die Deponie unterlagernden Schicht M. Die in die Tabelle 20 eingegangenen, häufig auftretenden Werte sind umrahmt.

v_f [m/s]	hydraulischer Gradient i [ ]					
	0,0005	0,001	0,005	0,01	0,05	0,1
k-Wert [m/s]						
$1\cdot10^{-6}$	$5\cdot10^{-10}$	$1\cdot10^{-9}$	$5\cdot10^{-9}$	$1\cdot10^{-8}$	$5\cdot10^{-8}$	$1\cdot10^{-7}$
$5\cdot10^{-6}$	$2,5\cdot10^{-9}$	$5\cdot10^{-9}$	$2,5\cdot10^{-8}$	$5\cdot10^{-8}$	$2,5\cdot10^{-7}$	$5\cdot10^{-7}$
$1\cdot10^{-5}$	$5\cdot10^{-9}$	$1\cdot10^{-8}$	$5\cdot10^{-8}$	$1\cdot10^{-7}$	$5\cdot10^{-7}$	$1\cdot10^{-6}$
$5\cdot10^{-5}$	$2,5\cdot10^{-8}$	$5\cdot10^{-8}$	$2,5\cdot10^{-7}$	$5\cdot10^{-7}$	$2,5\cdot10^{-6}$	$5\cdot10^{-6}$
$1\cdot10^{-4}$	$5\cdot10^{-8}$	$1\cdot10^{-7}$	$5\cdot10^{-7}$	$1\cdot10^{-6}$	$5\cdot10^{-6}$	$1\cdot10^{-5}$
$5\cdot10^{-4}$	$2,5\cdot10^{-7}$	$5\cdot10^{-7}$	$2,5\cdot10^{-6}$	$5\cdot10^{-6}$	$2,5\cdot10^{-5}$	$5\cdot10^{-5}$
$1\cdot10^{-3}$	$5\cdot10^{-7}$	$1\cdot10^{-6}$	$5\cdot10^{-6}$	$1\cdot10^{-5}$	$5\cdot10^{-5}$	$1\cdot10^{-4}$

Tabelle 34. Horizontale Filtergeschwindigkeit v_f unter Deponien in Abhängigkeit vom hydraulischen Gradienten i und vom k-Wert. Die sich daraus ergebende Meßbereichsspanne zwischen $1\cdot10^{-4}$ m/s und $1\cdot10^{-9}$ m/s ging in die Ermittlung der Verdünnungsverhältnisse der Tabellen 31 und 32 ein.

Geht man in erster Näherung davon aus, daß sich der hydraulische Gradient i_v linear von der Grundwasseroberfläche zur Basis des Grundwasserleiters abbaut, so ergibt sich unter Ansatz eines mittleren Anhebungsbetrages von Δh für die Tiefenausbreitung:

$$i_v \approx \frac{\Delta h}{M}$$

$$v_{f,v} = k_v \cdot \frac{\Delta h}{M}$$

M : Wassererfüllte Mächtigkeit des Grundwasserleiters

Dieser Ansatz beschreibt die Verhältnisse unterhalb einer Deponie nur dann in etwa, wenn nicht ein erheblicher Druckabbau im Deponiekörper stattfindet.

Für die horizontale Bewegung von der Deponiemitte zum Deponierand gilt:

$$v_{f,h} = k_h \cdot \frac{\Delta h}{\dfrac{L}{2}}$$

L : Deponiebreite

Damit gilt für den Winkel der Ausbreitungsrichtung zur Horizontalen:

$$\tan\varphi = \frac{k_v \cdot \dfrac{\Delta h}{M}}{k_h \cdot \dfrac{\Delta h}{\dfrac{L}{2}}}$$

$$\tan\varphi = \frac{k_v}{k_h} \cdot \frac{L}{2 \cdot M}$$

Die Ausbreitungstiefe ist abhängig vom Ort unterhalb der Deponie. An der im Anstrombereich gelegenen Deponiegrenze beträgt sie $s_v = 0$, an der im Abstrombereich gelegenen Seite ist s_v maximal.

Es gilt für die mittlere Ausbreitungstiefe s_v am abstromseitigen Deponierand:

$$s_v = \frac{\tan\varphi \cdot L}{2}$$

kv/kh=0,1

L	M [m]				
[m]	2	5	10	20	50
50	2,0	5,0	10,0	20,0	2,4
100	2,0	5,0	10,0	20,0	9,6
200	2,0	5,0	10,0	20,0	38,6
500	2,0	5,0	10,0	20,0	50,0
1000	2,0	5,0	10,0	20,0	50,0

kv/kh=0,05

L	M [m]				
[m]	2	5	10	20	50
50	2,0	5,0	10,0	2,6	0,1
100	2,0	5,0	10,0	10,5	0,3
200	2,0	5,0	10,0	20,0	1,2
500	2,0	5,0	10,0	20,0	7,5
1000	2,0	5,0	10,0	20,0	30,1

kv/kh=0,02

L	M [m]				
[m]	2	5	10	20	50
50	2,0	5,0	2,4	0,1	0,0
100	2,0	5,0	9,4	0,3	0,0
200	2,0	5,0	10,0	1,1	0,0
500	2,0	5,0	10,0	6,7	0,1
1000	2,0	5,0	10,0	20,0	0,3

kv/kh=0,01

L	M [m]				
[m]	2	5	10	20	50
50	2,0	5,0	0,3	0,0	0,0
100	2,0	5,0	1,2	0,0	0,0
200	2,0	5,0	4,7	0,1	0,0
500	2,0	5,0	10,0	0,4	0,0
1000	2,0	5,0	10,0	1,7	0,0

Tabelle 35. Ermittlung der Tiefenausbreitung der Schadstoffahne im Bereich der Deponie. Bestimmung der mittleren Ausbreitungstiefe am abstromseitigen Deponierand in Abhängigkeit des Verhältniswertes der horizontalen und vertikalen Durchlässigkeit, der Deponielänge parallel zu den Grundwassergleichen L und der Mächtigkeit des Grundwasserleiters M.

Die Ergebnisse einfacher Abschätzungen sind auf Tabelle 35 dargestellt. Auf einen weiteren Effekt, die Überschichtung der Schadstoffahne durch neugebildetes Grundwasser wird im Abschnitt 3.4.5. eingegangen.

Erwartungsgemäß ist das Ausbreitungsverhalten zur Tiefe hin bei Grundwasserleitern von geringer Mächtigkeit vernachlässigbar. Es ist davon auszugehen, daß sich bei geringen Mächtigkeiten unter etwa 20 m nahezu bei jeder Deponie am abstromseitigen Deponierand in etwa gleichmäßige hydrochemische Verhältnisse eingestellt haben.

Es ist ausdrücklich noch einmal zu betonen, daß obige Abschätzung nur als grober Anhaltspunkt für die Planung des Meßstellennetzes dienen kann, nicht jedoch als Grundlage für die Gefährdungsabschätzung, da die Annahme eines linearen Druckabbaus bis auf die Basis des Grundwasserleiters nur eine sehr grobe Näherung ist.

Für die Gefährdungsabschätzung ist eine Bestimmung des Ausbreitungsverhaltens zur Tiefe hin über einen ebenen Ansatz durchzuführen. Dieser ist sinnvoll nur über FE-Modelle zu berechnen. Meist erübrigt sich dies jedoch, da über die hydrochemischen Messungen im Abstrombereich der Deponien meist ausreichende Werte vorliegen.

3.4.5   Transport

Nach der Emission aus der Deponie unterliegen die emittierten Schadstoffe einem passiven Transport im Grundwasserleiter oder Grundwassergeringleiter. Zur Bestimmung des raum-zeitlichen Verhaltens der Schadstoffahne ist im wesentlichen die Abschätzung der horizontalen Transportkomponente notwendig. Zum gezielten Ausbau der Meßstellen sowie zur späteren Gefährdungsabschätzung ist jedoch auch die Tiefenverlagerung der Schadstoffahne mit zunehmendem Abstand von der Deponie zu bestimmen.

Horizontale Ausbreitung der Schadstoffahne im Abstrombereich

Die Bestimmung der horizontalen Ausbreitung erfolgt am einfachsten über die Abschätzung des stattgefundenen konvektiven Stofftransportes mit Hilfe der Abstandsgeschwindigkeiten, die sich aus den Parametern k-Wert und effektive Porosität sowie aus den Grundwassergleichenplänen entnommenen horizontalen Komponenten der hydraulischen Gradienten ableiten lassen. In der Regel sind eindimensionale Abschätzungen ausreichend.

Bei besonders heterogenen Aquiferen ist es bei der horizontalen, anders als bei der vertikalen Ausbreitung nur in Ausnahmefällen notwendig, auch den dispersiven Anteil am Stofftransport abzuschätzen. Es genügt dann meistens eine einfache Abschätzung, wie weit die Schadstoffe dem Belastungsmaximum vorauseilen.

Abschätzungen hinsichtlich der Verzögerung des Schadstofftransportes durch Retardation können vorab nur mit unzuverlässiger Genauigkeit abgegeben werden. Die Retardation kann nur nachträglich durch intensive hydrochemische Untersuchungen zum Ausbreitungsverhalten einzelner Parameter abgeschätzt werden.

Tiefenverlagerung der Schadstoffahne im Abstrombereich

Etwas aufwendiger ist die Bestimmung der Tiefenverlagerung der Schadstoffahne mit zunehmendem Abstand zur Deponie. Sie resultiert aus der Überschichtung der Schadstoffahne mit neugebildetem Grundwasser. Aufgrund des meist transversal-isotropen Aufbaus des Untergrundes findet häufig keine Durchmischung statt, insbesondere auch, da überwiegend laminare Strömungsverhältnisse vorherrschen und der diffusive Transport gegenüber dem konvektiven deutlich zurücktritt. Auf den Einfluß der transversalen Dispersion wird später eingegangen.

Folgende Einflußgrößen bestimmen das Ausmaß der Tiefenverlagerung:

- die Grundwasserneubildungsrate $\qquad\qquad\qquad\qquad$ G [mm/a]
  $\qquad\qquad\qquad\qquad\qquad\qquad\qquad\qquad\qquad\qquad\;$ G' [m/s]
- die horizontale Komponente der Filtergeschwindigkeit v_f [m/s]
- die Ausbreitungszeit $\qquad\qquad\qquad\qquad\qquad\qquad\quad$ t [s]

Als Maß für die zeitliche Verlagerung der Abstromfahne in vertikaler Richtung sei eine Infiltrationsgeschwindigkeit v_i definiert mit:

$$v_i = \frac{G'}{n_{eff}}$$

Diese stellt physikalisch eine vertikale Abstandsgeschwindigkeit dar.

Es gilt:

$$z = v_i \cdot t$$

$$x = v_a \cdot t$$

mit:

x	:	horizontale Ausbreitung
z	:	vertikale Tiefenverlagerung
n_{eff}	:	effektive Porosität
v_i	:	Filtergeschwindigkeit
v_a	:	Abstandsgeschwindigkeit

Damit gilt:

$$z = \frac{G'}{v_f} \cdot x$$

Für den Abtauchwinkel φ der Schadstoffahne gilt:

$$\tan\varphi = \frac{z}{x} = \frac{G'}{v_f}$$

$$\varphi = \arctan \frac{G'}{v_f}$$

Auf den Abbildungen 137 und 138 ist die Tiefenverlagerung der Schadstoffahne im Abstrombereich von Deponien, gemessen vom Deponierand, bezeichnet mit $x = 0$, aus dargestellt.

Die in Abb. 137 dargestellte Grafik spannt mit Filtergeschwindigkeiten zwischen $v_f = 1 \cdot 10^{-8}$ m/s und $v_f = 1 \cdot 10^{-3}$ m/s nahezu die gesamte, in verschieden durchlässigen Böden zu erwartende Wertebereichsspanne auf. Aus Abb. 137 resultiert eine fast horizontale Ausbreitung der Oberkante der Schadstoffahne für durchlässige Böden bei steilen Gradienten. Dieses Extrem ist nur in

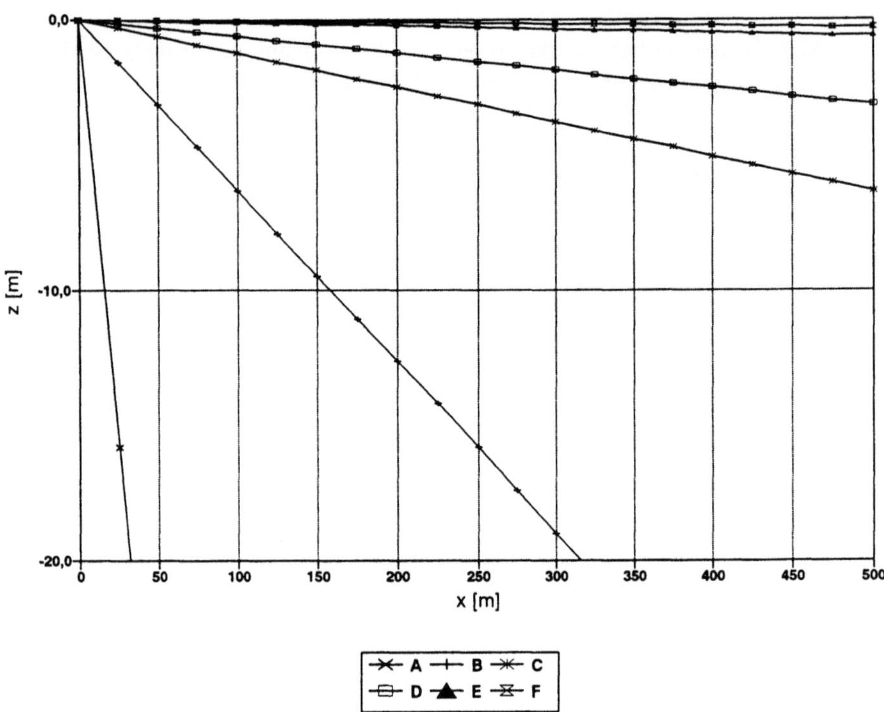

	A	B	C	D	E	F
Filter-geschwindigkeit V_f [m/s]	$1 \cdot 10^{-8}$	$1 \cdot 10^{-7}$	$5 \cdot 10^{-7}$	$1 \cdot 10^{-6}$	$5 \cdot 10^{-6}$	$1 \cdot 10^{-5}$
Grundwasser-neubildungsrate G [mm/a]	200	200	200	200	200	200

Abb. 137. Tiefenverlagerung der Schadstoffahne im Abstrombereich von Deponien gemessen vom Deponierand aus. Darstellung des Einflusses der Filtergeschwindigkeit v_f.

der Nähe von Senken des Strömungsfeldes, z. B. Vorflutern verwirklicht. Das andere Extrem einer sehr großen Tiefenverlagerung stellen geringdurchlässige Böden bei geringen Gradienten dar. Dieser Fall ist jedoch bei der Betrachtung der Schadstoffausbreitung aufgrund der in absoluten Werten geringen Ausbreitungsgeschwindigkeiten nahezu unerheblich.

Abb. 138 zeigt bei Filtergeschwindigkeiten des horizontalen Grundwasserströmungsfeldes von $v_f = 1 \cdot 10^{-7}$ m/s und $1 \cdot 10^{-6}$ m/s - das sind gemäß Abb. 139 besonders häufig auftretende Werte - wie sich die Grundwasserneubildung auf

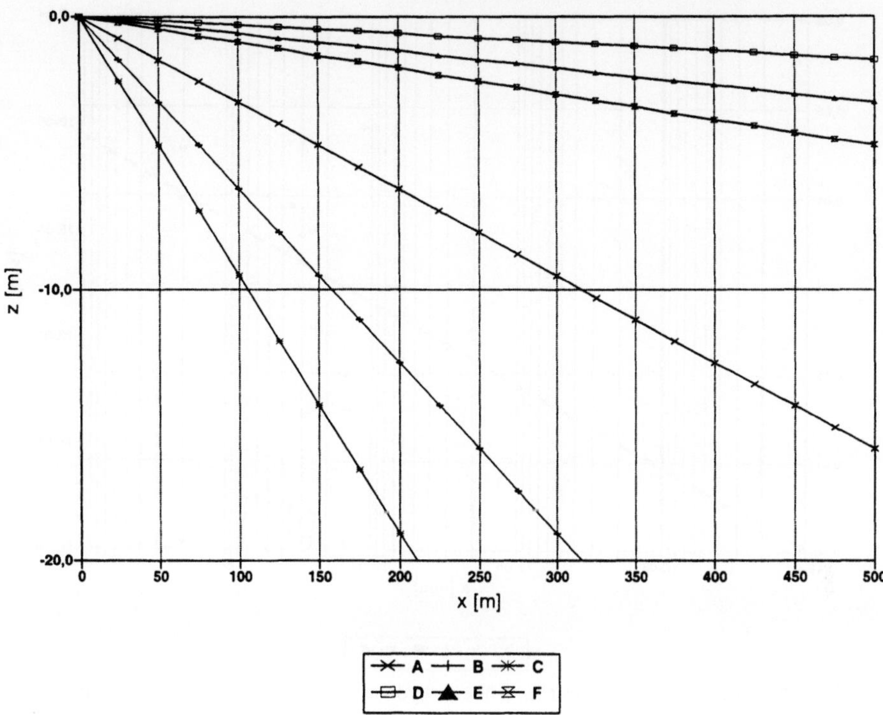

	A	B	C	D	E	F
Filter- geschwindigkeit V_f [m/s]	$1\cdot10^{-7}$	$1\cdot10^{-7}$	$1\cdot10^{-7}$	$1\cdot10^{-6}$	$1\cdot10^{-6}$	$1\cdot10^{-6}$
Grundwasser- neubildungsrate G [mm/a]	100	200	300	100	200	300

Abb. 138. Tiefenverlagerung der Schadstoffahne im Abstrombereich von Deponien, gemessen vom Deponierand aus. Dargestellt ist die Abhängigkeit von der Grundwasserneubildungsrate bei zwei verschiedenen Filtergeschwindigkeiten.

die Tiefenverlagerung auswirkt. Allerdings ist die Höhe der Grundwasserneubildung wiederum auch wesentlich abhängig von der Durchlässigkeit des Bodens, so daß in der Natur nur begrenzte Wertebereichsfelder auch tatsächlich ausgebildet sind.

Tab. 36 zeigt die Werte der Filtergeschwindigkeit, die an den vier Deponien zusammengestellt wurden. Diese bestätigen die Einschätzung, daß insgesamt nur ein eingeschränktes Wertebereichsfeld zu betrachten ist.

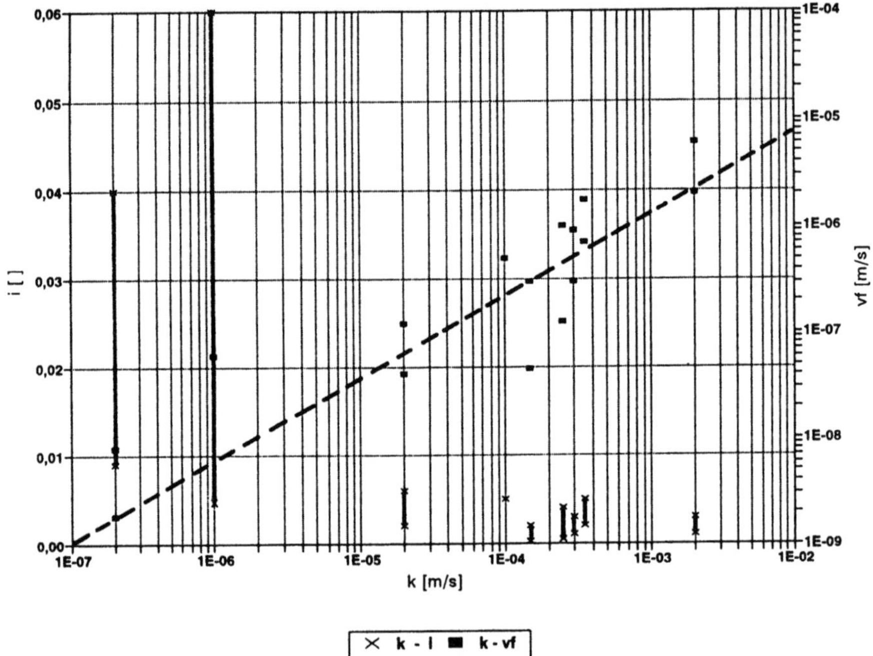

Abb. 139. Zusammenhang zwischen k-Wert, hydraulischem Gradienten und daraus resultierender Filtergeschwindigkeit im natürlichen hydrogeologischen Umfeld der Deponien. Dargestellt sind Wertebereichsspannen, die in den verschiedenen pleistozänen Einheiten bestimmt wurden.

Deponie	Formation	k [m/s]	v_f [m/s]	
			von	bis
Wesermarsch	Torf	$2 \cdot 10^{-7}$	$1,8 \cdot 10^{-9}$	$8 \cdot 10^{-9}$
	Schmelzwassersande	$2 \cdot 10^{-3}$	$2 \cdot 10^{-6}$	$6 \cdot 10^{-6}$
Varel	Torf, Mudde	$1 \cdot 10^{-6}$	$6 \cdot 10^{-8}$	
	Schmelzwassersande	$2 \cdot 10^{-4}$	$1 \cdot 10^{-7}$	$8 \cdot 10^{-7}$
Mansie	Flugsande	$1 \cdot 10^{-4}$	$5 \cdot 10^{-7}$	
	Schmelzwassersande	$2 \cdot 10^{-4}$	$6 \cdot 10^{-8}$	$4 \cdot 10^{-7}$
Vechta	Schmelzwassersande	$2 \cdot 10^{-4}$	$2 \cdot 10^{-7}$	$6 \cdot 10^{-7}$

Tabelle 36. An den vier Deponien in verschiedenen geologischen Einheiten bestimmte Filtergeschwindigkeiten v_f.

k [m/s]	i [ ]	vf [m/s]	Au [mm] 50	100	150	200	250	300	350	400	450	500
1E-08	0,0005	5E-12	317,1	634,2	951,3	1268,4	1585,5	1902,6	2219,7	2536,8	2853,9	3171,0
	0,001	1E-11	158,5	317,1	475,6	634,2	792,7	951,3	1109,8	1268,4	1426,9	1585,5
	0,005	5E-11	31,7	63,4	95,1	126,8	158,5	190,3	222,0	253,7	285,4	317,1
	0,01	1E-10	15,9	31,7	47,6	63,4	79,3	95,1	111,0	126,8	142,7	158,5
	0,05	5E-10	3,2	6,3	9,5	12,7	15,9	19,0	22,2	25,4	28,5	31,7
	0,1	1E-09	1,6	3,2	4,8	6,3	7,9	9,5	11,1	12,7	14,3	15,9
1E-07	0,0005	5E-11	31,7	63,4	95,1	126,8	158,5	190,3	222,0	253,7	285,4	317,1
	0,001	1E-10	15,9	31,7	47,6	63,4	79,3	95,1	111,0	126,8	142,7	158,5
	0,005	5E-10	3,2	6,3	9,5	12,7	15,9	19,0	22,2	25,4	28,5	31,7
	0,01	1E-09	1,6	3,2	4,8	6,3	7,9	9,5	11,1	12,7	14,3	15,9
	0,05	5E-09	0,3	0,6	1,0	1,3	1,6	1,9	2,2	2,5	2,9	3,2
	0,1	1E-08	0,2	0,3	0,5	0,6	0,8	1,0	1,1	1,3	1,4	1,6
1E-06	0,001	1E-09	1,6	3,2	4,8	6,3	7,9	9,5	11,1	12,7	14,3	15,9
	0,005	5E-09	0,3	0,6	1,0	1,3	1,6	1,9	2,2	2,5	2,9	3,2
	0,01	1E-08	0,2	0,3	0,5	0,6	0,8	1,0	1,1	1,0	1,4	1,6
1E-05	0,0005	5E-09	0,3	0,6	1,0	1,3	1,6	1,9	2,2	2,5	2,9	3,2
	0,001	1E-08	0,2	0,3	0,5	0,6	0,8	1,0	1,1	1,3	1,4	1,6
	0,005	5E-08	0,0	0,1	0,1	0,1	0,2	0,2	0,2	0,3	0,3	0,3
1E-04	0,0005	5E-08	0,0	0,1	0,1	0,1	0,2	0,2	0,2	0,3	0,3	0,3
	0,001	1E-07	0,0	0,0	0,0	0,1	0,1	0,1	0,1	0,1	0,1	0,2
	0,005	5E-07	0,0	0,0	0,0	0,0	0,0	0,0	0,0	0,0	0,0	0,0
G'		[m/s]	1,6E-09	3,2E-09	4,8E-09	6,3E-09	7,9E-09	9,5E-09	1,1E-08	1,3E-08	1,4E-08	1,6E-08

Tabelle 37. Verhältniswerte zwischen vertikaler und horizontaler Ausbreitungsstrecke in Abhängigkeit von der Grundwasserneubildung A_U (G' Infiltrationsrate) und der Filtergeschwindigkeit v_f. Die ersten beiden Spalten zeigen Wertepaare von k und i, die die jeweiligen Filtergeschwindigkeiten hervorbringen.

k [m/s]	i [ ]	vf [m/s]	Au [mm] 50	100	150	200	250	300	350	400	450	500
1E-08	0,0005	5E-12	89,8	89,9	89,9	90,0	90,0	90,0	90,0	90,0	90,0	90,0
	0,001	1E-11	89,6	89,8	89,9	89,9	89,9	89,9	89,9	90,0	90,0	90,0
	0,005	5E-11	88,2	89,1	89,4	89,5	89,6	89,7	89,7	89,8	89,8	89,8
	0,01	1E-10	86,4	88,2	88,8	89,1	89,3	89,4	89,5	89,5	89,6	89,6
	0,05	5E-10	72,5	81,0	84,0	85,5	86,4	87,0	87,4	87,7	88,0	88,2
	0,1	1E-09	57,8	72,5	78,1	81,0	82,8	84,0	84,9	85,5	86,0	86,4
1E-07	0,0005	5E-11	88,2	89,1	89,4	89,5	89,6	89,7	89,7	89,8	89,8	89,8
	0,001	1E-10	86,4	88,2	88,8	89,1	89,3	89,4	89,5	89,5	89,6	89,6
	0,005	5E-10	72,5	81,0	84,0	85,5	86,4	87,0	87,4	87,7	88,0	88,2
	0,01	1E-09	57,8	72,5	78,1	81,0	82,8	84,0	84,9	85,5	86,0	86,4
	0,05	5E-09	17,6	32,4	43,6	51,7	57,8	62,3	65,7	68,5	70,7	72,5
	0,1	1E-08	9,0	17,6	25,4	32,4	38,4	43,6	48,0	51,7	55,0	57,8
1E-06	0,001	1E-09	57,8	72,5	78,1	81,0	82,8	84,0	84,9	85,5	86,0	86,4
	0,005	5E-09	17,6	32,4	43,6	51,7	57,8	62,3	65,7	68,5	70,7	72,5
	0,01	1E-08	9,0	17,6	25,4	32,4	38,4	43,6	48,0	51,7	55,0	57,8
1E-05	0,0005	5E-09	17,6	32,4	43,6	51,7	57,8	62,3	65,7	68,5	70,7	72,5
	0,001	1E-08	9,0	17,6	25,4	32,4	38,4	43,6	48,0	51,7	55,0	57,8
	0,005	5E-08	1,8	3,6	5,4	7,2	9,0	10,8	12,5	14,2	15,9	17,6
1E-04	0,0005	5E-08	1,8	3,6	5,4	7,2	9,0	10,8	12,5	14,2	15,9	17,6
	0,001	1E-07	0,9	1,8	2,7	3,6	4,5	5,4	6,3	7,2	8,1	9,0
	0,005	5E-07	0,2	0,4	0,5	0,7	0,9	1,1	1,3	1,5	1,6	1,8
G'		[m/s]	1,6E-09	3,2E-09	4,8E-09	6,3E-09	7,9E-09	9,5E-09	1,1E-08	1,3E-08	1,4E-08	1,6E-08

Tabelle 38. Darstellung des Abtauchwinkels φ der Schadstoffahne in Abhängigkeit von der Grundwasserneubildung A_U (G' Infiltrationsrate) und von der Filtergeschwindigkeit v_f, vgl. auch Tab. 37.

Für die Tiefenverlagerung im natürlichen Umfeld gilt grundsätzlich:

- Je größer der k-Wert, desto geringer sind die hydraulischen Gradienten, so daß keine einfache Abhängigkeit der Filtergeschwindigkeit vom k-Wert und den hydraulischen Gradienten existiert. Aus diesem Grunde ist auf Abb. 139 eine Zusammenstellung von Wertepaarspannen i - k dargestellt, entsprechend der Zusammenstellung in Tab. 30, erweitert durch andere im vergleichbaren hydrogeologischen Umfeld erhobene Daten. Abb. 139 zeigt, daß die im natürlichen Umfeld gemessenen Daten mit zunehmendem k-Wert einen deutlichen Trend von niedrigen zu hohen Filtergeschwindigkeiten aufweisen. Das bedeutet, daß der Einfluß des hydraulischen Gradienten durch den Einfluß des k-Wertes überkompensiert wird.
  Im doppeltlogarithmischen Diagramm der Abb. 139 ist eine empirisch ermittelte Gerade dargestellt, die diesem Trend folgt.
- Bei Grundwassergeringleitern ist die relative Tiefenverlagerung deutlich größer als bei Grundwasserleitern. Aufgrund der insgesamt geringeren Schadstofftransportgeschwindigkeiten sind dort die Abschätzungen nicht von der Wertigkeit, wie in Grundwasserleitern. Sofern Grundwassergeringleiter von Grundwasserleitern unterlagert werden - wie bei den überwiegenden Fällen - herrscht meist eine Vertikalkomponente des Druckgefälles vor, die die horizontale Komponente vernachlässigbar erscheinen läßt.

Auf der Tab. 37 sind zusammenfassend die Verhältniswerte zwischen vertikaler und horizontaler Ausbreitungsstrecke z/x dargestellt, auf der Tab. 38 die zugehörigen Abtauchwinkel φ. Beide Tabellen sind nach dem k-Wert unterteilt.

Geht man davon aus, daß bei geringdurchlässigen Böden die Bestimmung des Abtauchwinkels unerheblich ist, weil bei einem tieferliegenden Grundwasserleiter mit geringerer Druckhöhe als im oberflächennahen Bereich ohnehin eine nahezu senkrechte Durchströmung erfolgt, zeigen die beiden Tabellen deutlich, daß bei den vorgegebenen Zusammenhängen zwischen k-Wert und hydraulischem Gradienten (vgl. Abb. 139) bei mittleren Durchlässigkeitsbeiwerten in der Größenordnung von $1 \cdot 10^{-5}$ m/s bis $1 \cdot 10^{-6}$ m/s die steilsten Winkel zu erwarten sind, bei großen Durchlässigkeiten üblicherweise kleine Abtauchwinkel resultieren.

Grundwasserneubildung und gemessene vertikale hydraulische Gradienten

Wie oben dargestellt, führt die Grundwasserneubildung zu vertikalen hydraulischen Gradienten, die letztendlich die Tieferverlagerung der Schadstoffahne verursachen. In mächtigen Grundwasserleitern läßt sich die vertikale Komponente des hydraulischen Gradienten über Meßstellen, die in unterschiedlicher Tiefe verfiltert sind, direkt messen. Zur Überprüfung, ob die oben beschriebenen Werte plausibel sind, wurden die Verhältnisse an der Deponie Vechta ausgewertet, da dort ein mächtiger Grundwasserleiter vorliegt und unmittelbar benachbarte Meßstellen vorhanden sind, die in unterschiedlicher Tiefe in diesem Grundwasserleiter verfiltert sind.

Die nachfolgend beschriebene Überprüfung kann nur in Wasserleitern durchgeführt werden, in denen keine bindigen Zwischenschichten vorhanden sind, die den Grundwasserleiter in hydraulisch voneinander getrennte Teileinheiten untergliedern.

Wie im Abschnitt 3.4.5.2 dargestellt, läßt sich die aus der Grundwasserneubildung resultierende Infiltrationsgeschwindigkeit v_i folgendermaßen definieren:

$$v_i = \frac{G^l}{n_{eff}}$$

mit

G^l : Grundwasserneubildungsrate

n_{eff} : effektive Porosität

Die aus den Doppelmeßstellen bestimmbaren vertikalen Abstandsgeschwindigkeiten $v_{a,v}$ ergeben sich aus:

$$v_{a,v} = \frac{k_v \cdot i}{n_{eff}}$$

Damit gilt:

$$G^l = k_v \cdot i$$

Die an den Doppelmeßstellen bestimmten Werte im Abstrombereich der Deponie Vechta sind auf der Tab. 39 dargestellt.

Die Tabelle zeigt, daß die gemessenen vertikalen hydraulischen Gradienten durchaus realistischen Grundwasserneubildungsraten mit Werten um 300 mm pro Jahr entsprechen. Diese Abschätzung zeigt weiterhin, daß der auf ganz anderem Wege bestimmte Durchlässigkeitsbeiwert k_v für die vertikale Durchströmung mit einem Wert von $k_v = 2{,}5 \cdot 10^{-6}$ m/s zutreffend ist. Zur Bestimmung der vertikalen Komponente des Durchlässigkeitsbeiwertes, vgl. Abschnitt III 2.1.10.

Tiefenverlagerung unter Berücksichtigung der Dispersion

Durch den Einfluß der transversalen Dispersion wird die aus der Grundwasserüberschichtung resultierende Tiefenverlagerung teilweise kompensiert.

Abb. 140 zeigt, daß bei großen Filtergeschwindigkeiten, in diesem Fall z. B. $v_f = 1 \cdot 10^{-7}$ m/s bei großer Inhomogenität des Aquifers durchaus signifikante Abweichungen von der theoretischen, rein konvektiv abgeschätzten Begrenzungslinie, resultieren können. Im Diagramm der Abb. 140 ist die Abweichung

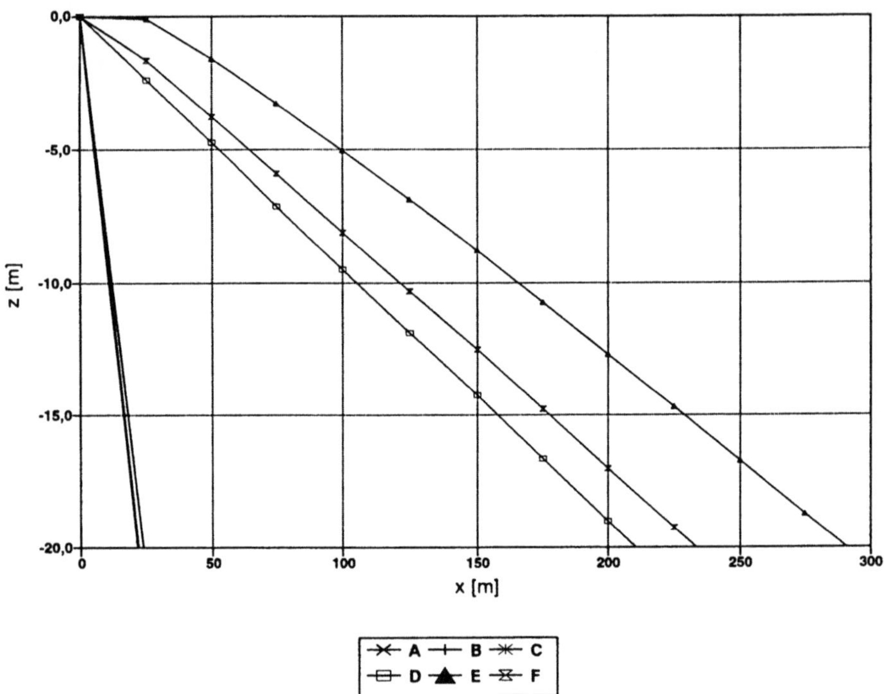

	A	B	C	D	E	F
Filter-geschwindigkeit V_f [m/s]	$1 \cdot 10^{-8}$	$1 \cdot 10^{-8}$	$1 \cdot 10^{-8}$	$1 \cdot 10^{-7}$	$1 \cdot 10^{-7}$	$1 \cdot 10^{-7}$
Grundwasser-neubildungsrate G [mm/a]	300	300	300	300	300	300
Dispersivität a [m]	-	0,1	0,01	-	0,1	0,01
Ansatz Dispersion	ohne	σ	σ	ohne	σ	σ

Abb. 140. Tiefenverlagerung der Schadstoffahne im Abstrombereich von Deponien unter Berücksichtigung der Dispersion. Dargestellt ist die Kompensation, die sich aus einer Berücksichtigung der Dispersion ergibt. Dargestellt sind Kurven, die aus einer Überlagerung des konvektiven Anteils mit der einfachen Halbwertsbreite des dispersiven Anteils resultieren.

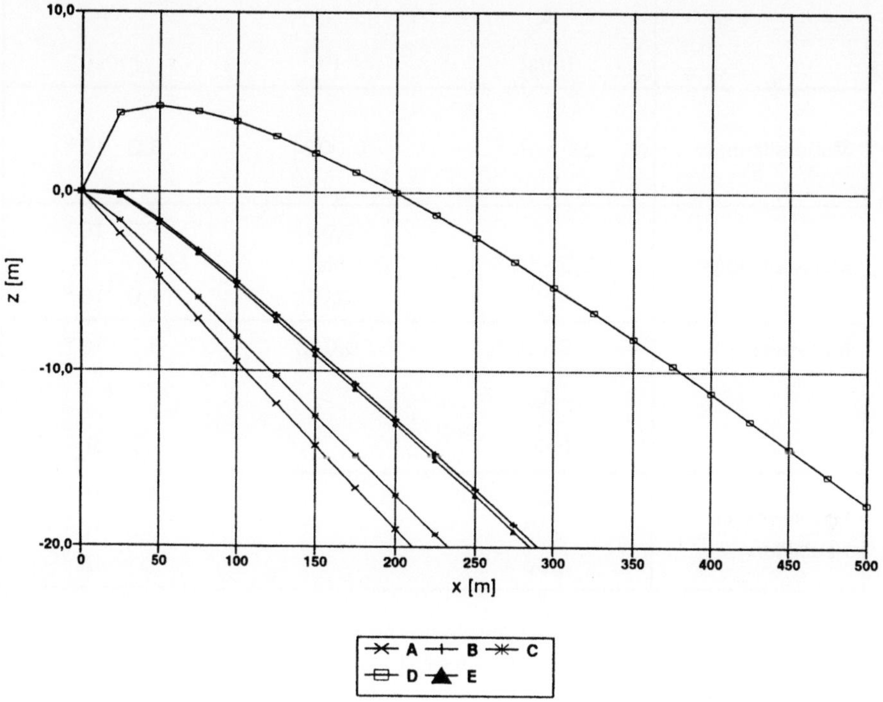

	A	B	C	D	E
Filter-geschwindigkeit V_f [m/s]	$1 \cdot 10^{-7}$	$1 \cdot 10^{-7}$	$1 \cdot 10^{-7}$	$1 \cdot 10^{-7}$	$1 \cdot 10^{-7}$
Grundwasser-umbildungsrate G [mm/a]	300	300	300	300	300
Dispersivität σ [m]	-	0,1	0,01	0,1	0,01
Ansatz Dispersion	ohne	σ	σ	$3\,\sigma$	$3\,\sigma$

Abb. 141. Tiefenverlagerung der Schadstoffahne im Abstrombereich von Deponien zur Abschätzung der oberen Begrenzungslinie noch meßbarer Schadstoffgehalte, die aus einem dispersiven Auffächern der Schadstoffahne resultieren. Es wurde eine Abschätzung nach der dreifachen Halbwertsbreite des Gauss'schen Integrals vorgenommen.

	K_v	i	V_f
	[m/s]	[ ]	[m/s]
Meßstellenpaar 1	$2{,}5 \cdot 10^{-6}$	0,0024	$6{,}0 \cdot 10^{-8}$
Meßstellenpaar 2	$2{,}5 \cdot 10^{-6}$	0,05 bis 0,01	$1{,}3 \cdot 10^{-8}$ $1{,}0 \cdot 10^{-8}$
Mittelwert	$2{,}5 \cdot 10^{-6}$	0,013	$3{,}3 \cdot 10^{-8}$
	A_u		G
	[mm]		[m/s]
Grundwasser-neubildung	250 300 350		$7{,}9 \cdot 10^{-9}$ $9{,}5 \cdot 10^{-9}$ $1{,}1 \cdot 10^{-8}$

Tabelle 39. Ableitung von vertikalen hydraulischen Gradienten an Doppelmeßstellen, die in ein und demselben Grundwasserleiter in unterschiedlicher Tiefe verfiltert sind.

A_U : unterirdischer Abfluß

G : Infiltrationsrate

der Tiefenverlagerung der Schadstoffahne unter Berücksichtigung der Dispersion dargestellt. Für die Dispersivität α eines Grundwasserleiters wurden Werte von 0,01 m bzw. 0,1 m angenommen. Es ist der Bereich gekennzeichnet, in dem Schadstoffgehalte von 50 % derjenigen Schadstoffgehalte gemessen werden, die am konvektiv abgeschätzten Rand der Schadstoffahne zu erwarten wären. Dagegen sind bei geringeren Filtergeschwindigkeiten in einem für die Betrachtung realistischen Abstrombereich von der Deponie nur geringfügige Abweichungen zu erwarten. Dort ist eine rein konvektive Abschätzung ausreichend.

Die obige Abschätzung wurde für die Halbwertsbreite des Gauß'schen Integrals durchgeführt. Zur Abschätzung, in welchem Bereich praktisch keine meßbare, von der Schadstoffahne resultierende Grundwasserbelastung mehr vorhanden ist, sollte eine Abschätzung mittels der dreifachen Halbwertsbreite 3σ durchgeführt werden. Diese Abschätzung ist für eine Filtergeschwindigkeit von $v_f = 1 \cdot 10^{-7}$ m/s und Dispersivitäten $\alpha = 0{,}1$ m und $\alpha = 0{,}01$ m auf Abb. 141 dargestellt. Sie ist für Transportbetrachtungen unerheblich und nur für solche Fälle einzusetzen, bei denen abgeschätzt werden soll, ob vorhandene Meßstellen im Abstrombereich von der Schadstoffahne unterströmt werden und diese unter Umständen aus diesem Grunde nach der Beprobung geringe Schadstoffgehalte des entnommenen Grundwassers aufweisen.

Gemessene Tiefenverlagerung

Aufgrund der Anforderungen einer Landesbehörde war an der Deponie Vechta exemplarisch die Tiefenverlagerung meßtechnisch durch hydrochemische Untersuchungen zu bestimmen, d. h. die Grundwassermeßstellen waren in der Tiefe auszubauen, in der die höchsten Schadstoffgehalte auftreten.

Dazu wurde folgendes Verfahren gewählt: Die Bohrungen wurden im Trockenbohrverfahren unter kontinuierlicher Entnahme von Rammkernen durchgeführt, Abschnitt III.1.1.4. Nach dem Anbohren des Grundwasserspiegels wurde die Bohrung jeweils nach Abschlägen von etwa 5 m unterbrochen. Die Bohrung wurde daraufhin jeweils provisorisch verfiltert: Es wurde ein provisorischer Ausbau, bestehend aus 3 m Filterrohr und einem entsprechend langen Aufsatzrohr DN 125 eingebaut, im Bereich der Filterstrecke verkiest und mit einer 1 m dicken Tonplombe versehen. Danach wurde die Rohrtour 1 m angehoben und nach dem Klarpumpen die Wasserprobe entnommen. Nach Beendigung der Probennahme wurde der provisorische Ausbau wieder entfernt und die Bohrung aufgereinigt. Die Ausbaurohre konnten immer wieder verwendet werden.

Dieses Vorgehen ist aufgrund der langen Bohrunterbrechungen sehr aufwendig und kann nicht als Regeluntersuchung angesehen werden. Im Normalfall sind die in den vorigen Abschnitten beschriebenen Abschätzungen zur Festlegung der Filtertiefe ausreichend.

Bei der Wasserprobenahme konnte dann, nach dem Abpumpen bis zur Konstanz von Leitfähigkeit, pH-Wert und Temperatur, in der jeweiligen Tiefe eine definierte Wasserprobe entnommen werden, die sofort vor Ort im Labor des Deponiebetreibers auf die Parameter Ammonium, Nitrit und Nitrat untersucht wurde. Jeweils eine Rückstellprobe wurde zur weiteren Untersuchung auf die mehr oder weniger deponiespezifischen Parameter Bor, Arsen und AOX ins chemische Labor gegeben. Die Untersuchung auf diese Parameter dauert entsprechend länger und konnte daher nicht in die Entscheidung über den Ausbau der Meßstellen eingehen, sie diente der Kontrolle und zur Ergänzung der Typisierung der Grundwässer in verschiedener Tiefe.

Abb. 142 zeigt die Ergebnisse der tiefengestaffelten Analytik von Wasserproben. Die Gehalte wurden für die Balken-Darstellung auf den jeweils höchsten auftretenden Wert normiert. Damit wurde die ungefähre Tiefenlage der Maximalwerte der untersuchten Parameter festgestellt.

Auf Tabelle 40 ist die jeweilige Tiefenlage des festgestellten Maximums der Schadstoffparameter in Abhängigkeit von der Entfernung zum Deponierand dargestellt. Daraus errechnet sich der Abtauchwinkel φ, der mit Werten zwischen 0,5 und 8,5 °, im Mittel 4,4 ° bestimmt wurde.

Dieser Wert stimmt gut mit dem Abtauchwinkel überein, der sich aus folgender hydraulischer Abschätzung ergibt:

$$k_h = 2 \cdot 10\text{-}4 \text{ m/s} \qquad i_h = 0,002 \qquad v_{f,h} = 4 \cdot 10\text{-}7 \text{ m/s}$$
$$k_v = 2 \cdot 10\text{-}6 \text{ m/s} \qquad i_v = 0,01 \qquad v_{f,v} = 2 \cdot 10\text{-}8 \text{ m/s}$$

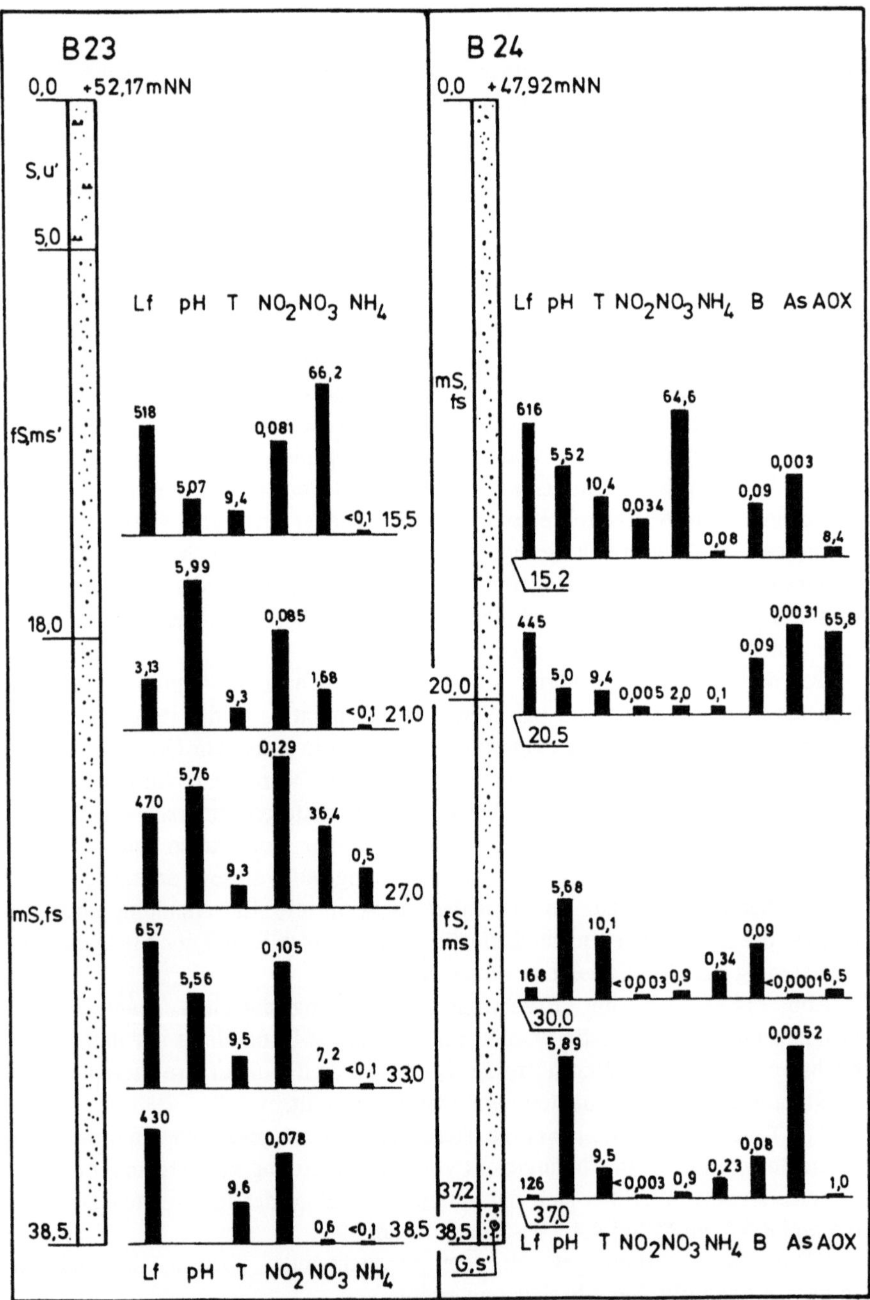

Abb. 142. Ergebnisse der tiefengestaffelten Analytik von Wasserproben an der Deponie Vechta. Die durchgeführten Bohrungen wurden jeweils nach ca. 5 m unterbrochen. Nach einer provisorischen Verfilterung erfolgte eine Wasserprobenentnahme. Die Zahlen geben Absolutwerte chemischer Parameter an, die Balkenhöhe auf das Maximum normierte Werte.

Bohrung	X	H_{GW}	H_{ch}	Parameter	Z	φ
	[m]	[m] NN	[m] NN		[m]	[°]
(1)	(2)	(3)	(4)	(5)	(6) = (3) - (4)	(7) = arctan (6) / (2)
B 22	100	37,6	36,7	Lf	0,9	0,5
			30,7	NH_4	6,9	4,0
B 23	150	37,6	25,2	NH_4, NO_2	12,4	4,5
			19,2	Lf	18,4	7,0
B 24	100	37,7	32,7	Lf	5,0	3,0
			27,7	AOX	10,0	6,0
			10,0	NH_4, As	10,0	4,5
B 25	100	37,75	32,4	Lf, AOX, B	5,3	3,0
			22,4	NH_4, As	15,3	8,5
B 27	160	37,8	31,4	Lf	6,4	2,5

X	(Spalte 2):	Entfernung zum Deponierand
H_{GW}	(Spalte 3):	Mittlerer Grundwasserstand am Deponierand
H_{ch}	(Spalte 4):	Tiefenlage des Maximums
Z	(Spalte 6):	Vertikales Absinken der Schadstoffe
φ	(Spalte 7):	Ausbreitungsrichtung, Abtauchwinkel

Tabelle 40. Ausbreitungsverhalten von Schadstoffen in vertikaler Richtung. Darstellung der Tiefenlage der gemäß Abb. 143 ermittelten Schadstoffmaxima und Ableitung des Abtauchwinkels der Schadstoffahne aus den hydrochemischen Parametern.

Abb. 142. Legende:

Lf	:	Leitfähigkeit	NH_4	:	Ammonium
pH	:	pH-Wert	B	:	Bor
T	:	Temperatur	As	:	Arsen
NO2	:	Nitrit	AOX	:	organisch gebundenes Chlor.
NO_3	:	Nitrat			

Aus diesen mittleren Werten ergibt sich für den Abtauchwinkel ein Wert von $\varphi = 2{,}9°$. Eine Abschätzung des Maximalwertes ergibt $\varphi_{max} = 5{,}7°$. Wie schon beschrieben, passen diese Werte auch gut zu der aus der Grundwasserneubildung bestimmten Tiefenverlagerung.

Auffällig an Abb. 142 ist jedoch, daß sich ein Aufspalten der Schadstoffahne andeutet. So zeigen die NH_4- und As-Gehalte eine schnellere Tiefenverlagerung an als die Salzfracht und die übrigen organischen Parameter. Dieses Verhalten, das Fragen nach der vorliegenden Form der Schadstoffe im Wasser aufwirft, wird noch in einer späteren Arbeit untersucht.

4 Wasserbilanz

Die vorab beschriebenen hydraulischen Berechnungen und Abschätzungen sind nicht geeignet, die Menge der aus der Deponie ins Grundwasser emittierten Schadstoffe zutreffend abzuschätzen. Es ist zwar möglich, Teilstrommengen näherungsweise zu bestimmen, die Gesamtmenge an Schadstoffen, die über das Grundwasser in die Umgebung verfrachtet wird, läßt sich jedoch nicht bestimmen.

In den meisten Fällen ist es unerheblich zu wissen, wie groß die Gesamtmenge emittierter Schadstoffe aus der Deponie ist, da der Abstrombereich der Deponien zuverlässig über Grundwassermeßstellen überwacht wird. Sobald jedoch Sicherungsmaßnahmen an Deponien durchgeführt oder geplant werden, wie z. B. das Aufbringen einer Oberflächenabdichtung, Zwischenabdeckungen oder eine aktive Sickerwasserentnahme aus Brunnen, läßt sich die Wirksamkeit dieser Maßnahmen mit dem Überwachungsnetz an Grundwassermeßstellen im Abstrombereich hydrochemisch nur sehr unzulänglich und meistens erst nach einigen Jahren feststellen. Für diesen Fall ist es sinnvoll, abzuschätzen, wie weit sich die aus der Deponie in den Untergrund abgegebene Sickerwassermenge mit der durchgeführten Maßnahme verringert hat. Diese Abschätzung kann nur durch Wasserbilanzen vor und nach Durchführung der Maßnahme durchgeführt werden.

Aufgrund der meist ungenügenden Datenlage an Altdeponien und der unzureichenden Bestimmung einiger Bilanzglieder sind die Wasserbilanzen sehr sorgfältig durchzuführen und die Ergebnisse sehr kritisch zu werten. Bei den vorliegenden 4 Deponien konnten in 2 Fällen zuverlässige Wasserbilanzen aufgestellt werden. Aufgrund der Unsicherheit bei der Bestimmung einzelner Bilanzglieder, insbesondere der Evapotranspiration müssen derartige Wasserbilanzen immer neben realistischen Eingangsgrößen auch Extremwertabschätzungen beinhalten.

4.1 Bilanzglieder

Eine Wasserbilanz für eine Hausmülldeponie kann gemäß folgendem Ansatz erfolgen:

$$N - ET - A_o - A_u = 0$$

Dies gilt für den Fall, daß keine Änderungen im Speichervolumen auftreten. Eine Kontrolle darüber ist über die Ganglinien der Sickerwasserstände in der

Deponie zu führen. Reaktionen im Müllkörper, die Wasser produzieren oder konsumieren (DOEDENS 1989) werden hier vernachlässigt.

Folgende Bilanzglieder treten auf:

N:	Niederschlag
ET:	Evapotranspiration
A_O:	Oberflächenabfluß
A_U:	unterirdischer Abfluß = Sickerwasserneubildung

Aufgrund der meist geringen Datenbasis ist dieser vereinfachte Ansatz sinnvoll gegenüber dem bei ROTH (1995) beschriebenen Ansatz als Grundlage für das HELP-Modell, mit dem häufig die Wirksamkeit von Oberflächenabdichtungen abgeschätzt wird.

Ziel der Untersuchungen ist es, den unterirdischen Abfluß A_U, d. h. die Sickerwasserneubildung zu bestimmen. Dieser Wert ist bei Altdeponien ohne Basisdichtung grundsätzlich unbekannt. Bei neuen Deponien nach heutigem Stand der Technik, z. B. bei den Erweiterungsabschnitten der hier beschriebenen Deponien, ist dieser Wert durch Messung sehr genau bekannt. Bei ähnlichem Müllaufkommen für Alt- und Neudeponien läßt sich daher aufgrund der in jüngster Zeit erlangten Erfahrungswerte unter Umständen von der Neudeponie auf die Altdeponie schließen.

Nur bei den wenigsten Altdeponien ist jedoch die zuverlässige Bestimmung aller übrigen Bilanzglieder für eine direkte Bestimmung des unterirdischen Abflußes gegeben. Im vorliegenden Fall war die zuverlässige Aufstellung einer Wasserbilanz lediglich für die Deponien Wesermarsch-Mitte und Varel-Hohenberge möglich. Aber auch bei diesen Deponien waren einzelne Bilanzglieder indirekt zu bestimmen oder abzuschätzen.

Bei den Deponien Varel-Hohenberge, Wesermarsch-Mitte und Mansie liegen in geringem Abstand unterhalb der Deponie geringdurchlässige Schichten. Der Grundwasserstand liegt hoch, entweder oberhalb dieser Schichten oder in diesen Schichten. Der Bereich zwischen dem Sickerwasser und dem Grundwasser ist vollgesättigt. Aus diesem Grunde hat das Deponiesickerwasser Vorflut zu den Deponierandgräben, d. h. ein Teil des in der Deponie gebildeten Sickerwassers strömt wieder den Randgräben zu. Die eigentliche Gefährdung für das Grundwasser stellt jedoch nur der im Untergrund verbleibende Anteil des Deponiesickerwassers dar. Es gilt:

$$A_{U,ges} = A_{U,ex} + A_{U,in}.$$

Die Teilmengen des unterirdischen Abflusses seien folgendermaßen definiert:

$A_{U,ex}$: Der aus dem Deponiekörper in den Untergrund exfiltrierte Anteil des Deponiesickerwassers

$A_{U,in}$: Der in die Deponierandgräben infiltrierte Anteil des Deponiesickerwassers.

Es handelt sich bei diesen Größen nicht um den bei EGLOFFSTEIN et al. (1995) beschriebenen oberflächennahen (Zwischenabfluß) und tiefen Anteil des Abflußes A_U, da obige Definition sich nicht an natürlichen Randbedingungen, sondern am technischen System orientiert. Für die Wasserbilanz gilt dann:

$$A_{U,ex} = N - ET - A_o - A_{U,in}.$$

Bei der Gefährdungsabschätzung ist, anders als z. B. bei der Ermittlung von Grundlagen für die Dimensionierung der Sickerwasserkläranlage, die Auflösung nach $A_{U,ex}$ notwendig. Dies ist derjenige Anteil an Wasser aus den Niederschlägen, der durch Deponieschadstoffe verunreinigt in den geologischen Untergrund versickert und sich dort ausbreitet.

Nachfolgend wird die Ermittlung der einzelnen Bilanzgrößen in der Praxis der Deponieüberwachung beschrieben:

Niederschlag N

Die Erfassung der täglichen Niederschläge ist Bestandteil der Regel-Überwachung der Deponie.

Evapotranspiration ET

Die aktuelle Evapotranspiration ETA wird nicht direkt gemessen. Aus den an der Deponie erfaßten meteorologischen Daten läßt sich die potentielle Verdunstung ETP nach HAUDE bestimmen. Aus diesen Werten muß die aktuelle Verdunstung ETA abgeschätzt werden.

Bislang liegen noch unzulängliche Daten über offene Deponien vor. Sofern die Deponie abgedeckt oder begrünt ist, lassen sich Erfahrungswerte aus der Bodenkunde anwenden, vgl. BORTZ & SOKOLLEK (1990). Für die offene Deponie liegen jedoch sehr widersprüchliche Angaben vor. So stellten RIEHL-HERWIRSCH & LECHNER (1995) an der Versuchsanlage Breitenau fest, daß die Evapotranspiration aus Deponien zum Zeitpunkt des Mülleinbaus vernachlässigbar ist. Dies widerspricht den Beobachtungen an den hier beschriebenen Deponien. So hat die Durchführung einer provisorischen Abdeckung und Begrünung der Deponie Varel im Jahre 1993 zwar zu einer erheblichen Verminderung der Sickerwasserneubildung geführt, jedoch nicht in dem Maße, wie es eine Erhöhung der Evapotranspiration von "vernachlässigbar klein" auf Werte über 500 mm erbracht hätte. Für die an der teilweise offenen Deponie Wesermarsch-Mitte durchgeführte Wasserbilanz wurde daher eine Abschätzung gemäß FRANZIUS (1977), Bild 52, durchgeführt. Aufgrund der Kompaktorverdichtung wurde von den bei FRANZIUS angegebenen Maximalwerten ausgegangen. Die Werte ETP-ETA sind in der Tab. 41 gegenübergestellt. Eine Anwendung des Verfahrens nach COLLINS & SPILLMANN (1986) scheitert üblicherweise an der ungenügenden Datenlage und ist für die Regelüberwachung der Deponie zu aufwendig.

ETP [mm]	500	520	540	560	580
ETA [mm]	410	425	435	455	470

Tabelle 41. Vergleich der potentiellen Evapotranspiration ETP mit der aktuellen ETA offener Deponien nach FRANZIUS (1977, Bild 250). Dargestellt sind die Werte für gut verdichtete Deponien.

Deponieoberfläche	Nieder-schlag N [mm/a]	Evapotranspiration		Zitat
		ETP [mm/a]	ETA [mm/a]	
Mineralische Oberflächen-abdichtung (Lehm)	561,7	622,02	656,5	WOHNLICH (1987)
- Oberboden: sandig, begrünt	763,5	622,02	645	
- Oberboden: sandig, schluffig, begrünt	561,7	622,02	544	
Unbewachsene Dichtungs-schicht (Geschiebemergel)	1030	im	250	BORTZ & SOKOLLEK (1990)
Grasbrache	1030	Mittel	465	
Buschbrache	1030		537	
Mischwiese	1030		497	
Naßstandort	1030		510	
Mittel, gewichtet		422	406	
Deponieoberflächen-abdeckung, sandig	609	634	324	MARKWARDT & WOHNLICH (1992)
Einfache Deponie-abdeckung, schluffig	792,2	-	489,3	ROTH (1995)
Kunststoffdichtungsbahn + Rekultivierungsschicht, schluffig	792,2	-	425,2	

Tabelle 42. Literaturwerte für die potentielle Evapotranspiration ETP und die aktuelle ETA im Vergleich zu den jährlichen Niederschlägen N von abgedeckten, abgedichteten und begrünten Deponien.

Auf Tabelle 42 sind Literaturwerte über das Verhältnis zwischen ETP und ETA für abgedeckte und abgedichtete Deponien angegeben. DAMMANN (1965) gibt nach großregionalen Untersuchungen an, daß die Unterschiede zwischen ETP und ETA für die gesamte Umgebung in den überwiegenden Fällen unter 2 % und nur sehr selten über 5 % liegen. ERNSTBERGER & SOKOLLEK (1984) kommen bei ihren regionalen Untersuchungen auf höhere Werte von 15 % und 23 %.

Bei nachfolgenden Abschätzungen wird für die abgedeckte Deponie eine realistische Abminderung von ETP zu ETA für die gesamte Umgebung um 10 %, bei der abgedeckten und begrünten um 5 % vorgenommen.

Oberflächenabfluß A_O

Der Oberflächenabfluß wird an Deponien üblicherweise nicht gemessen. Das mit dem Deponierandgraben gefaßte Wasser enthält neben dem Oberflächenabfluß die direkt infiltrierten Mengen an Sickerwasser aus dem Deponiekörper $A_{U,in}$, d. h. ein Anteil des gesamten unterirdischen Abflußes A_U, sofern ein hydraulischer Kontakt zwischen Sickerwasserkörper und Randgraben existiert. Dies ist bei den hier untersuchten Fällen nur an der Deponie Vechta nicht der Fall.

Nach übereinstimmenden Angaben aus der Literatur ist der Oberflächenabfluß von Deponien allerdings gering: So geben MARKWARDT & WOHNLICH (1992) Werte von maximal 2 % des Jahresniederschlages an, EGLOFFSTEIN et al. (1995) Werte zwischen 0,4 % des Jahresniederschlages für Sand und 7,7 % für einen tonigen Schluff an der Oberfläche der Deponie. SOKOLLEK (1990) gibt für die frisch eingebaute Oberflächenabdichtung (Kombidichtung) der Deponie Georgswerder einen Oberflächenabfluß von 2 % des Jahresniederschlags an.

Infiltrationsrate in den Randgraben $A_{U,in}$

Die Infiltrationsrate in den Randgraben ist eine Teilmenge des unterirdischen Abflußes A_U. Diese Menge kann nicht direkt gemessen, sondern lediglich über hydrochemische Untersuchungen berechnet werden.

Dies geschieht folgendermaßen: Die Menge des aus dem Randgraben entnommenen Wassers wird üblicherweise zur Ermittlung der Kosten für die Sickerwasserklärung gemessen. Sie setzt sich aus Oberflächenabfluß A_O und dem Randgraben zuströmenden Sickerwasser $A_{U,in}$ zusammen. Sofern aktiv Wasser aus dem Randgraben durch Abpumpen - wie an der Deponie Wesermarsch-Mitte - und nicht über eine Überlaufschwelle - wie an der Deponie Varel-Hohenberge - entnommen wird, strömt zusätzlich noch Grundwasser aus der Umgebung zu, sofern der Grundwasserstand oberhalb der Grabensohle liegt. An der Deponie Wesermarsch-Mitte tritt der Oberflächenabfluß nicht mehr in den Randgraben ein, da er über eine Mulde am Böschungsfuß gefaßt wird. Die Bestimmung der Teilmenge $A_{U,in}$ als Anteil an der gesamten Wassermenge aus dem Randgraben wird über den Verhältniswert der Gehalte an Ionen bestimmt, die im Untergrund keine Retention erfahren, in erster Linie Chlorid.

Über diesen Ansatz können als Nebenprodukt unter Einbeziehung der Retention unterliegender Stoffe Retardationsfaktoren bestimmt werden. Dazu wird auf ENTENMANN (1995b) verwiesen, wo die Ergebnisse von der Deponie Wesermarsch-Mitte beschrieben sind.

Für die Bestimmung des Verhältniswertes zwischen dem Zustrom von kontaminiertem Sickerwasser $A_{U,in}$ zu der Summe der Teilmengen aus im Falle der abgedeckten Deponie nicht oder im Falle der nicht abgedeckten Deponie nur wenig kontaminiertem Oberflächenwasserabfluß A_O und dem Randgraben zusätzlich zusetzenden unbelasteten Wassers (z. B. direkte Niederschläge) gilt ein Frachtenansatz mit:

$$J_4 = c_m \cdot Q_4$$

$$J_{A_{Uin}} = c_n \cdot A_{Uin}$$

$$J_{unbel} = c_0 \cdot Q_{unbel}$$

gilt:

$$J_4 = J_{A_{Uin}} + J_{unbel}$$

$$A_{Uin} = \frac{c_m \cdot Q_4 - c_0 \cdot Q_{unbel}}{c_n}$$

mit:

J_4	:	Fracht des Stoffes in dem aus dem Randgraben entnommenen Wasser
J_{au}	:	Fracht des Stoffes in dem Randgraben zusetzenden Sickerwasser
$J_{unbel.}$	:	Fracht des nicht retardierten Stoffes aus der nicht deponiebeeinflußten Umgebung
c_m	:	Konzentration des Stoffes im aus dem Randgraben entnommenen Wasser
c_n	:	Konzentration im Deponiesickerwasser
c_0	:	Konzentration im Grundwasser der Umgebung
Q_4	:	aus dem Randgraben entnommene Wassermengen
$A_{U,in}$	:	Sickerwasserzustrom aus der Deponie in den Randgraben
Q_{unbel}	:	dem Randgraben zuströmendes unbelastetes Wasser.

Es gilt:

$$Q_4 = A_U + Q_{unbel}$$

$$A_U = Q_4 \cdot \frac{c_m - c_0}{c_n \cdot (c_n - c_0)}$$

und für : $c_n >> c_0$

und : $c_m >> c_0$

$$A_U = Q_4 \cdot \frac{c_m}{c_n}$$

4.2 Ergebnisse der Wasserbilanz für die Deponie Wesermarsch-Mitte

Für die Deponie Wesermarsch-Mitte wurde eine Wasserbilanz für das Kalenderjahr 1990, nicht für das Gewässerjahr aufgestellt, weil für diesen Zeitraum die zuverlässigsten Meßwerte vorhanden sind. Die komplizierten hydraulischen Verhältnisse des gesamten Systems Deponie/Deponieuntergrund wurden in Abschnitt II 2.1.4 dargestellt und in Abb. 143 wieder aufgegriffen. Die dort aufgeführten Teilstrommengen Q_1 bis Q_9 werden nachfolgend beschrieben. Es werden daraus die Bilanzglieder in der hier verwendeten Bezeichnung abgeleitet. Wie Abb. 141 zeigt, war die Deponie im Jahre 1990 in Betrieb, lediglich die Böschungen waren mit bindigem Material abgedeckt, die Deponieoberfläche lag frei.

Die nicht abgedichtete Fläche F1 beträgt nach der Planimetrierung 75.400 m^2, die projizierte Fläche der abgedichteten Böschungen F2 ist mit 34.200 m^2 weniger als halb so groß. Das Luftbild in Abb. 144 zeigt diese Situation.

Der Wasserhaushalt der Deponie kann qualitativ folgendermaßen beschrieben werden:

Die Niederschlagsmenge teilt sich auf in die aktuelle Evapotranspiration ETA, die dem System unmittelbar wieder entzogen ist, in den Oberflächenabfluß A_O und den unterirdischen Abfluß bzw. die Sickerwasserneubildung A_U. Das in der Deponie gebildete Sickerwasser A_U fließt z. T. (Q_1) nach Durchströmung des oberen Kleis der Torfschicht, zum anderen Teil (Q_2) direkt dem Randgraben zu. Das der Torfschicht zuströmende Sickerwasser (Q_1) fließt zum größten Teil (Q_7) in der Torfschicht horizontal nach außen ab, außerdem kommt es im zentralen Bereich der Deponie zu einer geringen Abströmung (Q_3) in den tieferen Grundwasserleiter.

Die horizontal abströmende Wassermenge Q_7 fließt wiederum zum größten Teil (Q_9) dem Deponierandgraben zu, eine Teilmenge von Q_9 über eine alte Dränageleitung. Ein kleinerer Teil (Q_5) unterströmt örtlich den Deponierandgraben. Der Deponierandgraben erfährt außer der Zuströmung von Deponiesickerwasser eine Zuströmung von unbelastetem Oberflächenwasser aus dem Streifen zwischen Deponiefuß und Deponierandgraben und - je nach Gefälleverhältnissen - einer mehr oder weniger großen Fläche außerhalb der Deponie und dem direkt in den Deponierandgraben fallenden Niederschlag. Weiterhin strömt je nach den Wasserständen im Deponierandgraben und den Grundwasserständen in der Torfschicht von außerhalb unbelastetes Grundwasser zu (Q_8). Ein

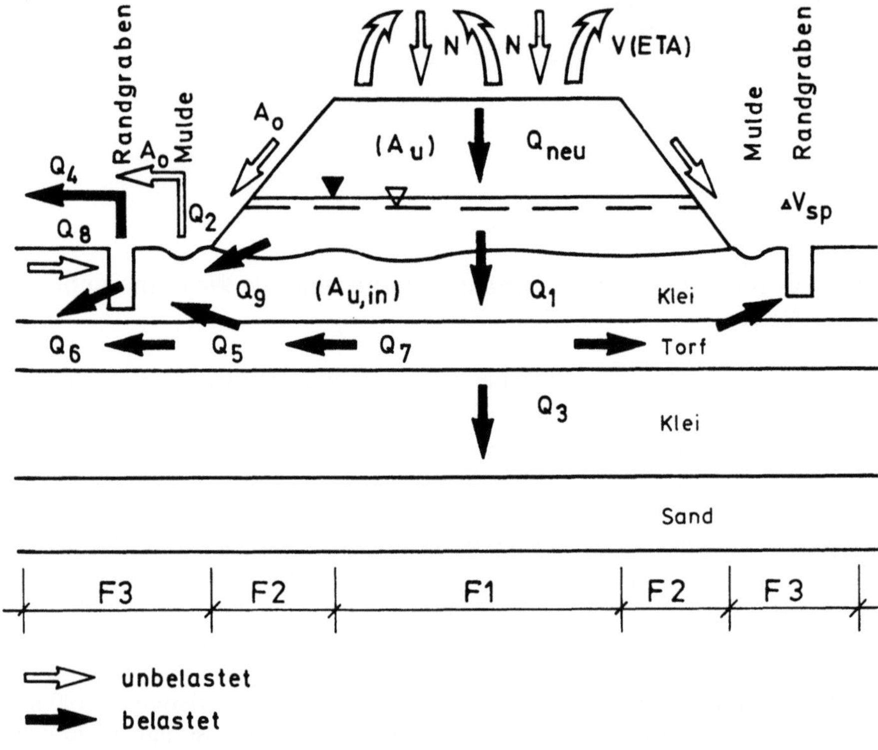

Abb. 143. Darstellung der im Bereich der Deponie Wesermarsch-Mitte feststellbaren Teilströmungen, deren Kenntnis Grundlage für die durchgeführte Wasserbilanz war.

N	:	Niederschlag
V	:	Verdunstung (ETA)
A_0	:	Abfluß
ΔV_{sp}	:	Speichervolumenveränderung der Deponie
Q_{neu}	:	Sickerwasserneubildung $Q_{neu} = N - V - A = A_u$
Q_1	:	Durchströmung des oberen Kleis qhkO
Q_2	:	Direkter Zustrom Deponie / Randgraben
Q_3	:	Zustrom Torfschicht qhA / Grundwasserleiter qp
Q_4	:	Entnahmemenge verdünntes Sickerwasser
$Q_{4'}$	:	Sickerwasseranteil an Q_4 aus dem Randgraben
		$Q_4 = Q_2 + Q_8 + Q_9 - Q_6 + A_O$
Q_5	:	Unterströmung des Randgrabens
Q_6	:	Abströmung aus dem Randgraben
Q_7	:	Zustrom aus der Torfschicht qhA zum Randgraben
Q_8	:	Zustrom von unbelastetem Grundwasser zum Randgraben
Q_9	:	Horizontal gerichteter Abstrom von Sickerwasser in der Torfschicht qhA
F1	:	Offene Deponiefläche
F2	:	Böschungen
F3	:	Einzugsbereich des Randgrabens.

Abb. 144. Deponie Wesermarsch-Mitte. Das Luftbild zeigt die Deponie in dem Zustand, für den die Wasserbilanz aufgestellt wurde. Das Plateau ist offen, es werden ca. 80.000 Jahrestonnen Hausmüll eingebaut. Die Böschungen sind mit einer Dichtschicht aus Klei abgedichtet, mit einem Decksubstrat versehen und begrünt. Die Grundfläche der Böschungen beträgt mit 27 000 m^2 etwa ein Drittel der Gesamtfläche der Deponie.
Aufnahme: Fa. Luths & Co. GmbH, Wilhelmshaven.

kleiner Teil (Q_6) des Wassers im Randgraben strömt zeitweilig örtlich nach außen in die Torfschicht ein. Im übrigen wird der weitaus größte Teil des Wassers im Randgraben (Q_4) mit Tankwagen zum Klärwerk verbracht. In dem für die Wasserbilanz betrachteten Zeitraum wurde bei CSB-Werten unter 200 mg/l zeitweilig auch Wasser in den Vorfluter, in die Rönnel abgegeben. Die gesamte aus dem Deponierandgraben entnommene Wassermenge Q_4 setzt sich daher aus dem weit überwiegenden Anteil der ins Klärwerk verbrachten Sickerwassermenge zusammen, die über Lieferscheine ermittelt wurde und der geringeren, in die Rönnel abgegebenen Wassermenge, die mit großer Genauigkeit extrapoliert werden konnte.

Als Ausgangswerte für die Wasserbilanz wurden folgende Meßwerte zusammengestellt:

- Die monatlichen Niederschläge N in l/m^2,
- die monatlichen HAUDE-Verdunstungsraten ETP in l/m^2,
- die Gesamtwassermenge Q_4, die im Mittel an 5 Tagen in der Woche aus dem Deponierandgraben entnommen wurde, in m^3.

Wie oben beschrieben gilt folgender Ansatz:

$$N - ETA - A_O - A_U = 0$$

Die dem Randgraben zuströmende Sickerwassermenge als Teilmenge des unterirdischen Abflusses A_U wird zusammenfassend $A_{U,in}$ bezeichnet, mit

$$A_{U,in} = A_U - A_{U,ex}.$$

Die im Untergrund verbleibende Sickerwassermenge wird als $A_{U,ex}$ bezeichnet, mit

$$A_{U,ex} = Q_3 + Q_5 + (1-c_m/c_n) \cdot Q_6$$

Dabei ist c_m/c_n das Verhältnis der Chloridionenkonzentrationen zwischen dem Sickerwasser und dem Wasser im Randgraben. $A_{U,ex}$ bewirkt die Grundwasserkontamination und ist Gegenstand der Gefährdungsabschätzung.

Nach Einführung der Bilanzglieder Q_4, $A_{U,ex}$ und $A_{U,in}$ kann formuliert werden:

$$A_{U,ex} = N - ETA - A_O - c_m/c_n \cdot Q_4$$

Die Ergebnisse dieser Wasserbilanz sind auf Tab. 44 dargestellt und lauten zusammenfassend:

Auf den Gesamtbereich der Altdeponie fielen im Jahr 1990 $N = 85720$ m^3 (782 mm) Niederschlag. Davon verdunsteten $ETA = 47084$ m^3 (429 mm). Es flossen $A_O = 1750$ m^3 (16 mm) in die Randmulden am Böschungsfuß ab. Die Sickerwasserneubildung $A_U = N - ETA - A_O$ in der Deponie betrug 36919 m^3 (337 mm). Dies entspricht 43 % der Niederschlagsmenge. Dieser Wert liegt im oberen Bereich der auf Tab. 43 angegebenen Literaturwerte.

Aus dem Deponierandgraben wurden insgesamt $Q_4 = 46.100$ m^3 verdünntes Sickerwasser entnommen. Unter der Annahme eines mittleren Verdünnungsfaktors von 0,5, bestimmt aus Chlorid-Messungen im Deponiesickerwasser und im Wasser des Randgrabens sind dies ca. $A_{U,in} \approx 23070$ m^3 Sickerwasser. Die Ermittlung dieses Wertes ist im vorigen Abschnitt beschrieben. Es verbleiben $A_{U,ex} \approx 4150$ m^3 (38 mm) im Untergrund, die zur Belastung des Grundwassers führen. Dies sind 5 % der Niederschlagsmenge.

Auf Abb. 145 sind die Summenlinien der einzelnen Bilanzglieder für die monatlichen Werte dargestellt. Diese zeigen das aus den Klimadaten ableitbare jahreszeitlich unterschiedliche Verhalten, mit hoher Evapotranspiration im Sommer und hohen Abflußwerten im Winter. Die Sickerwasserneubildung wird realistisch beschrieben mit hohen Werten im Winter und rückläufigen bis negativen Werten im Sommer. Die negativen Werte sind durch zeitlich höhere Verdunstungsraten gegenüber den Versickerungsraten im Sommer bedingt.

Unrealistisch ist jedoch die Angabe, daß der dem Untergrund zuströmende Anteil des unterirdischen Abflusses $A_{U,ex}$ negative Werte annimmt, wie Abb. 145 zu entnehmen ist. Der Verlauf dieser Summenlinie entspricht nicht den

Zustand der Deponie	Niederschlag N [mm/a]	Sickerwasser- abfluß A_u [mm/a]	Verhältnis- wert A_u / N [%]	Zitat
oben offen - lockere Oberfläche - verdichtete Ober- fläche	Auswertung einer Vielzahl von Einzelversuchen		30 bis 60 10 bis 25	EHRIG (1980)
Oberflächen- abdichtung (Großlysimeter)	561,7 763,5	71,4 58,0	12,7 7,6	WOHNLICH (1987)
oben offen	-	182 bis 365	-	DOEDENS (1989)
Mittelwert (von 17) max. min.	772 998 950	138,2 216 116	17,9 21,6 12,2	EHRIG (1989)
abgedeckt, bewachsen	700	190	27,1	SOKOLLEK & BORTZ (1990)
abgedeckt (sandig)	609	286	46,9	MARKWARDT & WOHNLICH (1992)
abgedeckt, begrünt	831	292	35,1	MELCHIOR (1993)
abgedeckt	792	300,7	37,9	ROTH (1995)

Tabelle 43. Literaturwerte des Sickerwasserabflusses aus Deponien.

Gegebenheiten vor Ort, lediglich die Differenz zwischen Anfangpunkt und Endpunkt liefert einigermaßen zuverlässige Werte für die Gesamt-Jahresbilanz. Der monatlich abgestufte, sehr unterschiedliche Verlauf der Summenlinie $A_{U,ex}$ ist durch Speichervolumenänderungen ΔV_{sp} in der Deponie bedingt. Aus diesem Grunde wurde in die Abb. 145 eine Gerade eingefügt, die mit guter Näherung den tatsächlichen Verlauf des im Untergrund verbleibenden Anteils des unterirdischen Abflusses darstellt.

Bilanzglied		Böschungen $A_{Bö}$ = 34.200 m²		Plateau A_{Pl} = 75.400 m²		Gesamtdeponie A_{ges} = 109.600 m²		
Zustand der Deponie		gedichtet und begrünt		offen				
		[mm]	[m³]	[mm]	[m³]	[mm]	[m³]	[%] von N
Niederschlag	N					782	85.720	100
Evapotranspiration potentielle	ETP					(537)	(58.855)	(69)
aktuelle	ETA	510	17.442	435	32.827	429	47.084	55
Oberflächenabfluß	A_o	0,02 · N				16	1.754	2
Sickerwasserneubildung (A_u = N - ETA - A_o)	A_u					337	36.919	43
Aus Randgraben Entnahme Rückgewinnung ($A_{u,in}$ = c_m/c_n · Q_4)	Q_4 $A_{u,in}$					210	(46.100) 23.070	34
Untergrundversickerung ($A_{u,ex}$ = A_u - $A_{u,in}$)	$A_{u,ex}$					126	13.850	16

Tabelle 44. Ergebnisse der Wasserbilanz, Wesermarsch-Mitte. Darstellung nach monatlicher Bilanzierung für 1990.

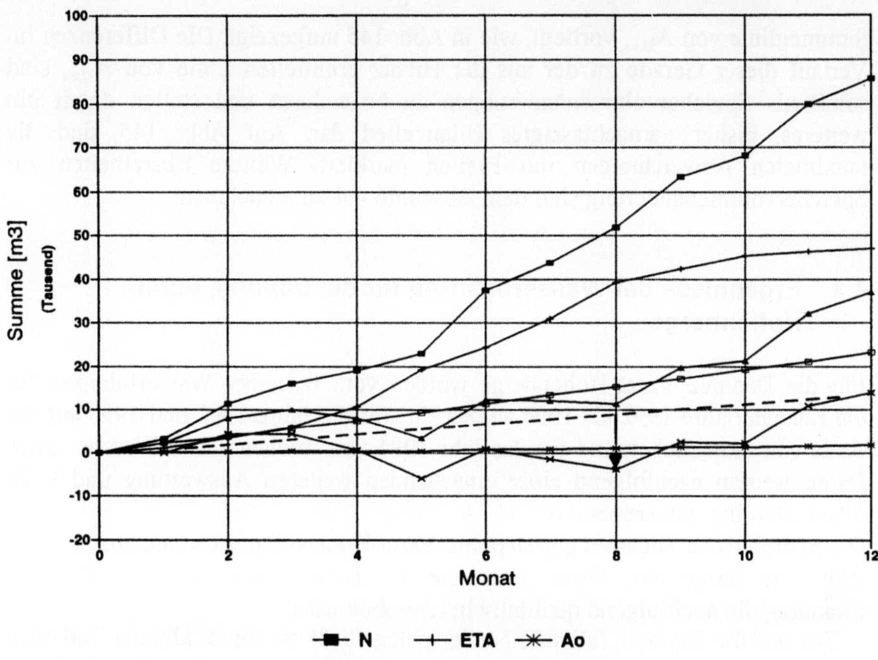

Abb. 145. Wasserbilanz Deponie Wesermarsch-Mitte, Kalenderjahr 1990 Dargestellt sind die Summenlinien der Monatswerte.

N : Niederschlag
ETA : aktuelle Evapotranspiration
A_O : Oberflächenabfluß
A_U : unterirdischer Abfluß, Sickerwasserneubildung
$A_{U,ex}$: im Untergrund verbleibende Wassermenge
$A_{U,in}$: in den Randgraben rückinfiltrierte Sickerwassermenge

Der Verlauf von $A_{U,ex}$ spiegelt die Speichervolumenänderungen im Bilanzierungsjahr wieder. Ein realistischer Verlauf ohne Speichervolumenänderungen ist mit der gestrichelten Linie angegeben. Die Pfeile zeigen die maximalen Differenzen und spannen daher die maximale Speichervolumenänderung im Bilanzierungsjahr auf.

Diese Gerade basiert auf einer hydraulischen Überlegung: Bei dem festgestellten erheblichen Sickerwassereinstau in der Deponie ist das Sickerwasser im gesättigten Bereich der Verdunstung nahezu entzogen. Die Größe der Teilmenge des unterirdischen Abstroms $A_{U,ex}$, die im Untergrund verbleibt, ist nur abhängig vom hydraulischen Gradienten, der auf die Deponiebasis aus Klei einwirkt und auf deren Durchlässigkeit. Von daher ist bei nur wenig schwankenden Sickerwasserständen, wie es gemäß Abb. 131 der Fall ist, davon auszugehen, daß die Größenordnung des Abflusses $A_{U,ex}$ nahezu keinen jahreszeitlichen Schwankungen unterliegt. Da auch die Grundwasserstände unterhalb der Deponiebasis nur geringen Schwankungen unterliegen, kann davon ausgegangen werden, daß der hydraulische Gradient zwischen Deponiesickerwasser und Grundwasser nur geringen Schwankungen unterliegt und somit ein nahezu linearer Anstieg der

Summenlinie von $A_{U,ex}$ vorliegt, wie in Abb. 145 aufgezeigt. Die Differenzen im Verlauf dieser Gerade zu der aus der Bilanz ermittelten Linie von $A_{U,ex}$ sind somit als Speichervolumenänderungen zu bezeichnen und stellen damit ein weiteres, bisher vernachlässigtes Bilanzglied dar. Auf Abb. 145 sind die maximalen Abweichungen mit Pfeilen markiert. Weitere Einzelheiten zur Speichervolumenänderung sind dem Abschnitt 4.4 zu entnehmen.

4.3   Ergebnisse der Wasserbilanzen für die Deponie Varel-Hohenberge

Für die Deponie Varel-Hohenberge wurden vom Betreiber Wasserbilanzen für die Kalenderjahre 1992 bis 1994 aufgestellt, für die Jahre 1992 und 1993 auf der Basis von monatlichen und für das Jahr 1994 von wöchentlichen Werten. Diese Daten werden nachfolgend einer eingehenden weiteren Auswertung und kritischen Wertung unterzogen.

Die hydraulische Situation der Deponie Varel-Hohenberge ist schematisch in der Abb. 146 dargestellt. Diese zeigt die der Bilanzierung zugrunde liegende Situation, die nachfolgend qualitativ beschrieben wird:

Der auf die Deponie fallende Niederschlag fließt zu einem kleinen Teil (A_O) auf der Oberfläche ab und strömt dem Randgraben zu. Ein großer Teil verdunstet. Der in die Deponie versickernde Anteil, der unterirdische Abfluß A_U bzw. das neu gebildete Sickerwasser durchsickert den ungesättigten Müllkörper und ergänzt das Sickerwasser in der gesättigten Zone. Der unterirdische Abfluß spaltet sich auf in einen Teil $A_{U,in}$, der in den Randgraben infiltriert und in einen Teil $A_{U,ex}$, der nach der Durchströmung der Weichschichten dem Grundwasserleiter zufließt. Dieser Teil bewirkt die Grundwasserkontamination und ist Gegenstand der Gefährdungsabschätzung. Die Deponie Varel-Hohenberge hat eine Fläche von 95.000 m^2. Als Ausgangswerte für die Wasserbilanz wurden vom Landkreis folgende Meßwerte erfaßt:

- Die monatlichen bzw. wöchentlichen Niederschläge N in l/m^2,
- die monatlichen bzw. wöchentlichen HAUDE-Verdunstungsraten ETP in l/m^2,
- die monatliche bzw. wöchentliche Gesamtwassermenge Q_K, die aus dem Deponierandgraben über eine Überlaufschwelle der Sickerwasserkläranlage zugeführt wird,
- die monatliche bzw. wöchentliche Gesamtwassermenge Q_B, die aus den Gasbrunnen der Deponie aktiv abgepumpt wird.

Es gilt hier:
$$N - ETA - A_O - A_U = 0$$

Im Falle der Deponie Varel-Hohenberge ist - anders als an der Deponie Wesermarsch-Mitte - mit den vorliegenden Ausgangswerten eine direkte Ermittlung des im Untergrund verbleibenden Anteils $A_{U,ex}$ des neu gebildeten Sickerwassers A_U, nicht jedoch der Gesamtmenge A_U möglich.

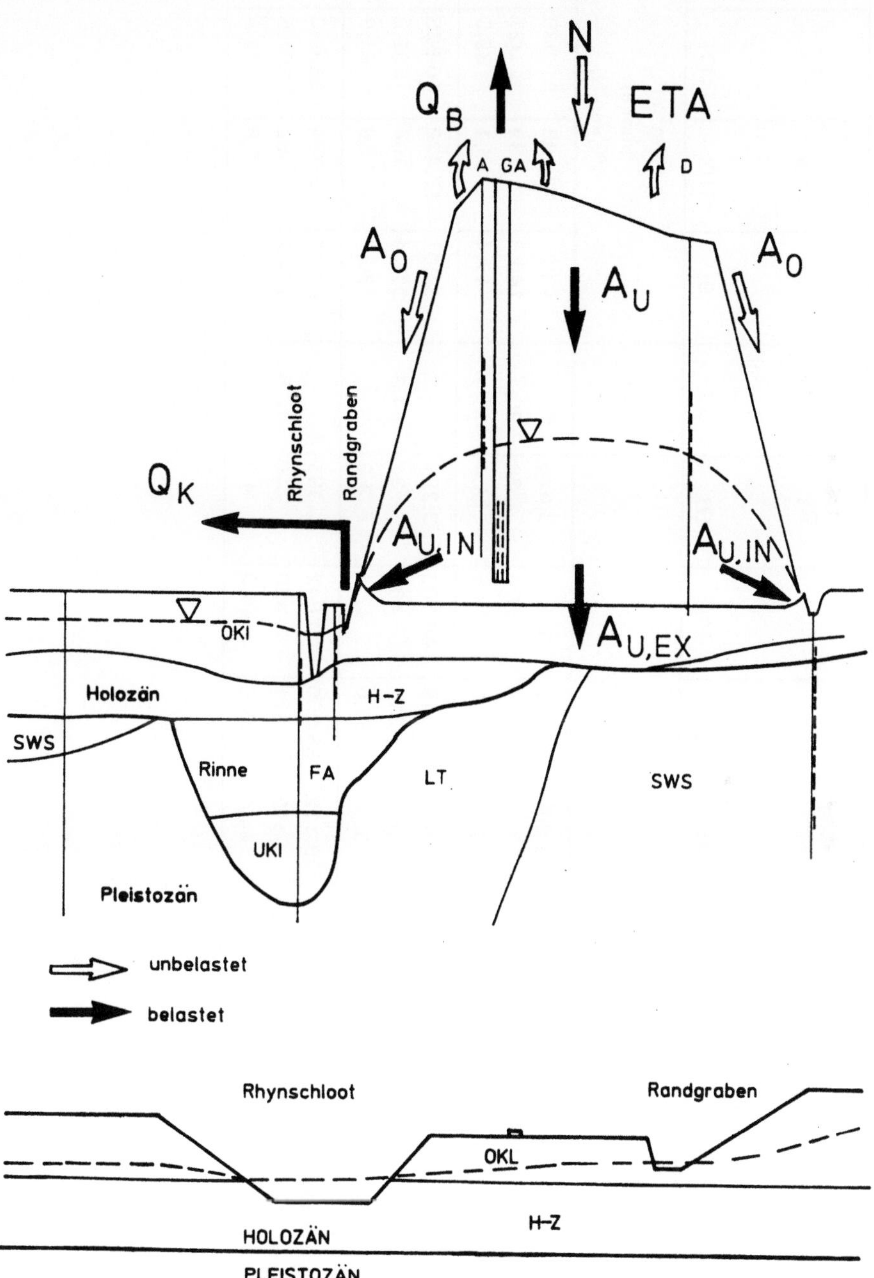

Abb. 146. Schematische Darstellung der hydraulischen Situation an der Deponie Varel-Hohenberge. Die Bilanzglieder sind im Text erläutert.

Zustand der Deponie (1)	Bilanzierungs-zeitraum (2)	N (3)	ETP (4)	ETA (5)	Q_K (6)	Q_B (7)	c_m/c_n (8)	$A_{u,in}$ (9)	$A_{u,ex}$ (10)	A_u (11)	A_o (12)
		[m³/a]	[m³/a]				[%]		[m³/a]		
		[mm/a]	[mm/a]						[mm/a]		
		[% von N]	[% von N]						[% von N]		
offen	1992	81.795	55.860	44.688	15.926	3.616		14.227	13.195	31.039	6.068
		861	588	470,4	167,6	38	70,1	149,8	139	327	63,9
		100	68,3	54,6	19,5	4,4		17,4	16,1	38,0	7,4
ab 05/93 teilweise abgedeckt	1993	97.375	37.687	30.149	46.502	3.254		29.901	17.470	50.625	16.601
		1.025	397	317	489	34	64,3	314,4	184	532,9	174,7
		100	38,7	31,0	47,8	3,3		30,7	17,9	51,9	17,0
abgedeckt Erstbegrünung	1994	88.141	39.112	35.200	40.842	4.335		16.541	7.764	28.640	24.301
		928	412	371	430	46	40,5	174,2	82	301,5	255,8
		100	44,4	39,9	46,3	4,9		18,8	8,8	32,5	27,6

Tabelle 45. Ergebnisse der Wasserbilanzen Varel-Hohenberge. Darstellung nach monatlicher Bilanzierung für 1992 und 1993 und wöchentlicher Bilanzierung für 1994.

N   :   Niederschläge

ETP   :   Potentielle Evapotranspiration

ETA   :   Aktuelle Evapotranspiration
            $ETA = a \cdot ETP$

a   :   Empirisch ermittelter Faktor aus Literaturangaben:

            offene Deponie $a = 0,80$
            abgedeckte Deponie $a = 0,90$
            abgedeckte und begrünte Deponie $a = 0,95$

Q_K :   Aus dem Randgraben zur Kläranlage verbrachte
            Wassermenge

Q_B :   Aus Deponiebrunnen entnommene Sickerwassermenge

c_m/c_n : Verhältniswert der Chloridionenkonzentration im Deponie-
            sickerwasser (c_n) und im Randgraben (c_m)

$A_{u,in}$: In den Randgraben infiltrierte Sickerwassermenge
            $A_{u,in} = c_m/c_n \cdot Q_K$

$A_{u,ex}$: Im Untergrund verbliebene Sickerwassermenge

A_u :   Unterirdischer Abfluß = Sickerwasserneubildung
            $A_u = A_{u,in} + A_{u,ex} + Q_B$

A_o :   Oberflächenabfluß
            $A_o = N - ETA - A_u$

Tabelle 45. Legende

Nach Einführung der Bilanzglieder Q_K und Q_B kann fomuliert werden,

mit:
$$A_U = A_{Uex} + A_{U,in} + Q_B$$

und :
$$Q_K = A_{U,in} + A_o$$

gilt:
$$A_{U,ex} = N - ETA - Q_K - Q_B$$

Die Ergebnisse dieser Bilanzierungen sind zusammenfassend auf Tabelle 45 dargestellt. Für die 3 Jahre, in denen die Bilanzierung durchgeführt wurde, ergibt sich eine unterschiedliche Situation der Deponie: Im Jahre 1992 war die Deponie offen und lediglich an den Böschungen abgedeckt. Im Jahre 1993 erfolgte ab Mai eine Abdeckung mit 30 cm Mutterboden. Im Jahre 1994 war die Deponie vollständig mit Mutterboden abgedeckt und begrünt, vgl. auch

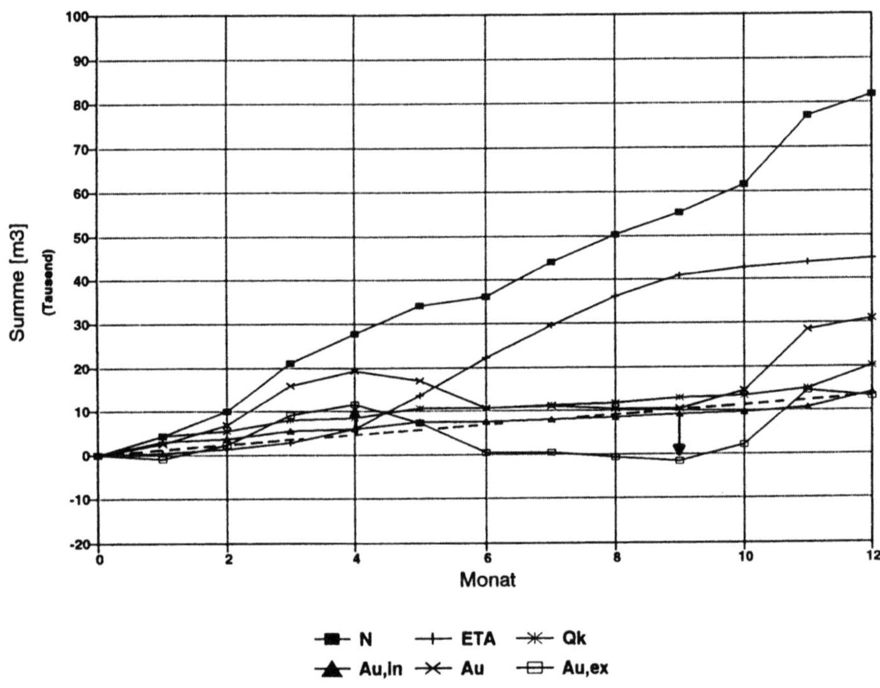

Abb. 147. Wasserbilanz Deponie Varel-Hohenberge. Dargestellt sind die Summenlinien der wöchentlichen Werte, Kalenderjahr 1992. Zur Erläuterung, vgl. Abb. 145.

Abb. 132. Die Abb. 147 zeigt exemplarisch die monatlichen Summenlinien für 1992. Hinsichtlich des Verlaufes des Bilanzgliedes $A_{U,ex}$ wird auf die Ausführungen im Abschnitt 4.2 verwiesen.

Die Niederschläge N lagen zwischen 861 mm und 1.025 mm, die potentielle Evapotranspiration ETP zwischen 397 mm und 588 mm. Das Jahr 1992 ist als besonders trockenes Jahr mit den geringsten Niederschlägen und der höchsten potentiellen Verdunstung zu bezeichnen, während 1993 und 1994 ausgeglichenere Verhältnisse vorlagen. Trotz der fortgeschrittenen Abdeckung und Begrünung ist daher die aktuelle Evapotranspiration der Jahre 1993 und 1994 geringer als die des Jahres 1992.

Entsprechend diesen klimatischen Voraussetzungen war die aus dem Randgraben entnommene Wassermenge Q_K im Jahre 1992 mit ca. 16.000 m^3, das entspricht 168 mm Wassersäule, bezogen auf die Gesamtfläche der Deponie, deutlich geringer als die der Jahre 1993 und 1994 mit 46.500 m^3, entsprechend 489 mm bzw. 40.850 m^3 entsprechend 430 mm. Die aus den Brunnen entnommene Wassermenge Q_B war mit 3.200 m^3 bis 4.300 m^3 wenig unterschiedlich. Ihre Höhe ist nur abhängig vom Fassungsvermögen der Brunnen und von der Qualität der Steuerung der Pumpen, nicht jedoch vom Wasserhaushalt. Die Werte bedeuten, bezogen auf die Gesamtfläche der Deponie, 34 bis 46 mm Wassersäule oder 3,3 % bis 4,9 % des Gesamtjahresniederschlages. Dies bedeutet, daß die dem Randgraben zuströmende Sickerwassermenge $A_{U,in}$ um ein

Vielfaches höher als die aktiv über Brunnen aus der Deponie entnommene Wassermenge ist. Dieser Umstand läßt sich leicht mit der geringen Durchlässigkeit des Müllkörpers erklären, der einen Zufluß zu den Brunnen erschwert. Auf der anderen Seite liegt an der Basis der Deponie eine geringdurchlässige Kleischicht, die einen Abfluß des Sickerwassers in horizontaler Richtung zum Randgraben fördert.

Das Ergebnis der Bilanzierung, der im Untergrund verbleibende Anteil des Sickerwassers $A_{U,ex}$ geht von 13.200 m^3 bzw. 17.500 m^3 im Jahre 1992 und 1993 auf 7.800 m^3 im Jahre 1994 zurück. Dieser Rückgang auf weniger als halb so große Werte ist nicht auf die klimatischen Bedingungen zurückzuführen, denn die Differenz zwischen Niederschlag und potentieller Evapotranspiration beträgt im Jahre 1992, in dem die größte Menge an Sickerwasser im Untergrund verblieb, nur 26.000 m^3. Dagegen nahm diese Differenz in den Jahren 1993 und 1994, in denen gleichbleibende Werte bzw. ein Rückgang der im Untergrund verbliebenen Sickerwassermenge zu verzeichnen war, deutlich höhere Werte mit 60.000 m^3 bzw. 50.000 m^3 an.

Der Rückgang muß somit den baulichen Tätigkeiten, der Oberflächenabdeckung und Begrünung zugeschrieben werden. Insgesamt verblieben im Jahre 1992 noch 139 mm, entsprechend 16 % der Gesamtniederschlagsmenge, im Jahre 1993 wegen der deutlich höheren Niederschläge und der geringeren Evapotranspiration 184 mm, entsprechend 18 % der Gesamtniederschlagsmenge und 1994 nur noch 82 mm, entsprechend 9 % der Gesamtniederschlagsmenge im Untergrund. Dies bedeutet, daß die provisorischen Rekultivierungsmaßnahmen der Deponie etwa zu einer Halbierung der Emissionen ins Grundwasser geführt haben.

Mit diesen Bilanzierungen konnte somit die Effektivität der provisorisch aufgebrachten Abdeckung aus Mutterboden nachgewiesen werden, selbst wenn man annimmt, daß die tatsächlichen Verhältnisse aufgrund von Speichervolumenänderungen nicht ganz so eindeutig ausgefallen. Für Vergleichszwecke mit anderen Deponien sind diese Werte jedoch ungünstig, da sie die spezifische Situation an der Deponie Varel-Hohenberge widerspiegeln. Aus diesem Grunde wird nachfolgend mit dem vorliegenden Datenmaterial versucht, auch den unterirdischen Abfluß A_U, d. h. die Sickerwasserneubildungsrate ohne die wiedergewonnene Sickerwassermenge, abzuschätzen. Wie vorab erläutert, ist eine direkte Bestimmung aus der Bilanzierung nicht möglich, da der Oberflächenabfluß und der unterirdische Abfluß nicht getrennt erfaßt werden.

Wie an der Deponie Wesermarsch-Mitte wurde auch hier eine indirekte Methode der Bestimmung durchgeführt. Auch hier kann über das Chloridverhältnis eine weitere Differenzierung durchgeführt werden. Die Chloridkonzentration im Deponiesickerwasser c_n wurde 1992 an 5 Meßstellen (Sickerwasserbrunnen und Dränablauf) bestimmt. Der Mittelwert beträgt 953 mg/l. Zum selben Zeitpunkt wurde im Randgraben ein Mittelwert c_m von 819 mg/l gemessen. Da der Chemismus des Wassers im Randgraben als Eingangskontrolle für die Kläranlage sehr viel öfter gemessen wird, vgl. Abb. 148, konnte ein Mittelwert über das gesamte Jahr 1992 mit 668 mg/l bestimmt werden. Dieser Wert paßt gut zur Regressionsgeraden auf Abb. 148. Es ergibt sich ein

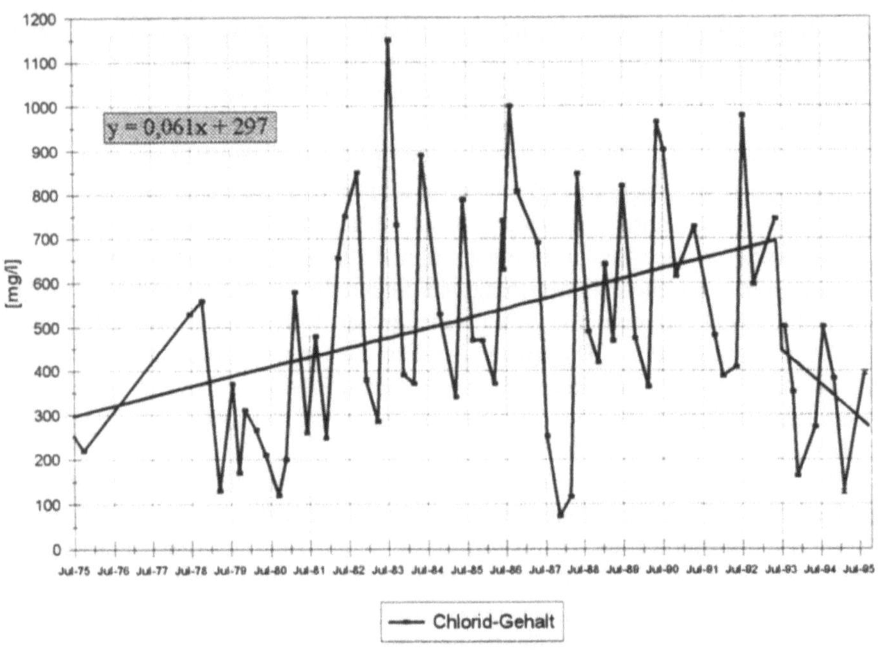

Abb. 148. Chloridionenkonzentrationen im Randgraben der Deponie Varel-Hohenberge.

Die Chloridionenkonzentrationen zeigen den jahreszeitlichen Gang, entsprechend den hohen, geringbelasteten Oberflächenabflüssen im Winter und der hohen Evapotranspiration im Sommer. Der Trend zu höheren Werten, entsprechend der ansteigenden Mineralisation des Deponiesickerwassers, ist durch die Ausgleichsgerade dargestellt. Der sprunghafte Abfall in den Gehalten im Sommer 1993 ist auf die provisorische Oberflächenabdichtung zurückzuführen.

Verhältniswert c_m/c_n von 0,70. Es kann davon ausgegangen werden, daß sich der Chemismus im Deponiesickerwasser nur langsam verändert. Aus diesem Grunde kann auch für die Jahre 1993 und 1994 von einem Wert für c_n von etwa 950 mg/l ausgegangen werden. Daraus resultieren für das Jahr 1993 Werte von $c_m/c_n = 0,64$ und 1994 von $c_m/c_n = 0,41$.

Die im Randgraben gemessenen Konzentrationen unterliegen im Gegensatz zu den Gehalten des Sickerwassers in der Deponie c_n jahreszeitlichen Schwankungen, wie Abb. 148 zeigt. Dies hängt direkt mit dem Wasserhaushalt der Deponie zusammen. Wie Abb. 147 zeigt, ist die Evapotranspiration im Sommer am höchsten, im Winter am niedrigsten. Im Sommer besteht das Wasser im Randgraben daher zu einem größeren Anteil aus Deponiesickerwasser ($A_{U,in}$) und zu einem geringeren Anteil aus unbelastetem oder nur gering belastetem Oberflächenabfluß A_O. Im Winter dagegen nimmt der Anteil an Oberflächenabfluß zu. Dies spiegelt sich in Abb. 148 in den langjährig festgestellten jahreszeitlichen Schwankungen der Chloridionenkonzentrationen und auch in den übrigen deponiespezifischen Parametern wider. Es ist jedoch auch ein deutlicher Trend zu immer größeren Werten bis 1993 festzustellen. Dieser Trend wurde durch eine Regressionsgerade dargestellt. Diese weist daher indirekt nach, daß die Salzgehalte im Sickerwasser der Deponie, die in den zurückliegenden Jahren nicht bestimmt wurden, einen ansteigenden Trend aufweisen, wie dies entsprechend dem Elutionsverhalten der abgelagerten Stoffe zu erwarten ist und auch von anderen Deponien beschrieben wurde.

Im Jahre 1993, im Zuge der provisorischen Abdeckung kam es jedoch zu einem abrupten Rückgang der Werte. Da davon auszugehen ist, daß der Sickerwasserchemismus dem ursprünglichen Trend zu höheren Werten folgt, ist dieser Rückgang in der Verringerung des unterirdischen Zuflusses von Sickerwasser $A_{U,in}$ und ansteigenden Werten des Oberflächenabflusses A_O zu sehen. Nach dem sprunghaften Rückgang im Jahre 1993 läßt sich nun ein Trend zu langsam weiter abfallenden Verhältniswerten erkennen: So verringerten sich die Jahresmittelwerte von 441 mg/l im Jahre 1993 auf 386 mg/l im Jahre 1994 und 262 mg/l im Jahre 1995.

Aus den Chloridionenverhältnissen und der aus dem Randgraben entnommenen Wassermenge Q_K wird der dem Randgraben zuströmende Anteil des neugebildeten Sickerwassers $A_{U,in}$ bestimmt. Diese Werte sind stark vom Absolutwert des insgesamt neu gebildeten Sickerwassers abhängig. Die Werte liegen zwischen 17,4 % und 30,7 % des Gesamtjahresniederschlags. Gegenüber der starken Anhängigkeit von den meteorologischen Daten ist die Abhängigkeit vom baulichen Zustand der Deponie kleiner.

Der gesamte unterirdische Abfluß A_U bzw. die Grundwasserneubildungsrate liegt mit Werten zwischen 300 mm und 530 mm im Jahr in einer weiten Wertebereichsspanne, wobei der Wert für die oben offene Deponie (1992) mit 327 mm im Jahr im unteren Bereich angesiedelt ist. Dies dürfte jedoch mit den trockenen Witterungsverhältnisse 1992 zusammenhängen. Die Wirksamkeit der Oberflächenabdeckung läßt sich am Rückgang der Werte für 1993 von 533 mm auf 302 mm im Jahre 1994 ablesen.

Deutlicher ist die Zunahme des Oberflächenabflusses A_O von 64 mm für die offene Deponie auf 175 mm für die teilweise abgedeckte und 256 mm für die abgedeckte und begrünte Deponie auszumachen. Dies zeigt jedoch, daß die Wirksamkeit der provisorischen Oberflächenabdichtung zu einem großen Teil auf die Steigerung des Oberflächenabflusses zurückzuführen ist. Im Vergleich zu den Literaturwerten wurden an der Deponie Varel-Hohenberge auch schon für den Zeitpunkt ohne Abdeckung höhere Werte bestimmt.

Aus dem Bilanzglied $A_{U,ex}$ und dem hydraulischen Gradienten i_v läßt sich der k-Wert des Kleis an der Basis der Deponie ermitteln. Mit $A_{U,ex} \approx 17.000$ m^3/a und $i_v \approx 5$ ergibt sich $k_v \approx 1 \cdot 10^{-9}$ m/s. Das heißt, der aus der Bilanzierung ermittelte k-Wert ist um eine Zehnerpotenz kleiner als der auf der sicheren (durchlässigen) Seite nach Laborversuchen abgeleitete Bemessungswert, vgl. Tab. 45. Damit ist eine gute Übereinstimmung zwischen Bilanzierungen und hydraulischen Abschätzungen gegeben.

4.4   Speichervolumenänderungen, Prognose der Auswirkungen von Oberflächenabdichtungen

Wie in den Abschnitten 4.2 und 4.3 ausgeführt, können anhand der monatlichen bzw. wöchentlichen Aufsummierung der einzelnen Bilanzglieder Aussagen zu Speichervolumenänderungen im Deponiekörper gemacht werden. Die in den Abbildungen 145 und 147 dargestellten Summenlinien wurden daher weitergehend ausgewertet und ergänzt. Im Anhang 4 sind sämtliche aufgestellten Bilanzen dargestellt. Für die Deponie Wesermarsch-Mitte wurde die Bilanz 1990 in monatlichen Teilabschnitten durchgeführt, für die Deponie Varel-Hohenberge in den Jahren 1992 und 1993 in monatlichen Teilabschnitten, im Jahre 1994 in wöchentlichen Teilabschnitten. Die Grafiken verdeutlichen, daß eine wöchentliche Darstellung die Summenlinien zwar eine wesentlich besserere Auflösung liefert, für die hier durchgeführten Auswertungen ist jedoch diese detaillierte Darstellung nicht erforderlich. Auch für die Überwachung von Deponien ist der erhöhte Aufwand nicht erforderlich.

In allen Bilanzen des Anhanges 4 wurden die Anfangs- und Endwerte des im Untergrund verbleibenden Anteils des unterirdischen Abflusses $A_{U,ex}$ miteinander verbunden. Die Differenz zwischen Anfangs- und Endwert stellt das Ergebnis der Gesamtjahresbilanz dar. Ein Vergleich aller Diagramme miteinander zeigt, daß die Wahl des Gewässerjahres gegenüber dem hier dargestellten Kalenderjahr etwas genauere Ergebnisse geliefert hätte. Dies war jedoch aufgrund der vorgegebenen Datenerfassung nicht praktikabel.

In allen Grafiken wurden die maximalen Differenzen zwischen dem realistisch als Gerade dargestellten Verlauf von $A_{U,ex}$ und dem aus der Bilanz resultierenden Zickzackverlauf mit Pfeilen dargestellt. Die sich daraus jeweils ergebende maximale Speichervolumenänderung in m^3 ist in Tab. 46 dargestellt. Nach der Division durch die Grundfläche der Deponie wurde jeweils die aus der Speichervolumenänderung resultierende Wassersäule in Metern angegeben.

Für die Deponie Wesermarsch-Mitte liegen im Bilanzierungszeitraum keine Sickerwasserstandsmessungen vor, da zu diesem Zeitpunkt noch keine Meßstellen eingerichtet waren. Für die Bilanzierungsjahre 1992 bis 1994 der Deponie Varel-Hohenberge können der maximalen Speichervolumenänderung maximale Sickerwasserstandsänderungen ΔH zugeordnet werden. In Tab. 46 ist der Mittelwert aus mehreren Meßstellen dargestellt, die nicht durch den Pumpbetrieb in den Gasbrunnen beeinflußt sind. Aus diesen Daten läßt sich unmittelbar das effektive Porenvolumen des Hausmülls errechnen, das für die Deponie Varel-Hohenberge zwischen 30 % und 39 %, im Mittel 36 % liegt.

Verglichen mit dem von COLLINS & SPILLMANN (1986) angegebenen Wert von 54 % Gesamt-Speicherkapazität des Hausmülls stellt ein Wert von 36 % für die effektive Porosität eine realistische Größe dar.

Mit der Ermittlung des effektiven Porenvolumens liegt ein wesentlicher Parameter für die Verknüpfung von Daten aus der Wasserbilanz und hydraulischen Daten der Deponie vor. Verknüpft man diese, so lassen sich Prognosen ableiten, wie sich die Deponie hydraulisch verhält, wenn eines der Bilanzglieder wesentlich verändert wird. Diese Situation liegt z. B. vor, wenn eine Deponie

Wasserbilanz	maximale Speichervolumenänderung ΔV_{sp}		Sickerwasser-standsänderung $\Delta \overline{H}$ [*]	effektives Porenvolumen $n_{eff} = \Delta V_{sp} / \Delta \overline{H}$
	[m^3]	[m]	[m]	[ ]
Wesermarsch-Mitte 1990	16.000	0,149	--	--
Varel-Hohenberge 1992	18.500	0,195	0,5	0,39
Varel-Hohenberge 1993	16.000	0,168	0,44	0,38
Varel-Hohenberge 1994	17.000	0,179	0,59	0,30
Mittelwert				0,36

[*] Mittelwerte der nicht durch das Abpumpen beeinflußten Meßstellen

Tabelle 46. Ableitung des effektiven Porenvolumens n_{eff} des Deponiekörpers aus der mittels der Bilanz ermittelten maximalen Speichervolumenänderung ΔV_{sp} und der im selben Zeitraum stattgefundenen mittleren Sickerwasserstandsänderung ΔH.

durch eine Oberflächenabdichtung gesichert wird. Dies ist jedoch ein wesentlicher Fall, da es von großem Interesse ist, vor Durchführung einer Sicherungsmaßnahme abzuschätzen, wie wirksam diese ist, in welchem Zeitraum und in welchem Maße die Auswirkungen einer Oberflächenabdichtung stattfinden werden.

Aussagen darüber können nur über eine Untersuchung des Einzelfalles gemacht werden. In der Kombination von Wasserbilanz und hydraulischem Verhalten stellt jede Deponie einen spezifischen Einzelfall dar, auf den sich keine allgemein gültigen Berechnungsverfahren anwenden lassen. Aus diesem Grunde wird nachfolgend für die Deponie Varel-Hohenberge eine exemplarische Untersuchung vorgestellt.

Mit der vorliegenden Datengrundlage wird das Absinken des Sickerwasserstandes in der Deponie Varel-Hohenberge infolge einer Oberflächenabdichtung prognostiziert. Grundlage für diese Prognose ist die gut abgesicherte Annahme, daß die Emission ins Grundwasser, dargestellt durch das Bilanzglied $A_{U,ex}$, nur von hydraulischen Randbedingungen, d. h. vom k-Wert des Deponieuntergrundes und vom hydraulischen Gradienten abhängig ist. Weiterhin wird die Prognose vorerst unter der Annahme durchgeführt, daß die Restdurchlässigkeit der Oberflächenabdichtung gering ist.

Mit diesen Annahmen folgt für den hydraulischen Gradienten i_v, der zwischen Deponiesickerwasser und Grundwasser wirkt, daß er mit der Zeit immer kleinere Werte annimmt, da dem Gesamtsystem das vor der Sicherung wirksame Bilanzglied A_U entzogen ist. In dem Maße, wie die im Untergrund verbleibende Teilmenge des unterirdischen Abflusses immer kleinere Werte annimmt, gehen auch die in den Randgraben rückinfiltrierten Teilmengen des unterirdischen Abflusses $A_{U,in}$ zurück, da sich im selben Maße auch der hydraulische Gradient i_h zwischen Deponiesickerwasser und dem Wasserstand im Deponierandgraben verringert. Während der vertikale Gradient, der für das Bilanzglied $A_{U,ex}$ gültig ist, sich assymptotisch einem Wert von $i_v = 1$ nähert, nähert sich der horizontale Gradient, der das zeitliche Verhalten von $A_{U,in}$ bestimmt, einem Wert von $i = 0$.

Für die zeitabhängige Entwicklung des Sickerwasserstandes in der Deponie Varel-Hohenberge nach einer Oberflächenabdichtung gilt:

$$h_{(t)} = f\left(A_{U,ex(t)}, \; A_{U,in(t)}, \; Q_{B(t)}\right)$$

mit

$A_{U,ex}$:   die Kleischicht an der Basis vertikal durchströmende Teilmenge des
                 unterirdischen Abflusses A_U,

$A_{U,in}$:   die auf der Kleischicht horizontal dem Randgraben zuströmende
                 Teilmenge des unterirdischen Abflusses A_U,

Q_B :   die aus Brunnen im Müllkörper entnommene Sickerwassermenge.

Zur Bestimmung des zeitlichen Verlaufs der Sickerwasserspiegeländerung wurde eine numerische Simulation durchgeführt unter der vereinfachenden Annahme, daß im Deponiekörper durch biologische Vorgänge kein Wasser verbraucht bzw. erzeugt wird. Diese wird zuerst für den Fall durchgeführt, daß durch die Oberflächenabdichtung die im Abschnitt 3.4.1 beschriebenen Kriterien für den Sickerwassereinstau in der Deponie unterschritten werden, was bei dem zu erwartenden Wertebereich für den anzunehmenden Wirkungsgrad der Oberflächenabdichtung der Deponie Varel-Hohenberge gewährleistet ist. Unter dieser Voraussetzung ist eine komplette Entwässerung des im Müllkörper gespeicherten Volumens an Sickerwasser möglich, sofern die Druckhöhe des Grundwassers tief liegt. Im zweiten Fall wird untersucht, auf welchem tieferen Niveau sich der Sickerwasserstand nach der Oberflächenabdichtung stabilisiert, wenn dieses Kriterium nicht eingehalten ist.

Als Ausgangswerte gehen in die numerische Simulation ein:

$A_{U,ex,0}$:   die im Untergrund verbleibende Teilmenge des unterirdischen Abflusses
                   A_U zum Zeitpunkt t_0 vor der Oberflächenabdichtung,

$A_{U,in,0}$:   die in den Deponierandgraben reinfiltrierte Teilmenge des unterirdischen
                   Abflusses AU zum Zeitpunkt t_0 vor der Oberflächenabdichtung,

$Q_{B,0}$:   die Anfangspumpleistung in den Deponiebrunnen,

h_0 :   die Einstauhöhe des Sickerwassers vor der Oberflächenabdichtung,

η_1 : der Systemwirkungsgrad der Oberflächenabdichtung,

M : die Mächtigkeit der die Deponie unterlagernden Kleischicht,

n_{eff} : die effektive Porosität des Hausmülls,

A : die Fläche der Deponie.

Es wurde bei den Simulationen in Zeitintervallen von $t = 1a$ vorgegangen. Das Berechnungsverfahren ist auf Tab. 47 dargestellt.

Aus den Berechnungen ergibt sich der zeitliche Verlauf des Sickerwassereinstaus in der Deponie $h_{(t)}$ sowie der zeitliche Verlauf der Wassermengen $A_{U,ex}(t)$, $A_{U,in}(t)$ und $Q_B(t)$ sowie der zeitliche Verlauf des insgesamt noch in der Deponie vorhandenen Restvolumens $V_{SP}(t)$.

Die Ergebnisse von Simulationen sind exemplarisch auf Abb. 149 für $\eta_1 = 100\,\%$ und $Q_{B,0} = 0$, auf Abb. 150 für $\eta_1 = 97\,\%$ und $Q_{B,0} = 4.000\ \mathrm{m^3/a}$ und auf Abb. 151 für $\eta_1 = 80\,\%$ und $Q_{B,0} = 0$ dargestellt. Dabei wurde berücksichtigt, daß die Pumpleistung in den Gasbrunnen aufgrund der immer geringer werdenden benetzten Filteroberfläche linear auf 0 zurückgeht.

Weitere Ergebnisse für verschiedene Werte η_1 und $Q_{B,0}$ sind im Anhang 5 dargestellt. Die Diagramme zeigen, daß bei einem hohen Systemwirkungsgrad der Oberflächenabdichtung η_1 eine vollständige Entwässerung des Deponiekörpers erzielbar ist, da der hydraulische Gradient i_v mindestens wirksam ist, solange der Sickerwasserspiegel im Deponiekörper verläuft. Erst wenn der

Berechnungswert		Zeitintervall	
		$t = 0$	$t = n\,a$
$A_{u,ex}$		$A_{u,ex,0}$	$A_{u,ex(n-1)}\ (M + h)/(M + h_0)$
$A_{u,in}$		$A_{u,in,0}$	$A_{u,in(n-1)} \cdot h/h_0$
Q_B		$Q_{B,0}$	$Q_{B(n-1)} \cdot h/h_0$
Q *)		$A_{u,ex,0} + A_{u,in,0} + Q_{B,0}$	$(A_{u,ex} + A_{u,in} + Q_{B,0})_{(n-1)} - (1-\eta) \cdot Q_0$
Δh		$Q_0 \cdot \eta/(A \cdot n_{eff})$	$Q_{(n-1)} \cdot \eta/(A \cdot n_{eff})$
h		h_0	$h_{(n-1)} - \Delta h_{(n-1)}$
i_v		$(M + h_0)/M$	$(M + h_{(n)})/M$
ΔV_{sp}		Q_0	$V_{sp,0} - \Sigma Q$
V_{sp}		$h_0 \cdot n_{eff} \cdot A$	$V_{sp} - \Delta V_{sp(n)}$

*) Q: Dem System durch die Oberflächenabdichtung entzogene Wassermenge

Tabelle 47. Numerische Simulation des Verhaltens des Sickerwassers in der Deponie nach einer Oberflächenabdichtung. Darstellung des Berechnungsverfahrens für die in Zeitabschnitten von $t = 1\ a$ durchgeführte Simulation. Zur Erläuterung der Abkürzungen, vgl. Tab. 45.

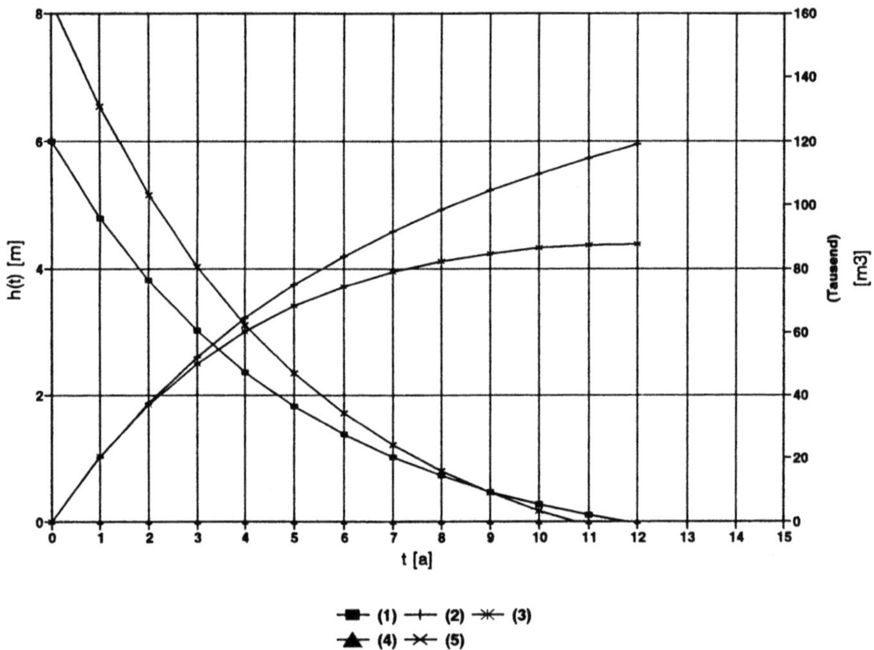

Abb. 149. Numerische Simulation des zeitlichen Verlaufs der Sickerwasserstände und von Bilanzgliedern (Summenkurven) nach einer Oberflächenabdichtung.

Wirkungsgrad der Oberflächenabdichtung : η_1 = 100 %
Anfangswasserentnahme aus Brunnen : $Q_{B,0}$ = 0
(1): $h(t)$ (2): $A_{U,ex}$ (3): Q_B (4): $A_{U,in}$ (5): V_{sp}
V_{sp}:   Restwassermenge im Deponiekörper, übrige Bezeichnungen, vgl. Abb. 145.

Sickerwasserspiegel in den die Deponie unterlagernden Klei eintritt, nähert sich i_v in Abhängigkeit vom Grundwasserstand einem Wert von Null. Das bedeutet, daß in der Kleischicht dauerhaft ein Restvolumen Sickerwasser verbleiben wird, das sich aus der die Oberflächenabdichtung durchsickernden Restwassermenge speist. Bei einem Wirkungsgrad η_1 = 100 % ist für die vollständige Entwässerung des Deponiekörpers ein Zeitraum von 12 Jahren erforderlich. Nach Einstellung eines hydraulischen Gleichgewichts im Klei würden dann keine Emissionen mehr stattfinden. Für diesen Fall nehmen die Gesamtwassermengen vom Zeitpunkt der Oberflächenabdichtung bis zum Ende der Emissionen $\Sigma A_{U,ex}$ und $\Sigma A_{U,in}$ mit 120.000 m^3 bzw. 85.000 m^3 die geringsten Werte an. Das heißt, nach Aufbringen der Oberflächenabdichtung findet eine nachträgliche Emission von mindestens 120.000 m^3 ins Grundwasser statt. Dieser Wert kann durch unterstützendes Abpumpen von Deponiebrunnen auf einen Wert von etwa 105.000 m^3 reduziert werden; die erforderliche Zeitdauer zur Entwässerung des Müllkörpers reduziert sich jedoch nicht, sondern verlängert sich im Gegenteil geringfügig aufgrund des veränderten Gradientenverlaufs.

Wie die Diagramme zeigen, erhöht sich bei einem geringeren Wirkungsgrad der Oberflächenabdichtung die zur Entwässerung notwendige Zeit erheblich,

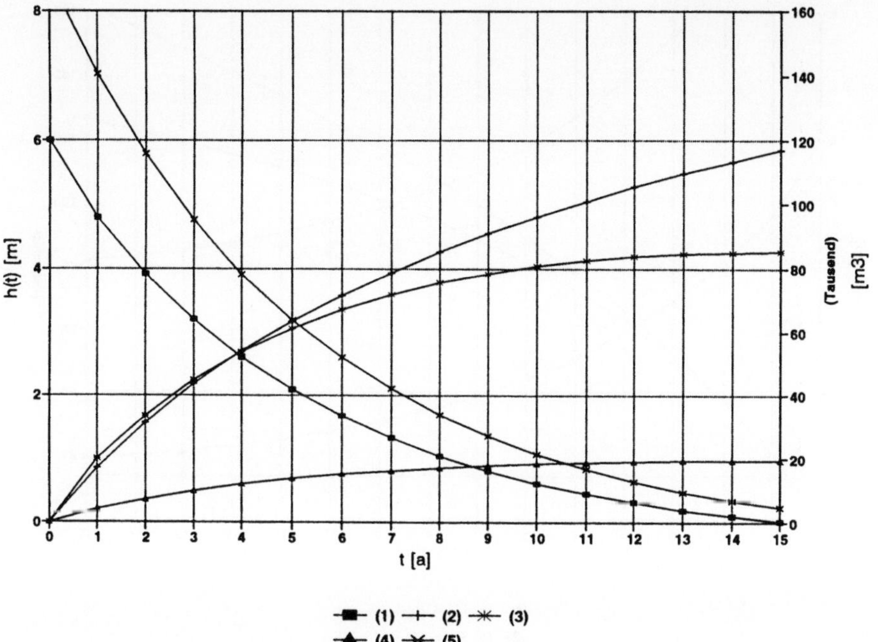

Abb. 150. Numerische Simulation des zeitlichen Verlaufs der Sickerwasserstände und von Bilanzgliedern (Summenkurven) nach einer Oberflächenabdichtung.

Wirkungsgrad der Oberflächenabdichtung : $\eta 1$ = 97 %
Anfangswasserentnahme aus Brunnen : QB,0 = 4000 m³/a
Legende vgl. Abb. 149.

während die im Untergrund verbleibende Gesamtwassermenge zunimmt. Ab einem Grenzwirkungsgrad von $\eta_{1,g}$ = 92 % mit einer Anfangspumpleistung von 4.000 m³/a oder 90 % ohne zusätzliches Abpumpen kann der Deponiekörper nicht mehr vollständig entwässert werden, der Sickerwasserstand nähert sich asymptotisch einem unteren Grenzwert h_{min}, der bei einem Wirkungsgrad der Oberflächenabdichtung von 80 % 0,67 m, bei einem Wirkungsgrad von 50 % 2,68 m beträgt.

Für Werte oberhalb des Grenzwirkungsgrades $\eta_{1,g}$ der Oberflächenabdichtung gelangt die Restmenge des die Oberflächenabdichtung durchströmenden Sickerwassers nach der Entwässerung des Müllkörpers vollständig in den Deponieuntergrund. Dem Randgraben und den Entwässerungsbrunnen im Müllkörper strömt kein Sickerwasser mehr zu. Für Werte unterhalb des Grenzwirkungsgrades bleibt ein dauerhafter Zufluß in den Randgraben bestehen. Eine Entnahme von Sickerwasser aus der Deponie ist weiterhin möglich, dürfte jedoch nicht effektiv sein, aufgrund der deutlich reduzierten benetzten Filterstrecke.

Für eine Anfangspumpleistung Q_B = 4.000 m³/a und Wirkungsgraden der Oberflächenabdichtung η_1 zwischen 91 % und 100 % ist auf Abb. 152 das Entwässerungsverhalten des Deponiekörpers dargestellt. Für die Wirkungsgrade η_1 der Oberflächenabdichtung zwischen 91 % und 100 % ist die Zeit t dargestellt,

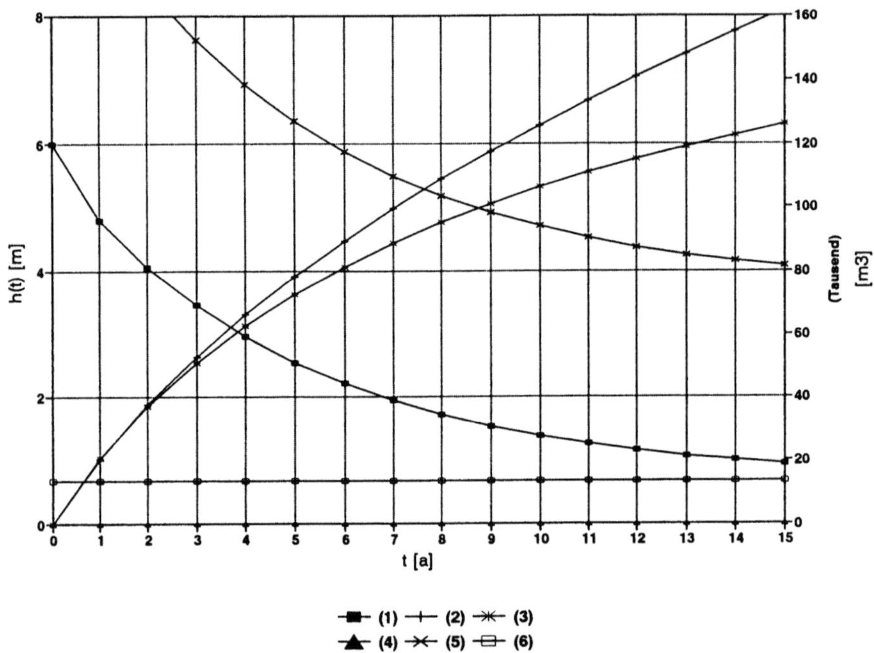

Abb. 151. Numerische Simulation des zeitlichen Verlaufs der Sickerwasserstände und von Bilanzgliedern (Summenkurven) nach einer Oberflächenabdichtung.

Wirkungsgrad der Oberflächenabdichtung : $\eta 1$ = 80 %
Anfangswasserentnahme aus Brunnen : QB,0 = 0
Legende vgl. Abb. 149

(6): h_{min}:   asymptotisch angenäherter, minimal erzielbarer Sickerwasserstand in der Deponie.

die benötigt wird, bis der Deponiekörper vollständig entwässert wird. Die Zeitdauer zeigt bei Wirkungsgraden zwischen 100 % und 94 % ein nahezu lineares Ansteigen von 13 Jahren auf 20 Jahre. Mit Annäherung an den Grenzwirkungsgrad $\eta_{1,g}$ = 91,7 % steigt die notwendige Zeitdauer überproportional an. Sie beträgt bei 92 % schon 30 Jahre.

Daneben sind auf Abb. 152 auch die Gesamtwassermengen bis zur vollständigen Entwässerung angegeben. Die im Untergrund verbleibende Wassermenge zeigt ein analoges Verhalten zu t. Mit Annäherung an den Grenzwirkungsgrad geht der lineare Verlauf in einen exponentiellen über. Die in den Randgraben reinfiltrierte Wassermenge unterscheidet sich nur geringfügig in Abhängigkeit vom Wirkungsgrad η_1. Zum Vergleich ist im Diagramm die Restsickerwassermenge V_R angegeben, die aus der Restdurchsickerung der Oberflächenabdichtung resultiert. Diese verläuft linear über den Grenzwirkungsgrad hinaus. Sie stellt die dauerhafte Emission von Sickerwasser ins Grundwasser dar. Hinsichtlich der daraus resultierenden Emissionen gibt es jedoch einen qualitativen Unterschied zwischen dem Zeitraum vor und nach der Entwässerung. Nach Durchsickerung der Oberflächenabdichtung sickert die Restwassermenge in der ungesättigten Zone des Müllkörpers bis auf die

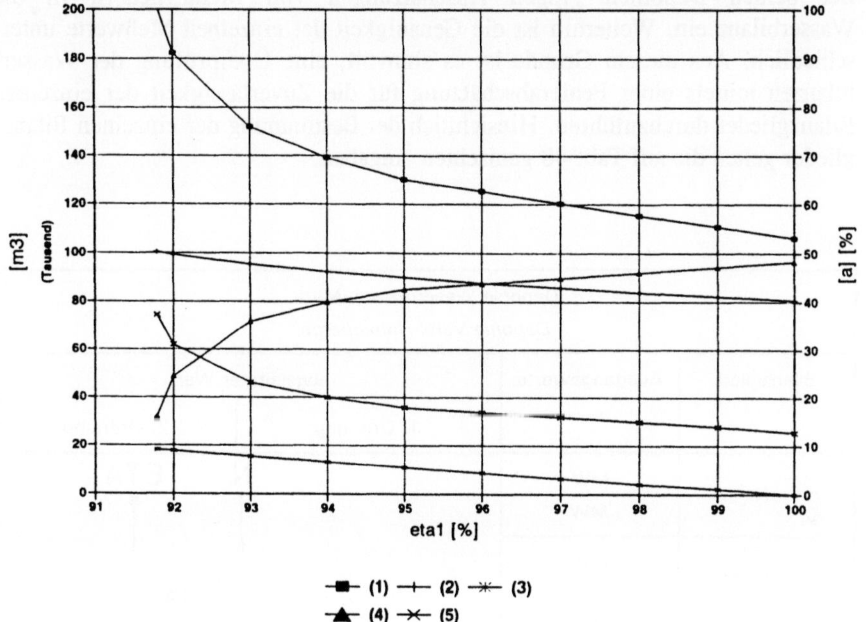

Abb. 152. Gesamtwassermengen, $A_{U,ex}$, $A_{U,in}$ und V_R bis zur vollständigen Entwässerung der Deponie zum Zeitpunkt t in Abhängigkeit vom Wirkungsgrad der Oberflächenabdichtung η_1. Mit η_2 ist der Wirkungsgrad der Entwässerungsmaßnahme bezeichnet, Erläuterungen siehe Text.

(1): $A_{U,ex}$ (2): $A_{U,in}$ (3): Q_t (4): η_2 (5): V_R

VR: Restwassermenge im Deponiekörper, übrige Bezeichnungen, vgl. Abb. 145.

Deponiebasis, während sie vor der Entwässerung nach Durchsickerung der ungesättigten Zone die gesättigte Zone ergänzt hat. Es ist davon auszugehen, daß das Elutionsverhalten in der gesättigten Zone sich von dem der ungesättigten Zone unterscheidet. Untersuchungsergebnisse darüber liegen jedoch nicht vor.

Die Ergebnisse der Darstellung, wie sich der Wirkungsgrad der Oberflächenabdichtung η_1 auf die Entwässerung der Deponie auswirkt, kann zusammenfassend mit einem Wirkungsgrad η_2 beschrieben werden, der das Entwässerungsverhalten des Deponiekörpers anhand der insgesamt zu gewinnenden Wassermengen aus dem Randgraben $A_{U,in}$ und aus den Brunnen Q_B im Verhältnis zur Gesamtwassermenge beschreibt. Der Wirkungsgrad η_2 ist auf Abb. 152 in Abhängigkeit von η_1 dargestellt. Er verläuft zwischen η_1 = 100 % und η_1 = 96 % nahezu linear und fällt von einem Wert von 48 % auf 43,5 % ab. Danach verringert sich η_2 überproportional und weist bei η_1 = 92 % lediglich noch 24,5 % auf.

4.5 Fehlerabschätzung

Bei beiden Deponien gingen Abschätzungen von Bilanzgliedern in die Wasserbilanz ein. Weiterhin ist die Genauigkeit der einzelnen Meßwerte unterschiedlich. Aus diesem Grunde ist es sinnvoll, eine Überprüfung der Wasserbilanzen mittels einer Fehlerabschätzung für die Zuverlässigkeit der einzelnen Bilanzglieder durchzuführen. Hinsichtlich der Bestimmung der einzelnen Bilanzglieder gelten die auf Tab. 48 gemachten Angaben.

Deponie Wesermarsch-Mitte *Deponie Varel-Hohenberge*			
Bilanzglied	**Ausgangswerte**	**abgeleiteter Wert**	
		1. Ordnung	2. Ordnung
N	MW / *MW*	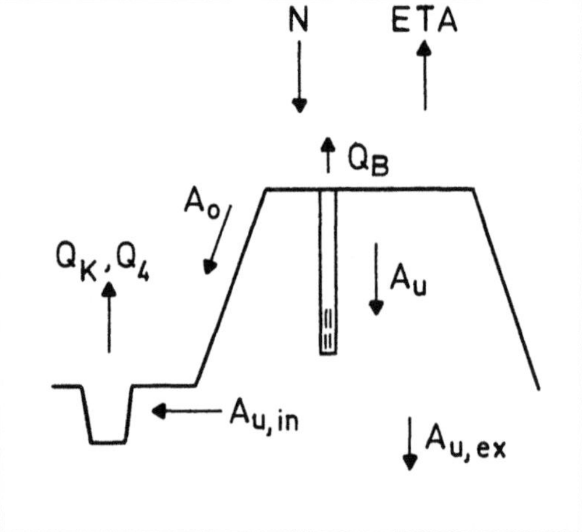	
ETP	MW / *MW*		
ETA	AW / *AW*		
Q_4 / Q_K	MW / *MW*		
Q_B	*MW*		
c_m/c_n	MW / *MW*		
A_o	AW / *MW*	$(1 - c_m/c_n)\cdot Q_K$	
$A_{u,in}$	(AW + MW) / *(MW)*	$c_m/c_n \cdot Q_K$	$A_u - A_{u,ex}$
$A_{u,ex}$	(AW + MW) / *(AW + MW)*	$N - ETA - Q_K - Q_B$	$A_u - c_m/c_n \cdot Q_4$
A_u	(AW + MW) / *(AW + MW)*	$N - ETA - A_o$	$A_{u,in} + A_{u,ex} + Q_B$

MW: Meßwert   AW: abgeschätzter Wert

Tabelle 48. Fehlerabschätzung für die Bilanzglieder. Die normalen Werte gelten für die Deponie Wesermarsch-Mitte, die kursiven für die Deponie Varel-Hohenberge.

In die Bilanz gehen Ausgangswerte ein, die zum überwiegenden Teil direkt ermittelte Meßwerte sind: N, ETP, Q_4, Q_K, Q_B und c_m/c_n. Dagegen wird ETA lediglich auf der Grundlage von ETP abgeschätzt. Hinsichtlich der Sicherheit bei der Bestimmung der Bilanzglieder wird dann noch einmal unterschieden zwischen Bilanzgliedern 1. Ordnung, die direkt aus den Ausgangswerten abgeleitet sind und denen 2. Ordnung, die indirekt über ein Bilanzglied 1. Ordnung abgeleitet wurden. Wesentlich für die Beurteilung der Bilanzen ist, daß zum einen der Oberflächenabfluß an der Deponie Varel-Hohenberge auf gemessenen Werten basiert und somit abgesichert ist, da er direkt aus dem Verhältniswert c_m/c_n und der gemessenen, aus dem Randgraben entnommenen Wassermenge abgeleitet ist. Ebenso verhält es sich mit der im Randgraben zurückgewonnenen Sickerwassermenge $A_{U,in}$, während diese Wassermenge an der Deponie Wesermarsch-Mitte indirekt und anhand von abgeschätzten Werten ermittelt wird.

Sowohl die im Untergrund verbleibende Wassermenge $A_{U,ex}$ als auch die Sickerwasserneubildungsrate in der Deponie A_U basieren bei beiden Deponien auf dem abgeschätzten Wert ETA, der über einen Abminderungsfaktor für die Gesamtjahresbilanz aus ETP abgeleitet wurde. Dieser Abminderungsfaktor stellt ein einfaches, leicht handhabbares Hilfsmittel für die Jahresbilanz dar, ist jedoch bodenphysikalisch gesehen nicht exakt. Wesentlich für eine Beurteilung der Genauigkeit der Wasserbilanzen ist somit, zum einen abzuschätzen, wie groß der zufällige Fehler bei der Bestimmung von c_m/c_n ist und über eine Auswertung der vorliegenden Daten exemplarisch abzuschätzen, wie groß der mögliche systematische Fehler bei der Bestimmung von ETA aus ETP ist.

Gemäß der Untergliederung auf Tab. 48 werden nachfolgende Abschätzungen getroffen. Diese Aussagen stützen sich zum größten Teil auf die Verhältnisse an der besser untersuchten Deponie Varel-Hohenberge.

Niederschlagsmessung (N)

geschätzter zufälliger Fehler: ΔN_r: +/- 1 %

Messung der potentiellen Evapotranspiration ETP

geschätzter zufälliger Fehler: ΔETP_r: +/- 1 %

Abschätzung der aktuellen Evapotranspiration

Die Abschätzung ist mit einem systematischen Fehler behaftet, dessen Größe direkt nur durch langjährige Messungen bestimmt werden kann. Diese liegen noch nicht vor. Daher wird unten eine indirekte Eingrenzung vorgenommen.

Wassermengenmessung Q_K, Q_4, Q_B

geschätzter zufälliger Fehler einschließlich eines anzunehmenden systematischen Fehlers durch Zu- oder Abstrom: ΔQ_r: +/- 5 %

Hydrochemische Bestimmungen c_m/c_n

Für die Bestimmung des zufälligen Fehlers bei der Ermittlung des Verhältniswertes der Sickerwasserkonzentrationen zwischen Deponie- und Randgraben c_m/c_n liegen bei der Deponie Varel-Hohenberge zuverlässige langjährige Messungen vor, die nachfolgend ausgewertet wurden:

Für die Bestimmung des Verhältniswertes c_m/c_n wurden die Jahresmittelwerte von c_m ins Verhältnis zum Mittelwert c_n aus 5 Einzelmessungen gesetzt.

Es ergeben sich folgende relativen Fehler:

$\Delta(c_n)_r$:   51 %
$\Delta(c_m)_r$:   41 %

c_m ist aus der linearen Regression der jährlichen Mittelwerte, nicht der Einzelwerte - wie auf Abb. 55 dargestellt - abgeleitet. Gemäß den Regeln der Fehlerfortpflanzung ergibt sich daher für
$\Delta(c_m/c_n)_r$:   +/- 92 %.

Die oben beschriebenen zufälligen und systematischen Fehler bei den Erfassungsgrößen wirken sich folgendermaßen auf die indirekt ermittelten Bilanzglieder aus:

Oberflächenabfluß (A_o)

Aufgrund des großen zufälligen Fehlers bei der Bestimmung von c_m/c_n ist der Oberflächenabfluß für die Deponie Varel-Hohenberge ebenso mit einem großen Fehler behaftet. Für die Deponie Varel gilt ein abgeleiteter relativer Fehler:

$\Delta(A_o)_r$:   +/- 97 %

Für die Deponie Wesermarsch-Mitte ist A_o lediglich ein abgeschätzter Wert.

Im Randgraben wiedergewonnene Wassermenge ($A_{U,in}$)

Bei der Deponie Varel-Hohenberge gilt wie für den Oberflächenabfluß, daß das Meßergebnis mit einem großen zufälligen Fehler behaftet ist.

$\Delta(A_{U,in})_r$:   +/- 97 %

Für die Deponie Wesermarsch-Mitte konnte aufgrund der Datenlage keine zutreffende Abschätzung durchgeführt werden.

Im Untergrund verbleibende Wassermenge ($A_{U,ex}$)

Da die Wassermenge $A_{U,ex}$ nicht von c_m/c_n abhängig ist, sondern von den mit großer Genauigkeit bestimmten Wassermengen Q_K und Q_B ist der daraus resultierende zufällige Fehler klein.

Schwieriger gestaltet sich die Abschätzung, inwiefern die aktuelle Evapotranspiration ETA aus der potentiellen Evapotranspiration ETP über den Abminderungsfaktor a zuverlässig abgeschätzt wurde und wie groß ein möglicher systematischer Fehler dabei ist. Das Ergebnis der Wasserbilanz, die im Untergrund verbleibende Restwassermenge $A_{U,ex}$ hängt bei beiden Deponien von der zuverlässigen Wahl des Abminderungsfaktors a ab. Dieser wurde ausschließlich aus Literaturangaben abgeleitet. Von daher muß von einer bislang noch nicht genau eingrenzbaren Unsicherheit des Meßergebnisses ausgegangen werden. Die durchgeführten Wasserbilanzen lassen es jedoch zu, unter realistischen Annahmen die extremalen Werte von a einzugrenzen. Dies hängt damit zusammen, daß bei beiden Deponien neben den reinen meteorologischen Größen aus dem Betrieb der Deponie bestimmt wurden: Die aus dem Randgraben entnommenen Wassermengen Q_K (Varel) bzw. Q_4 (Wesermarsch) und die aus Brunnen entnommenen Sickerwassermengen Q_B (Varel). Auf Tab. 49 wurde eine extreme Fehlerabschätzung durchgeführt. Sie beruht darauf, daß als oberer Grenzwert für ETA = ETP gesetzt wurde. Für den unteren Grenzwert wurde eine Abschätzung in Anlehnung an die Untersuchungen von DÖRHÖFER & JOSOPAIT (1980) für

Bilanz	N [mm/a]	ETP [mm/a]	ETA [mm/a]	A_U [mm/a]	$A_{U,ex}$ [mm/a]
Varel 1992	861	588	470 588 197	 600	139 21 412
Varel 1993	1025	397	317 397 120	 730	184 104 381
Varel 1994	928	412	371 412 253	 420	82 41 200
Weser- marsch 1990	782	537	430 537 316	 450 	126 19 240

Tabelle 49. Fehlerabschätzung für die Ermittlung der aktuellen Evapotranspiration. Die erste Zeile zeigt jeweils realistische Werte aus der Wasserbilanz. Die zweite Zeile eine Abschätzung wie sich $A_{U,ex}$ verhält, wenn ETA = ETP gesetzt wird. Die dritte Zeile zeigt eine unrealistisch geringe Abschätzung von ETA nach dem Verfahren von DÖRHÖFER & JOSOPAIT (1990).

natürliche Böden durchgeführt. Dabei wurden weit auf der sicheren Seite liegende Annahmen getroffen:

Oben offene Deponie: Sandboden, unbewachsen, grundwasserfern
Abgedeckte Deponie: Sandboden, Wiese, grundwasserfern

Daraus ergeben sich unrealistisch große relative Fehler:

$\Delta(ETA)_r$:   +/- 75 %
$\Delta(A_{u,ex})_r$:   +/- 165 %

Geht man von den Literaturwerten auf Tab. 43 aus und nimmt auf der sicheren Seite liegend einen gegenüber den Literaturangaben 5-fach erhöhten Oberflächenabfluß von $0,1 \cdot N$ an, so ergibt sich aus einer Regressionsanalyse für die Fehlerabschätzung:

$\Delta(ETA)_r$:   +/- 30 %
$\Delta(A_{u,ex})_r$:   +/- 37 %

Diese Werte sind realistisch und stellen die Unsicherheit in der exakten Bestimmung dar, die im wesentlichen aus der derzeit noch zu geringen Datenbasis für eine genauerer Eingrenzung resultiert.

Es ist allerdings zu berücksichtigen, daß im Vergleich zu den Literaturwerten auf Tab. 43 mit $a = 0,8$ bis $0,95$ eine erhebliche Verschiebung der Werte zur sicheren Seite hin vorgenommen wurde, wie ein Vergleich der Werte auf den Tabellen 43 und 45 zeigt. Die vorgenommene Abschätzung von ETA liegt insgesamt deutlich unter der Regressionsgeraden, die sich aus den Literaturwerten ergibt. Die Verschiebung der Werte liegt bei etwa 20 %.

Von daher sollten die angegebenen Meßwerte hinsichtlich der Obergrenze als gut abgesichert gelten. Es deutet sich an, daß mit einer verbesserten Abschätzung, wie z. B. mit dem Verfahren von SPILLMANN (1990) eine erhebliche Reduktion der Fehlergrenzen zu erwarten wäre. Dafür lagen jedoch noch keine ausreichenden Daten vor.

Gesamt-Sickerwasserneubildung (A_U)

Dieses Bilanzglied ist bei beiden Deponien mit einem großen Fehler behaftet, der sich in beiden Fällen aus dem systematischen Fehler von ETA und im Fall der Deponie Wesermarsch-Mitte aus dem bei der Abschätzung von A_o gemachten Fehler, bei der Deponie Varel-Hohenberge aus dem zufälligen Fehler bei der Bestimmung von c_m/c_n zusammensetzt.

Für die Deponie Varel-Hohenberge ergibt sich folgender abgeschätzter, zusammengesetzter Fehler:

$\Delta(A_u)_r$:   +/- 128 %

Für die Deponie Wesermarsch-Mitte läßt sich kein Wert angeben.

4.6 Schlußfolgerungen

Die durchgeführten Untersuchungen sind noch mit Unsicherheiten hinsichtlich einzelner Bilanzglieder sowie hinsichtlich Speichervolumenänderungen behaftet. Es fehlen zum einen mehrjährige Bilanzierungen für einheitliche Betriebszustände der Deponien, zum anderen grundlegende detaillierte Untersuchungen zur Wasserbilanz von Deponien. Diese sind dringend erforderlich hinsichtlich der Validierung von derartigen Wasserhaushaltsberechnungen, insbesondere wenn es sich um offene Deponien handelt aufgrund der Unsicherheiten bei der Bestimmung der aktuellen Evapotranspiration. Auch die Anwendung von Modellen, z. B. dem HELP-Modell, kann nur in dem Maße zuverlässige Ergebnisse liefern, wie die Eingangsparameter zuverlässig bestimmt wurden. Weitere Untersuchungen in der Zukunft sind nötig, zur Abschätzung, wie groß der statistische Fehler ist, mit dem vorliegende Auswertungen behaftet sind.

Dennoch haben die hier vorgestellten Wasserbilanzen Ergebnisse gebracht, die hinsichtlich der Rekultivierung von Deponien Schlußfolgerungen zulassen:

- Das Abpumpen von Sickerwasser aus Deponiebrunnen stellt in der Betriebsphase der Deponie ein Mittel dar, den Anstieg des Sickerwasserstandes in der Deponie zu begrenzen. Aufgrund der geringen bis höchstens mittleren Durchlässigkeit des Müllkörpers ist die Wirksamkeit derartiger Maßnahmen jedoch begrenzt. Ein Betrieb von Deponiebrunnen nach der Oberflächenabdichtung führt nicht zu einer Beschleunigung der Entwässerung und nur zu einer geringfügigen Verringerung der Gesamtemissionen und ist daher aus Wirtschaftlichkeitsgründen nicht zu empfehlen.
- Wesentliches Kriterium für die Oberflächenabdichtung muß sein, daß der Systemwirkungsgrad η_1 der Oberflächenabdichtung deutlich oberhalb des Grenzwirkungsgrades im linearen Bereich liegt. Ein Abweichen von einigen Prozentpunkten von 100 % kann bei der Entwässerung durchaus toleriert werden, da die dadurch zusätzlich in den Untergrund emittierten Sickerwassermengen im Vergleich zu den vor der Rekultivierung in den Untergrund abgegebenen Sickerwassermengen vernachlässigbar klein sind.
- Die langfristig zu erwartenden Restemissionen sind ausschließlich durch die Restdurchlässigkeit der Oberflächenabdichtung bedingt und hängen daher von deren Wirkungsgrad ab. Inwiefern durch die Austrocknung des Müllkörpers Änderungen im Sickerwasserchemismus stattfinden, die ein verändertes Emissionsverhalten bedingen, läßt sich beim derzeitigen Kenntnisstand nicht abschätzen.

Bei den vorgestellten Rechenmodellen wurde die Annahme zugrunde gelegt, daß die Restwassermengen vollständig den Müllkörper durchsickern und in den Untergrund gelangen. Es ist jedoch davon auszugehen, daß diese erheblich reduzierten Wassermengen an den Umsetzungsvorgängen im Müllkörper teilnehmen. Im Hinblick darauf besteht weiterer Forschungsbedarf.

– Die Untersuchungen haben gezeigt, daß dem Deponierandgraben eine entscheidene Rolle sowohl in der Phase des Betriebs der Deponie als auch in der Entwässerungsphase nach der Oberflächenabdichtung zukommt. In den Fällen, in denen über die Oberflächenabdichtung hinaus aus Gründen des Grundwasserschutzes zusätzliche Maßnahmen geplant sind, ist es daher sinnvoll und insbesondere wirtschaftlich, mittels geeigneter Maßnahmen die Vorflut des Randgrabens zu verbessern. Dazu können bautechnisch einfache Maßnahmen durchgeführt werden, wie z. B. das Anschlitzen des Müllkörper und Einbringen von Kiespackungen und Rigolen. Eine einfache Vertiefung des Randgrabens, verbunden mit einem häufigen Abpumpen, ist meist aus Platzgründen bzw. aus Gründen der dann verringerten Standsicherheit von Böschungen problematisch. Ferner ist dabei zu bedenken, daß durch Vertiefungen von Randgräben zusätzliches unbelastetes Fremdwasser von außerhalb gefördert werden kann, wenn die Grundwasserstände außerhalb des Randgrabens über dem Wasserstand im Graben liegen. Dies erhöht die Betriebskosten für die Sickerwasserreinigung.

Literatur

ASSMANN, W., DATZKO, H. & PICKEL, H. (1984): Neue Erkenntnisse bei Kernbohrungen im Lockergestein. - BBR 35(7): 1-3, 4 Abb.; Köln.

ASTM (1955): Symposium on Permeability of Soils. - American Society For Testing Materials, ASTM Special, Technical Publication No. 103, 1-136, div. Abb., div. Tab.; Philadelphia.

AVwV (1986): Allgemeine Abfallverwaltungsvorschrift über Anforderungen zum Schutz des Grundwassers bei der Lagerung und Ablagerung von Abfällen vom 3. Januar 1990 - GMBl. S. 74; Bonn.

BARCKHAUSEN, J., PREUSS, H. & STREIF, H. (1977): Ein lithologisches Ordnungsprinzip für das Küstenholozän und seine Darstellung in Form von Profiltypen. - Geol. Jb. A44: 45-77, 7 Abb., 3 Tab.; Hannover.

BAUMGARTNER, A. & LIEBSCHER, H.-J. (1990): Allgemeine Hydrologie, Bd 1: Quantitative Hydrologie. - 1. Aufl., 673 S., 336 Abb., 127 Tab.; Stuttgart.

BEAR J. (1978): Hydraulics of Groundwater. - 569 S.; New York.

BEAR, J. & VERRUIJT, A. (1987): Modelling Groundwater Flow and Pollution. - 105 S.; Dordrecht, Boston, Lancaster, Tokyo.

BEINE, R. (1991): Schadstofftransportberechnungen als Grundlage für die Dimensionierung von Deponieabdichtungen und zusätzliche technische Maßnahmen. - Fortschritte der Deponietechnik 1991: 7 S., 9 Abb., 8 Tab.; Essen.

BENNER, L. (1983): Physikalisch-chemische Untersuchungen bindiger Böden unter besonderer Berücksichtigung der Durchlässigkeit. - Mitt. WBK 43: 19-167, 52 Abb.; Bochum.

BERTSCH, W. (1978): Die Koeffizienten der longitudinalen und transversalen hydrodynamischen Dispersion - ein Literaturüberblick. - Gewässerkundl. Mitt. 22(2): 37-46, 5 Abb.; Koblenz.

BERTSCH, W., REIF, W., SCHLOZ, W. & ZAUTER, S. (1972): Zur hydrodynamischen Dispersion im geschichteten porösen Medium bei gesättigtem Fließen. - Gewässerkundl. Mitt. 16(5): 141-147, 9 Abb., Koblenz.

BEYER, W. (1964): Zur Bestimmung der Wasserdurchlässigkeit von Kiesen und Sanden aus der Kornverteilungskurve. - WWT 14: 165-168, 7 Abb., 3 Tab.; Berlin.

BEYER, W. & SCHWEIGER, K.H. (1969): Zur Bestimmung des entwässerbaren Porenanteils der Grundwasserleiter. - Wasserwirtschaft, Wassertechnik 19: 57-60, 9 Abb.; Berlin.

BISCHOFF, P.; FLIEGNER, H.; RICHTER, L. & WEHNER, H. (1968): Die Ermittlung des Durchlässigkeitsbeiwertes k_f mittels elektronischer Datenverarbeitungsanlagen aus den Ergebnissen von Siebanalysen. - Z. angew. Geol. **14**(2): 88-93, 3 Abb., 3 Tab.; Berlin.

BOGOMOLOW, G. (1955): Hydrogéologie et notions de géologie d'ingénieur. - 227 S.; Moscou.

BORTZ, S. & SOKOLLEK, V. (1990): Wasserhaushaltsuntersuchungen an Altlasten - dargestellt am Beispiel der Deponie Georgswerder/Hamburg. - Mitt. Institut für Wasserwesen, Universität der Bundeswehr München **38b**: 413-425, 3 Abb., 2 Tab.; München.

BOUSSINESQ, J. (1904): Recherches théoriques sur l'ecoulement des nappes d'eau infiltrées dans le sol et sur le débit des sources. - J. Math. pures et appliquées **10**: 5-78, 363-394; Paris.

BRACKE, R. HAGEMANN, H. ECHLE, W. PÜTTMANN , W. (1991): Geochemische Veränderungen in der Tonbasisdichtung der Deponie Geldern-Pont nach 8-jährigem Deponiebetrieb. - Müll und Abfall **7/91**: 409-420, 8 Abb.; Berlin.

BREDDIN, H. (1961): Die Grundrißkarten des Hydrogeologischen Kartenwerkes der Wasserwirtschaftsverwaltung von Nordrhein-Westfalen. - Geol. Mitt. **2**: 293-416, 5 Abb., 1 Taf.; Aachen.

BROWN, K. & ANDERSON, C. (1983): Effects of Organic Solvents on the Permeability of Clay Soils. - EPA - 600/2-83-016, 153 S., 33 Abb., 57 Tab.; Springfield VA.

BRUNS, M. (1990): Methodenvergleich bei der in-situ Messung der Gebirgsdurchlässigkeit in Bohrungen und Grundwassermeßstellen. - Altlastensanierung 90, 3. Int. KfK/TNO-Kongreß Karlsruhe: 483-484; Dordrecht.

BURMISTER (1955): Principles of permeability testing of soils. - In: ASTM: Symposium on permeability of soils.

BUSCH K.-F. & LUCKNER, L. (1974): Geohydraulik für Studium und Praxis. - 442 S., 277 Abb., 58 Tab; Stuttgart.

BUSCH K.-F. & LUCKNER, L. (1994): Geohydraulik. - Lehrbuch der Hydrogeologie [Hrsg. Matthess], 3. neubearbeitete Auflage, 497 S., 238 Abb., 50 Tab.; Berlin, Stuttgart.

CARLSEN, H.; BRÜERS, D. & WIENERS, A. (1996): Deponieumschließung mit gedichteten Stahlspundbohlen. - Müll und Abfall 11/96; Berlin.

CARMAN, P. (1948): Some physical aspects of water flow in porous media. - Discussions on the Faraday Soc. 3, 72 S.; London.

CASTANY, G. (1963): Traité pratique des eaux souterraines. - 494 S.; Paris.

COLLINS, H.-J. & SPILLMANN, P. (1986): Wasser- und Stoffhaushalt von Abfalldeponien und deren Wirkungen auf Gewässer. - 337 S., 104 Abb., 63 Tab.; Weinheim.

CROOKS, V. & QUIGLEY, R. (1984): Saline leachate migration through clay: a comparative laboratory and field investigation. - Can. Geotech. J. **21**: 349-362, 15 Abb.; Ottawa.

CZURDA, K. & WAGNER, J.-F. [Hrsg.] (1988): Tone in der Umwelttechnik. - Jahrestagung 1988 der Deutschen Ton- und Tonmineralgruppe in Karlsruhe. - 321 S.; Karlsruhe.

DACHLER, R. (1936): Grundwasserströmung. - 1.Aufl., 141 S., 74 Abb.; Wien.

DAMMANN, R. (1965): Meteorologische Verdunstungsmessung. Näherungsformeln und die Verdunstung in Deutschland. - Wasserwirtschaft 55(10): 315-321, 2 Abb.; Stuttgart.

DARCY, H. (1856): Les fontaines publiques de la ville de Dijon. - 647 S., Atlas 28 Taf.; Paris.

DE JONG, JOSSELIN G. (1958): Longitudinal and transverse diffusion in granular deposits. - Trans. Am. Geophys. Union 39(1): 69-74, 5 Abb.; Washington DC.

DE WIEST, R. (1965): Geohydrology. - 366 S.; New York.

DIN 2000: Zentrale Trinkwasserversorgung: Leitsätze für Anforderungen an Trinkwasser. Planung, Bau und Betrieb der Anlagen. - Nov. 1973; Berlin.

DIN 4020 (1990): Geotechnische Untersuchungen für bautechnische Zwecke. - NABau; Berlin.

DIN 4021 (1990): Aufschluß durch Schürfe und Bohrungen sowie Entnahme von Proben. - NABau; Berlin

DIN 4049 TEIL 1 (1992): Hydrologie. - NAW; Berlin, Köln.

DIN 4049 TEIL 3 (1994): Hydrologie - Begriffe zur quantitativen Hydrologie. - NAW; Berlin.

DIN 18130, TEIL 1 (1983): Bestimmung des Wasserdurchlässigkeitsbeiwertes.- Vornorm NA Bau; Berlin.

DOEDENS, H. (1989): Gesetzliche Anforderungen an die Sickerwasserreinigung. - Entsorgungspraxis-Spezial 9/1989: 4-6, 2 Tab.; Gütersloh.

DÖRHÖFER, G. & JOSOPAIT, V. (1980): Eine Methode zur flächendifferenzierten Ermittlung der Grundwasserneubildungsrate. - Geol. Jb. C27: 45-65, 13 Abb., 1 Tab.; Hannover.

DUPUIT, J. (1863): Etudes théoriques et praktiques sur le mouvement des eaux dans les canaux découverts et à travers les terrains perméables. - 2. Aufl. 304 S.; Paris.

DVGW REGELWERK (1977): Bohrungen bei der Wassererschließung. - Technische Mitteilung, Merkblatt W 115: 9-19, 2 Tab.; Eschborn.

DVWK (1987): Theoretische Modellfälle. - DVWK-Schriften 81: Erkundung tiefer Grundwasser-Zirkulationssysteme: 132-153; Hamburg, Berlin.

DVWK SCHRIFTEN (1989): Stofftransport im Grundwasser. - 1. Aufl., 296 S.; Hamburg, Berlin.

EARTH MANUAL (1974): A water resources technical publication. - US Dep. of the Interior, Bureau of Reclamation 2. Aufl.; Washington DC.

ECHLE, E., GORANTONAKI, A., DÜLLMANN, H. & SCHRÖDER, H.-P. (1991): Mineralogische und chemische Beständigkeit von mineralischen Deponieabdichtungen. - Fortschritte der Deponietechnik 1991: 13 S., 13 Abb.; Essen.

EGLOFFSTEIN, TH. & BURKHARDT, G. [Hrsg.] (1995): Oberflächenabdichtungen für Deponien und Altlasten - Abdichtung oder Abdeckung? - Schr. Angew. Geol. Karlsruhe 37, 443 S., 18 Aufsätze; Karlsruhe.

EHRIG, H. (1980): Beitrag zum quantitativen und qualitativen Wasserhaushalt von Mülldeponien. - Veröff. Inst. Stadtbauwesen 26, 2. erw. Auflage, 392 S.; Braunschweig.

EHRIG, H. (1989): Sickerwassermenge und -qualität. - Entsorgungspraxis-Spezial, 9/1989: 6-11; Gütersloh.

ENTENMANN, W. (1992a): Das hydrogeologische Beweissicherungsverfahren für Hausmülldeponien. Teil 1: Verfahren, Fallbeispiele, Erkundung und Erfassung hydraulischer Daten. - Clausthaler Geol. Abh. 49, 170 S., 93 Abb., 15 Tab., 2 Anh.; Köln.

ENTENMANN, W. (1993): Emissions from older household waste landfills without artificial underlying sealing. Comparison of four landfill sites in Northern German Lowland. - Arendt, F.; Annokkée, R. & van den Brink, W.J. [eds.]: Contaminated Soil '93: 277-286, 4 Abb., 1 Tab.; Dordrecht.

ENTENMANN, W. (1995a): Geotechnische Untersuchung des Deponiebasisabdichtungssystems der Hausmülldeponie Neu Wulmstorf. - Tagungsband Geotechnika 1995: 52-53, 1 Tab.; Köln.

ENTENMANN, W. (1995b): In-situ determination of retention processes in artificial and natural mineral layers under landfills and contaminated sites. - Arendt, F.; Annokkée, R. & van den Brink, W.J. [eds]: Contaminated Soil '95: 375-376, 1 Abb., 1 Tab.; Dordrecht.

ENTENMANN, W., DÜMMER, M. & HEIL, H. (1989): Durchlässigkeitbestimmungen an Tonsteinen als Grundlage für die Dimensionierung hydraulischer Maßnahmen zur Sanierung der Deponie Bielefeld-Brake. - Ber.7. Nat. Tag. Ing.-Geol.: 277-286, 14 Abb.; Bensheim.

ERIKSSON, E., (1958): A note on the dispersion of a salt-water boundary moving through saturated sand. - Trans. Am. Geophys. Union 39(5): 937-938; Washington DC.

ERNSTBERGER, H. & SOKOLLEK, V. (1984): Wie beeinflußt die Vegetation die Gebietsverdunstung? - Geowissenschaften in unserer Zeit 2(2): 59-65, 8 Abb., 2 Tab.; Weinheim.

FAIR, G.M. & HATCH, L.P. (1933): Fundamental factors governing the streamline flow of water through sand. - J. Am. Water Works Assoc. 25: 1151-1565; Washington DC.

FALCK, W., BATH, A., & HOOKER, P. (1990): Long-term solute migration profiles in clay sequences. - Z. dt. Geol. Ges. 141: 415-426, 10 Abb.; Hannover.

FERRANDON, J. (1954): Mecanique des terrains permeables. - La Houille Blanche 9: 466-480, 11 Abb.; Grenoble.

FEHLAU, K.-P. (1988): Aufgaben, Probleme und Aktivitäten bei der Ermittlung und Sanierung von Altlasten. - Vortrag: Seminar Untersuchung, Beurteilung und Sanierung industrieller Altlasten, Hamburg 7./9.11.1988, VDI Bildungswerk Tagungshandbuch BW 43-41-05, S. BW 7569: 1-19, Düsseldorf.

FISHEL, V. (1935): Further tests of permeability with low hydraulic gradient. - Trans. Am. Geophys. Union 1935: 499-503 5 Abb., 2 Tab.; Washington DC.

FORCHHEIMER, PH. (1901): Wasserbewegung durch Boden. - Z. V. deutsch. Ing **45**(50): 1736-1788, 8 Abb., 26 Tab.; Berlin.

FORCHHEIMER, PH. (1914): Hydraulik.- 1. Auflage; Berlin, Leipzig.

FORCHHEIMER, PH. (1930): Hydraulik.- 2. Auflage; Leipzig.

FOURMARIER, P.(1939): Hydrogéologie. - 248 S., 152 Abb.; Paris.

FRANK, K. (1991): Tongesteine - Retention von Schwermetallen und die Einflußnahme künstlicher Komplexbildner. - Schr. Angew. Geol. **11**, 249 S., 88 Abb., 81 Tab.; Karlsruhe.

FRANZIUS, V. (1977): Der Sickerwasser-Abfluß aus Mülldeponien - Ein mathematisches Modell. - Wasserbau-Mitteilungen **16**, 96 S., 57 Abb., 5 Tab.; Darmstadt.

FRANZIUS, V.; WOLF,K. & STEGMANN, R. (1988): Handbuch der Altlastensanierung. - Loseblattsammlung; Heidelberg, Bonn.

FRIED, J. (1976): Dispersionsuntersuchungen in porösen Medien - moderne Trends in der Umweltforschung. - gwf-Wasser/Abwasser **117**(4): 163-117, 7 Abb.; München.

FRIEDRICH, W., MÜLLER-KIRCHENBAUER, H. (1988): Diffusiver Schadstofftransport bei Einkapselungen und dessen Retardierung oder Unterbrechung durch eine Inversionsströmung. - Proc. 2nd Int. TNO/BMFT Conf. Hamburg 1988: 649-651; Dordrecht.

GOLWER, A., KNOLL, K.H., MATTHESS, G., SCHNEIDER, W. & WALLHÄUSSER, K.H. (1976): Belastung und Verunreinigung des Grundwassers durch feste Abfallstoffe. - Abh. Hess. L.-Amt. Bodenforsch. **73**, 131 S., 23 Abb., 34 Tab., 2 Taf.; Wiesbaden.

GRAY, D. & WEBER, W. (1989): Diffusional Transport of Hazardous Waste Leachate across Clay Barriers. - 7th Ann. Madison Waste Conf. Mun. and Haz. Waste. **11/12**: 373-389, 10 Abb., 1 Tab.; Madison.

GRIEGER, H. (1961): Der geologische Bau der saalezeitlichen Stauchzone nordwestlich von Damme. - Dipl. Arb., 128 S.; Hamburg.

HAGEN, G. (1839): Handbuch der Wasserbaukunst . - 87 S.; Königsberg.

HÁLEK, E. & SVEC, J. (1979): Groundwater Hydraulics. - 617 S.; Amsterdam.

HALEVY, E. & NIR, A. (1962): The determination of aquifer parameters with the aid of radioactive tracers. - J.Geophys.Res. **67**(6): 2403-2409, 6 Abb.; Washington DC.

HARDT, I., JUDITH, H., MEYER, D., SATTLER-KOSINOWSKI, S. & SCHNEIDER, H.-J. (1991): Ingenieurgeologische Verfahren zur Untersuchung des geologischen Untergrundes von Deponien und zum Nachweis der Dichtigkeit des Untergrundes. - Abfallwirtschaftjournal 3(5): 297-303, 1 Tab.; Berlin.

HARR, M. E. (1962): Groundwater and Seepage. - 264 S.; New York, San Francisco, Toronto, London.

HASENPATT, R. (1988): Bodenmechanische Veränderungen reiner Tonc durch Adsorption chemischer Verbindungen (Batch- und Diffusionsversuche). - Mitt. Inst. Grundbau Bodenmechanik ETH **134**, 146 S.; Zürich.

HASENPATT, R., DEGEN, W. & KAHR, G. (1987): Durchlässigkeit und Diffusion in Tonen. - Tagungsber. zur Tagung vom 15.5.1987 an der ETH Zürich "Tonmineralogie und Bodenmechanik": 65-76, 3 Abb.; Zürich.

HAZEN, A. (1892): Some physical properties of sands and gravels with special reference to their use in filtration. - Twenty-fourth ann. rep. state board health Mass.: 541-556, 4 Abb., 7 Tab.; Boston.

HEIDERMANN, H. (1989): Die Input-Sensitivität eines mathematisch-numerischen Grundwassermodells. - Wasserwirtschaft 79(12): 625-629, 7 Abb.; Stuttgart.

HEIL, H. (1991): Sanierung der Grube Merkel in Gifhorn. Sanierungskonzept und technische Umsetzung. - Seminar Altlastentage Hannover 1991, 22.-24.05.1991; Hannover.

HEIL, H., EICKMANN, TH., EINBRODT, H., KÖNIG, H., LAHL, U. & ZESCHMAR-LAHL, B. (1989): Konsequenzen aus dem Altlastfall Bielefeld-Brake. - Vom Wasser 72: 321-348, 9 Abb., 7 Tab.; Weinheim.

HEITFELD (1965): Hydro- und baugeologische Untersuchungen über die Durchlässigkeit des Untergrundes an Talsperren des Sauerlandes. - Geol. Mitt. 5: 1-210, 71 Abb., 18 Tab., 4 Taf.; Aachen.

HEITFELD, K.-H. & OLZEM, R. (1982): Kriterien und Untersuchungen zur Auswahl von Standorten für Sonderabfalldeponien. - Mitt. Ing.- u. Hydrogeol. 13: 153-172, 11 Abb.; Aachen.

HESSE, K.-H., GÜNTHER, J. & ROSENFELD, M. (1991): Vergleichende Untersuchungen zur Bestimmung des Durchlässigkeitsbeiwerts. - Ber. 8. Nat. Tag. Ing.-Geol.: 41-49, 6 Abb.; Berlin.

HINSCH, W. & ORTLAM, D. (1974): Stand und Probleme der Gliederung des Tertiärs in Nordwestdeutschland. - Geol. Jb. A 16: 3-25, 6 Abb., 3 Tab; Hannover.

HOFFMANN, H. (1986): Möglichkeiten und Grenzen von Transportmodellen. - DVWK-Schriften 78: 75-97, 7 Abb.; Hamburg, Berlin.

HÖLTING, B. (1989): Hydrogeologie. - 3. Aufl., 395 S. 109 Abb., 39 Tab.; Stuttgart.

HUGGENBERGER, P., SIEGENTALER, CH. & STAUFFER, F. (1988): Grundwasserströmung in Schottern; Einfluß von Ablagerungsformen auf die Verteilung der Grundwasser-fließgeschwindigkeit. - Wasserwirtschaft 78(5): 202-212, 10 Abb.; Stuttgart.

IRMAY, S. (1953): On the theoretical derivation of Darcy and Forchheimer Formulas. - Trans. Am. Geophys. Union 39(4): 702-707, 1 Abb.; Washington DC.

JOHNSON, A. (1967): Specific Yield - Compilation of Specific Yields for Varions Materials. - Geol. Survey Water-Supply Paper 1662-D, Washington.

KAHR, G., HASENPATT, R., MÜLLER-VONMOOS (1985): Ionendiffusion in hoch-verdichtetem Bentonit. - Nagra NTB 85-23, 29 S., 8 Abb., 5 Tab.; Baden.

KERNDORFF, H., SCHLEYER, R. & DIETER, H. (1993): Grundwassergefährdung von Altablagerungen. - Wabolu-Hefte 1/1993, 145 S., 27 Abb., 36 Tab.; Berlin.

KEZDI, A. (1964): Bewegung des Wassers im Untergrund. - Bodenmechanik, Band 1, 176-223, 40 Abb.; Berlin, Budapest.

KLEIN, I.E. (1954): Zitiert in Johnson, A.I. (1976).

KLOTZ, D. (1986): Probleme der Durchlaufsäulen-Versuche mit bindigen Materialien. - PTB-Bericht SE 14: 173-183, 4 Abb., 7 Tab.; Braunschweig.

KLOTZ, D. (1988): Bestimmung von Diffusionskoeffizienten in bindigen und sandigen Sedimenten aus der Gegend von Gorleben. - GSF-Jahresbericht 1988, GSF-Hy **38/88**: 21-28; Neuherberg.

KLOTZ, D. (1990): Laborversuche mit bindigen Materialien zur Bestimmung der hydraulischen Kenngrößen und der Sorptionseigenschaften ausgewählter Schadstoffe. - Z. dt. geol. Ges., **141** (2): 255-262, 6 Abb., 5 Tab.; Hannover.

KLÜBER, T. (1975): Die instationäre Brunnenströmung im anisotropen Grundwasserleiter mit freier Oberfläche. - Mitteilungen der Versuchsanstalt für Bodenmechanik und Grundbau der Technischen Hochschule Darmstadt, Heft **17**, 113-147, 7 Abb., 5 Tab.; Darmstadt.

KLUTE, A. (1965): Water Diffusity. - Methods of Soil Analysis, Chap. 17, Agronomy **9**: 262-272; Madison.

KNETSCH, G. (1963): Geologie von Deutschland. - 386 S.; Stuttgart.

KOMODROMOS, A. & GÖTTNER, J. (1986): Beeinflussung von Tonen durch Chemikalien. Teil I: Durchlässigkeit - Müll und Abfall **3/86**: 102-108, 3 Abb.; Berlin.

KOMODROMOS, A. & GÖTTNER, J. (1988): Beeinflussung von Tonen durch Chemikalien. Teil II: Gefüge- und Festigkeitsuntersuchungen. - Müll und Abfall **12/88**: 552-562, 10 Abb.; Berlin.

KOWALEWSKI (1993): Altlastenlexikon. - 191 S., 46 Abb.; Essen.

KOZENY, J. (1927): Über kapillare Leitung des Wassers im Boden. - Sitzungsber. mathem.-naturw. Kl. Abt. Ia Bd **136**: 271-306, 6 Abb.; Wien.

KRAUSS, I. (1974): Die Bestimmung der Transmissivität von Grundwasserleitern aus dem Einschwingverhalten des Brunnen-Grundwassersystems. - J. Geophys. **40**: 381-400, 6 Abb., 3 Tab.; Washington DC.

KÜPFER, TH.; HUFSCHMIED, P.; & PASQUIER, F. (1989): Hydraulische Tests in Tiefbohrungen der Nagra. - Nagra informiert 3+4/1989: 7-23, 14 Abb.; Baden.

KYRIELEIS, W. & SICHARDT, W. (1930): Grundwasserabsenkung bei Fundierungsarbeiten. - 2. Aufl., 286 S., 152 Abb., 29 Tab; Berlin.

LAGA (1993): LAGA-Informationsschrift Altablagerungen und Altlasten. - 2. Aufl., 176 S.; Berlin.

LAMPL, H. (1953): Probleme der Grundwasserabsenkung unter besonderer Berücksichtigung der ungarischen Verhältnisse. - Magy. Tud. Akad. Müsz. Tud. Oszt. Közl. **10**(3,4), zitiert in Kezdi (1964).

LANGGUTH, H.-R. & VOIGT, R. (1980): Hydrogeologische Methoden - 485 S., 156 Abb., 72 Tab.; Berlin, Heidelberg, New York.

LAWA (1987): Untersuchung und Beurteilung von Abfällen. - Richtlinie Entwurf, Landesamt für Wasser und Abfall NRW; Düsseldorf.

LAWA (1993): Empfehlungen für die Erkundung, Bewertung und Behandlung von Grundwasserschäden. - 19 S., 3 Anh.; Düsseldorf.

LEE, CH. (1936): Selection of materials for rolled-filled earth dams. - Trans. Am. Soc. Civ. Eng. **1980**, 61 S., 23 Abb., 14 Tab.; Washington.

LENDA, A. & ZUBER, A. (1970): Tracer dispersion in groundwater experiments. - Isotope Hydrology IAEA-SM-129/37: 619-641, 10 Abb.; Wien.

LOHMANN, S. ET AL. (1946): Report of Committee on Ground Water 1944-1945. - Trans. Am. Geoph. Union 27(11): 236-279; Washington DC.

LOHR, A. (1969): Beitrag zur Ermittlung des k_h-Wertes durch hydraulische Feldversuche. - gwf 110(14): 369-376, 13 Abb.; München.

LOHR, A. (1971): Der Pumpversuch unter Berücksichtigung des Parameters Zeit und der Anisotropie des Grundwasserleiters. - Geologica Bavarica, 64: 210-225, 14 Abb.; München.

LONDON, A. (1952): Géotechnique. - Vol. 3: 165-182; London.

LUA NRW (1995): Anforderungen an Gutachter, Untersuchungsstellen und Gutachten bei der Altlastenbearbeitung. - Materialien zur Ermittlung und Sanierung von Altlasten 11: 143 S.; Essen.

LUCKNER, L. & REISZIG, H. (1979): Estimation of the longitudinal dispersion and sorption coefficients in saturated soils by straight-line methods. - Hydrological Sciences-Bulletin 24(6): 229-238, 8 Abb.; Oxford.

LUCKNER, L. & SCHESTAKOW, W. (1985): Migrationsprozesse im Boden- und Grundwasserbereich. - 371 S., 153 Abb., 29 Tab., 4 Anl.; Leipzig.

LUGEON (1933): Barrage et géologie; Paris.

LWA (1989): Leitfaden zur Grundwasseruntersuchung bei Altablagerungen und Altstandorten. - Düsseldorf.

MALLET, CH. & PACQUANT, J. (1954): Erdstaudämme. - 345 S., 185 Abb.; Berlin.

MARKWARDT, N. & WOHNLICH, S. (1992): Verbessertes Simulationsmodell zur Berechnung des Wasserhaushalts von Deponieoberflächenabdichtungen. - Entsorgungspraxis 6/92,: 420-424, 3 Abb., 2 Tab.; Gütersloh.

MATTHESS, G. (1979): Die Bedeutung der pelitischen Gesteine für die Grundwasserbewegung. - Mitt. Ing.-u. Hydrogeol. 9: 79-103, 4 Abb., 3 Tab.; Aachen.

MATTHESS, G. & UBELL, K. (1983): Lehrbuch der Hydrogeologie, Bd.1: Allgemeine Hydrogeologie, Grundwasserhaushalt. - 1. Aufl., 438 S., 214 Abb., 75 Tab.; Stuttgart.

MATTHESS, G., ISENBECK, M., PEKDEGER, A., SCHENK, D. & SCHRÖTER, J. (1984): Untersuchung zur Gruppierung und Definierung von Stoffen hinsichtlich ihres Transportes im Grundwasser im Hinblick auf die Ausweisung von Schutzgebieten für die Grundwassergewinnungsanlagen. - Statusbericht und Problemanalyse - "Wasser 102 02 202/09", 54 Abb.; Kiel.

MELCHIOR, S. (1993): Wasserhaushalt und Wirksamkeit mehrschichtiger Abdecksysteme für Deponien und Altlasten. - Hamburger bodenkundl. Arbeiten 22, 330 S.; Hamburg.

MERCADO, A. & HALEO, Y. (1966): Determining the Average Porosity and Permeability of a Stratified Aquifer with the Aid of Radioactive Tracers. - Water Resources Res. 2(3): 525-531, 4 Abb.; Salt-Lake-City.

MEYER, K.-D. (1978): Zur Geologie der Dammer und Fürstenauer Stauchmoränen (Rehburger Phase des Drenthe-Stadiums). - Festschrift Gerhard Keller zum 22.06.1978, 3 Abb., 1 Tab., 1 Taf., Hannover.

MEYER, K.-D. (1983): Saalian end moraines in Lower Saxony. - In: Ehlers, J. (Hrsg.): Glacial deposits in north-west Europe.

MIELCAREK, W.; NILLERT, P. & SCHÄFER, D. (1991): Beeinflussung nichtkontaminierter Grundwässer durch Spülbohrverfahren. - bbr 8/91: 313-314, 5 Abb.; Köln.

MINISTERIE VROM (1983): Leidraad bodemsaniering. - s'Gravehage, Niederlande: Übersetzung der Tabellen: LWA-NRW - in der Fortschreibung von 1988.

MOSER, H. (1979): Isotopenhydrologische Methoden zur Bestimmung der Durchlässigkeit des Grundwasserleiters. - Mitt. Ing.- u. Hydrogeol. 9: 79-103, 9 Abb., 2 Tab.; Aachen.

MÜLLER, CHR. (1984): Transmissivitätsmessungen mit dem Einschwingverfahren. - Vergleichende Untersuchungen im vollkommenen und unvollkommenen Brunnen. - Berichte Geol. Pal. Inst. Mus. Kiel 3, 105 S.; Kiel.

MULL, R., BATTERMANN, G. & BOOCHS, P. (1979): Ausbreitung von Schadstoffen im Grundwasser. - DVWK 13. Seminar, 184 S. 67 Abb. 9 Tab.; Bonn.

MÜNZING, K. (1963): Zur Geologie der saale-eiszeitlichen Stauchzone südlich Vechta (Oldenburg). - N. Jb. Geol. Paläontol. MH 1963: 447-456, 5 Abb.; Stuttgart.

MURL NRW (1991): Hinweise zur Ermittlung und Sanierung von Altlasten. - 2. Aufl., Loseblattsammlung; Düsseldorf.

MURL NRW (1994): Altlasten-ABC. - 3. Aufl., 60 S.; Düsseldorf.

MUSKAT, PH. (1937): The Flow of Homogeneous Fluids through Porous Media. - 763 S., 277 Abb., 29 Tab., 6 App.; Boston.

NAHRGANG, G. (1965): Über die Anströmung von Vertikalbrunnen mit freier Oberfläche im einförmig homogenen sowie im geschichteten Grundwasserleiter. - Schriftenreihe DAW 6: 102 S.,43 Abb., Paderborn.

NAVIER (1823): Mem. Acad. sci. 6: 389ff; Paris.

NISHIDA, Y. (1961): Eine einfache Formel zur Abschätzung des Durchlässigkeitkoeffizienten von Tonböden. - Bauingenieur 36: 461-463, 7 Abb.; Berlin.

NLFB/NLWA (1991): Deponieüberwachungsplan Wasser - Beweissicherung an Deponien in Niedersachsen: Grundwasser, oberirdische Gewässer. - Entwurf 2.1, Februar 1992; Hannover.

NLWA/NLFB (1989): Altlastenprogramm des Landes Niedersachsen - Altablagerungen - Bearbeitungshinweise zur Durchführung einer gezielten Nachermittlung. - Entwurf November 1989; Hannover.

NLÖ/NLFB (1993): Altlastenprogramm des Landes Niedersachsen. - Altlastenhandbuch; Hannover.

NWG (1990): Niedersächsisches Wassergesetz in der Fassung vom 20. August 1990. - Nieders. GVBl- Nr- 33/1990, ausgegeben am 03.09.1990; Hannover.

OELTZSCHNER, H.-J. (1990): Vorschläge der Geologischen Landesämter und der Bundesanstalt für Geowissenschaften und Rohstoffe (BGR) für Anforderungen an die "Geologische Barriere" im Deponiekonzept. - Z. dt. geol. Ges. 141(2): 215-224, 5 Abb., 4 Tab.; Hannover.

OGATA, A. & BANKS, R. (1961): A Solution of the Differential Equation of Longitudinal Dispersion in Porous Media. - USGS Prof. Paper 411-A, 7 S., 2 Abb.; Washington DC.

PEKDEGER, A. & SCHULZ, D. (1975): Ein Methodenvergleich zur Bestimmung des k_f-Wertes von Sanden. - Meyniana 27: 35-40, 2 Abb.; Kiel.

PICKENS, J. & GRISAK, G. (1982): Scale-dependant dispersion in a stratified granular aquifer. - Water Resour. Res. 17: 1191-1211, 17 Abb., 10 Tab.; Salt Lake City.

POLUBARINOWA-KOCHINA, P. YA. (1962): Theory of Ground Water Movement. - 1. Aufl., 613 S., 427 Abb., 16 Tab.; New Jersey.

POISEUILLE, J. (1842): Recherches expérimentales sur le mouvement des liquides dans les tubes de très petite diamètre. - Mém. de Sav. étrang. 9, 433 S.; Paris.

RAPPERT, J. (1987): Kombinationsdichtung auf der Deponie Tonnenmoor, Landkreis Vechta. Aufgaben der Bauüberwachung. - Fortschritte der Deponietechnik 1987: 291-313; Berlin.

RAPPERT, J. (1987): Erfahrungen beim Einbau mineralischer Dichtungsschichten aus bindigen Böden als Bestandteil einer kombinierten Basisdichtung bzw. Oberflächen-abdichtung von Deponien. - Fortschritte der Deponietechnik; Essen.

RAPPERT, J. (1988): Einbau von Kombinationsdichtungen zur Basisabdichtung bzw. Oberflächenabdeckung von Deponien. - Vortrag anläßlich der Fachtagung "Die sichere Deponie" im Deutschen Museum, München am 4./5. Februar 1988. Süddeutsches Kunst-stoff-Zentrum, Tagungshandbuch S. 235-249; Würzburg.

RAPPERT, J. (1990): Basisabdichtungen für Hausmülldeponien in Norddeutschland - Praxisbeispiele 1990. - Vortrag 2. Abfallwirtschaftliches Kolloquium, Rostock 17./19.10.1990, VDI Bildungswerk Tagungshandbuch BW 43-67-91 S. BW 193 - 1 bis 30; Düsseldorf.

REICHERT, B. (1991): Anwendung natürlicher und künstlicher Tracer zur Abschätzung des Gefährdungspotentials bei der Wassergewinnung durch Uferfiltration. - Schr. Angew. Geol. Karlsruhe 13, 226 S., 83 Abb., 22 Tab.; Karlsruhe.

RICHTER, W., SCHNEIDER, H. & WAGNER, R. (1950): Die saaleeiszeitliche Stauchzone von Itterbeck - Uelsen. - Z. dt. geol. Ges. 102: 60-75, Hannover.

RIEHL-HERWIRSCH, G. & LECHNER P. (1995): Hausmüll Versuchsanlage Breitenau - Abschlußbericht zum Beobachtungszeitraum 1986-1991. - 199 S.; Wien.

RÖHM, H. (1994): Standardgliederung für Gutachten zur Gefährdungsabschätzung und Gefahrenbeurteilung an Altlastverdachtsflächen. - Altlasten Fakten 2. 4 S.; Hannover, Hildesheim.

ROTH, A. (1995): Sickerwasserverminderung durch Oberflächenabdeckungen auf alten Deponien - Einflüsse von Gestaltung, Materialauswahl und Bewuchs. - Utech Berlin 1995, 43. Sem.: 97-112, 2 Abb., 5 Tab.; Berlin.

RÜBESAMEN, U. (1994): Bodenprobenentnahmen aus Bohrungen für geologische und hydrogeologische Ansprachen. - bbr 45(2): 26-30, 5 Abb.; Berlin.

SAUER, K. & PRIER, H. (1980): Erfahrungen mit klassischen und modernen Bohr-methoden bei der Erschließung von Grundwasser. - Geol. Jb., C 25 : 3-56, 3 Tab.; Hannover.

SCHEIDEGGER, A. (1958):: Typical solutions of the differential equations of statistical theories of flow through porous media. - Trans. Am. Geophys. Union **39**(5): 929-932, 2 Abb.; Washington DC.

SCHEIDEGGER, A. (1960): The Physics of Flow through Porous Media. - 309 S., 46 Abb., 8 Tab.; Toronto.

SCHEIDEGGER, A. (1961): General Theory of Dispersion in Porous Media. - J. Geoph. Res. **66**(10): 3273-3278, Baltimore.

SCHETELIG (1991): Vergleich von Randbedingungen und Aussagekraft verschiedener Feldversuche zur Ermittlung der Durchlässigkeit in wenig durchlässigem Untergrund. - Tagungsband 8. Nat. Tag. Ingenieurgeol.; Berlin.

SCHMIDT, J. (1971): Beitrag zur Bestimmung der Durchlässigkeit nach Darcy für schluffige Sandfraktionen mit Hilfe von Kenngrößen des Kornhaufwerkes.- Mitt. Leicht-weiß-Inst., Heft **32**, 90 S.; Braunschweig.

SCHMIDT, J. & FAHLBUSCH, H. (1977): Untersuchungen über die Gültigkeit des Filtergesetzes von Darcy im Bereich schluffiger Sandfraktionen. - Leichtweiß-Inst. Wasserbau TU Braunschweig Mitt. **46**, 21 S.; Braunschweig.

SCHMOCKER, U. (1980): Der Einfluß der transversalen Diffusion/Dispersion auf die Migration von Radionukliden in porösen Medien - Untersuchung analytisch lösbarer Probleme für geolog. Schichtstrukturen. - Nagra Technischer Bericht **80-06**, 80 S.; Baden.

SCHNEEBELI, G. (1953): Sur la theorie des ecoulements der filtration. - La Houille blanche spezial A.1953: 186-192, 4 Abb.; Grenoble.

SCHNEIDER, G. (1971): Ermittlung des Durchlässigkeitsbeiwertes k durch Bohrrohr-versuche. - Geologica Bavarica **64**: 226-241, 7 Abb., 2 Tab.; München.

SCHNEIDER, W. & GÖTTNER, J. (1991): Schadstofftransport in mineralischen Deponie-abdichtungen und natürlichen Tonschichten. - Geologisches Jahrbuch **C58**, 132 S., 49 Abb., 17 Tab.; Hannover.

SCHRÖTER, J. (1984): Mikro- und Makrodispersivität poröser Grundwasserleiter. - Meyniana **36**: 1-34, 12 Abb., 10 Tab.; Kiel.

SCHULTZE, E. & MUHS, H. (1967): Bodenuntersuchungen für Ingenieurbauten. - 2.Aufl., 266-445, 169 Abb.; Berlin, Heidelberg, New York.

SEELHEIM (1880): Methoden zur Bestimmung der Durchlässigkeit des Bodens. - Z. anal. Chemie **19**: 387; Berlin.

SEILER, K.-P. (1979): Durchlässigkeit und Porosität von Lockergesteinen in Oberbayern. - Mitt. Ing.- u. Hydrogeol. **9**: 105-126, 8 Abb., 3 Tab.; Aachen.

SIMMONS, C. (1982): A stochasic-convective transport representation of dispersion in one-dimensional porous media systems. - Water Resources Res. **18**(4): 1193-1214, 9 Abb., 2 Tab.; Salt-Lake-City.

SINDOWSKI, K.H. (1967): Der geologische Aufbau Ostfrieslands. - in: Janssen, T.: Gewässerkunde Ostfrieslands: 38-46.

SINDOWSKI, K.-H. (1973): Das ostfriesische Küstengebiet. - Sammlung geologischer Führer **57**, 56 Abb., 22 Tab.; Berlin, Stuttgart.

SLICHTER, CH. (1899): Theoretical investigation of the motion of ground waters. - U.S. Geol. Survey 19th. annual report 2: 295 - 384; Washington D.C.

SOKOLLEK, V. (1990): Das Überwachungsprogramm für das Oberflächenabdichtungssystem der Deponie Hamburg-Georgswerder. - Z. dt. geol. Ges. **141**: 369-375, 4 Abb., 1 Tab.; Hannover.

SOKOLLEK, V. & BORTZ, S. (1990): Steuerung des Wasserhaushalts der Altdeponie Georgswerder. - Arendt, F.; Annokkée, R. & van den Brink, W.J. [eds.]: Contaminated Soil '90: 669-671, 1 Abb., 1 Tab.; Dordrecht.

SPILLMANN, P. (1990): Mobilisierung von Schadstoffen durch Abbauvorgänge. - Arendt, F.; Annokkée, R. & van den Brink, W.J. [eds.]: Contaminated Soil '90: 463-479, 7 Abb., 4 Tab.; Dordrecht.

SRU (1995): Sondergutachten Altlasten II. - 285 S.; Stuttgart.

STREIF, H. (1978): A new method for the representation of sedimentary sequences in coastal regions. - 16th Coast. Eng. Conf. ASCE Hamburg, 28.08./01.09.1978; Hamburg.

STREIF, H. (1990): Das Ostfriesische Küstengebiet, Nordsee, Inseln, Watten und Marschen. - Sammlung geologischer Führer **57**, 46 Abb., 10 Tab., 1 Karte, 2. Auflage; Stuttgart.

STOKES, G. (1845): Phil. Soc. Camb. Trans. **8**: 287ff; Cambridge.

SUDICKY, E. (1986): A natural gradient experiment on solute transport in a sand aquifer: spatial variability of hydraulic conductivity and its role in the dispersion process. - Water Res. Research **22**(13): 2069-2082, 10 Abb.; Salt Lake City.

TA ABFALL (1991): Gesamtfassung der Zweiten Allgemeinen Verwaltungsvorschrift zum Abfallgesetz - Teil 1: Technische Anleitung zur Lagerung, chemisch/physikalischen, biologischen Behandlung, Verbrennung und Ablagerung von besonders überwachungsbedürftigen Abfällen vom 12. März 1991. - Bek.d.BMU v. 12.3.1991 - WA II 45-30121-1/18, Gemeinsames Ministerialblatt **42**. Jg./8: 137-216; Bonn.

TA SIEDLUNGSABFALL (1993): Technische Anleitung zur Verwertung, Behandlung und sonstigen Entsorgung von Siedlungsabfällen. Dritte allgemeine Verwaltungsvorschrift zum Abfallgesetz. - Bundesanzeiger. Henselder-Ludwig [Bearb.]; 117 S., 3 Tab.; Köln.

TEN CHOW, V. (1964): Handbook of Applied Hydrology: A Compendium of Water-Resources Technology. - 1. Aufl., 29 Chap.; New York.

TERZAGHI, K. (1925): Erdbaumechanik auf bodenphysikalischer Grundlage. - 399 S., 65 Abb., 63 Tab.; Leipzig.

TERZAGHI, K. & PECK, R. (1961): Die Bodenmechanik in der Baupraxis; Berlin.

TEUTSCH, G., PTAK, T., SCHAD, H. & DECKER, H.-M. (1990): Vergleich und Bewertung direkter und indirekter Methoden zur hydrogeologischen Erkundung kleinräumig heterogener Strukturen. - Z. dt. geol. Ges., **141**(2): 376-384, 8 Abb., 1 Tab.; Hannover.

THEIS, CH. (1935): The relation between the lowering of the piezometric surface and the rate and duration of discharge of a well using ground-water storage. - Trans. Am. Geophys. Union **16**: 519-524 3 Abb.; Washington DC.

THIEM, A. (1870): Die Ergiebigkeit artesischer Bohrlöcher, Schachtbrunnen und Filtergalerien. - Journ. f. Gasbeleuchtung u. Wasserversorgung **14**: 450-467, 12 Abb.; München.

THURY, M. & ZUIDEMA, P. (1988): Die Bedeutung der Geologie für die Endlagerung. - Nagra informiert 3/88: 13-20, 3 Abb.; Baden.

TRINKWV (1986): Der Bundesminister für Jugend, Familie und Gesundheit - Verordnung über Trinkwasser und über Lebensmittelbetriebe (Trinkwasserverordnung). - Bundesgesetzblatt, Jahrg. 1986, Teil I: 760-773; Bonn.

USTRICH, E. (1991): Geochemische Untersuchungen zur Bewertung der Dauerbeständigkeit mineralischer Abdichtungen in Altlasten und Deponien. - Geol. Jb. C57: 5-137, 48 Abb., 28 Tab.; Hannover.

UVPG (1990): Gesetz zur Umsetzung der Richtlinie des Rates von 27. Juni 1985 über die Umweltverträglichkeitsprüfung bei bestimmten öffentlichen und privaten Projekten. - Bundesgesetzblatt, Teil I, Nr. 6: 205-214, Bonn 220. Februar 1990.

VERRUIJT, A. & BARENDS, F.B.J. (1981): Flow and Transport in Porous Media. - 1. Aufl., 232 S.; Rotterdam.

WALTON, W.C. (1970): Groundwater Resources Evaluation. - 664 S., div. Abb., div. Tab.; New York.

WEEKS, E. (1969): Determining the ratio of vertical permeability by aquifer-test analysis. - Water Res. Research **5**(1): 196-214, 6 Abb.; Salt Lake City.

WERNER, J. (1990): Zur Frage der Gebirgsdurchlässigkeit toniger Gesteinsserien aufgrund von Beobachtungen an oberflächennahen und tiefen Grundwässern. - Z. dt. geol. Ges. **141**: 301-305, 2 Abb.; Hannover.

WHG (1990): Gesetz zur Ordnung des Wasserhaushalts (Wasserhaushaltsgesetz) in der Fassung vom 23. September 1986 (BGBl.I S. 1529, 1654), geändert am 12. Febr. 1990 (BGBl. I S. 205); Bonn.

WIEDERHOLD, W. (1965): Theorie und Praxis des hydrologischen Pumpversuchs - gwf **34**: 933-938, 7 Abb.; München.

WOLDSTEDT, P. (1928): Über einen wichtigen Endmoränenzug in Nordwestdeutschland. - Jahresberichte Niedersächs. Geol. Ver. **21**: 10-17, 1 Abb.; Hannover.

WOHNLICH, S. (1987): Auswirkungen nachträglicher Grundwasserschutzmaßnahmen auf den Wasserhaushalt von Deponien unter besonderer Berücksichtigung von Oberflächenabdichtungen. - Schr. Angew. Geol. Karlsruhe **1**: 1-269, 71 Abb., 16 Tab., 16 Taf., 1 Anh.; Karlsruhe.

YOSHINAG, H. (1950): Abstracts of Papers 6th ann. - Conf. Japan soc. Civil Eng. 47-49; Tokyo.

ZIESCHANG, J. (1961): Zur zulässigen Höchstbelastung eines Brunnens. - Z.angew. Geol. **7**(11): 580-582, 7 Abb.; Berlin.

ZIESCHANG, J. (1962): Geologisch-hydraulische Betrachtung der Wasserdurchlässigkeit von Lockergesteinsgrundwasserleitern. - Z. angew. Geol. **8**(2): 226-233, 7 Abb.; Berlin.

Anhang

Anhang 1: Zusammenstellung der Ergebnisse von Durchlässigkeitsversuchen, Auswahl aus ca. 600 Versuchen.

Einheit	Ansprache	Tiefe	Fraktion <0,01 mm	d10	d20	d50	d60	U	Hazen	Seelheim	Beyer	Zieschang 1961	Soil classif.	Durchlässig- keitsversuch
		[m]	[%]	[mm]	[mm]	[mm]	[mm]		[m/s]	[m/s]	[m/s]	[m/s]	[m/s]	[m/s]
BT	U,t	11,6	72,0	0,001	0,001								4,53E-10	1,00E-09
BT	U,t,fs'	11,2	80,0	0,001	0,003								5,67E-09	4,60E-10
FS	fS,ms	0,4		0,100		0,180	0,200	2,0	1,16E-04	1,16E-04	1,00E-04	1,39E-04		2,90E-04
FS	fS,ms*	1,1	1,0	0,100	0,120	0,190	0,210	2,1	1,16E-04	1,29E-04	1,00E-04		2,74E-05	
FS	fS,ms	1,1	0,0	0,120	0,140	0,160	0,170	1,4	1,67E-04	9,14E-05	1,58E-04	2,00E-04	3,91E-05	
h/k	U,t*,fs'	6,0	77,0	0,001		0,003	0,005	10,0						1,18E-08
h/k	U,t*,fs'	4,2	66,0	0,001		0,003	0,007	14,0						4,52E-10
p/SWS	fS,u',gs'	14,1	0,0	0,063	0,080	0,110	0,120	1,9	4,60E-05	4,32E-05	4,37E-05	5,52E-05	1,08E-05	3,80E-05
p/SWS	fS,ms,u'	9,7	0,0	0,068	0,095	0,150	0,160	2,4	5,36E-05	8,03E-05	4,62E-05	6,43E-05	1,60E-05	
p/SWS		1,0	15,0	0,090	0,140	0,160	0,170	1,9	9,40E-05	9,14E-05	8,91E-05		3,91E-05	1,20E-05
p/SWS	fS,ms	9,3	0,0	0,090	0,130	0,160	0,165	1,8	9,40E-05	9,14E-05	8,91E-05	1,13E-04	3,30E-05	
p/SWS	mS,fs*,gs,u'	13,0	0,000	0,090	0,130	0,270	0,340	3,8	9,40E-05	2,60E-04	7,29E-05	9,40E-05	3,30E-05	
p/SWS	fS,ms'	1,6	0,0	0,090	0,120	0,145	0,150	1,7	9,40E-05	7,51E-05	8,91E-05	1,13E-04	2,74E-05	
p/SWS	fS,ms'	15,0	0,0	0,095	0,120	0,150	0,160	1,7	1,05E-04	8,03E-05	9,93E-05	1,25E-04	2,74E-05	
p/SWS	fS,ms'	26,0	0,0	0,100	0,12	0,150	0,160	1,6	1,16E-04	8,03E-05	1,10E-04	1,39E-04	2,74E-05	
p/SWS	mS,fs*,gs'	1,4	0,0	0,100	0,14	0,250	0,260	2,6	1,16E-04	2,23E-04	1,00E-04	1,39E-04	3,91E-05	
p/SWS		12,1		0,100		0,280	0,370	3,7	1,16E-04	2,80E-04	9,00E-05	1,16E-04		
p/SWS	mS,fs*	8,7	0,0	0,100	0,180	0,210	0,240	2,4	1,16E-04	1,57E-04	1,00E-04	1,39E-04	6,97E-05	
p/SWS	fS,ms	15,3	0,0	0,100	0,13	0,160	0,170	1,7	1,16E-04	9,14E-05	1,10E-04	1,39E-04	3,30E-05	2,68E-05

Anhang 2: Auswertung von Pumptests, Auswahl aus etwa 90 Versuchen

Einheit	Versuchs-art	Meßstelle	Fi-Tiefe m u. GOK von	bis	Meßpunkt m NN	Ruhewasserspiegel m u.MP Eingabe	m NN Wert	Wasserstand 1 m u.MP
(1)	(2)	(3)	(4)	(5)	(6)	(7)	(8)	(9)
p/SWS	PT	B13	6,50	14,57	0,50	0,92	-0,42	4,81
H	PT	B13b	2,00	6,50	0,70	1,06	-0,36	1,27
H	W	B13b	2,00	6,50	0,70	0,82	-0,12	6,50
H	W	B14b	2,00	5,53	0,55	1,21	-0,66	4,36
H	W	B16b	2,00	6,43	0,50	0,85	-0,35	5,92
H	W	B 17b	1,50	4,50	0,50	0,80	-0,30	3,97
H	W	B 19b	2,00	5,50	0,50	1,52	-1,02	2,07
p/SWS	PT	B4a	13,00	15,00	0,76	0,84	-0,08	5,45
p/SWS	PT	B6a	12,00	14,00	0,52	0,81	-0,29	4,02
H	PT	B1b	1,80	3,80	1,93	2,09	-0,16	3,94
h/kl	PT	B2b	1,42	3,42	2,15	1,87	0,28	2,44
H	PT	B3b	1,50	3,50	0,81	1,58	-0,77	2,94
H	PT	B5b	1,82	3,82	0,50	1,58	-1,08	2,70
h/kl	PT	B6b	4,00	6,00	0,51	1,00	-0,49	3,40
H	PT	B7b	2,00	6,00	0,20	0,91	-0,71	4,44
h/kl	PT	B9b	4,50	6,00	1,73	1,50	0,23	4,48
H	PT	B16b	2,00	6,43	0,96	1,80	-0,84	5,50
H	PT	B17b	1,50	4,50	1,06	1,20	-0,14	3,36
H	PT	B18b	1,50	4,50	0,69	1,22	-0,53	3,66
H	PT	B19b	2,00	5,50	0,96	1,98	-1,02	4,90
H	PT	B20b	2,00	5,71	0,86	1,28	-0,42	4,45
H	PT	B21b	1,57	4,57	1,08	1,77	-0,69	4,20
H	PT	B22b	1,30	4,61	0,89	1,43	-0,54	3,53

Einheit	Wasser-stand 2 m u.MP	Zeit zw. W1 und W2 s	abgesenkter Wsp. m u.MP Eingabe	m NN Wert	Brunnensohle m u.MP Eingabe	m NN Wert	Q m3/s Wert	Aqu.-mächt m Eingabe
(1)	(10)	(11)	(12)	(13)	(14)	(15)	(16)	(17)
p/SWS	5,12	275,00	0,00	-4,47	13,30	-12,80	1,38E-05	5,30
H	2,23	110,00	0,00	-1,05	6,50	-5,80	1,07E-04	0,00
H	6,64	135,00	0,00	-5,87	7,00	-6,30	1,27E-05	2,25
H	4,10	240,00	0,00	-3,68	6,50	-5,95	1,33E-05	0,80
H	5,75	300,00	0,00	-5,34	6,50	-6,00	6,95E-06	2,25
H	3,89	300,00	0,00	-3,43	5,00	-4,50	3,27E-06	0,00
H	1,92	15000,00	0,00	-1,50	6,00	-5,50	1,23E-07	1,50
p/SWS	5,52	240,00	0,00	-4,73	15,20	-14,44	3,58E-06	0,00
p/SWS	4,80	300,00	0,00	-3,89	13,20	-12,68	3,19E-05	0,00
H	3,85	60,00	0,00	-1,97	4,80	-2,87	1,84E-05	0,00
h/kl	2,74	30,00	0,00	-0,44	5,00	-2,85	1,23E-04	0,00
H	3,67	60,00	0,00	-2,50	5,00	-4,19	1,49E-04	0,00
H	3,10	30,00	0,00	-2,40	5,00	-4,50	1,64E-04	0,00
h/kl	4,10	30,00	0,00	-3,24	6,20	-5,69	2,86E-04	0,00
H	5,90	60,00	0,00	-4,97	7,00	-6,80	2,99E-04	0,00
h/kl	5,00	60,00	0,00	-3,01	6,20	-4,47	1,06E-04	0,00
H	6,28	60,00	0,00	-4,93	6,50	-5,54	1,60E-04	2,25
H	3,94	60,00	0,00	-2,59	5,00	-3,94	1,19E-04	0,00
H	4,23	60,00	0,00	-3,26	5,50	-4,81	1,17E-04	0,00
H	5,20	60,00	0,00	-4,09	6,00	-5,04	6,14E-05	1,50
H	5,03	60,00	0,00	-3,88	6,00	-5,14	1,19E-04	1,55
H	4,63	90,00	0,00	-3,34	6,00	-4,92	5,86E-05	0,95
H	4,08	120,00	0,00	-2,92	5,00	-4,11	5,62E-05	1,05

Anhang 2: Fortsetzung.

Ergebnisse k [m/s]

Einheit	Absenkung m s	Was.ü.Sohle m h	Hölting gespannt	ungesp.	Logan gespannt	ungesp.	stationär ungespannt kugelf MANDEL	stationär ungespannt Sohle KÖRNER
(1)	(18)	(19)	(20)	(21)	(22)	(23)	(24)	(25)
p/SWS	4,05	8,34	6,45E-07	3,30E-07	7,87E-07	1,27E-06	2,04E-06	3,20E-06
H	0,69	4,75		3,05E-05			9,25E-05	1,45E-04
H	5,75	0,43	9,84E-07		1,20E-06		1,32E-06	2,07E-06
H	3,02	2,27	5,50E-06	1,16E-06	6,71E-06		2,62E-06	4,12E-06
H	4,99	0,67	6,20E-07		7,56E-07		8,31E-07	1,31E-06
H	3,13	1,07					6,23E-07	9,79E-07
H	0,47	4,01	1,72E-07	6,09E-08	2,10E-07	2,49E-07	1,54E-07	2,42E-07
p/SWS	4,65	9,72		6,40E-08			4,59E-07	7,21E-07
p/SWS	3,60	8,79		8,37E-07			5,28E-06	8,30E-06
H	1,81	0,91		5,64E-06			6,08E-06	9,55E-06
h/kl	0,72	2,41		6,15E-05			1,02E-04	1,60E-04
H	1,73	1,69		3,38E-05			5,16E-05	8,10E-05
H	1,32	2,10		4,49E-05			7,39E-05	1,16E-04
h/kl	2,75	2,45		2,72E-05			6,20E-05	9,75E-05
H	4,26	1,83					4,18E-05	6,56E-05
h/kl	3,24	1,46					1,96E-05	3,07E-05
H	4,09	0,61	1,73E-05		2,11E-05	2,31E-04	2,32E-05	3,65E-05
H	2,45	1,35		1,88E-05			2,89E-05	4,53E-05
H	2,73	1,56		1,47E-05			2,55E-05	4,01E-05
H	3,07	0,95	1,33E-05		1,63E-05		1,19E-05	1,87E-05
H	3,46	1,26	2,21E-05		2,70E-05		2,04E-05	3,21E-05
H	2,65	1,59	2,33E-05	7,62E-06	2,85E-05		1,32E-05	2,08E-05
H	2,38	1,20	2,26E-05	9,94E-06	2,75E-05		1,41E-05	2,22E-05

Einheit	stationär ungespannt Sohle SOLE-TANCHE	stationär ungespannt Sohle EARTH MANUAL	Zylinder und Sohle L<2r0 SOLE-TANCHE	L>2r0 KÖRNER	SOLE-TANCHE	GILG GAVARD	MANDEL	stationär ungespannt Zyl+Sohl BOGOMO-LOW
(1)	(26)	(27)	(28)	(29)	(30)	(31)	(32)	(33)
p/SWS	4,49E-06	5,69E-06	L>2r0!	2,77E-07	2,77E-07	5,13E-08	3,56E-08	2,49E-07
H	2,04E-04	2,58E-04	L>2r0!	1,93E-05	1,93E-05	4,28E-06	2,55E-06	1,70E-05
H	2,91E-06	3,68E-06	L>2r0!	2,76E-07	2,76E-07	6,10E-08	3,64E-08	2,43E-07
H	5,78E-06	7,33E-06	L>2r0!	6,51E-07	6,52E-07	1,64E-07	8,70E-08	5,68E-07
H	1,83E-06	2,32E-06	L>2r0!	1,76E-07	1,76E-07	3,92E-08	2,32E-08	1,55E-07
H	1,37E-06	1,74E-06	L>2r0!	1,73E-07	1,73E-07	4,82E-08	2,33E-08	1,50E-07
H	3,40E-07	4,30E-07	L>2r0!	3,84E-08	3,85E-08	9,76E-09	5,14E-09	3,35E-08
p/SWS	1,01E-06	1,28E-06	L>2r0!	1,66E-07	1,67E-07	6,05E-08	2,31E-08	1,41E-07
p/SWS	1,16E-05	1,48E-05	L>2r0!	1,91E-06	1,92E-06	6,95E-07	2,66E-07	1,62E-06
H	1,34E-05	1,70E-05	L>2r0!	2,20E-06	2,21E-06	8,00E-07	3,06E-07	1,86E-06
h/kl	2,24E-04	2,84E-04	L>2r0!	3,68E-05	3,70E-05	1,34E-05	5,11E-06	3,11E-05
H	1,14E-04	1,44E-04	L>2r0!	1,87E-05	1,88E-05	6,79E-06	2,60E-06	1,58E-05
H	1,63E-04	2,06E-04	L>2r0!	2,68E-05	2,69E-05	9,72E-06	3,72E-06	2,26E-05
h/kl	1,37E-04	1,73E-04	L>2r0!	2,25E-05	2,26E-05	8,17E-06	3,12E-06	1,90E-05
H	9,21E-05	1,17E-04	L>2r0!	9,49E-06	9,51E-06	2,23E-06	1,26E-06	8,33E-06
h/kl	4,31E-05	5,46E-05	L>2r0!	8,46E-06	8,54E-06	3,73E-06	1,20E-06	6,98E-06
H	5,13E-05	6,49E-05	L>2r0!	4,91E-06	4,92E-06	1,10E-06	6,48E-07	4,33E-06
H	6,36E-05	8,06E-05	L>2r0!	8,00E-06	8,03E-06	2,23E-06	1,08E-06	6,93E-06
H	5,62E-05	7,12E-05	L>2r0!	7,07E-06	7,09E-06	1,97E-06	9,54E-07	6,12E-06
H	2,63E-05	3,33E-05	L>2r0!	2,97E-06	2,98E-06	7,55E-07	3,97E-07	2,59E-06
H	4,51E-05	5,71E-05	L>2r0!	4,89E-06	4,90E-06	1,20E-06	6,52E-07	4,28E-06
H	2,91E-05	3,69E-05	L>2r0!	3,66E-06	3,67E-06	1,02E-06	4,95E-07	3,17E-06
H	3,11E-05	3,94E-05	L>2r0!	3,66E-06	3,67E-06	9,61E-07	4,91E-07	3,18E-06

Anhang 2: Fortsetzung.

Einheit	stationär ungespannt Zyl+Soh L>2r0 ERNST	ungespannt isotroper Vollraum LOHR 69	ungespannt isotroper Halbraum LOHR 69	Zylinder BOGOMO- LOW min	BOGOMO- LOW max	EARTH MANUAL	stationär ungespannt Zylinder ERNST	stationär gespannt Sohle eben KOERNER
(1)	(34)	(35)	(36)	(37)	(38)	(39)	(40)	(41)
p/SWS	3,98E-06	5,53E-07	3,23E-07	3,08505E-07	2,95524E-07	2,51E-06	4,03E-06	6,40E-06
H	2,68E-04	3,86E-05	2,31E-05	2,19018E-05	2,08453E-05	1,14E-04	2,91E-04	2,91E-04
H	9,14E-06	5,50E-07	3,29E-07	3,12304E-07	2,97238E-07	1,63E-06	1,43E-05	4,14E-06
H	1,14E-05	1,30E-06	7,87E-07	7,43643E-07	7,05443E-07	3,23E-06	1,39E-05	8,24E-06
H	5,35E-06	3,51E-07	2,10E-07	1,99164E-07	1,89519E-07	1,02E-06	7,95E-06	2,61E-06
H	3,58E-06	3,45E-07	2,11E-07	1,98792E-07	1,88117E-07	7,68E-07	4,96E-06	1,96E-06
H	4,95E-07	7,67E-08	4,65E-08	4,39169E-08	4,16558E-08	1,90E-07	5,52E-07	4,84E-07
p/SWS	7,96E-07	3,32E-07	2,08E-07	1,94894E-07	1,83092E-07	5,66E-07	7,95E-07	1,44E-06
p/SWS	9,90E-06	3,82E-06	2,40E-06	2,24166E-06	2,10591E-06	6,51E-06	9,98E-06	1,66E-05
H	3,65E-05	4,39E-06	2,76E-06	2,57936E-06	2,42317E-06	7,49E-06	5,19E-05	1,91E-05
h/kl	4,29E-04	7,35E-05	4,61E-05	4,31088E-05	4,04983E-05	1,25E-04	5,19E-04	3,19E-04
H	2,54E-04	3,73E-05	2,34E-05	2,18917E-05	2,05661E-05	6,36E-05	3,26E-04	1,62E-04
H	3,33E-04	5,34E-05	3,35E-05	3,13518E-05	2,94533E-05	9,10E-05	4,11E-04	2,32E-04
h/kl	2,60E-04	4,49E-05	2,81E-05	2,63355E-05	2,47408E-05	7,65E-05	3,14E-04	1,95E-04
H	1,99E-04	1,89E-05	1,14E-05	1,07988E-05	1,0262E-05	5,15E-05	2,52E-04	1,31E-04
h/kl	1,02E-04	1,69E-05	1,08E-05	1,00674E-05	9,3971E-06	2,41E-05	1,34E-04	6,15E-05
H	1,52E-04	9,80E-06	5,87E-06	5,5689E-06	5,29919E-06	2,86E-05	2,29E-04	7,30E-05
H	1,54E-04	1,60E-05	9,76E-06	9,2063E-06	8,71191E-06	3,56E-05	2,06E-04	9,07E-05
H	1,30E-04	1,41E-05	8,63E-06	8,13451E-06	7,69768E-06	3,14E-05	1,69E-04	8,01E-05
H	7,07E-05	5,93E-06	3,59E-06	3,39748E-06	3,22256E-06	1,47E-05	9,97E-05	3,74E-05
H	1,12E-04	9,77E-06	5,90E-06	5,58394E-06	5,30086E-06	2,52E-05	1,51E-04	6,42E-05
H	6,67E-05	7,32E-06	4,47E-06	4,21478E-06	3,98844E-06	1,63E-05	8,65E-05	4,15E-05
H	7,84E-05	7,31E-06	4,44E-06	4,19321E-06	3,97405E-06	1,74E-05	1,07E-04	4,43E-05

Einheit	stationär gespannt Sohle halbkugelig KOERNER	stationär gespannt Zylinder KOERNER	instationär ungespannt Kugel MAAG	Sohle KIRKHAM	Zylinder Sohle HOOGHOUTH	Zylinder HOOGHOUTH	isotroper Vollraum LOHR 69	instationär ungespannt isotroper Halbraum LOHR 69
(1)	(42)	(43)	(44)	(45)	(46)	(47)	(48)	(49)
p/SWS	4,08E-06	4,18E-07	4,51E-06	3,32E-05	7,25E-07	2,12E-05	5,61E-06	3,28E-06
H	1,85E-04	2,77E-05	6,15E-05	4,52E-04	2,23E-05	1,27E-04	1,90E-04	1,13E-04
H	2,64E-06	3,95E-07	8,12E-05	5,97E-04	2,60E-05	1,91E-04	6,00E-06	3,59E-06
H	5,25E-06	9,08E-07	1,59E-05	1,17E-04	5,95E-06	3,21E-05	1,16E-05	7,00E-06
H	1,66E-06	2,51E-07	2,86E-05	2,10E-04	1,00E-05	6,14E-05	3,73E-06	2,24E-06
H	1,25E-06	2,36E-07	8,32E-06	6,12E-05	3,90E-06	1,33E-05	3,42E-06	2,09E-06
H	3,08E-07	5,36E-08	8,33E-08	6,13E-07	3,67E-08	1,42E-07	2,27E-07	1,38E-07
p/SWS	9,19E-07	2,15E-07	1,00E-06	7,37E-06	1,39E-07	5,47E-06	3,50E-06	2,20E-06
p/SWS	1,06E-05	2,48E-06	9,88E-06	7,26E-05	1,59E-06	4,65E-05	3,88E-05	2,44E-05
H	1,22E-05	2,85E-06	5,54E-05	4,07E-04	3,99E-05	5,70E-05	2,54E-05	1,59E-05
h/kl	2,03E-04	4,76E-05	1,39E-04	1,02E-03	8,68E-05	1,65E-04	2,54E-04	1,60E-04
H	1,03E-04	2,42E-05	2,43E-04	1,79E-03	1,40E-04	3,16E-04	2,43E-04	1,52E-04
H	1,48E-04	3,46E-05	2,13E-04	1,56E-03	1,22E-04	2,76E-04	3,03E-04	1,90E-04
h/kl	1,24E-04	2,91E-05	3,20E-04	2,35E-03	1,22E-04	6,32E-04	4,10E-04	2,57E-04
H	8,36E-05	1,34E-05	4,70E-04	3,46E-03	1,53E-04	1,09E-03	1,95E-04	1,17E-04
h/kl	3,91E-05	1,05E-05	2,00E-04	1,47E-03	8,40E-05	3,58E-04	1,44E-04	9,23E-05
H	4,65E-05	7,03E-06	8,42E-04	6,19E-03	3,53E-04	1,50E-03	8,48E-05	5,08E-05
H	5,77E-05	1,10E-05	2,43E-04	1,79E-03	1,26E-04	3,51E-04	1,34E-04	8,17E-05
H	5,10E-05	9,68E-06	2,06E-04	1,52E-03	9,49E-05	3,35E-04	1,22E-04	7,42E-05
H	2,38E-05	4,14E-06	1,77E-04	1,30E-03	8,67E-05	2,71E-04	4,49E-05	2,72E-05
H	4,09E-05	6,87E-06	2,61E-04	1,92E-03	1,09E-04	4,68E-04	8,89E-05	5,37E-05
H	2,64E-05	5,01E-06	1,01E-04	7,44E-04	4,71E-05	1,63E-04	5,46E-05	3,34E-05
H	2,82E-05	5,07E-06	1,30E-04	9,58E-04	7,17E-05	1,77E-04	5,68E-05	3,45E-05

Anhang 3: Ganglinien Niederschläge und Sickerwasserstände.

Deponie Wesermarsch-Mitte - Niederschläge 1990

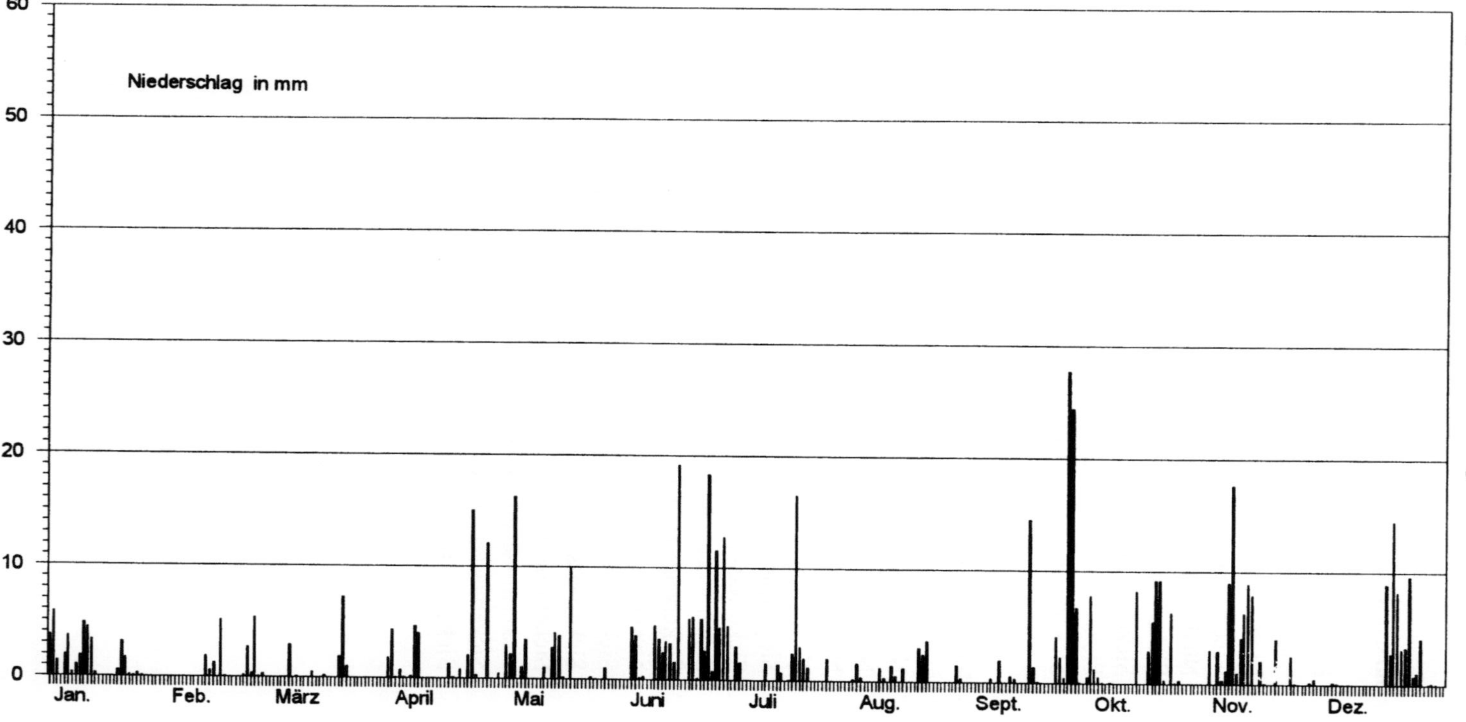

Deponie Wesermarsch-Mitte - Niederschläge 1991

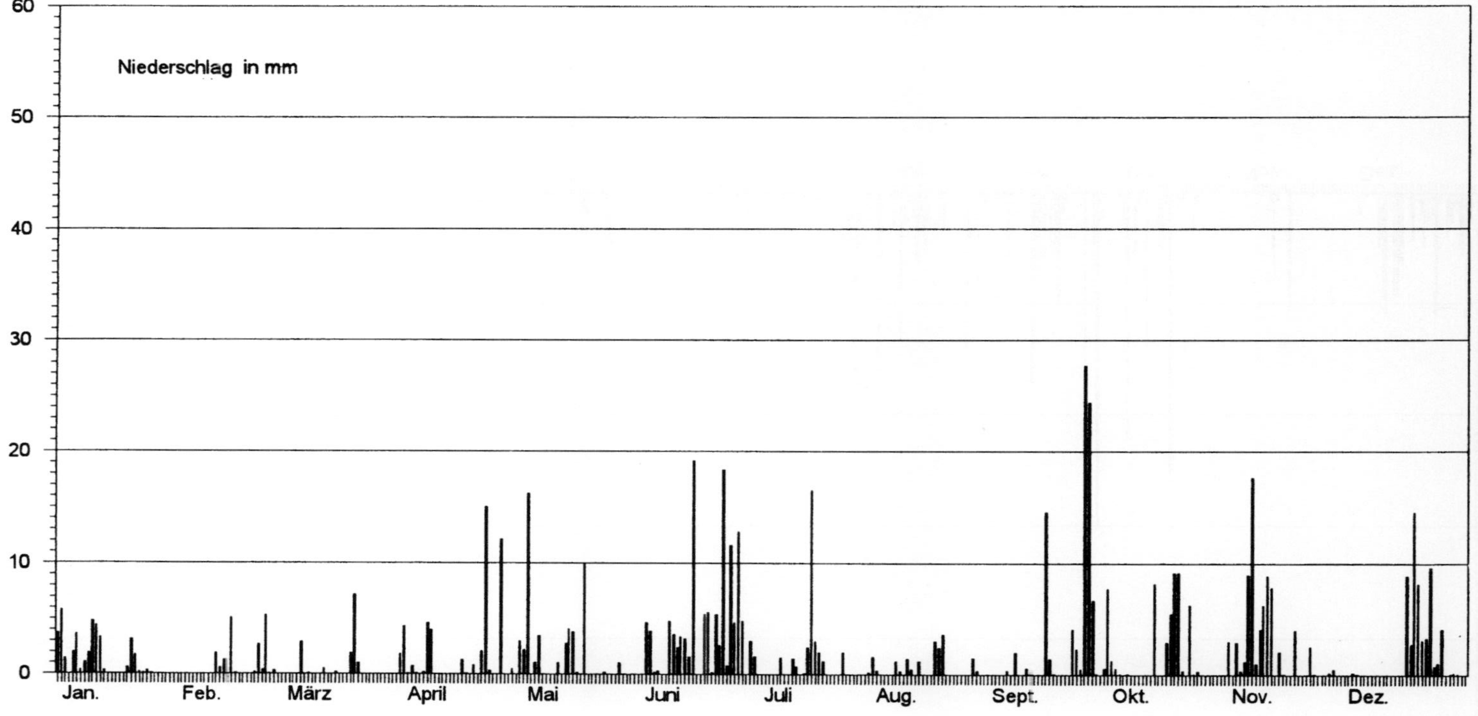

Deponie Wesermarsch-Mitte - Niederschläge 1993

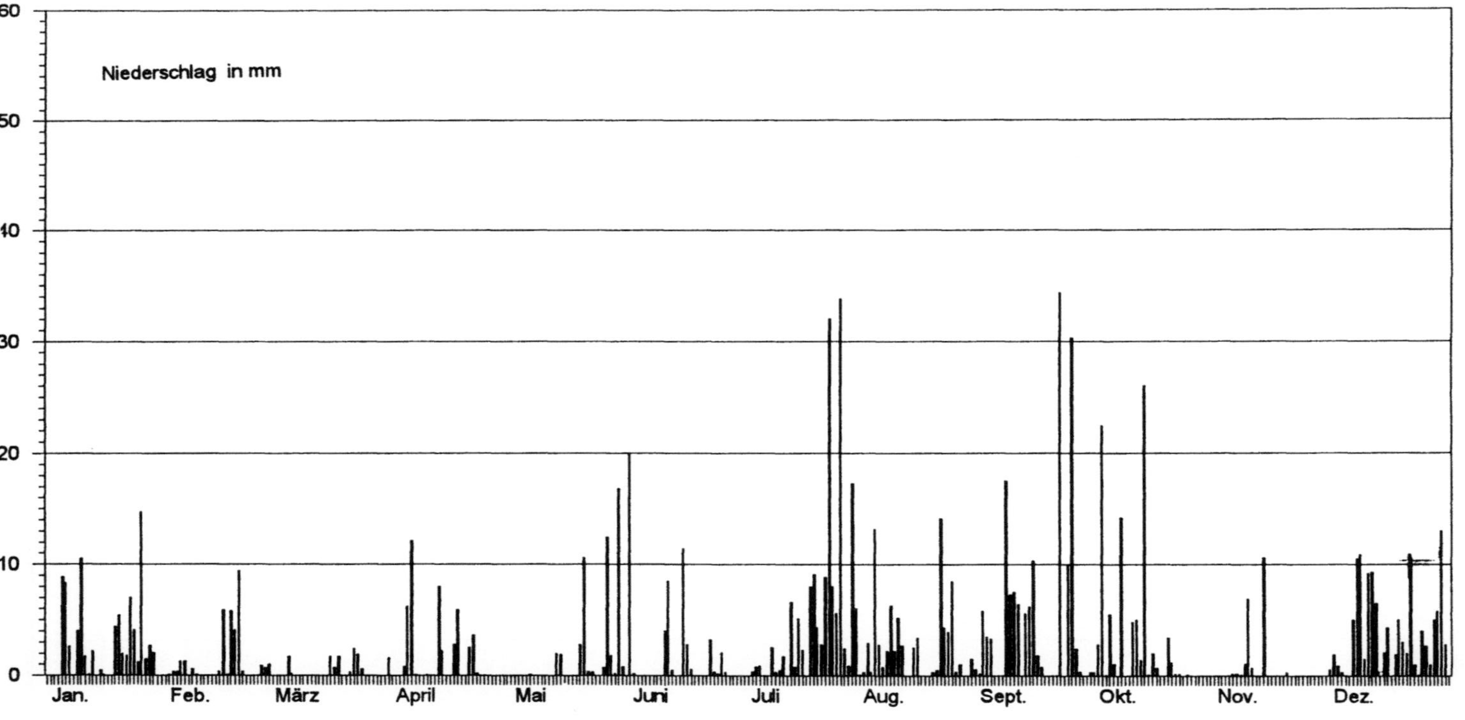

Deponie Wesermarsch-Mitte - Niederschläge 1994

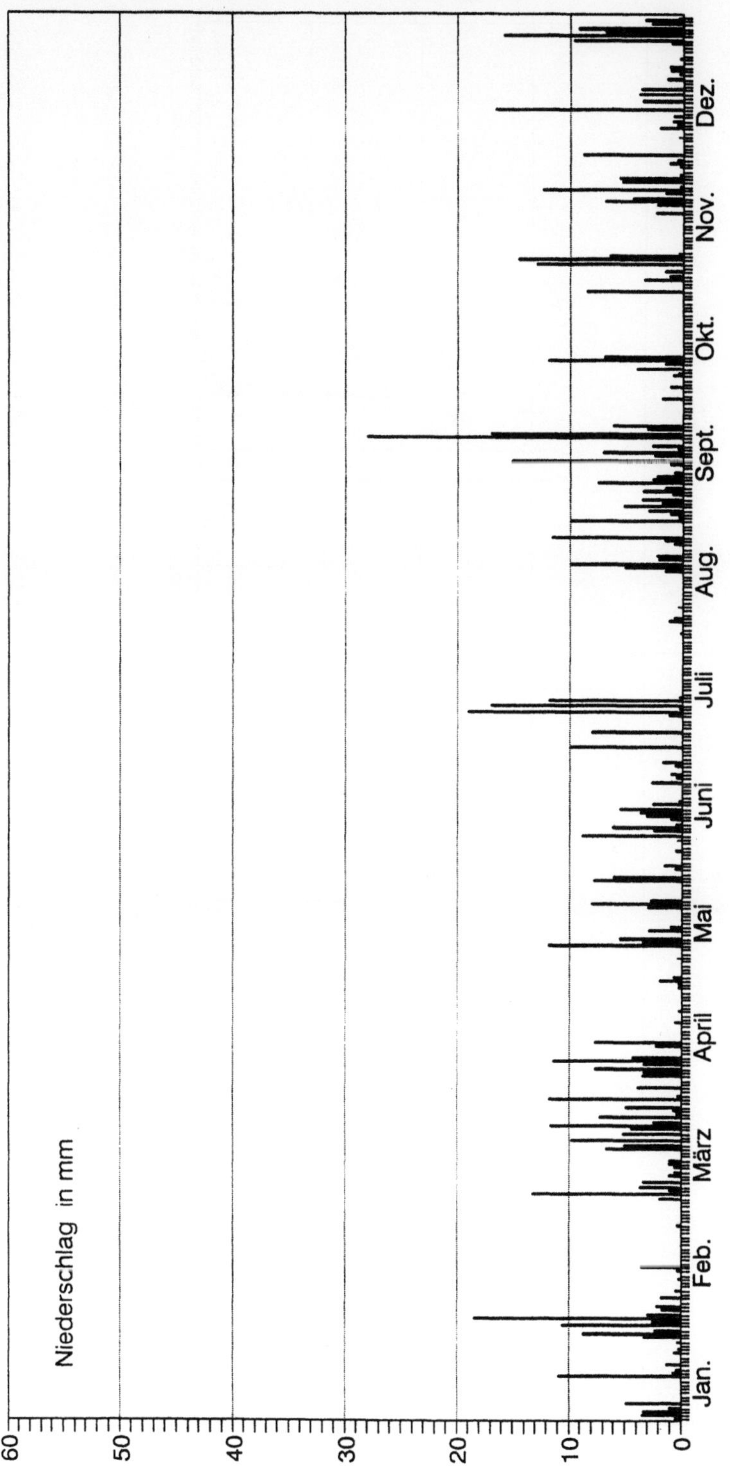

Deponie Wesermarsch-Mitte - Niederschläge 1995

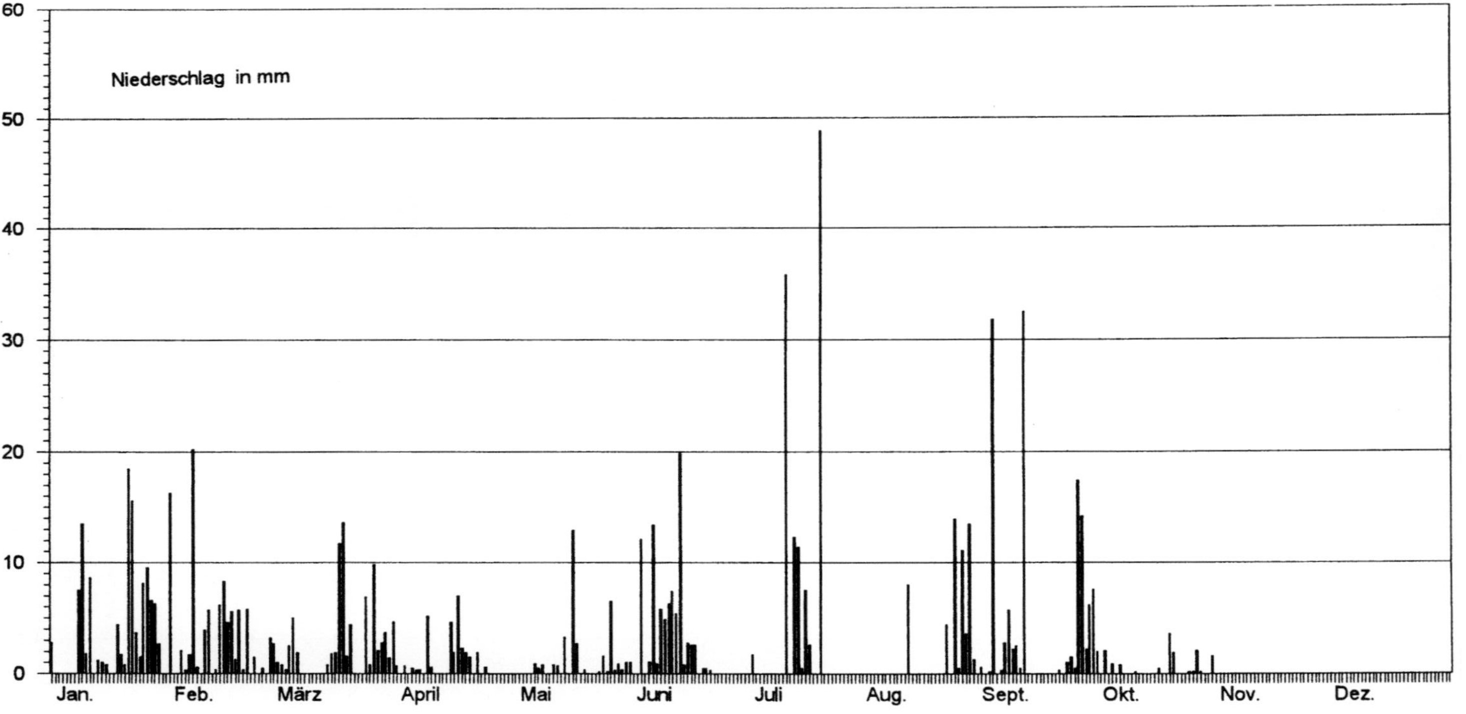

Deponie Wesermarsch-Mitte - Sickerwasserstände 1991

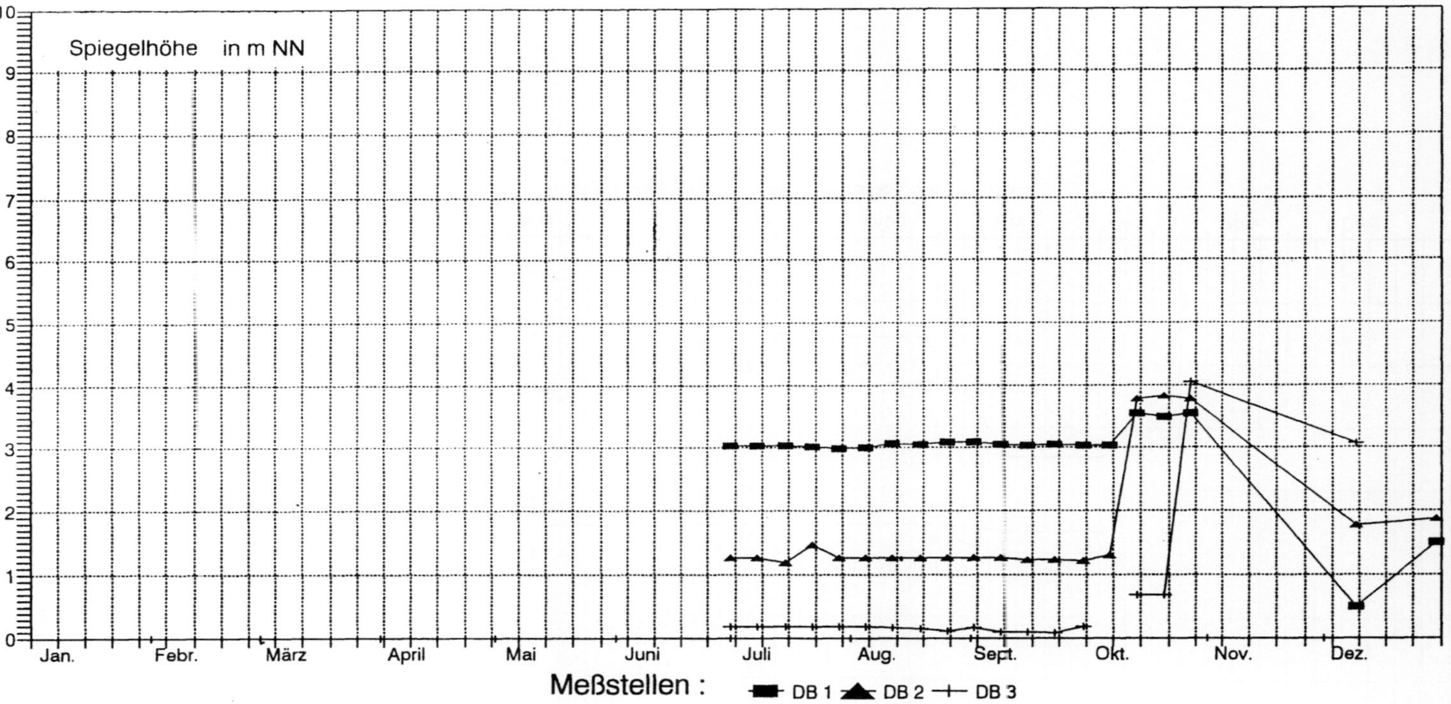

Deponie Wesermarsch-Mitte - Sickerwasserstände 1993

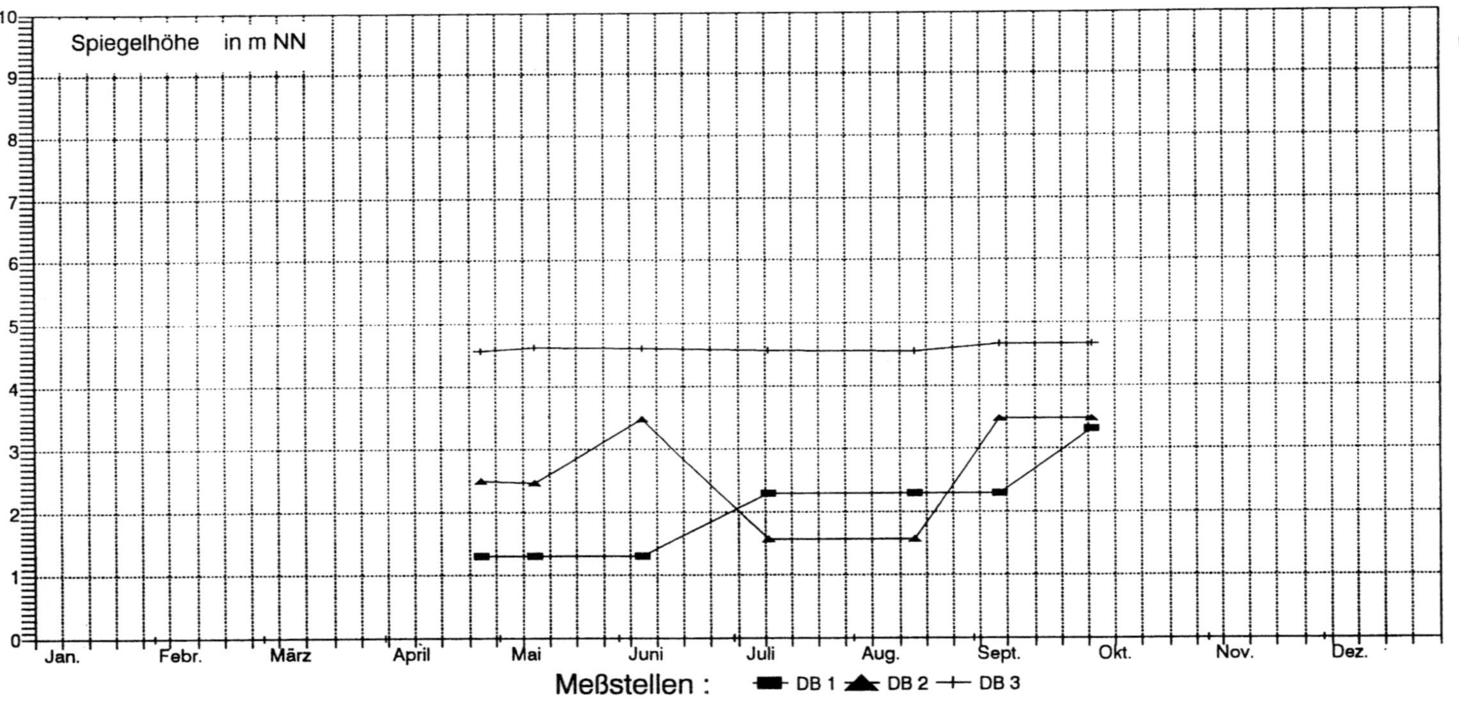

Deponie Wesermarsch-Mitte - Sickerwasserstände 1994

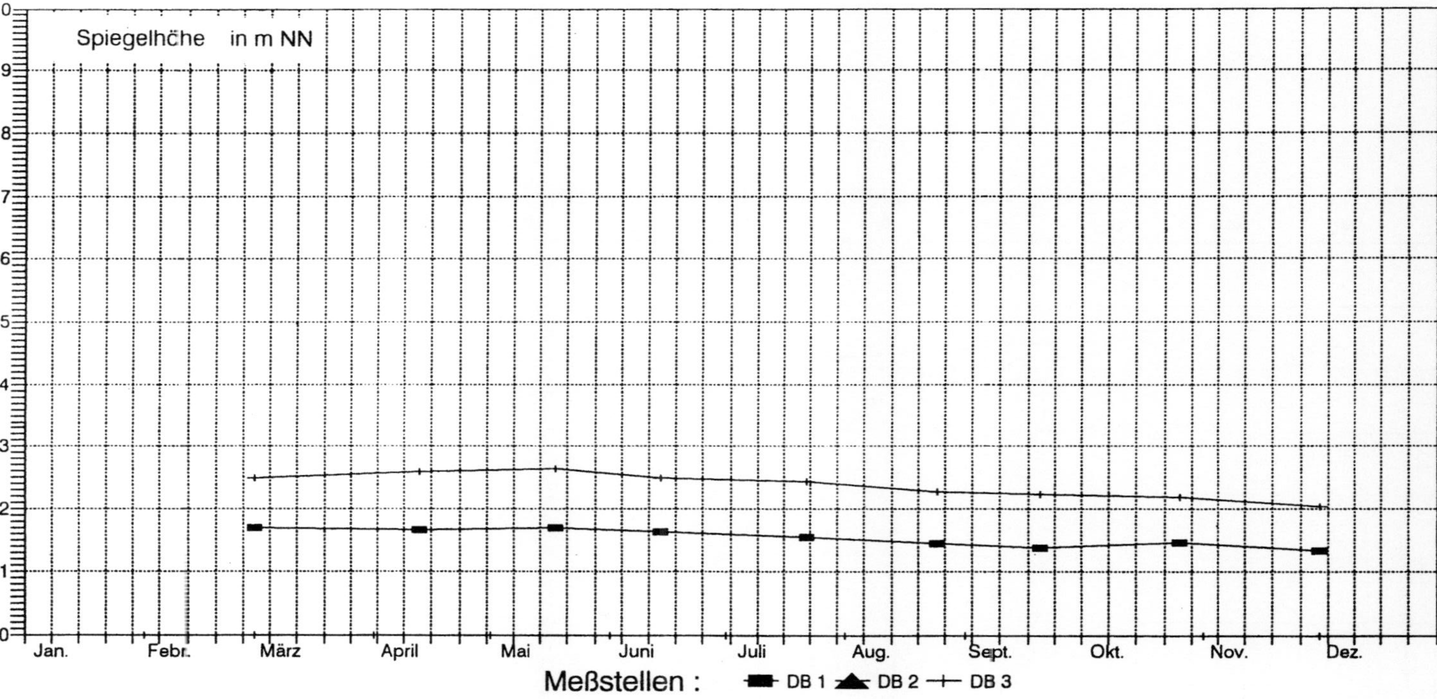

Deponie Wesermarsch-Mitte - Sickerwasserstände 1995

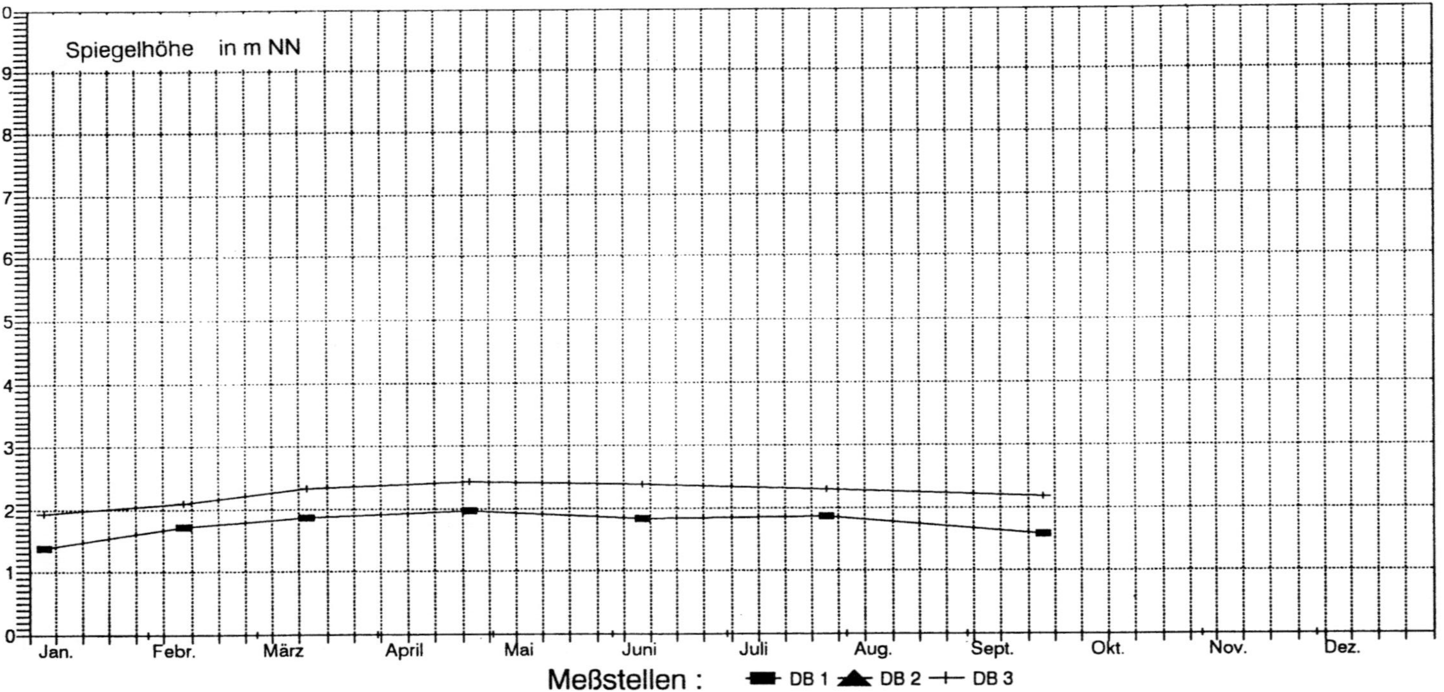

Deponie Varel-Hohenberge - Niederschläge 1991

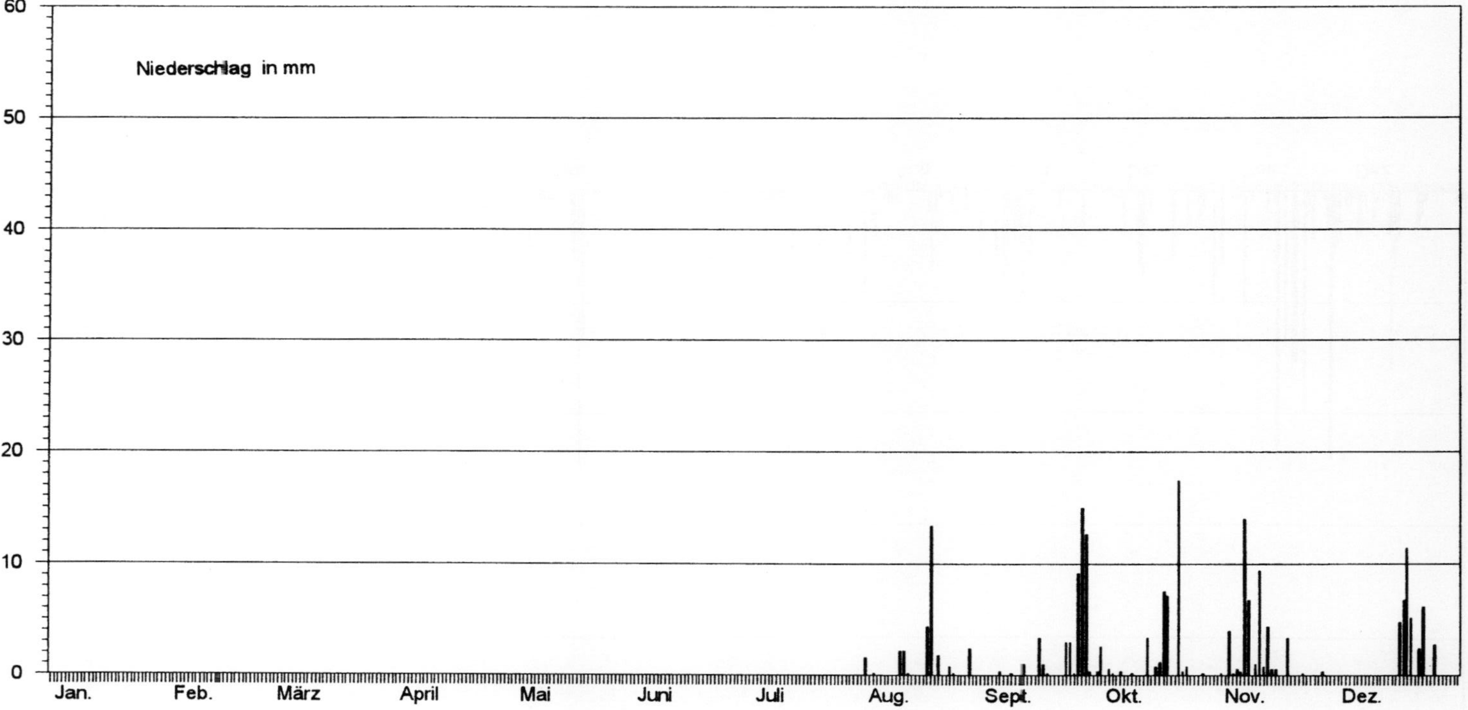

Deponie Varel-Hohenberge - Niederschläge 1992

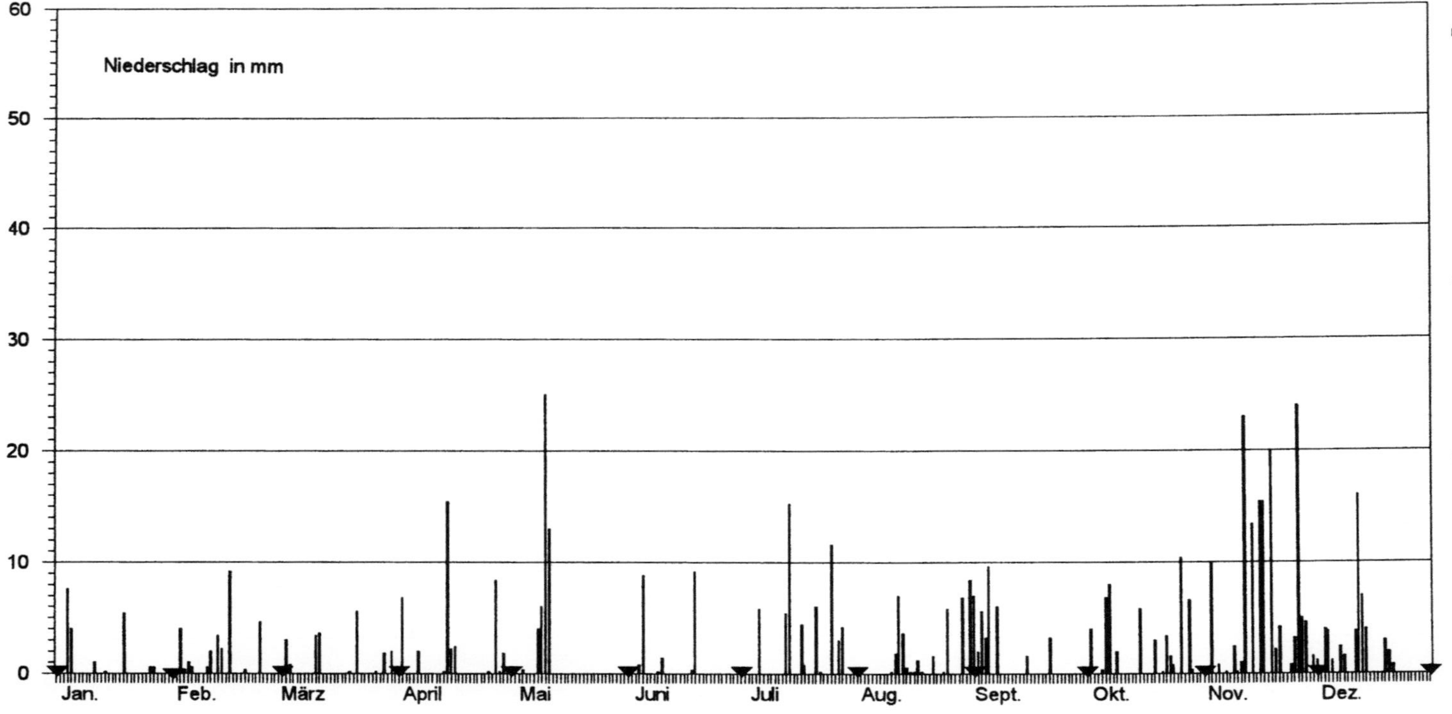

Deponie Varel-Hohenberge - Niederschläge 1993

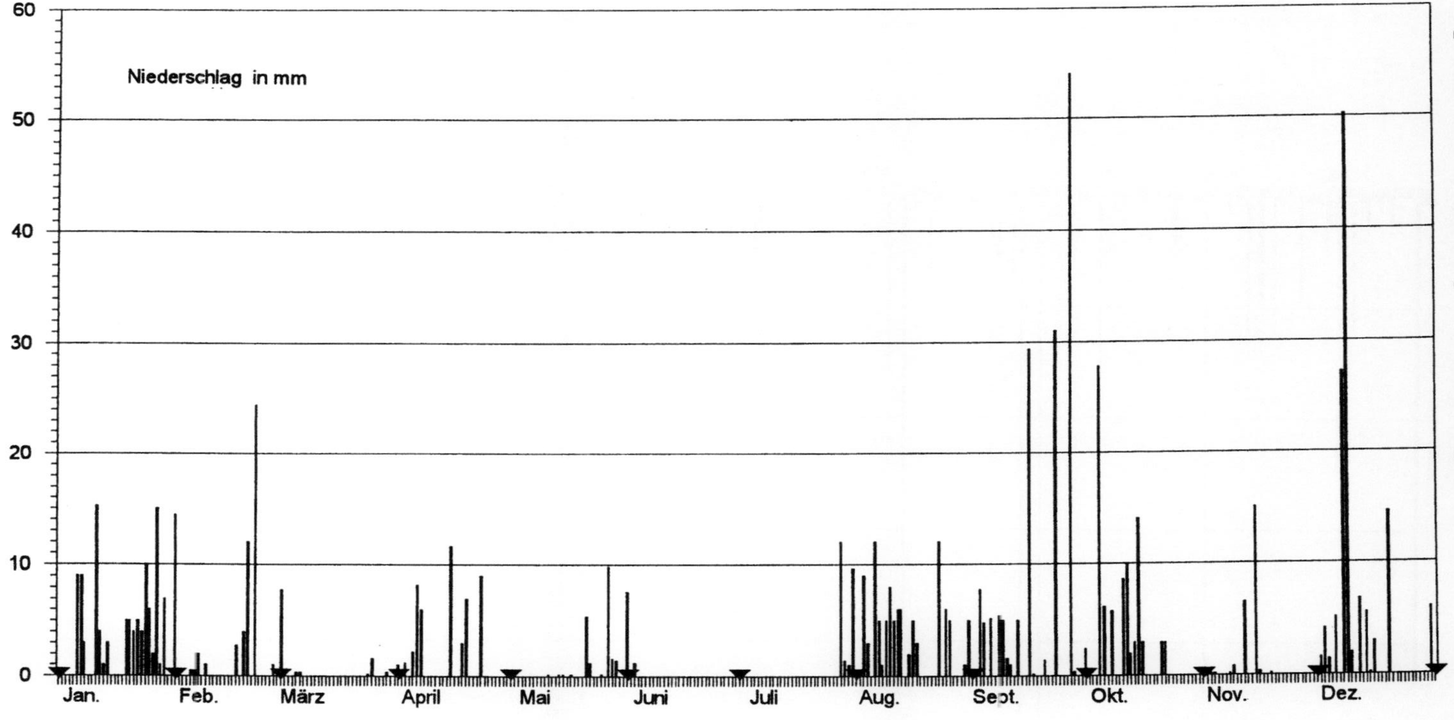

Deponie Varel-Hohenberge - Niederschläge 1994

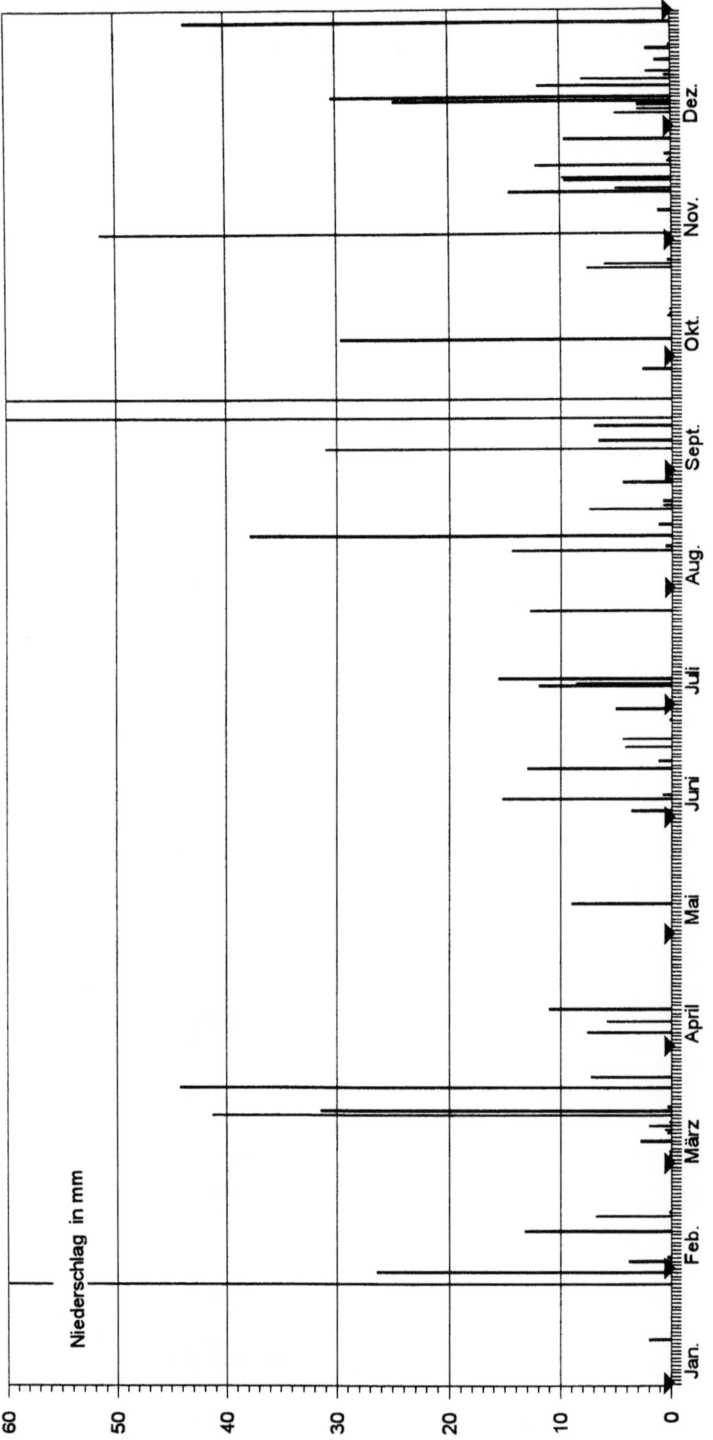

Deponie Varel-Hohenberge - Sickerwasserstände (1) 1991

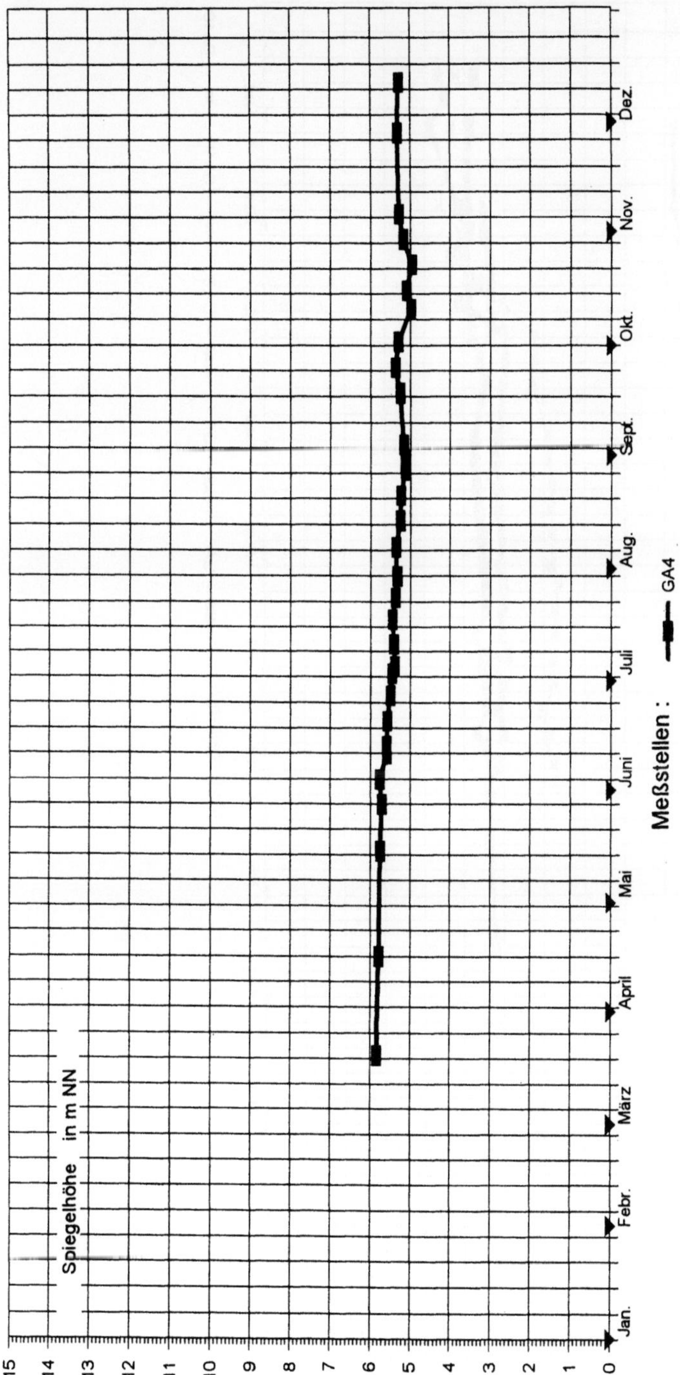

Deponie Varel-Hohenberge - Sickerwasserstände (2) 1991

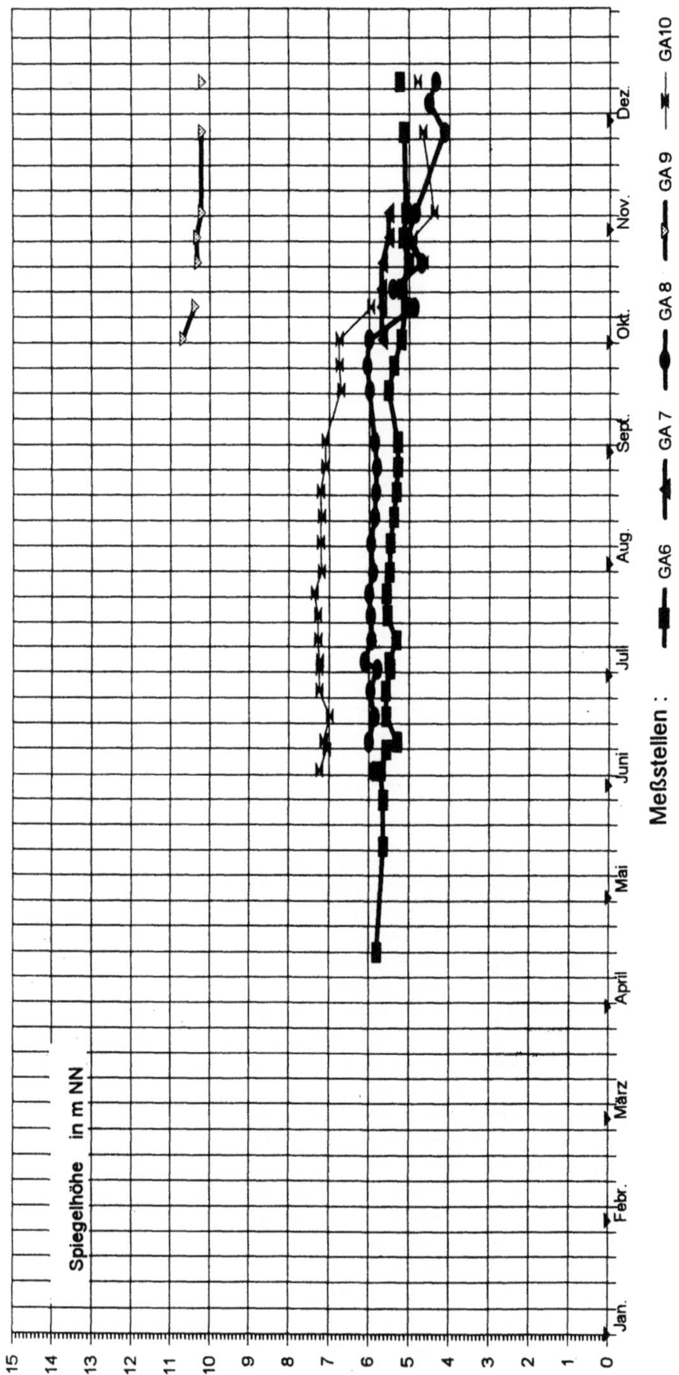

Deponie Varel-Hohenberge - Sickerwasserstände (1) 1992

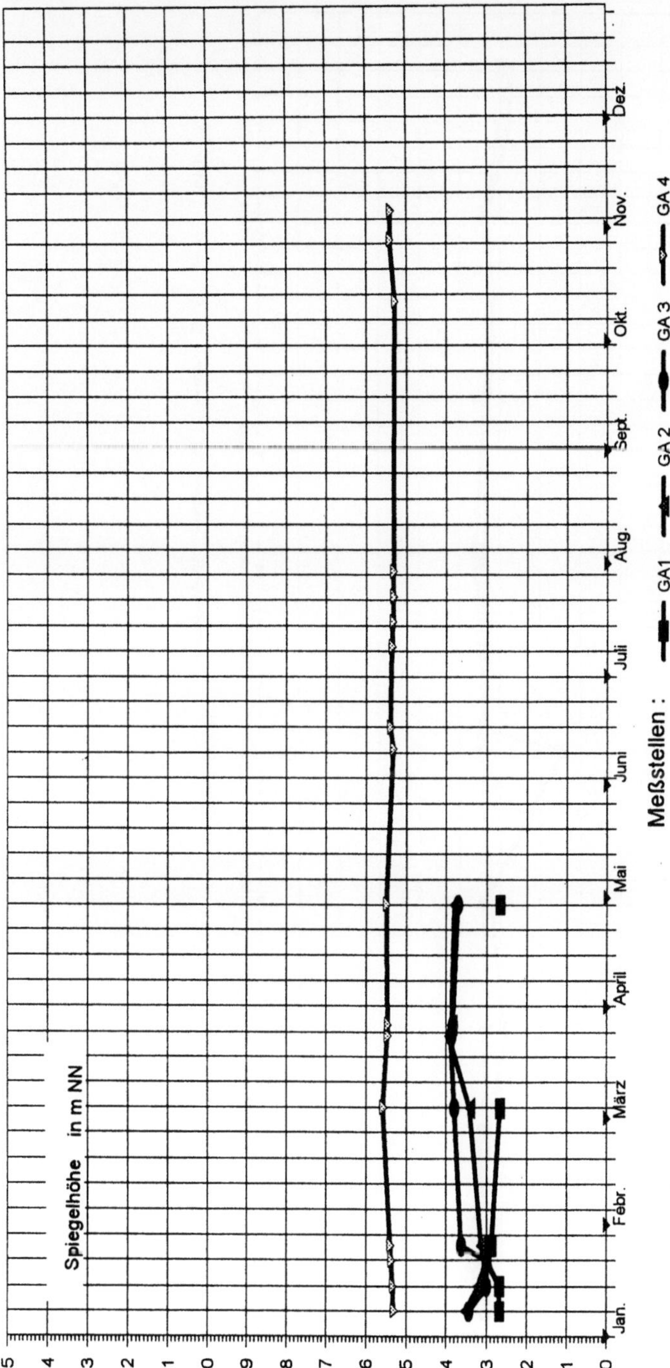

Deponie Varel-Hohenberge - Sickerwasserstände (2) 1992

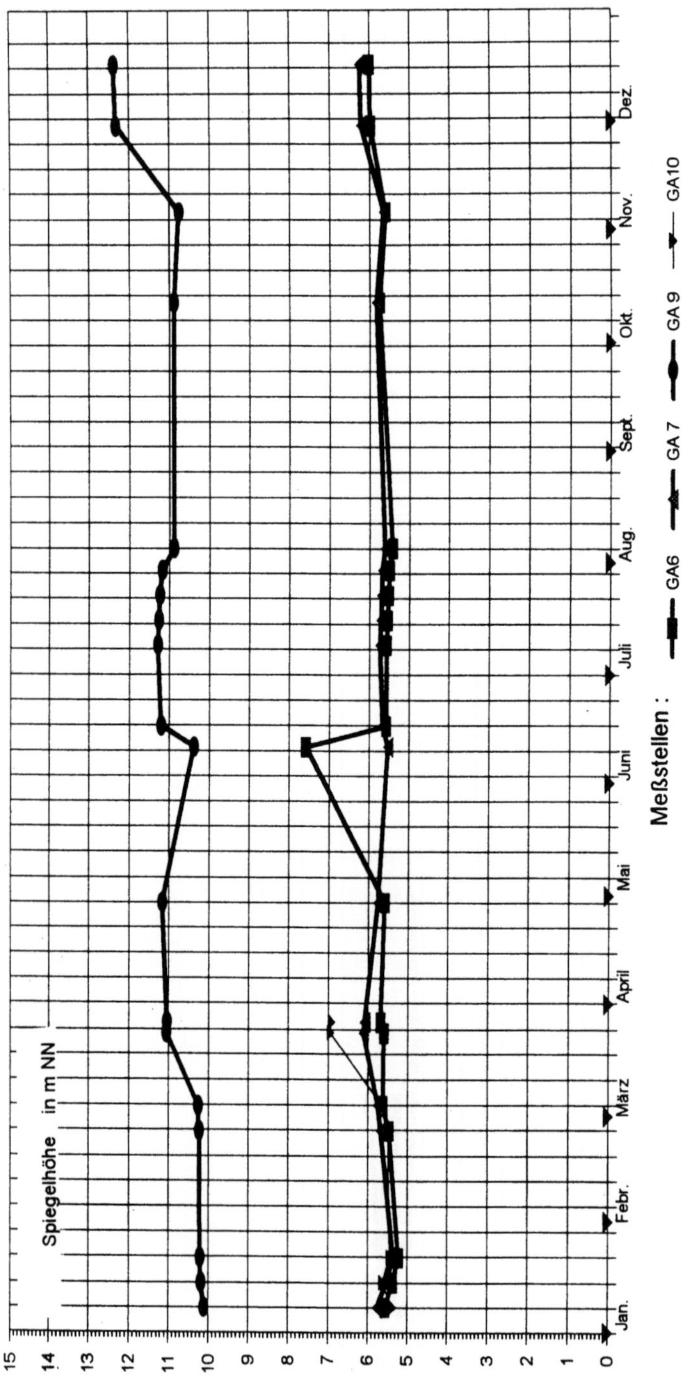

Deponie Varel-Hohenberge - Sickerwasserstände (3) 1992

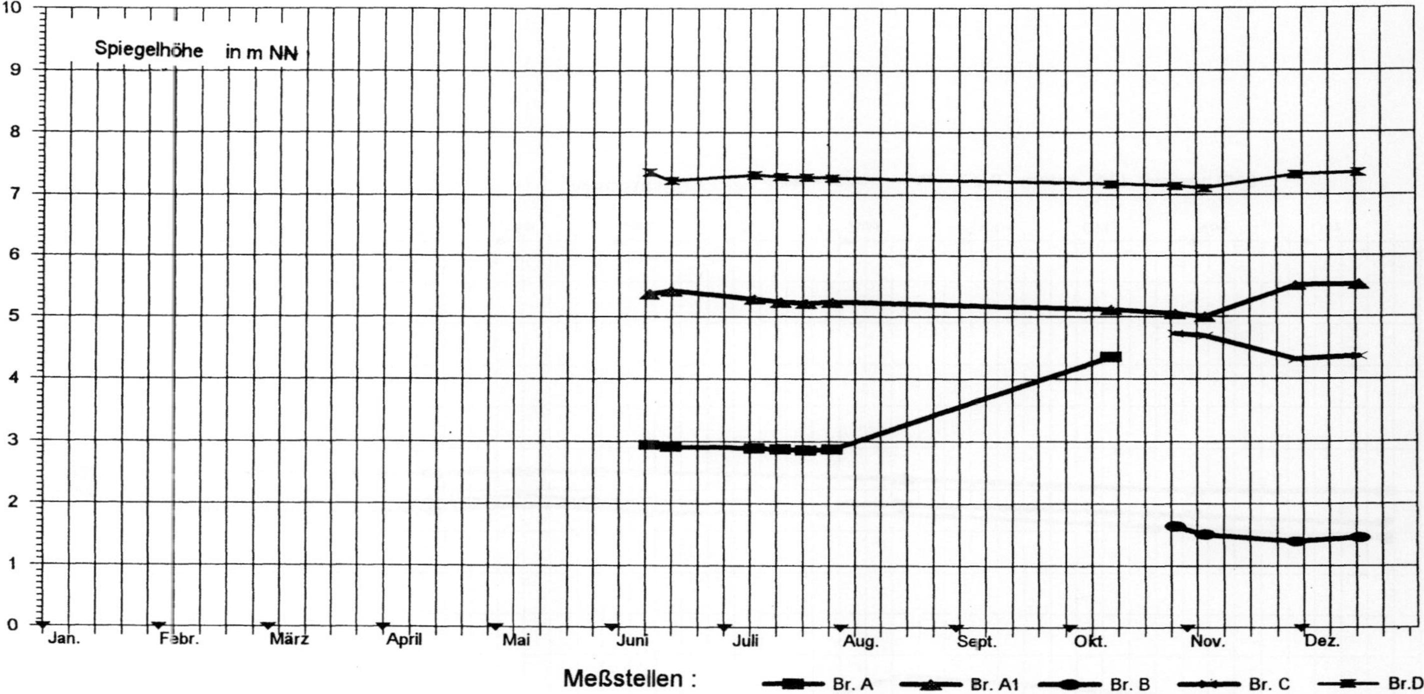

Deponie Varel-Hohenberge - Sickerwasserstände (1) 1993

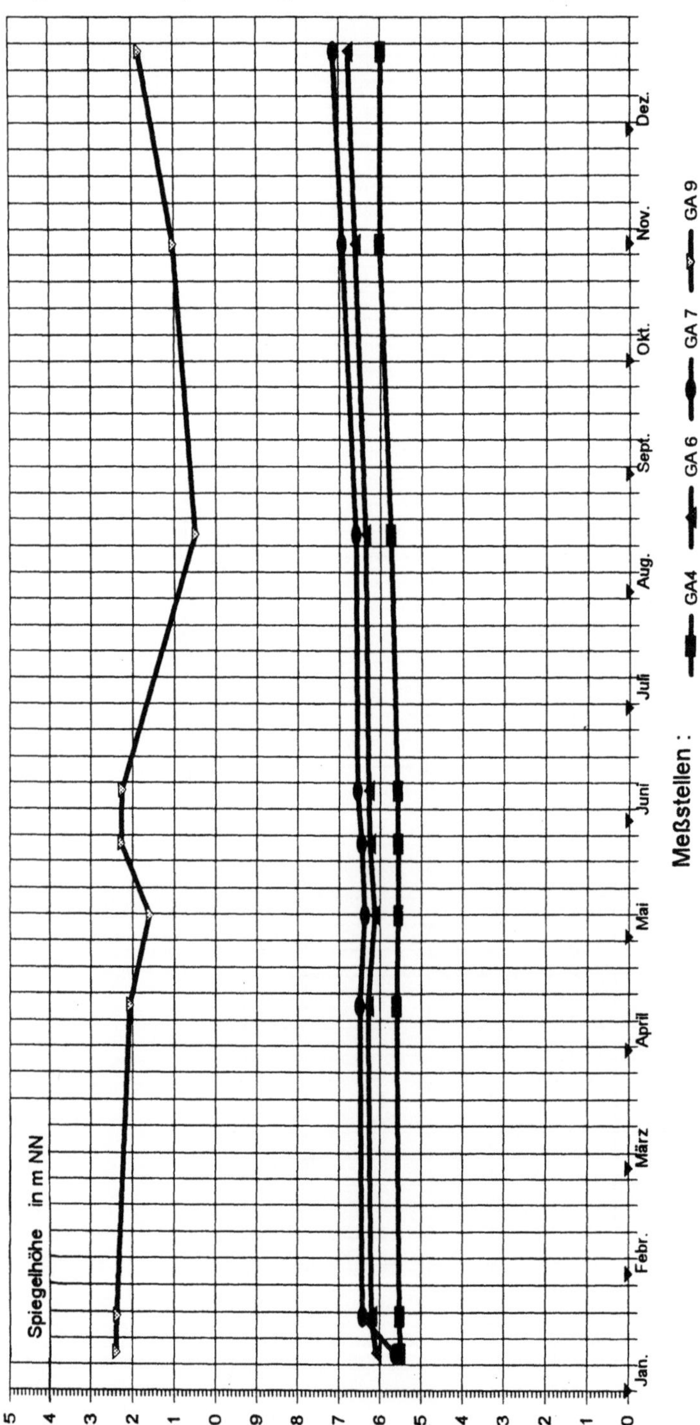

Deponie Varel-Hohenberge - Sickerwasserstände (2) 1993

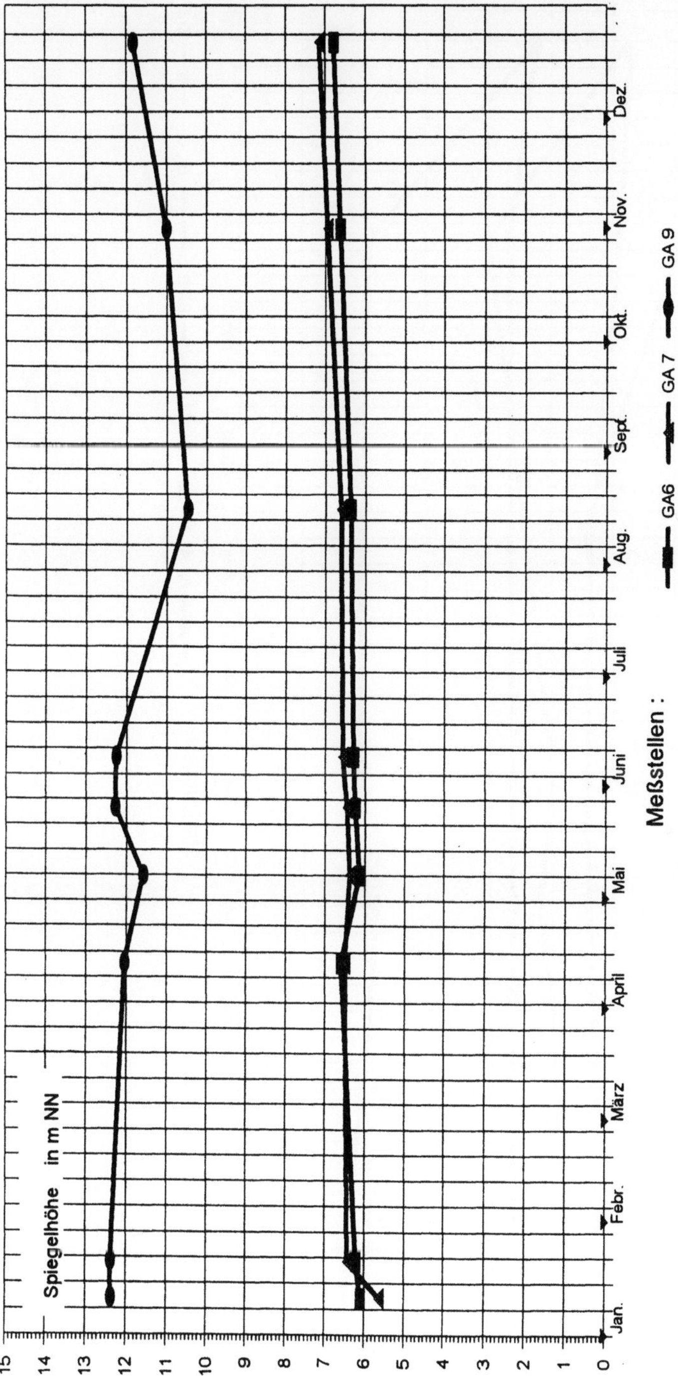

Deponie Varel-Hohenberge - Sickerwasserstände (3) 1993

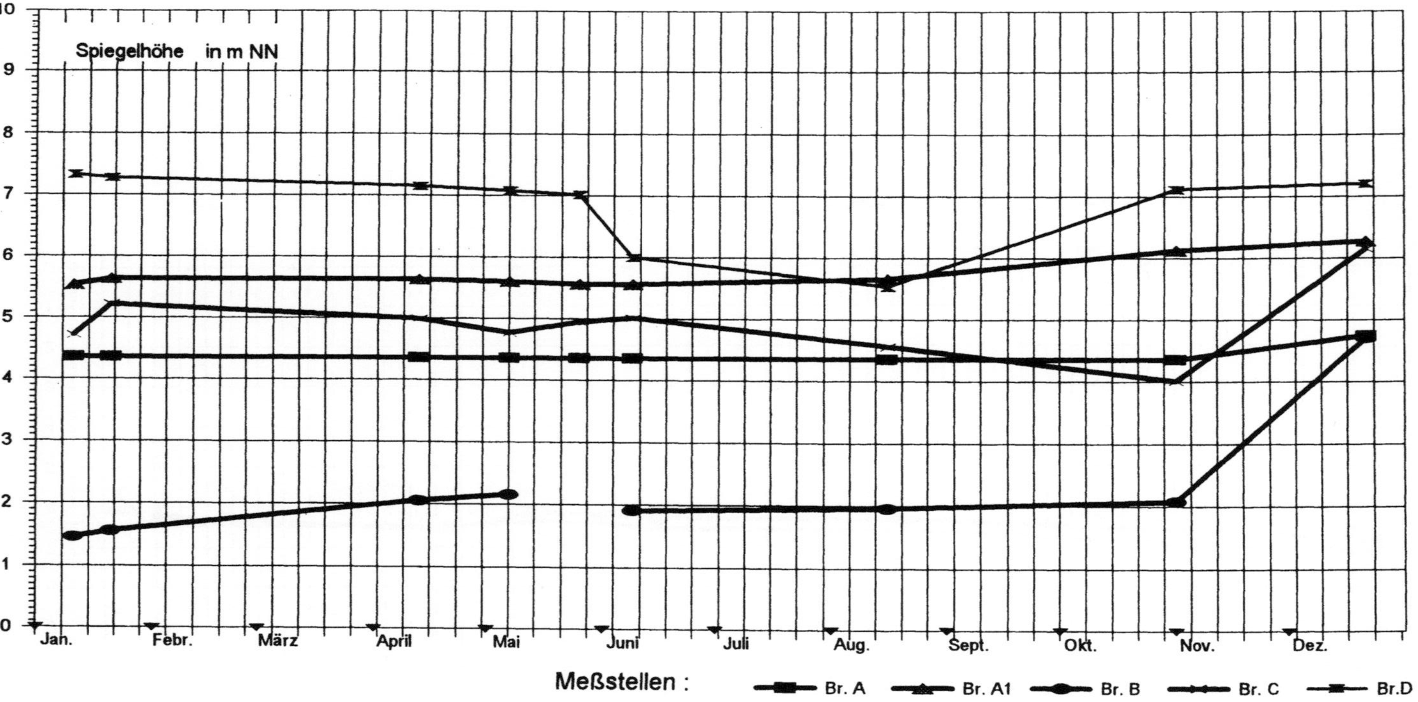

Deponie Varel-Hohenberge - Sickerwasserstände (2) 1994

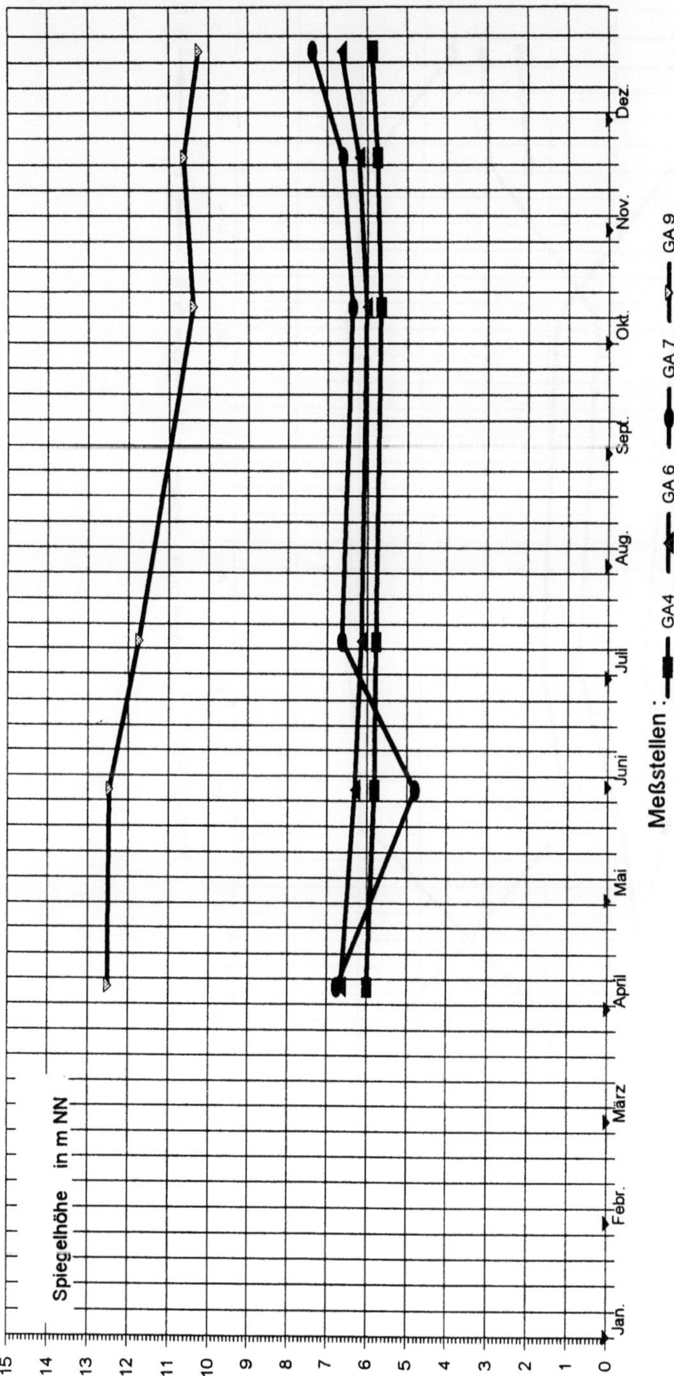

Deponie Varel-Hohenberge - Sickerwasserstände (3) 1994

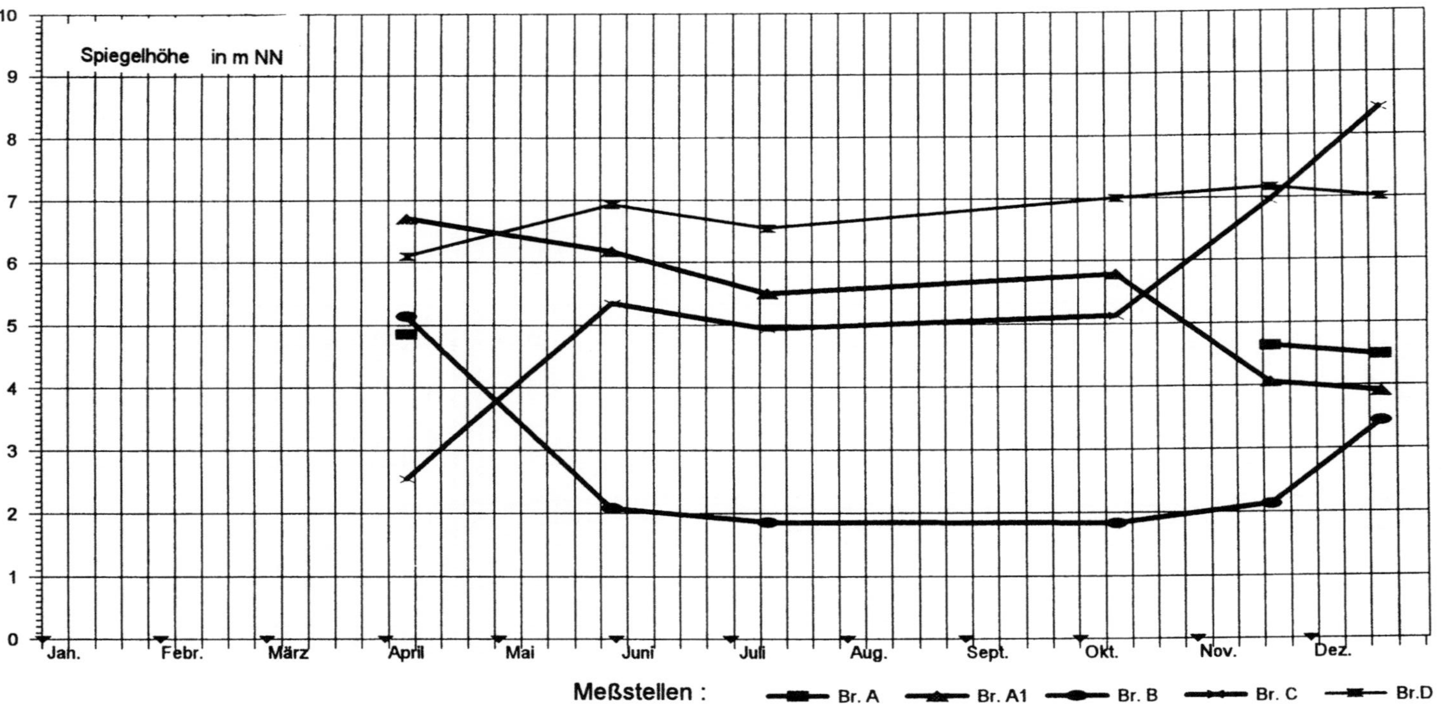

Deponie Varel-Hohenberge - Sickerwasserstände (2) 1995

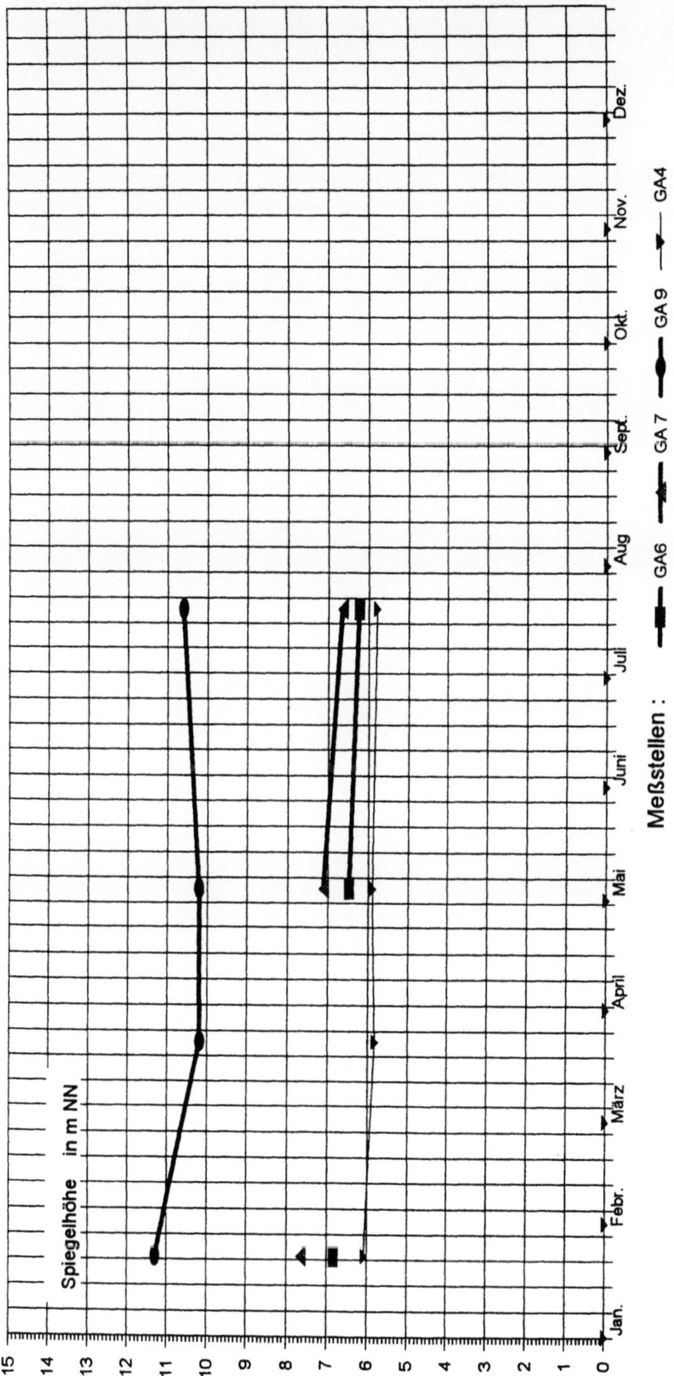

Anhang 4: Ergebnisse der Wasserbilanzen für die Deponien
Wesermarsch-Mitte und Varel-Hohenberge

Deponie Wesermarsch-Mitte

Seite 358   Wasserbilanz 1990 - Summenlinien

Deponie Varel-Hohenberge

Seite 359   Wasserbilanz 1992 - Summenlinien
Seite 360   Wasserbilanz 1993 - Summenlinien
Seite 361   Wasserbilanz 1994 - Summenlinien

Legende zu den Grafiken:

N   :   Niederschlag
ETA   :   Aktuelle Evapotranspiration
Q_K :   Aus dem Randgraben entnommene Wassermenge
A_O :   Oberflächenabfluß
A_U :   Unterirdischer Abfluß, gesamt (Sickerwasserneubildungsrate)
$A_{U,in}$:   Im Randgraben wiedergewonnene Teilmenge des unterirdischen
             Abflusses
$A_{U,ex}$:   Im Untergrund verbliebene Teilmenge des unterirdischen Abflusses.

Der tatsächlich anzunehmende Verlauf von $A_{U,ex}$ ist als gestrichelte Linie
dargestellt. Die aus der Bilanzierung sich ergebenden Schwankungen sind auf
Speichervolumenänderungen zurückzuführen, deren größte Werte mit Pfeilen
gekennzeichnet sind.

Deponie Wesermarsch-Mitte - Wasserbilanz 1990 - Summenlinien

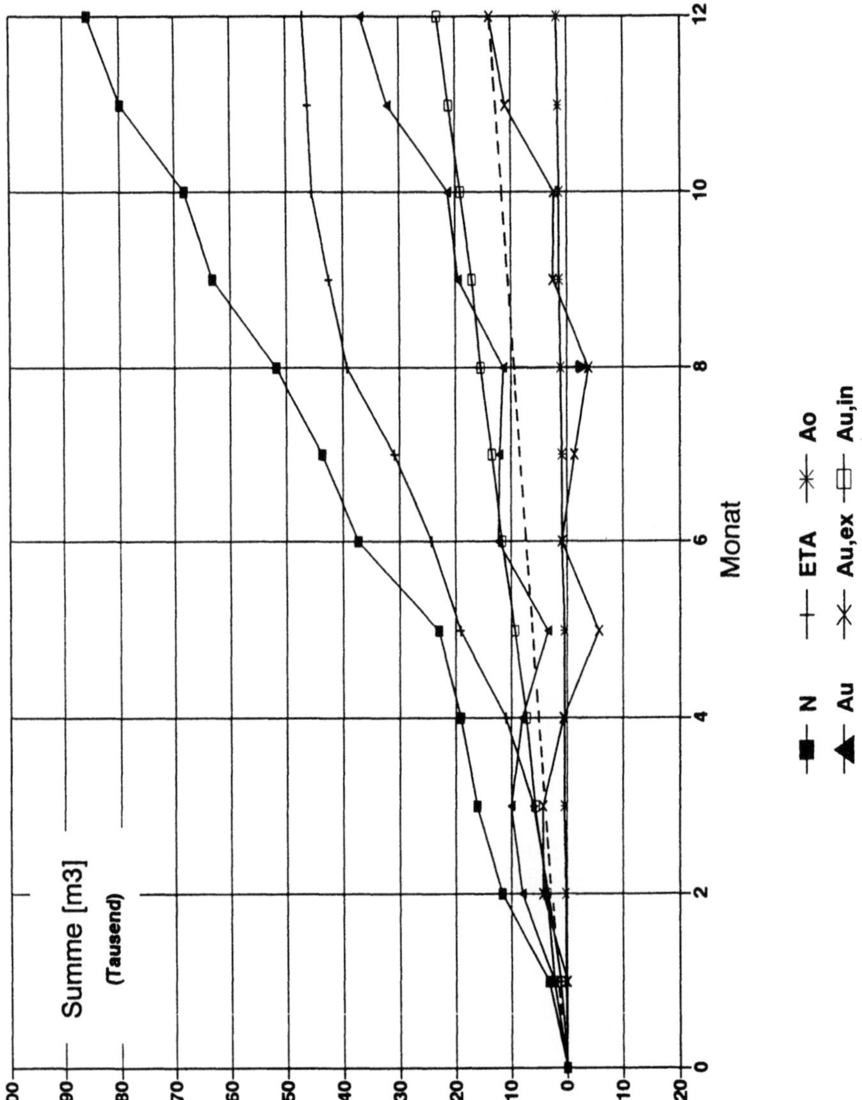

Deponie Varel-Hohenberge - Wasserbilanz 1992 - Summenlinien

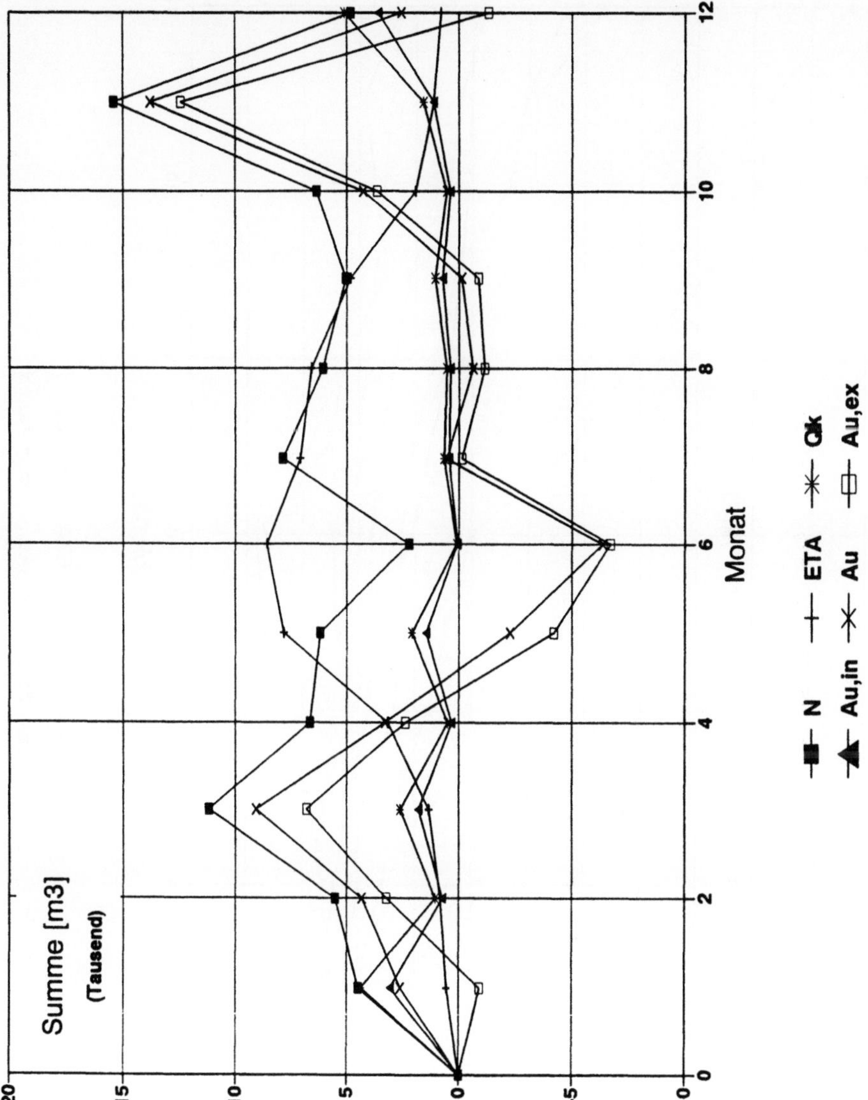

Deponie Varel-Hohenberge - Wasserbilanz 1993 - Summenlinien

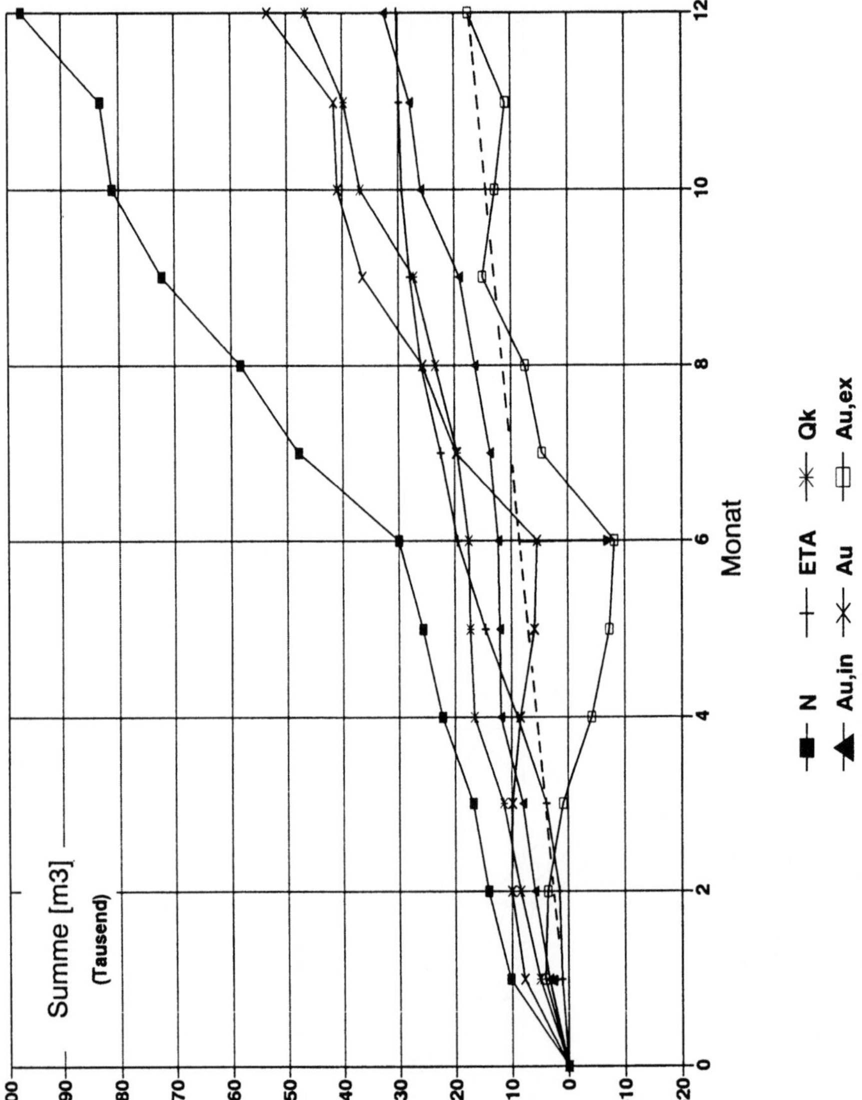

Deponie Varel-Hohenberge - Wasserbilanz 1994 - Summenlinien

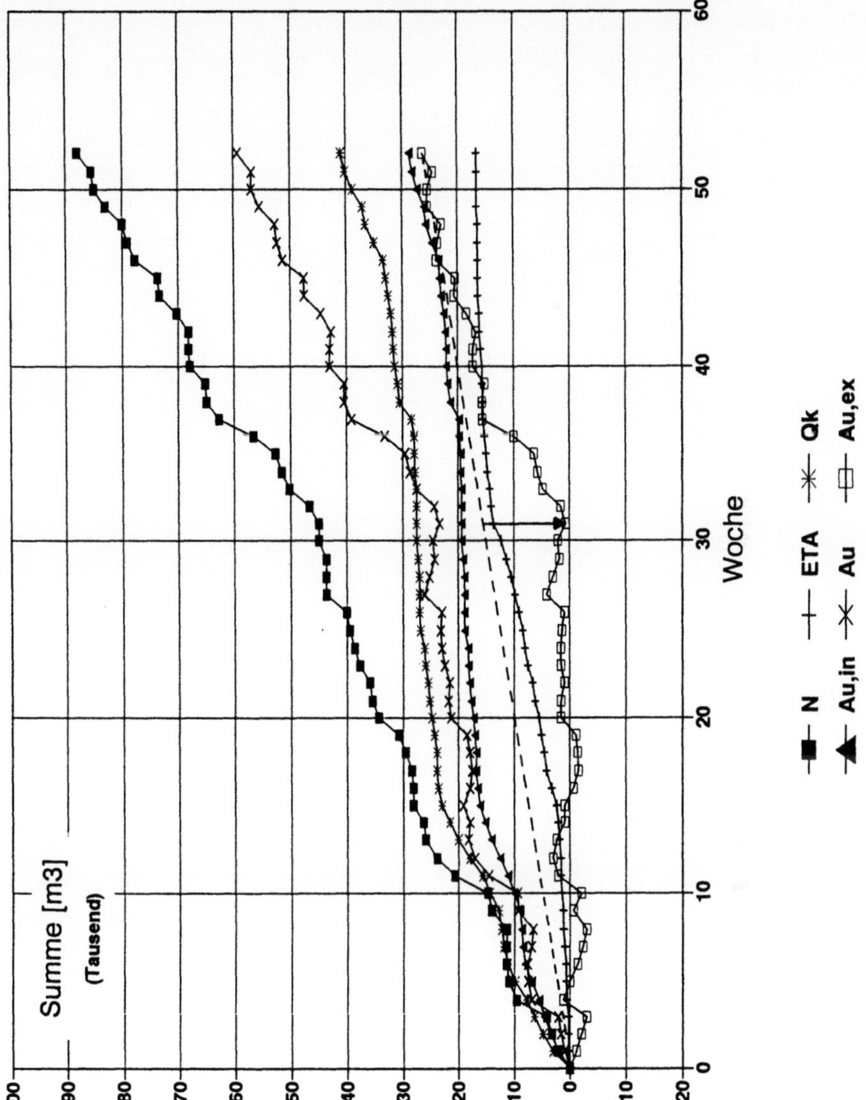

Anhang 5: Zeitliche Entwicklung der Sickerwasserstände nach erfolgter
Sicherung durch Oberflächenabdichtung

Seite 364	η	=	100 %	$Q_{B,0}$	=	0
Seite 365	η	=	100 %	$Q_{B,0}$	=	4000 m^3/a
Seite 366	η	=	97 %	$Q_{B,0}$	=	4000 m^3/a
Seite 367	η	=	80 %	$Q_{B,0}$	=	0
Seite 368	η	=	80 %	$Q_{B,0}$	=	4000 m^3/a
Seite 369	η	=	50 %	$Q_{B,0}$	=	0
Seite 370	η	=	50 %	$Q_{B,0}$	=	4000 m^3/a

η : Wirkungsgrad der Oberflächenabdichtung

$Q_{B,0}$: Anfangspumpleistung für eine aktive Wasserentnahme

Legende:

(1): h (t)   (2): $A_{U,ex}$ (t)   (3): $A_{U,in}$

(4): Q_B (t)   (5): V_{sp} (t)   (6): h_{min}

Erläuterungen siehe Text, Seite 285.

Anhang 5: Zeitliche Entwicklung der Sickerwasserstände nach erfolgter Sicherung durch Oberflächenabdichtung

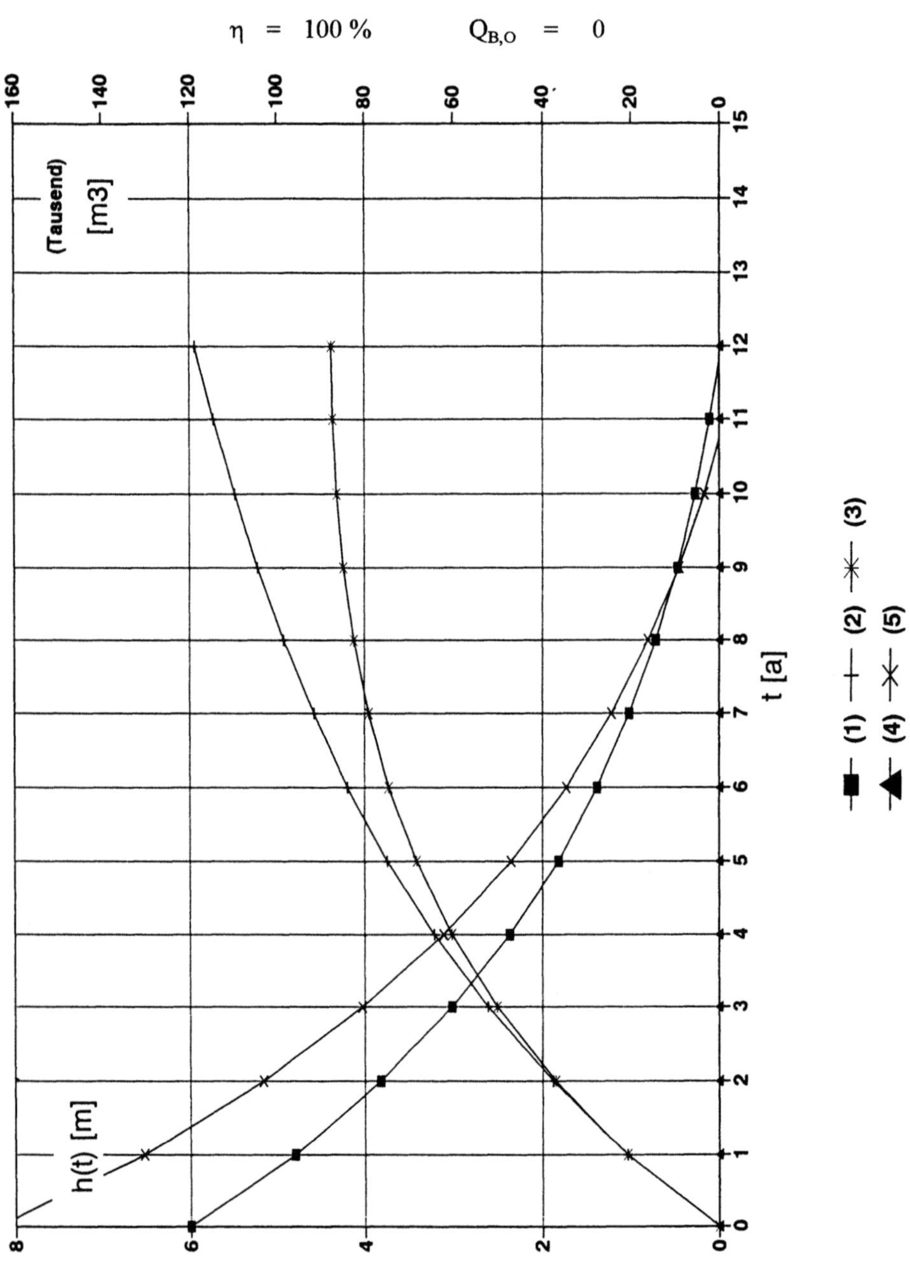

Anhang 5: Zeitliche Entwicklung der Sickerwasserstände nach erfolgter Sicherung durch Oberflächenabdichtung

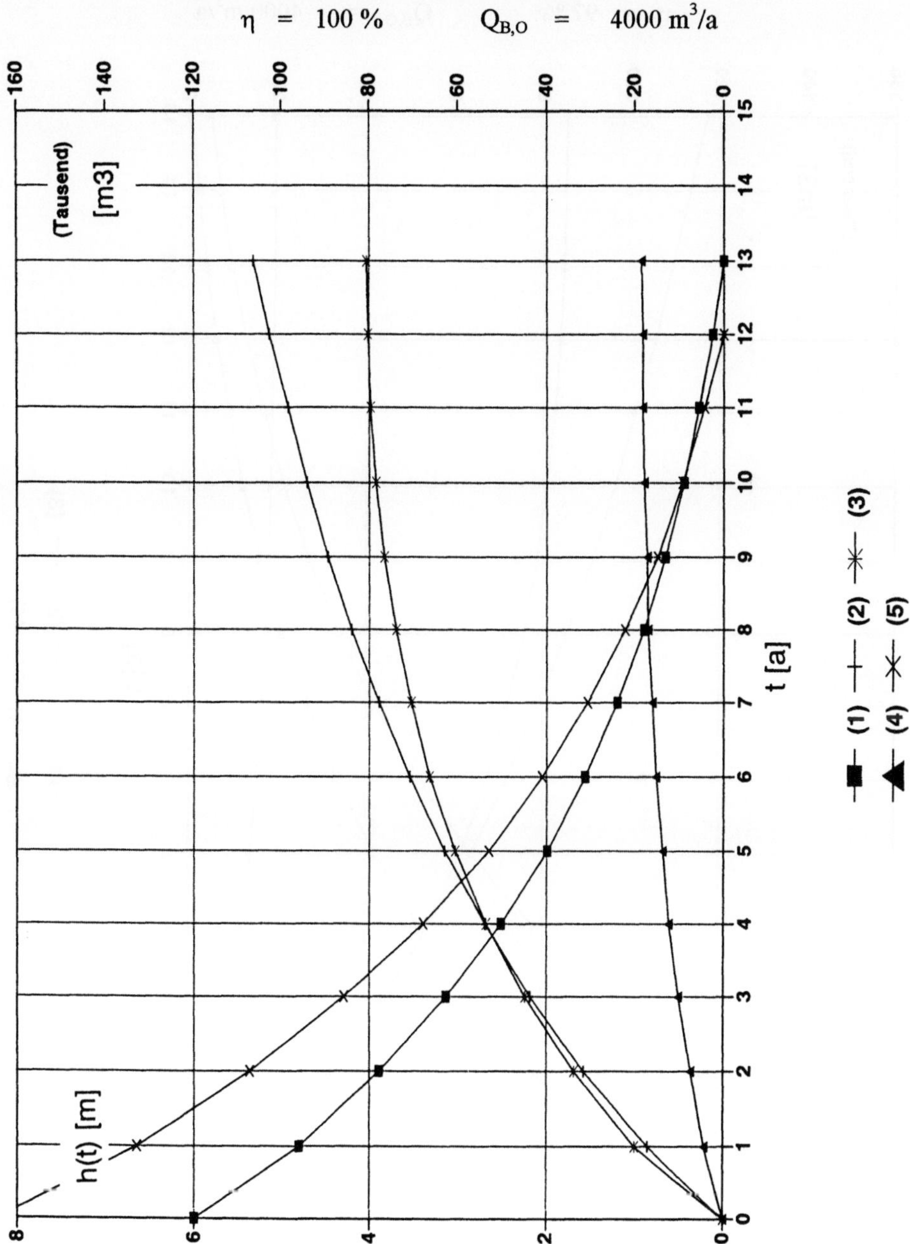

Anhang 5: Zeitliche Entwicklung der Sickerwasserstände nach erfolgter
Sicherung durch Oberflächenabdichtung

$$\eta \; = \; 97\,\% \qquad\qquad Q_{B,O} \; = \; 4000 \; \text{m}^3/\text{a}$$

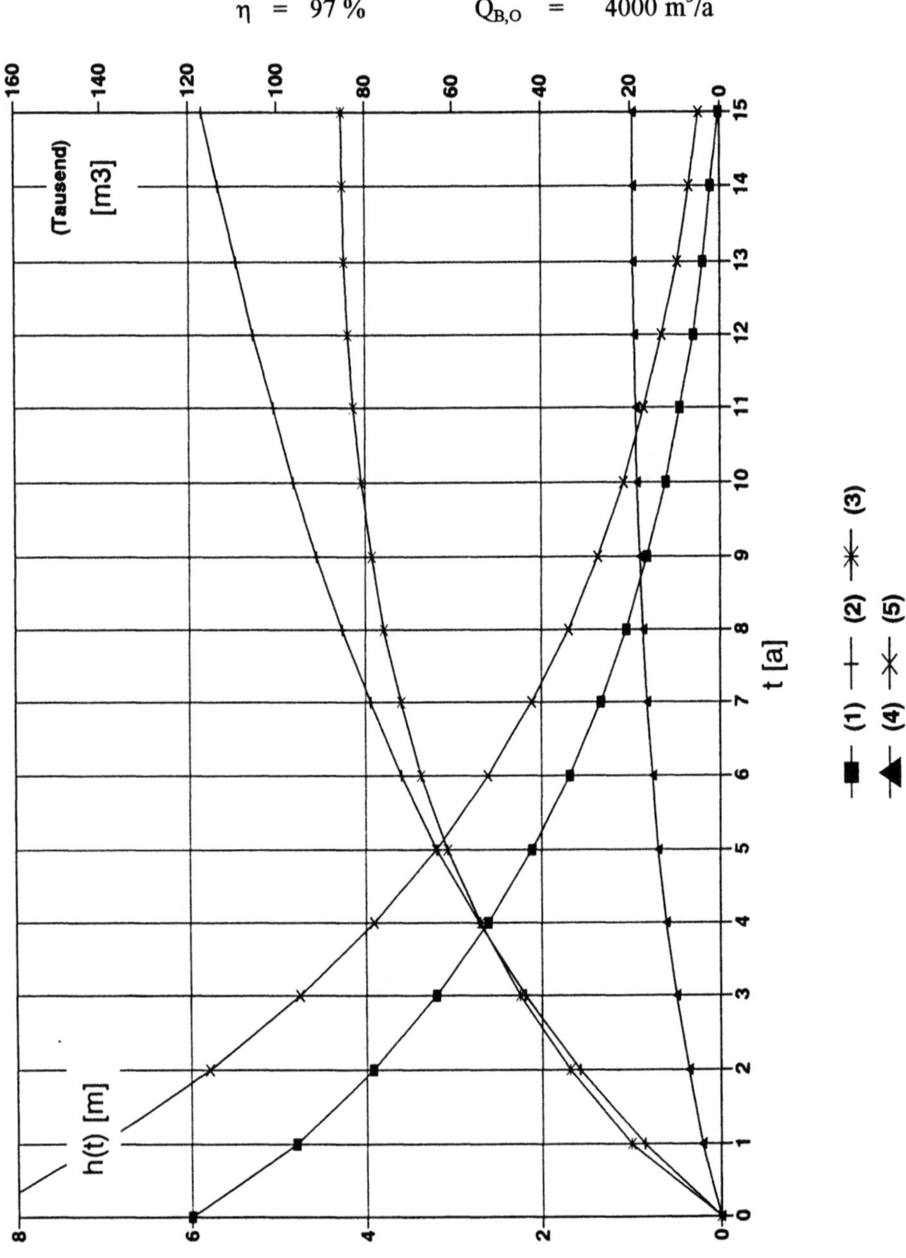

Anhang 5: Zeitliche Entwicklung der Sickerwasserstände nach erfolgter Sicherung durch Oberflächenabdichtung

$$\eta \ = \ 80\,\% \qquad Q_{B,O} \ = \ 0$$

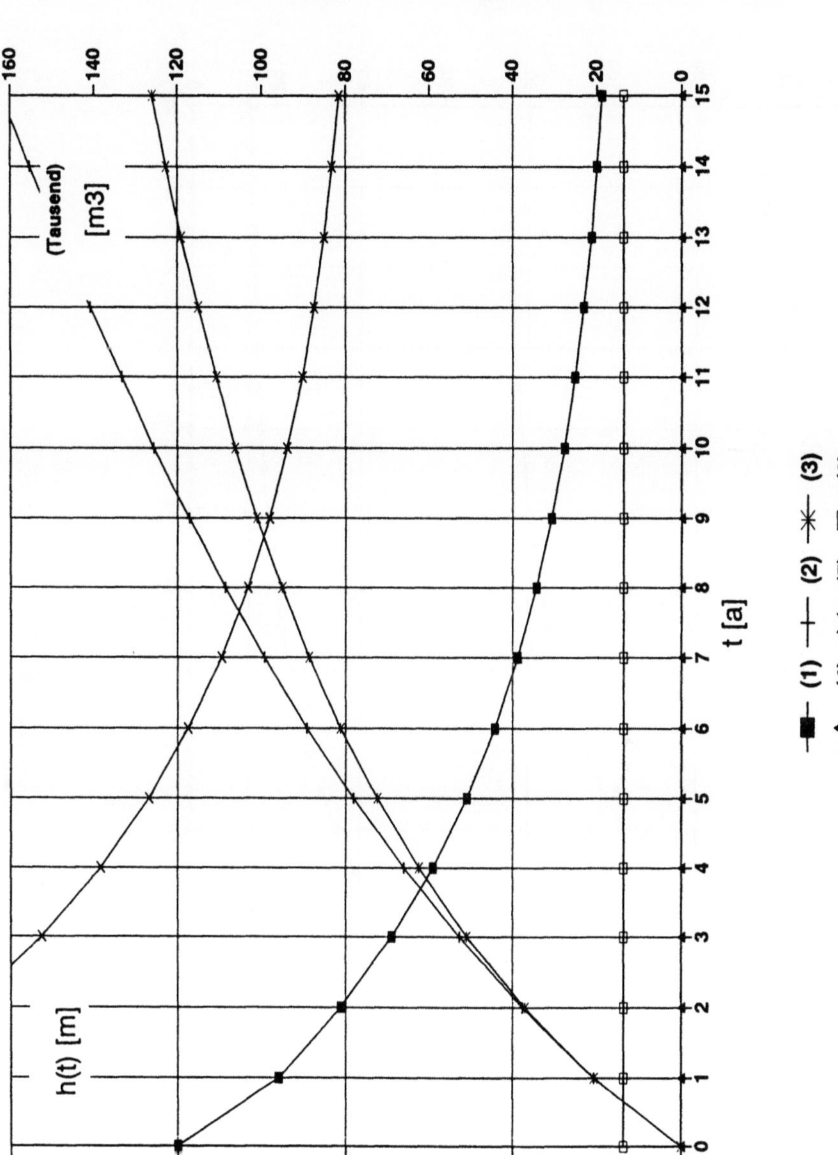

Anhang 5: Zeitliche Entwicklung der Sickerwasserstände nach erfolgter Sicherung durch Oberflächenabdichtung

$$\eta \; = \; 80 \,\% \qquad\qquad Q_{B,O} \; = \; 4000 \; m^3/a$$

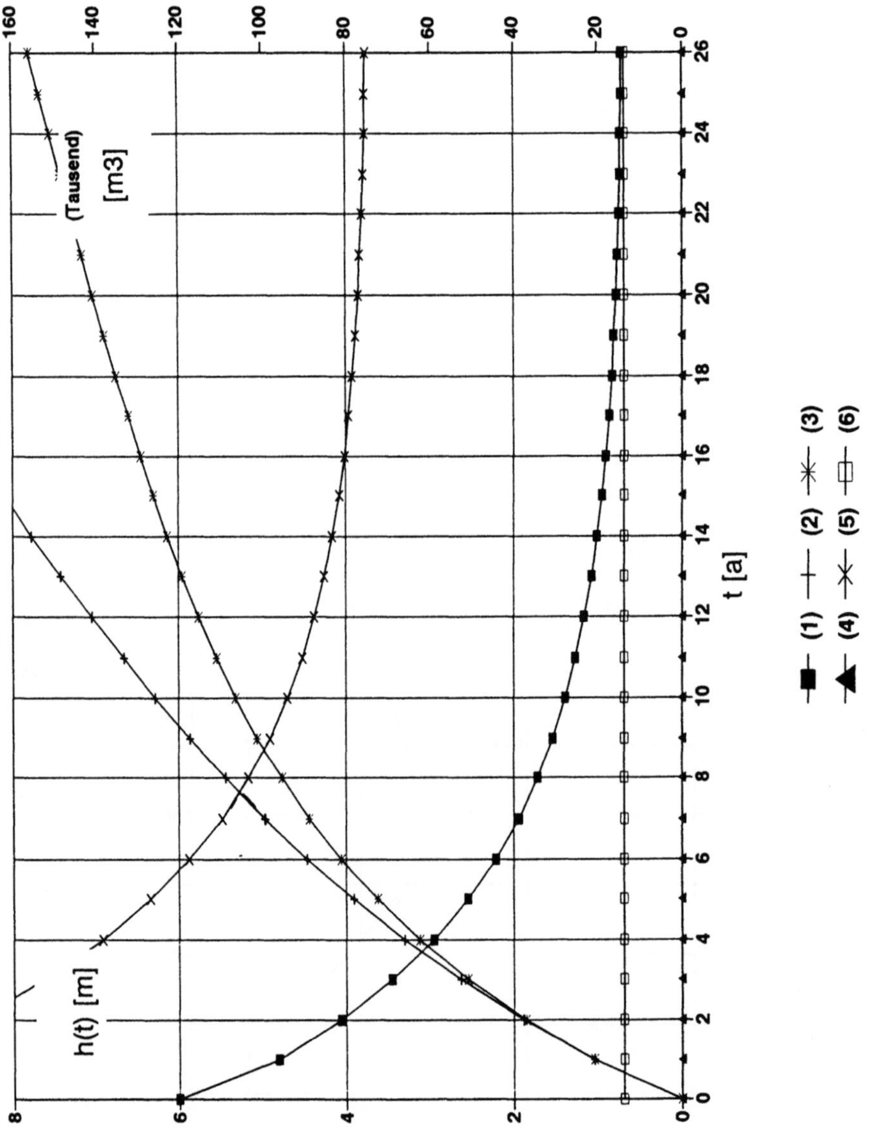

Anhang 5: Zeitliche Entwicklung der Sickerwasserstände nach erfolgter Sicherung durch Oberflächenabdichtung

$$\eta \;=\; 50\,\% \qquad\qquad Q_{B,O} \;=\; 0$$

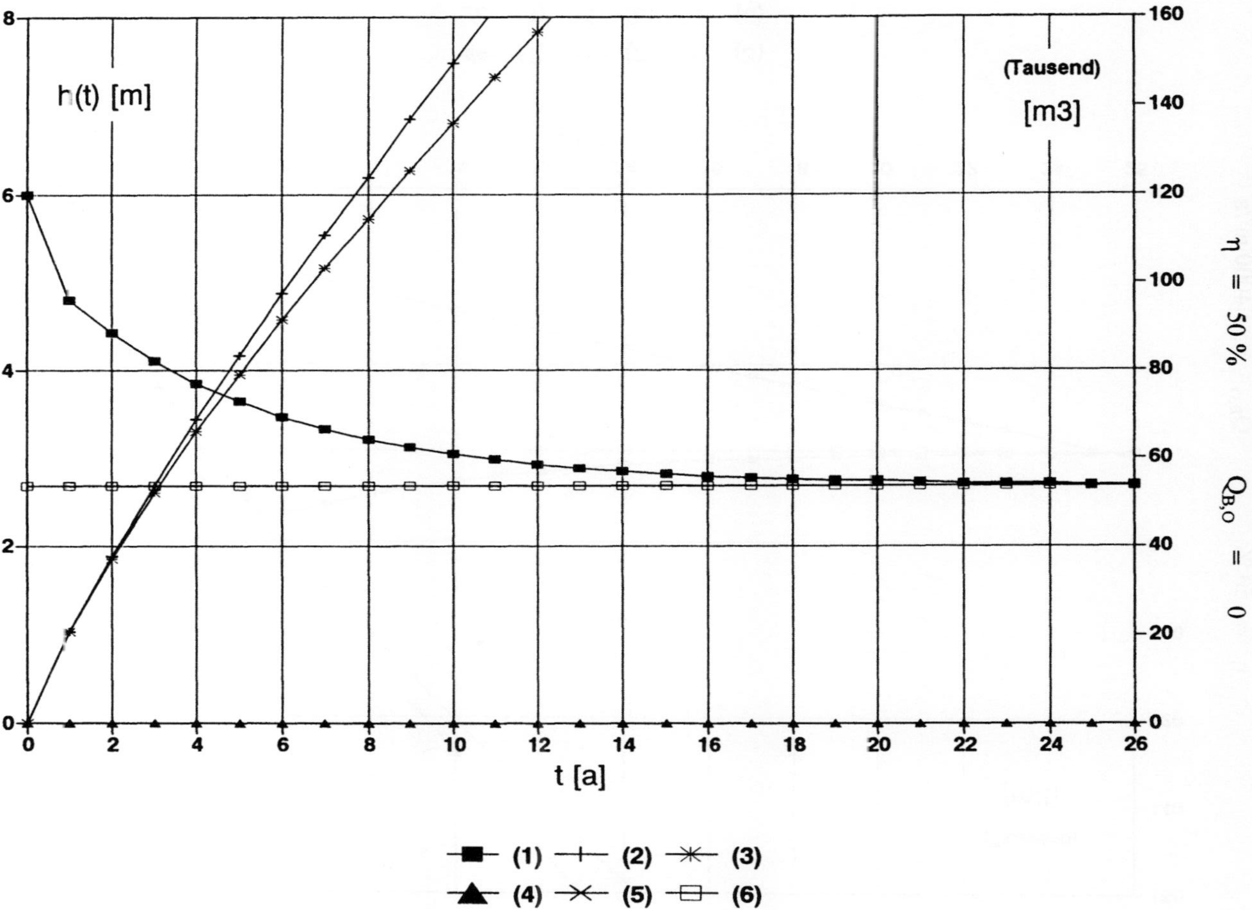

Anhang 5:   Zeitliche Entwicklung der Sickerwasserstände nach erfolgter Sicherung durch Oberflächenabdichtung

$$\eta \;=\; 50\,\% \qquad\qquad Q_{B,O} \;=\; 4000\ \text{m}^3/\text{a}$$

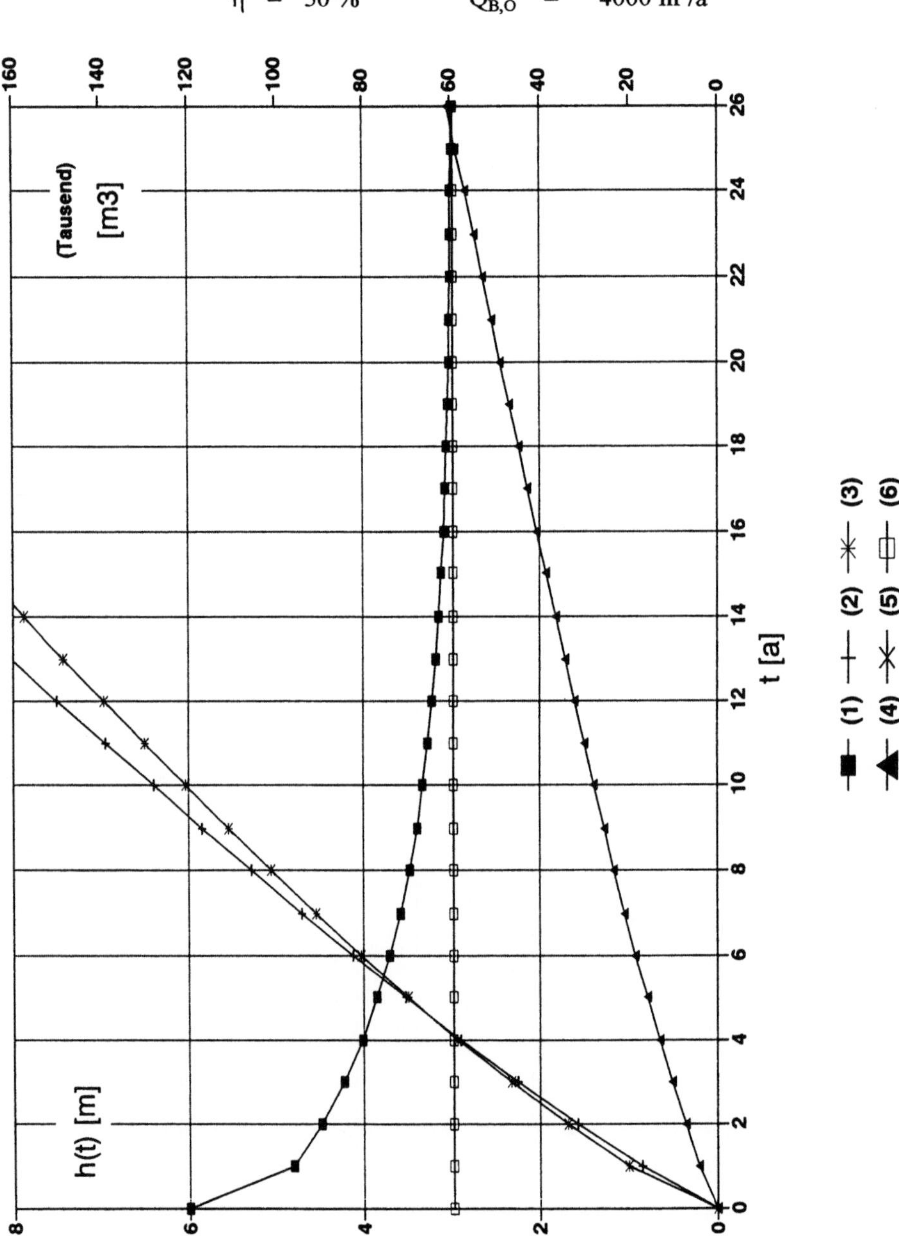

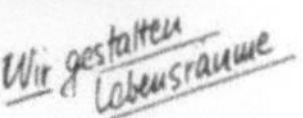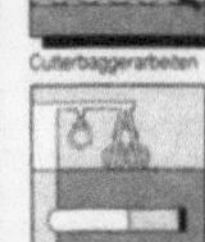

Anton Müsing
GmbH & Co. KG
Lüdeweg 48
26810 Westoverledingen
Telefon (0 49 55) 9 25-0
Telefax (0 49 55) 92 51 66

Springer und Umwelt

Als internationaler wissenschaftlicher Verlag sind wir uns unserer besonderen Verpflichtung der Umwelt gegenüber bewußt und beziehen umweltorientierte Grundsätze in Unternehmensentscheidungen mit ein. Von unseren Geschäftspartnern (Druckereien, Papierfabriken, Verpackungsherstellern usw.) verlangen wir, daß sie sowohl beim Herstellungsprozess selbst als auch beim Einsatz der zur Verwendung kommenden Materialien ökologische Gesichtspunkte berücksichtigen. Das für dieses Buch verwendete Papier ist aus chlorfrei bzw. chlorarm hergestelltem Zellstoff gefertigt und im pH-Wert neutral.